HEV
정비사례

저자 약력

손병래 한국폴리텍대학 광주캠퍼스 스마트전기자동차과 교수

신주호 현대자동차 수석엔지니어

강대진 한국폴리텍대학 전남캠퍼스 미래전기자동차과 교수

손찬기 ㈜셀리안츠 주임연구원

HEV 정비사례

초판 인쇄 • 2025년 8월 10일
초판 발행 • 2025년 8월 20일

저　　자 • 손병래, 신주호, 강대진, 손찬기
발 행 인 • 조규백
발 행 처 • 도서출판 **구민사**
(07293) 서울특별시 영등포구 문래북로 116 604호(문래동3가, 트리플렉스)
전　　화 • (02)701-7421
팩　　스 • (02)3273-9642
홈페이지 • www.kuhminsa.co.kr

신고번호 • 제 2012-000055호(1980년 2월4일)
I S B N • 979-11-6875-589-5 (93550)

값 33,000원

Preface

머리말

요즘 길을 가다보면 뒤에서 클랙슨(klaxon)을 울리는 자동차들이 많아지고 있다. 예전 내연 기관의 자동차 고유 굉음이 들리지 않고 자동차가 지나가는지도 모를 정도로 조용히 지나가는 자동차들을 자주 접하게 된다. 그만큼 하이브리드 자동차는 우리 주위에서 흔히 볼 수 있을 정도로 수요가 많아졌다. 하이브리드 자동차는 앞으로 더 많은 수송수단이 될 것이기 때문에 자동차 정비를 하는 분들은 지금부터라도 하이브리드 자동차 정비에 대하여 지식을 쌓아나가야 한다. 그래서 저자들은 늦기는 했지만 하이브리드 자동차 정비에 대하여 도움을 주고자 하이브리드 자동차 정비사례를 다음과 같이 수록하였다.

제 1장은 HEV 정비사례에 대하여 수록하였다.
제 2장은 HPCU 정비사례에 대하여 수록하였다.
제 3장은 HEV 전기장치 정비사례에 대하여 수록하였다.
제 4장은 HEV 엔진 정비사례에 대하여 수록하였다.
제 5장은 변속기 및 모터 정비사례에 대하여 수록하였다.
제 6장은 에어컨 정비사례에 대하여 수록하였다.
제 7장은 현대자동차 코드명에 대하여 수록하였다.
제 8장은 부록으로 약어리스트 및 용어정리를 수록하였다.

본 교재에 최선을 다하여 집필하였으나 내용 중에 오류가 있으면 독자 여러분이 지적해 주시고 이 교재로 인하여 HEV 정비에 대하여 많은 도움이 되길 바란다.

이 책의 출판을 위해 바쁘신 와중에도 도와주신 선배 및 후배님과 도서출판 구민사 조규백 대표님과 직원 여러분에게 고마움을 마음 깊이 전합니다.

저자 일동

01 CHAPTER HEV 정비사례

1.1 고전압 배터리 역할 _ 003
1.2 고전압 배터리 구성 _ 003
1.3 고장 시 증상 및 점검방법 _ 004

02 CHAPTER HPCU 정비사례

2.1 HPCU 역할 _ 062
2.2 HPCU 구성 _ 063
2.3 HPCU 기능 _ 063
2.4 고장 시 증상 및 점검방법 _ 064

03 CHAPTER HEV 전기장치

3.1 HEV 전기장치 역할 _ 166
3.2 HEV 전기장치 구성 _ 166
3.3 HEV 전기장치 각종 전자 제어 시스템 기능 _ 167
3.4 고장 시 증상 및 점검방법 _ 169

Contents

04 CHAPTER

HEV 엔진

4.1 HEV 엔진 역할 _ 337

4.2 HEV 엔진 구성 _ 338

4.3 HEV 엔진 기능 _ 342

4.4 고장 시 증상 및 점검방법 _ 342

05 CHAPTER

변속기 및 모터 정비사례

5.1 변속기 및 모터 역할 _ 380

5.2 변속기 및 모터 구성 _ 382

5.3 변속기 및 모터 기능 _ 384

5.4 고장 시 증상 및 점검방법 _ 385

06 CHAPTER

에어컨 정비사례

6.1 에어컨 역할 _ 430

6.2 에어컨 구성 _ 431

6.3 에어컨 기능 _ 431

6.4 고장 시 증상 및 점검방법 _ 432

07 CHAPTER 현대자동차 코드명

7.1 현대/기아 기존 코드명 방식 _ 476

7.2 현대/기아 변경 코드명 방식 _ 479

7.3 현대 변경 코드명 _ 484

7.4 기아 변경 코드명 _ 488

08 CHAPTER 부록 약어리스트 및 용어정리

8.1 약어 리스트 _ 496

8.2 NEXO 약어 정리 _ 504

8.3 용어정리 _ 507

HEV
정비사례

01

HEV 정비사례

01
CHAPTER

하이브리드(hybrid)는 “잡종”, “혼성”을 뜻하는 말로, 두 가지 기능이나 역할이 하나로 합쳐지는 뜻을 가지고 있으며, 요즘에는 많은 분야에서 하이브리드라는 말이 사용되고 있다.

하이브리드 전기자동차(HEV : Hybrid Electric Vehicle)는 엔진의 가동 · 정지에 따른 에너지 손실을 줄이기 위해 엔진의 출력을 전기에 연결하여 발전한 전력을 배터리에 충전해 두고 필요에 따라 모터를 회전시키는 방식이다. 기존 자동차에 사용되는 내연기관 엔진에 전기 모터를 결합한 형태가 일반적인데, 전기 모터는 차량 내부에 장착된 고전압 배터리로부터 전원을 공급받고, 배터리는 자동차가 움직일 때 다시 충전된다.

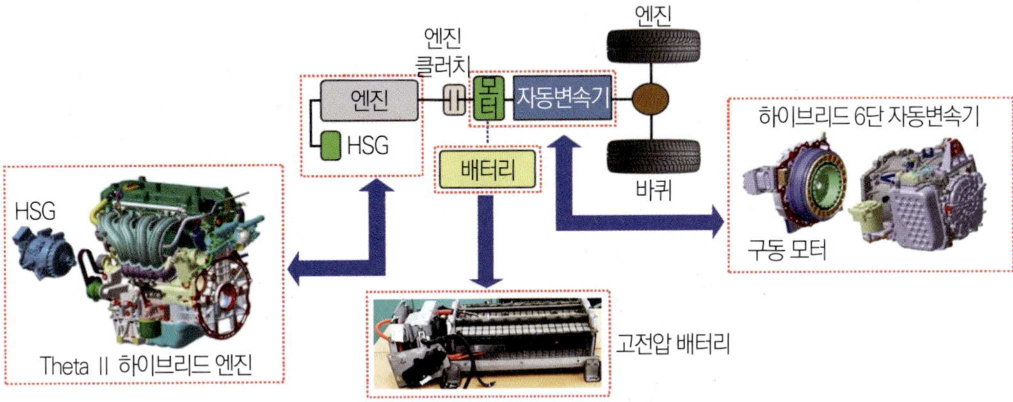

그림 하이브리드 전기자동차 구성

1.1 고전압 배터리 역할

고전압 배터리는 고출력 대용량 배터리 시스템으로 기본적으로 모터를 구동시켜 주행하게 하는 에너지원이다. 고전압 배터리로 인해 주행거리가 판별되고 출력에도 영향이 있기 때문에 관리가 필요하다. 국산 하이브리드 자동차에는 리튬이온 폴리머 전지를 주로 사용한다.

1.2 고전압 배터리 구성

고전압 배터리는 내부를 보면 크게 배터리 팩 부분과 그 옆 부분에는 고전압 배터리를 제어하는 BMS가 위치하고 있으며, 그 주변으로 릴레이나 안전 플러그 등의 전장부품이 결합되어 있다.

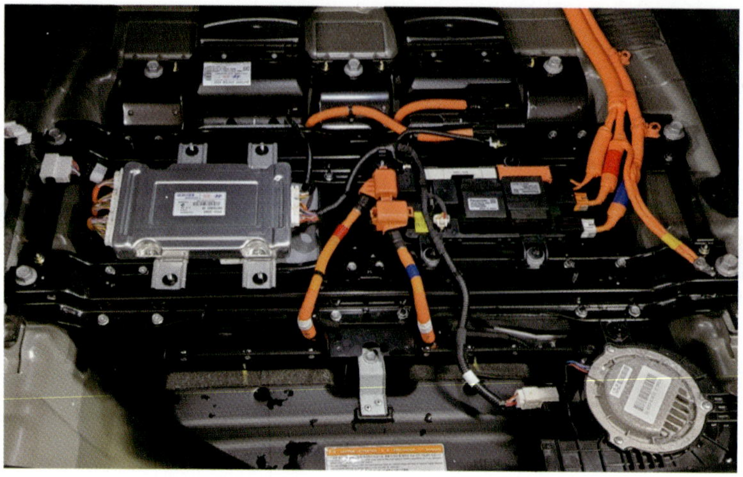

그림 고전압 배터리

1.3 고장 시 증상 및 점검방법

1.3.1. HG HEV(그랜저 HEV, 차량년식 : 2014년식)

[1] 고장증상

주행 중 간헐적 하이브리드 경고등 점등됨

[2] 정비이력

블로워 유닛, 배터리 매니지먼트 시스템(BMS) 교환

[3] 점검내용

① 고장코드 확인 결과 P1BA1 고전압 팬 모듈 고장 확인됨

ENGINE - 엔진제어		발견된 고장코드가 없습니다.	
MCU - 모터제어		발견된 고장코드가 없습니다.	
HCU - 하이브리드제어		발견된 고장코드가 없습니다.	
BMS - 배터리제어	P1BA1	고전압 배터리 팬 모듈 고장	과거
LDC - 직류변환기		발견된 고장코드가 없습니다.	
AT - 자동변속		발견된 고장코드가 없습니다.	

(a) 고장코드

항 목	판정 조건	고장 예상 원인
검출 목적	팬동작 이상으로 인한 FAN 제어 오류 방지 FAN 제어 오류로 인한 배터리 열화 방지 팬 덕트 파손 및 흡기구 막힘 등에 의한 냉각기능 상실 상황 검출	1. 팬 모듈(팬 릴레이, 팬모터 컨트롤 유니트, 블로워, 팬 휴즈) 2 하이브리드 배터리 모듈과 BMS간 와이어 하네스 및 커넥터 단자 접속 불량 및 단선 3 BMS ECU
검출 방법	검출조건으로 30초간 지속되면 검출	
검출 조건	점화 스위치 "ON" 상태에서 9V < Aux(보조 배터리)전압 < 16V 일 경우	
고장코드 발생기준값	FAN 구동 시, VF(FAN FeedBack 주파수) < 1Hz or >300Hz	
고장코드 해제기준값	점화 스위치 "OFF"	
MIL 점등 조건	2DC(드라이빙 사이클: ST ON~IG OFF 2회) 발생 시	
MIL 소등 조건	IG ON/OFF 2회(2DC-2드라이빙 사이클)시 과거 고장으로 진입(과거 고장 및 현재 고장은 진단툴로 소거 가능)	
안전 모드	고전압 정상 공급 : 메인릴레이 ON 정상 유지 BMS 가용 파워 : 고장전 정상값 보다 출력 감소	

(b) 진단 가이드

그림 고장코드 확인

② 상기 고장코드 관련하여 블로어 유닛, BMS 교환, 교환 후 재발생

③ 고전압 배터리 냉각 팬 작동 확인 위해 강제 구동 시 정상 작동됨

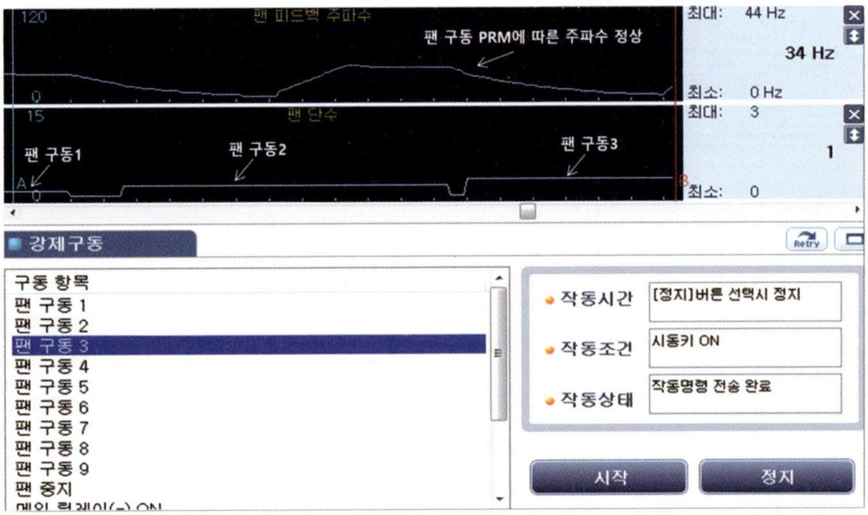

그림 냉각팬 강제구동

④ 고전압 배터리 냉각팬 회로 점검 실시, 각 커넥터 핀텐션 및 전원 정상

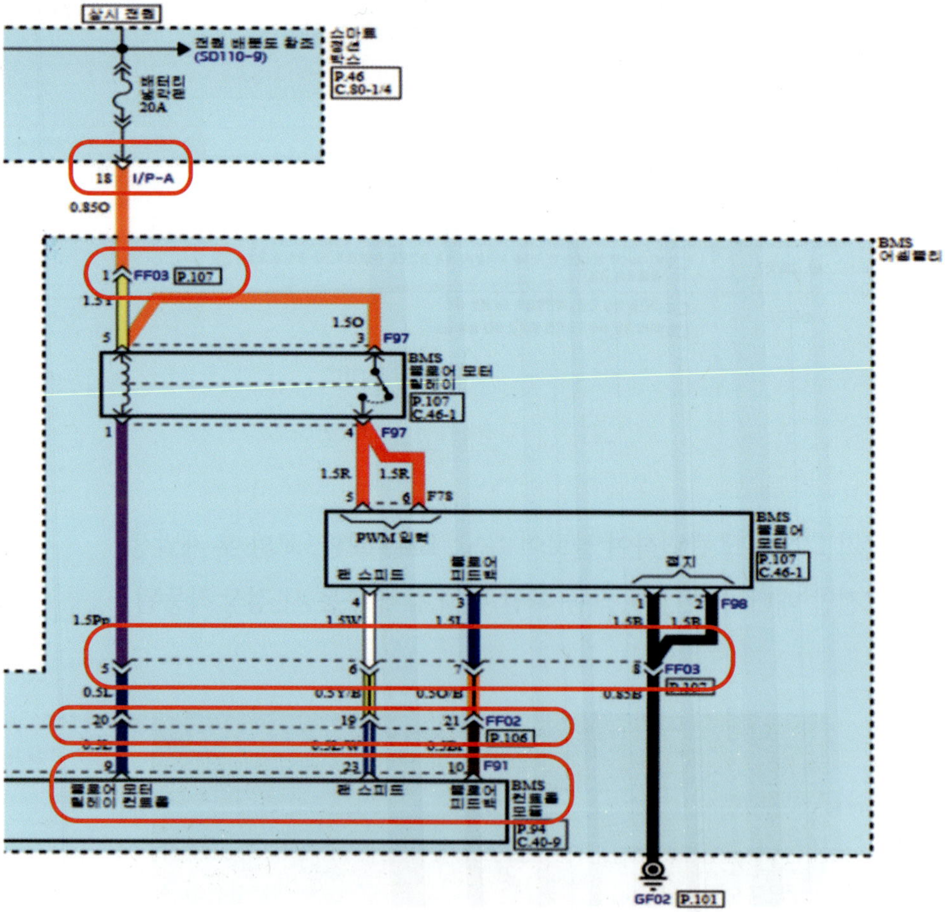

그림 냉각팬 회로 점검 개소

참고 고전압 배터리 냉각팬 구동 회로 분석

㉮ 회로 분석 후 각 핀텐션 확인

㉯ 전 커넥터 핀텐션 정상 확인

㉰ 전원선 확인 결과 12V 정상 출력

⑤ 블로워 교환 시 F97 커넥터 배선 신품 장착 상태, BMS 블로워 모터 접지 확인 결과 접지 조임 불량 확인, 간헐적 접지 불량의 경우 저항 측정 시 정상값 표출 가능하므로 육안 확인 필요

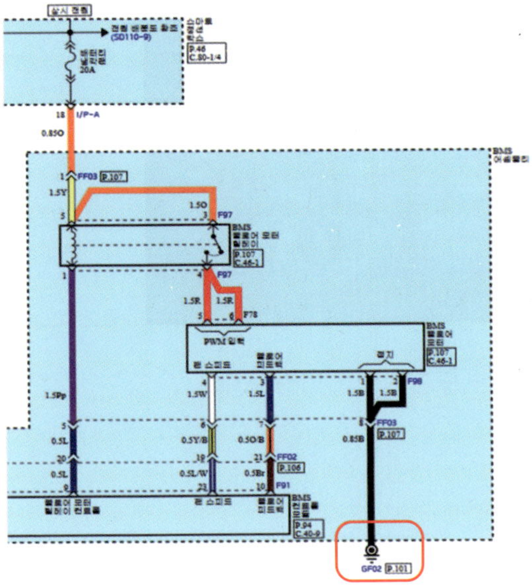

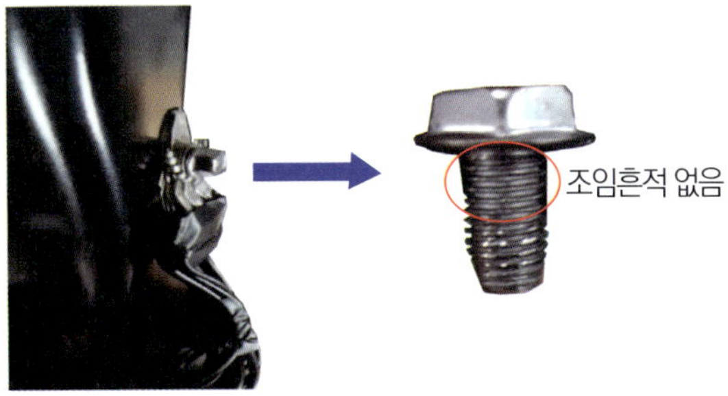

그림 접지 확인

[4] 발생원인

BMS 블로워 모터 접지 조임 불량으로 간헐적 모터 작동 불가 발생되어 경고등 점등 발생됨

[5] 조치내용

접지 볼트 교환 및 적정 토크 조임

1.3.2. IG HEV(그랜저 HEV, 차량년식 : 2017년식)

[1] 고장증상

시동 시 READY 불가 및 클러스터 “하이브리드 시스템을 점검하십시요” 경고 문구 출력

그림 점검 문구

[2] 정비이력

사고에 의한 트렁크 리드 판넬 어셈블리 교환

[3] 점검내용

① 차량 견인 입고 저전압 배터리 방전되어 충전기 연결 후 시동 시 클러스터 경고 문구 출력되며 READY 불가 발생

② 스캔툴 사용 자기진단 시 고전압 배터리 관련 다수 DTC 확인

• 세부 고장 코드

시스템	고장 코드	고장코드명	상태
BMS	P1B96	고전압 배터리 셀 전압 편차	과거
BMS	P0DE6	고전압 배터리 저전압	과거
BMS	P0AA6	고전압 부품 절연파괴	과거
BMS	P1BA7	배터리 과충전 보호회로 활성화	과거
BMS	P1B77	인버터 커패시터 프리차징 실패	현재
BMS	P0B63	고전압 배터리 "9번 전압센싱부" 이상	현재
VDCAHB	C135B08	HCU 토크 제어 불가 (SCC기능)	과거
SCCAEB	C136081	ESP 토크제어 안됨 (ESP 확인)	과거
AIRBAG	B110200	배터리 전압 낮음	과거
ODS	B111216	이그니션 전원 낮음	과거
ICU	B110200	배터리 전압 낮음	과거

2/3

Vehicle 그랜저 hybrid(IG HEV)_2018_G 2.4 MPI HEV

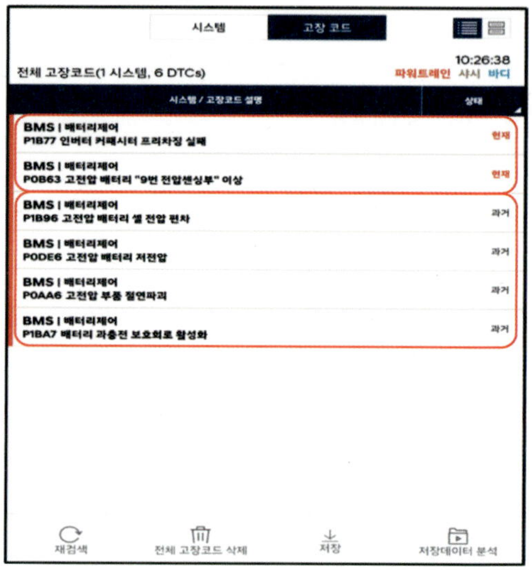

그림 DTC 확인

③ DTC 확인 후 BMU 서비스데이터 확인 시 전체 셀 관련 전압 이상 확인 시 일부 셀 전압 0V 및 5.10V 확인되어 고전압 배터리와 BMU 문제 발생 의심되어 점검 진행

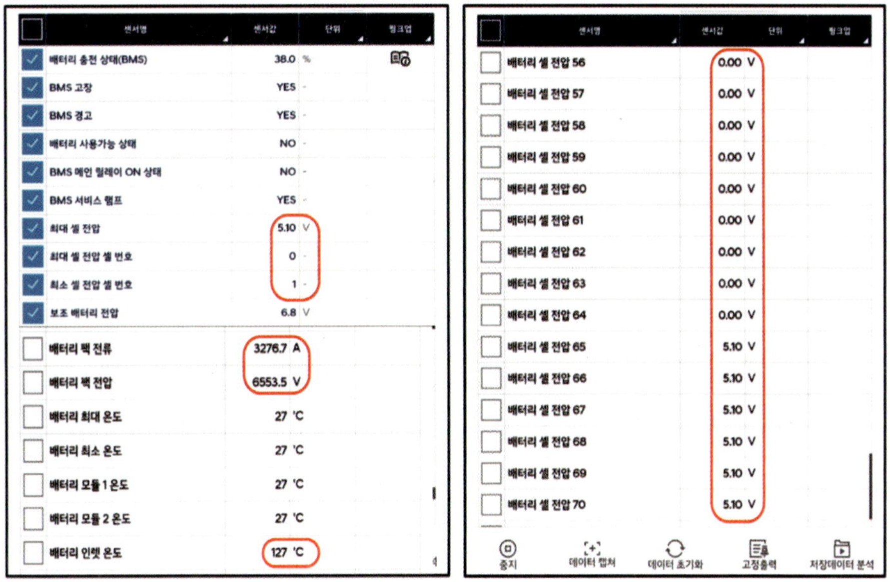

센서명	센서값	단위	링크업
배터리 충전 상태(BMS)	38.0	%	
BMS 고장	YES	-	
BMS 경고	YES	-	
배터리 사용가능 상태	NO	-	
BMS 메인 릴레이 ON 상태	NO	-	
BMS 서비스 램프	YES	-	
최대 셀 전압	5.10	V	
최대 셀 전압 셀 번호	0	-	
최소 셀 전압 셀 번호	1	-	
보조 배터리 전압	6.8	V	
배터리 팩 전류	3276.7	A	
배터리 팩 전압	6553.5	V	
배터리 최대 온도	27	°C	
배터리 최소 온도	27	°C	
배터리 모듈 1 온도	27	°C	
배터리 모듈 2 온도	27	°C	
배터리 인렛 온도	127	°C	

센서명	센서값	단위	링크업
배터리 셀 전압 56	0.00	V	
배터리 셀 전압 57	0.00	V	
배터리 셀 전압 58	0.00	V	
배터리 셀 전압 59	0.00	V	
배터리 셀 전압 60	0.00	V	
배터리 셀 전압 61	0.00	V	
배터리 셀 전압 62	0.00	V	
배터리 셀 전압 63	0.00	V	
배터리 셀 전압 64	0.00	V	
배터리 셀 전압 65	5.10	V	
배터리 셀 전압 66	5.10	V	
배터리 셀 전압 67	5.10	V	
배터리 셀 전압 68	5.10	V	
배터리 셀 전압 69	5.10	V	
배터리 셀 전압 70	5.10	V	

그림 서비스데이터

④ 고전압 배터리 점검을 위해 트렁크 트림 탈거 시 트렁크 내부 수분 다량 유입으로 고전압 배터리 절반 이상 침수 발생 확인되며, 주변부 외부 수분에 의한 냉각팬 등 오염 발생 확인. 고객 인터뷰와 차량 상태 확인

그림 빗물 트렁크로 유입

[4] 발생원인

사고에 의한 트렁크 리드 판넬 어셈블리 교환 시 씰링 누락으로 외부 빗물 트렁크 내부 유입되어 고전압 배터리 침수 발생됨

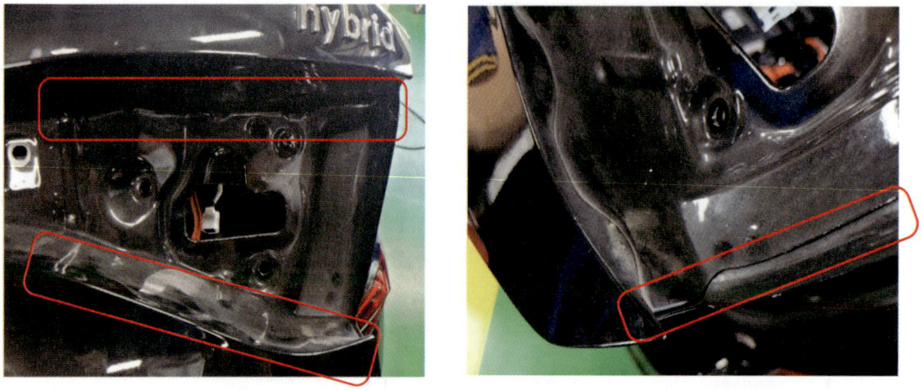

그림 씰링 누락 부위

[5] 조치사항

고전압 배터리 절반 이상 침수에 의한 수분 오염된 고전압 배터리 관련 단품 전체 교환

그림 고전압 배터리 교환

1.3.3. IG HEV(그랜저 HEV, 차량년식 : 2020년식)

[1] 고장증상

하이브리드 시스템 점검 문구 출력

그림 점검 문구

[2] 점검내용

① 진단코드 점검 시 P0B54–고전압 배터리 "6번 모듈" 전압 센싱부 이상(현재고장) 출력됨

② BMS 서비스데이터 점검 시 48번 셀 0V 출력 타 셀 약 3.58V 출력됨

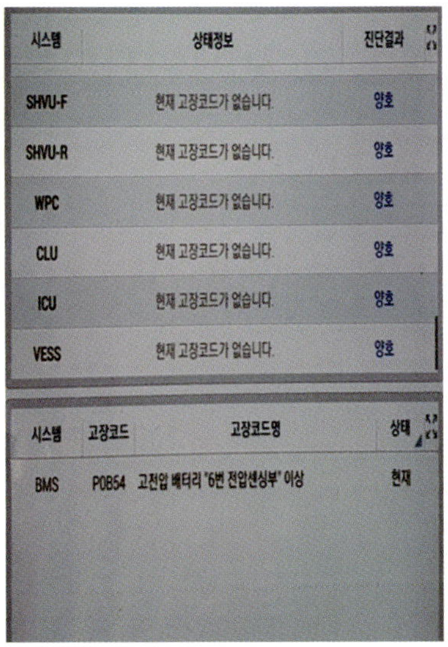

그림 진단코드

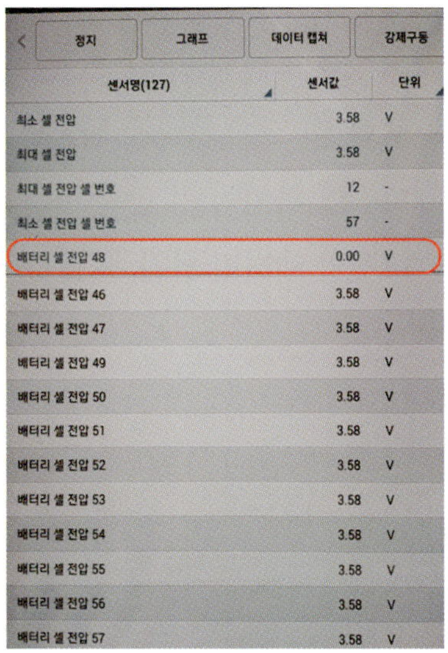

그림 서비스데이터

2020 > G 2.4 MPI HEV > Battery Management System > 배터리제어 > P0B54 고전압 배터리 "6번 모듈" 전압센싱부 이상 > DTC 정보

고장 코드 설명

고전압 배터리 6번 전압센싱부 이상 시 발생하는 DTC 이다. 해당 전압센싱부에 위치한 셀 전압 측정 거동 이상, 단선 고장 등 발생 시 검출된다. (해당 고장 시 안전모드에서 메인릴레이를 ON 유지한다. 다만 고장상황에 따라 예외적으로 릴레이 OFF 수행하는 경우가 있다.)

※ "절연파괴 고장" 발생 시 "배터리 전압센싱부 이상" 진단은 영향을 받게 된다. 따라서 "배터리 전압센싱부 이상" DTC 발생 시 절연파괴 점검이 수행되어야 한다. GDS에서 고장상황데이터의 '고장추가정보3' 에 표출된 절연저항값을 확인한다. 정상값(1MΩ 이상) 아닐 시 절연파괴 이상 점검이 우선적으로 이루어져야 한다. 절연파괴 고장부품 검사(부가기능)를 이용하여 점검하도록 한다.

고장 판정 조건

<table>
<tr><th>항목</th><th colspan="3">판정조건</th><th>고장예상원인</th></tr>
<tr><td>검출목적</td><td colspan="3">하이브리드 배터리 전압센싱부 이상 방지
잘못된 전압 정보에 의한 제어오류 차단</td><td rowspan="7">1. 하이브리드 배터리 모듈과 BMS간 배선 및 커넥터 접속 불량 또는 단선
2. BMS ECU</td></tr>
<tr><td>진입조건</td><td colspan="3">점화스위치 "ON"
보조배터리 정상전압(9-16V)</td></tr>
<tr><td rowspan="5">안전모드</td><td colspan="2">고전압릴레이제어</td><td>유지</td></tr>
<tr><td rowspan="2">서비스 램프</td><td>ON 조건</td><td>2회 주행사이클</td></tr>
<tr><td>OFF 조건</td><td>점화스위치 "OFF"</td></tr>
<tr><td colspan="2">DTC 확정</td><td>2회 주행사이클</td></tr>
<tr><td colspan="2">경고등(MIL)</td><td>ON</td></tr>
</table>

그림 진단가이드

③ BMS B01-VE 커넥터(5번, 24번 단자) 핀 텐션 점검 시 정상

④ 고전압 배터리 48번 셀 전압 측정 시 0.6V~2V까지 오르내림, 다른 셀들은 약 3.58V 출력

⑤ 고전압 와이어 링 단선 여부 점검 시 정상

⑥ 고전압 배터리 탈착 후 B02-V6 커넥터 10번, 5번 단자에서 전압 측정 시 0V 측정

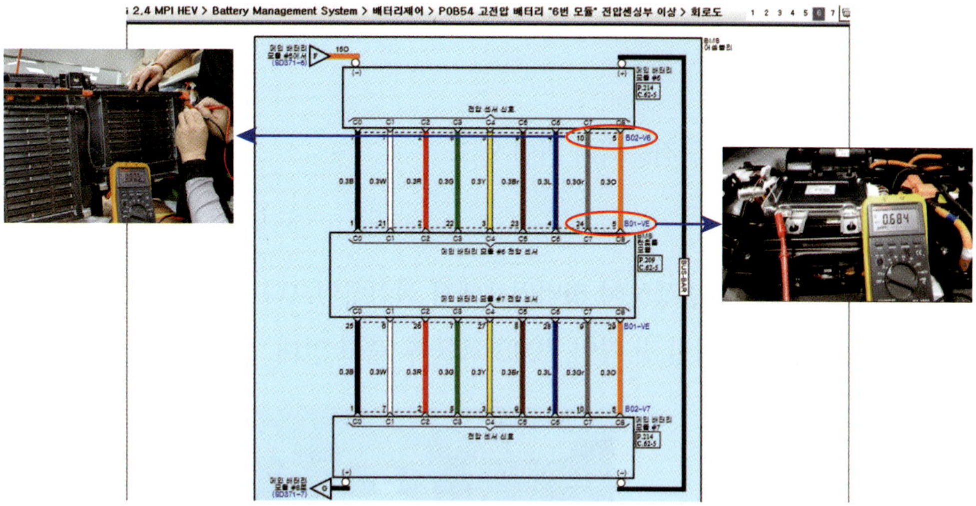

그림 48번 셀 전압 측정

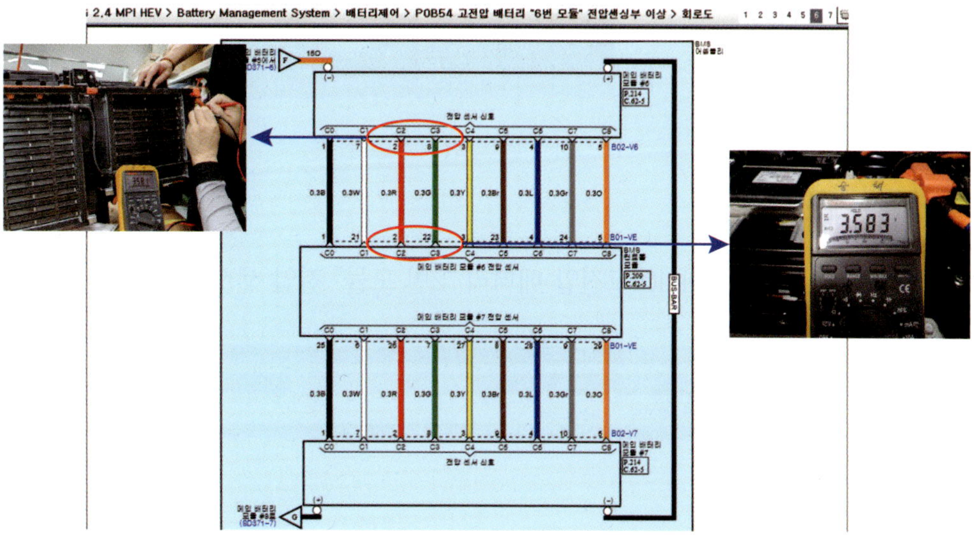

그림 다른 셀 전압 측정

⑦ 고전압 배터리 48번 셀 내부 불량으로 확인됨

[3] 조치사항

고전압 배터리 교환

1.3.4. IG HEV(그랜저 HEV, 차량년식 : 2019년식)

[1] 고장증상

주행중 고전압 경고등 점등되어 견인 입고

[2] 정비이력

해당 현상이 2일 전 발생하여 정비업체에서 점검하였으나 현상 재현 안되었고 각 셀의 전압도 3.66V로 정상적인 것 확인, BMS 교환 후 출고 안내

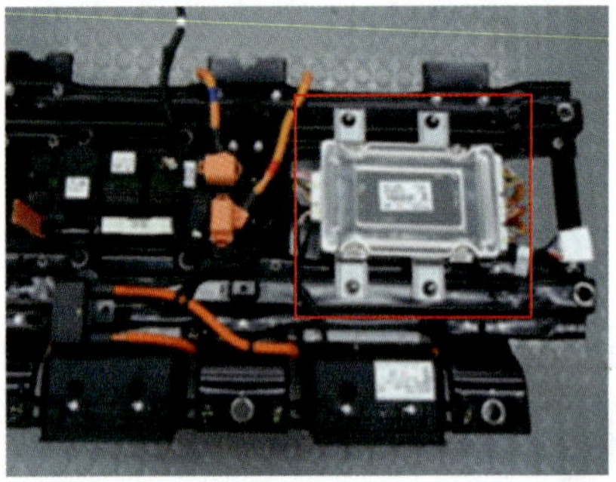

그림 BMS 교환

[3] 점검내용

① 스캔점검 실시, P0B40 고전압 배터리 “2번 모듈” 전압 센싱부 이상(현재)

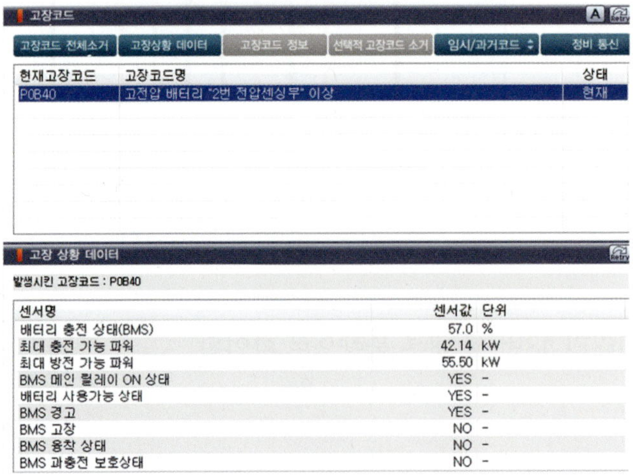

그림 고장코드

② 센서데이터 점검, 현상 발생 시 15번, 16번 셀이 0V로 표시됨

배터리 셀 전압 9	3.64 V
배터리 셀 전압 10	3.64 V
배터리 셀 전압 11	3.66 V
배터리 셀 전압 12	3.66 V
배터리 셀 전압 13	3.66 V
배터리 셀 전압 14	3.66 V
배터리 셀 전압 15	0.00 V
배터리 셀 전압 16	0.00 V
배터리 셀 전압 17	3.66 V
배터리 셀 전압 18	3.66 V
배터리 셀 전압 19	3.66 V
배터리 셀 전압 20	3.66 V
배터리 셀 전압 5	3.66 V
배터리 셀 전압 6	3.66 V
배터리 셀 전압 7	3.66 V
배터리 셀 전압 8	3.66 V
배터리 셀 전압 21	3.66 V
배터리 셀 전압 22	3.66 V
배터리 셀 전압 23	3.66 V
배터리 셀 전압 24	3.66 V
배터리 셀 전압 25	3.66 V
배터리 셀 전압 26	3.66 V

그림 센서데이터

③ BMS 탈거 후 직접 계측, 2번 모듈의 C6, C7에서 4.6 측정됨. BMS의 B01-VC 커넥터에서 각 셀의 전압 직접 측정 시 C6-C7과 C7-C8 셀에서 4.6mV 측정됨 다른 셀에선 3.65V 측정됨

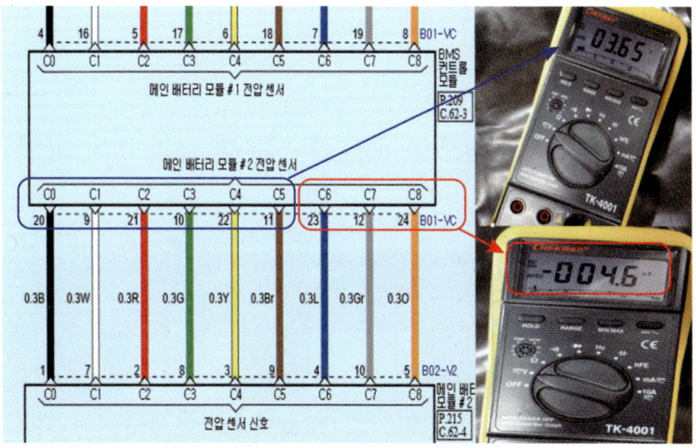

그림 BMS 탈거 후 직접 계측

④ 고전압 배터리를 내려 직접 계측한 결과 C6-C과 C7-C8에서 셀 불량 확인됨

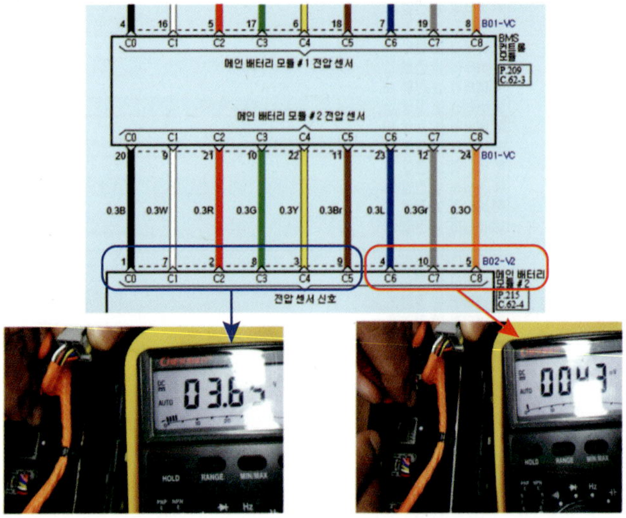

그림 고전압 배터리에서 직접 계측

[4] 발생원인

고전압 배터리 어셈블리 내부의 셀(15번, 16번) 불량, 해당 셀의 전압을 수시로 측정한 결과 때때로 정상적으로 전압 나오기도 함, 이 때문에 해당 현상이 간헐적으로 발생한 것으로 판단됨

[5] 조치사항

고전압 배터리 어셈블리 신품으로 교환 후 시운전 결과 정상 확인되어 출고

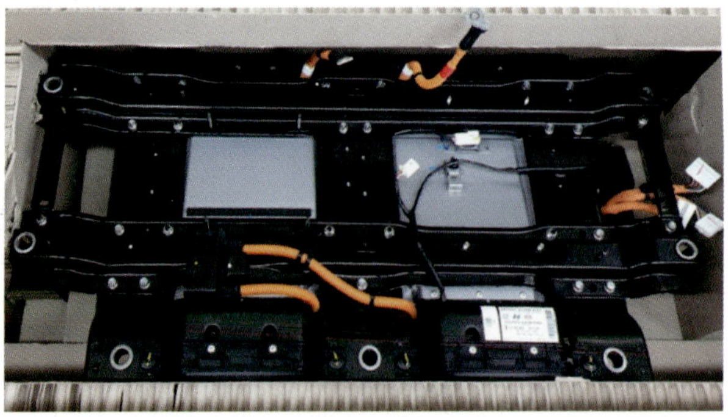

그림 고전압 배터리 어셈블리 신품으로 교환

1.3.5. LF HEV(쏘나타 HEV, 차량년식 : 2016년식)

[1] 고장증상

주행중 시동 꺼짐, 하이브리드 경고등 점등

[2] 정비이력

뒤 우측 트렁크 및 램프 부위 사고수리

[3] 점검내용

① 절연파괴 검사 시 고전압 배터리 부위로 확인됨, 절연저항 250~325Ω 측정됨

② 정상 절연저항 1000Ω

③ 고전압 배터리 부위 물 유입됨

④ 고전압 배터리 케이스 내부에 물이 차 있어서 배터리가 물에 잠김

그림 고전압 배터리 케이스 내부에 물이 찬 것임

[4] 발생원인

뒤 우측 트렁크 및 램프 부위 사고 이후 사고수리 미흡으로 고전압 배터리 물 유입됨

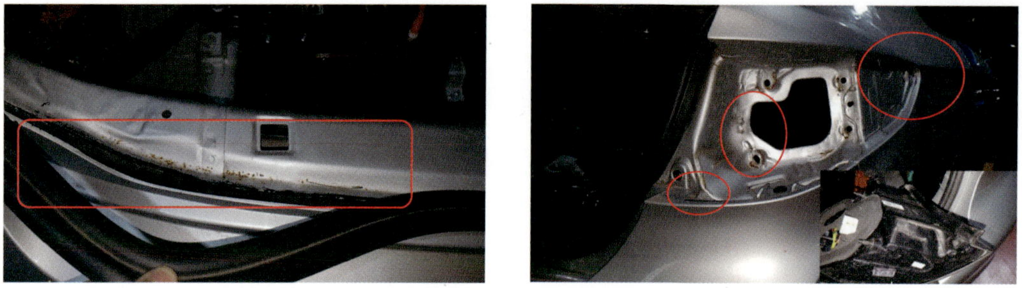

그림 사고수리 미흡 부위

[5] 조치사항

녹 제거 후 고전압 배터리 교환 및 사고부위 수리요청

1.3.6. LF HEV 2.0(쏘나타 HEV, 차량년식 : 2016년식)

[1] 고장증상

"전원공급 장치 점검 안전한 곳에 정차하십시오." 문구 및 하이브리드 경고등 점등, 주행 불가

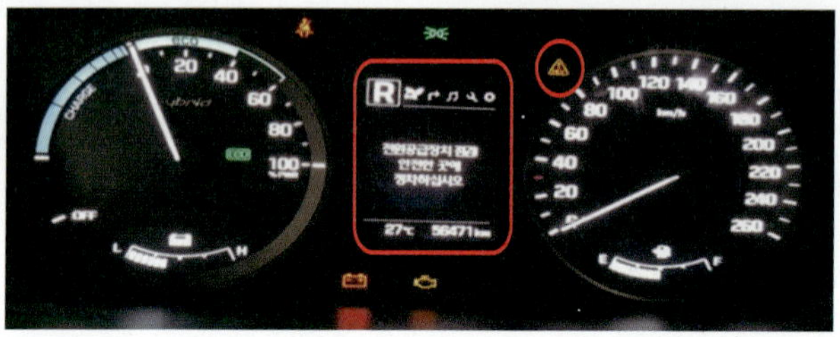

그림 경고문구 발생 및 하이브리드 경고등 점등

[2] 정비이력

트렁크 오픈 스프링 개조

[3] 점검내용

① 파워 릴레이 교환, P0AA6 고전압 부품 절연파괴, B1821(현재)

② DTC 점검, 절연저항 값 300kΩ 이하인 경우 DTC CODE 발생, 절연저항 값 900kΩ 이상인 경우 DTC CODE 해제

시스템	고장코드	고장코드명	상태
BMS	P0AA6	고전압 부품 절연파괴	현재
AIRCON	B1821	전동식 컴퓨레서 대기모드 전압 낮음	현재

그림 고장코드

고장 코드 설명

절연파괴 검출회로는 BMS-ECU의 내부에 회로로 꾸며져 있으며, 고전압 라인과 차체의 절연의 정도가 300kΩ 이하로 낮아 질때 고장으로 판단한다. 즉, 배터리 고전압 라인과 GND간 단락에 의한 고전압 절연파괴를 검출하면 상기 DTC를 표출한다. 현재 고장이 발생하면 서비스 램프를 점등시킨다. 만약 정상 상태로 회복되면 현재의 고장코드는 삭제되고 과거고장 코드(DTC 코드 끝부분에 H 표시)가 검출 된다. 이때 서비스 램프는 소등되며 과거 고장코드는 GDS를 사용하여 소거시킬수 있다. 고장해제 기준은 절연저항 900kΩ 이상이며 릴레이 전단 고장시에만 해제조건이 적용된다(릴레이 후단 절연파괴 시에는 고장해제 미수행).

고장 판정 조건

항목	판정 조건	고장 예상 원인
검출목적	절연파괴에 의한 안전사고 방지	1. 하이브리드 배터리 팩 2. 절연 저항 센싱 회로 이절 3. BMS ECU
검출방법	검출조건으로 18초간 지속되면 검출	
검출조건	점화 스위치 "ON" 보조배터리 정상	
고장코드발생기준값	절연저항이 300kΩ 이하인 경우	
고장코드해제기준값	절연저항이 900kΩ 이상인 경우	
MIL 점등 조건	1DC(드라이빙 사이클: ST ON~IG OFF) 동안 고장 발생 시	
MIL 소등 조건	3DC(드라이빙 사이클: ST ON~IG OFF) 동안 고장 없을 시	
안전 모드	고전압공급차단(HEV기능중단) : 메인릴레이 OFF 유지	

그림 진단가이드

③ 차량 리프팅 후 점검 시 물맺힘 현상 발견, 고전압 배터리부 절연파괴 예상부위 검출

그림 리프팅 시 하단 젖음 확인

④ 절연저항 센서데이터 점검 시 유동 확인, 절연파괴 부품검사 TEST 시 고전압 배터리부 예상부위 검출, 절연저항 센서데이터 점검 시 400~600kΩ 변동 확인

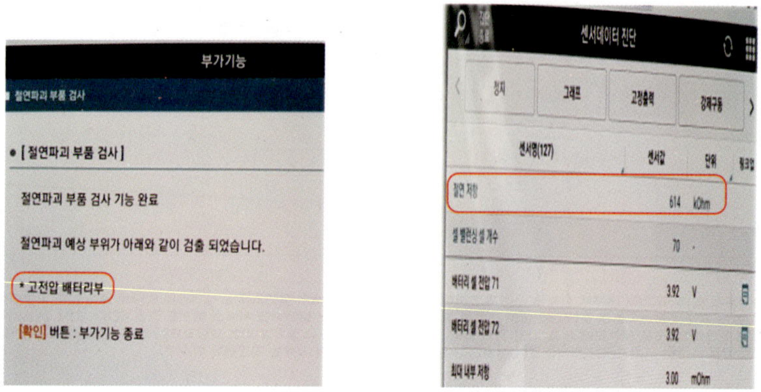

그림 절연저항 센서데이터

⑤ 트렁크 안 배터리부 점검 시 물이 많이 고여 있는 것을 확인

그림 배터리팩 탈거 시 물고임 확인

⑥ 누수 경로 확인

[4] 발생원인

고장력 스프링(트렁크 오픈 스프링) 개조로 인하여 댕겨지는 부분 쪽으로 물 들어감

그림 고장력 스프링 개조

[5] 조치사항

물 제거 후 배터리 교환

(a) 하부로 물 배출 및 건조

(b) 여러 부위에 녹 발견, 배선 손상됨

그림 배터리부 물 배출

1.3.7. LF HEV(쏘나타 HEV, 차량년식 : 2015년식)

[1] 고장증상

고전압 배터리 잔량 0% 출력, 클러스터 "배터리 충전을 위해 정차하십시오" 문구 출력, 경고등 없음, 고장코드 없음. 클러스터에 고전압 배터리 잔량이 아예 없을 경우 배터리 셀 전압 확인 필요

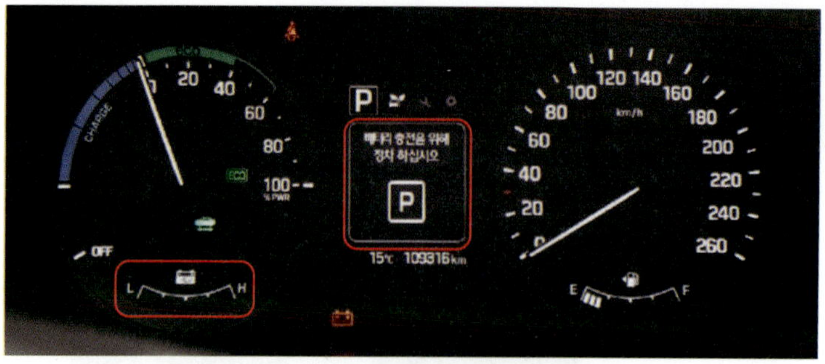

그림 문구 출력 및 고전압 배터리 잔량 0%

[2] 정비이력

PRA, HSG, HPCU, 변속기 교환, BMS 교환 도중 고장코드 발생

[3] 점검내용

① 고장코드 검색, P0B54 – 고전압 배터리 "6번 전압센싱부" 이상

② 센서데이터 확인

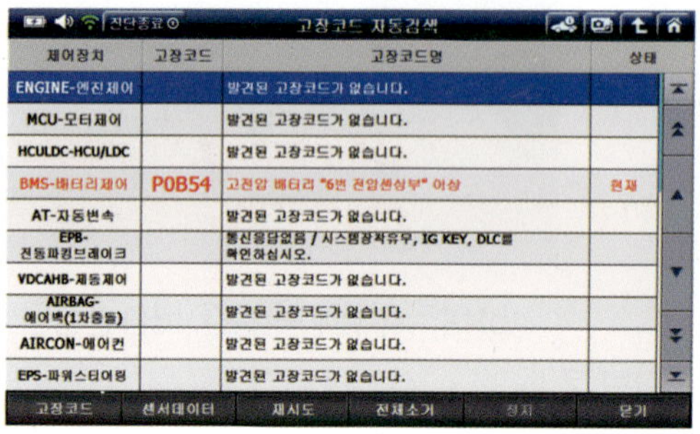

그림 고장코드

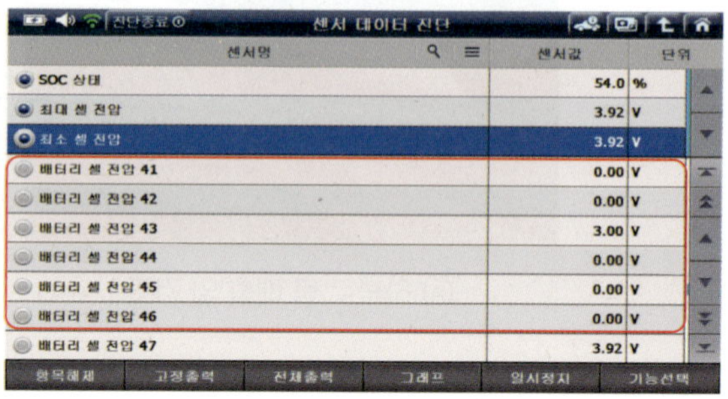

그림 센서데이터 확인

③ 배터리 셀 전압 측정, 배터리 셀 전압 배터리 셀 41번, 42번, 43번, 44번, 45번, 46번 전압 측정불가(0V), 배터리 셀 47번, 48번 전압 3.93V 정상

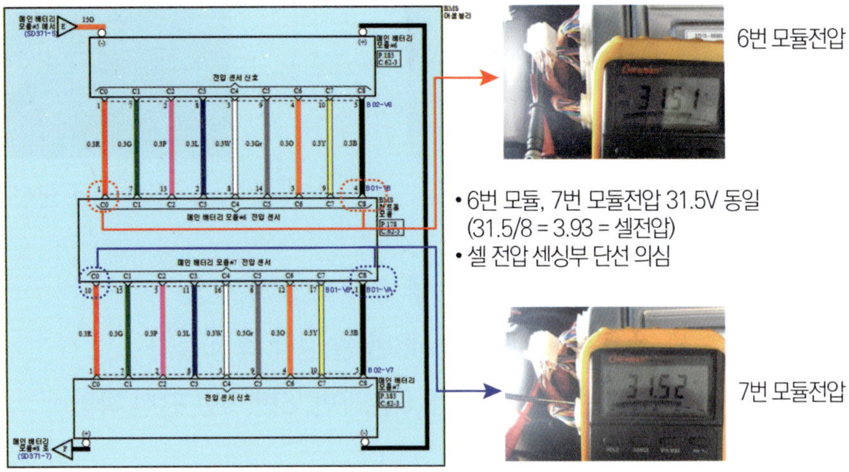

셀 41번~46번 전압측정 불가, 셀 47번, 48번 3.93V

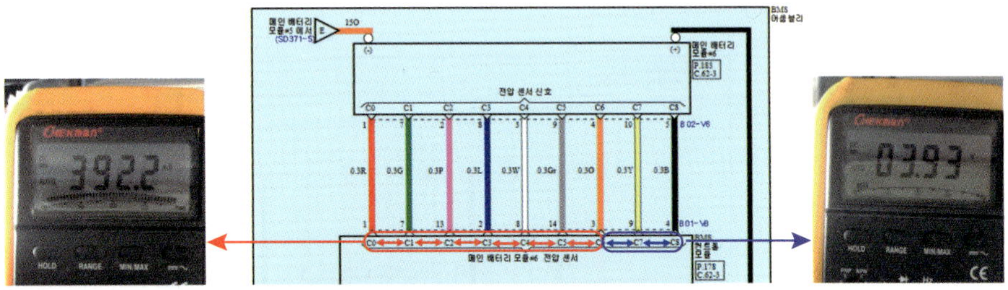

배터리 셀 전압 41	0.00 V
배터리 셀 전압 42	0.00 V
배터리 셀 전압 43	0.00 V
배터리 셀 전압 44	0.00 V
배터리 셀 전압 45	0.00 V
배터리 셀 전압 46	0.00 V
배터리 셀 전압 47	3.92 V
배터리 셀 전압 48	3.92 V

그림 배터리 셀 전압 측정

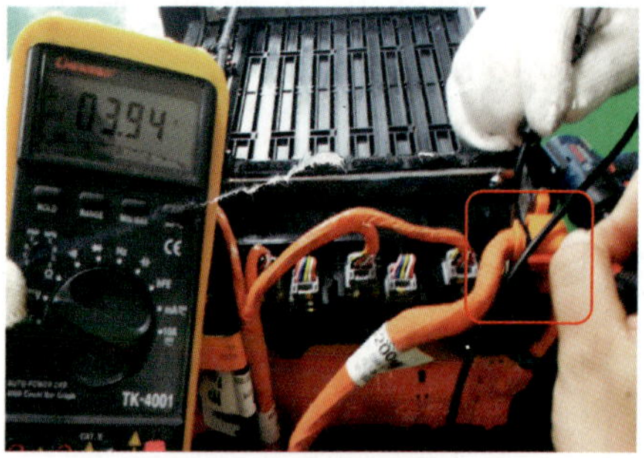

그림 셀 전압 센싱 라인 점검

그림 퓨즈 단선

㉮ 배터리 팩 커버 탈거 후 Input측 셀 전압 측정 시 정상

㉯ Output측 셀 전압 측정 시 41번~46번 셀 전압 측정 불가

㉰ Input~Output 단선 점검 시 2번, 3번, 7번, 8번, 9번 단선 확인

④ 배터리 내부 퓨즈 단선 점검, 배터리 내부 퓨즈 단선

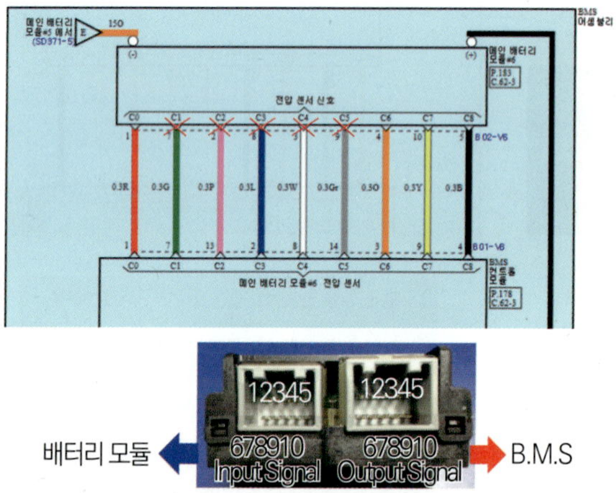

그림 배터리 모듈 퓨즈박스 단선 점검

㉮ BMS에서 C0, C8(모듈 #6) 측정 시 배터리 모듈 전압 31.5V

㉯ BMS에서 셀 41번~46번 전압 측정 시 전압 측정 불가

㉰ 배터리 모듈내 input 측 전압 측정 시 모든 셀 정상

㉣ Input - Output 단선 점검 시 단선 확인, 배터리 모듈 퓨즈박스 단선

참고 퓨즈박스 교환방법

그림 퓨즈박스 교환방법

① 퓨즈 박스 좌측 고정 후크 탈거
② 퓨즈 박스 우측 고정 후크 탈거
③ 엄지를 이용하여 퓨즈 박스를 아래 방향으로 누른 후 작업자의 몸쪽 방향으로 잡아 당기듯이 탈거함

[4] 발생원인

배터리팩 내부 퓨즈 단선

[5] 조치사항

배터리팩 교환

1.3.8. LF PHEV(쏘나타 PHEV, 차량년식 : 2016년식)

[1] 고장증상

하이브리드 시스템 경고등 점등

그림 하이브리드 시스템 경고등 점등

[2] 점검내용

① 하이브리드 시스템 경고등 점등, 고전압 배터리 주행가능 거리 0%

② DTC 고장코드 진단 시(P1B96), 고전압 배터리 셀 편차

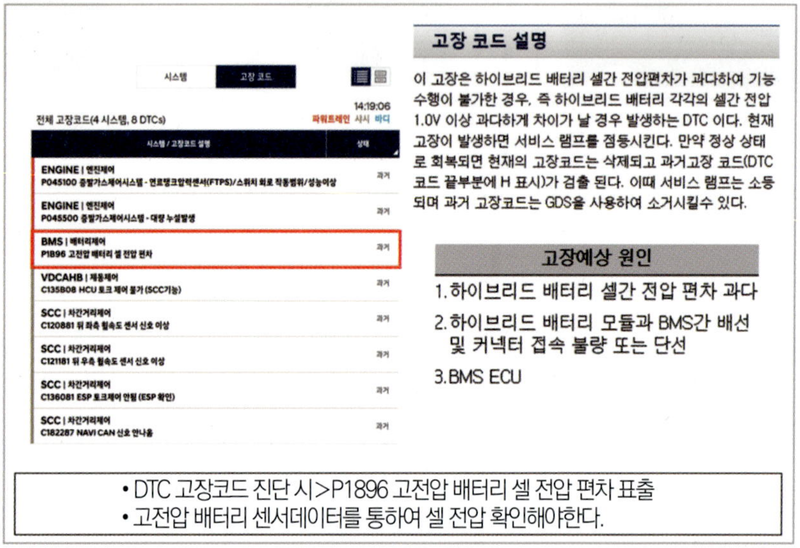

그림 고장코드

③ 메인, 서브 고전압 배터리 모듈 전압 점검, 8개의 셀 전압의 합 점검–불량

④ 메인, 서브 고전압 배터리 셀 전압 점검, 1번 셀, 99번 셀 전압점검–불량

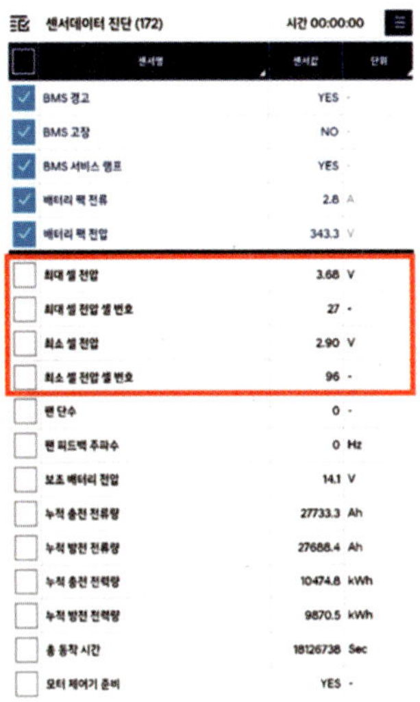

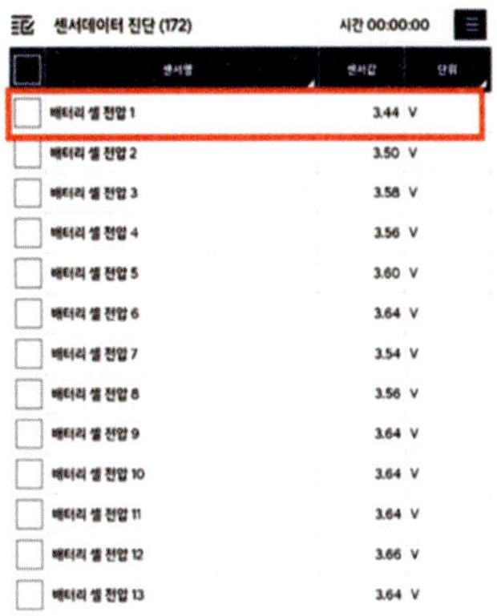

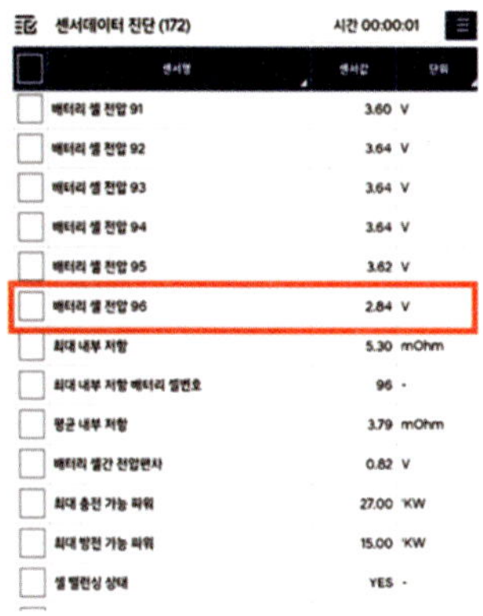

• 고전압 배터리의 구성

고전압 배터리 모듈 어셈블리는 9개의 배터리 모듈로 구성되며, 각각의 모듈은 8개의 셀로 구성된다. 1개의 셀은 3.75V이므로 배터리 모듈 하나는 8개의 셀이 직렬로 연결되어 30V가 된다. 고전압 배터리 모듈 어셈블리는 30V의 전압값을 가지는 9개의 모듈이 직렬로 연결되어 270V의 전압값을 가진다.

- 센서데이터 확인 시 최대 셀 전압 3.68V, 최소 셀 전압 2.90V>전체적인 셀 편차 높음
- 고전압 배터리 셀 전압 편차가 실체 고전압 배터리 문제인지 BMS 문제인지 판단해야 한다.

그림 센서데이터 비교

⑤ 고전압 배터리 실측 전압과 센서데이터 비교, 센서데이터와 비교 시 동일–BMU 정상임

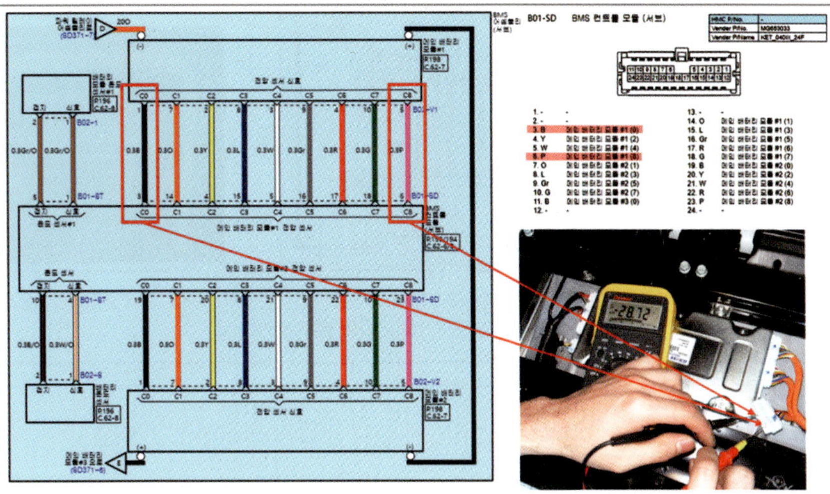

- 전압 신호 센서가 셀 개수와 동일 함>두개의 신호선의 차이로 전압 신호를 보냄
- C0과 C8측정 시 1개의 모듈(셀 8개) 전압이 측정됨>1~8번 셀의 합인 28.72V 검출됨

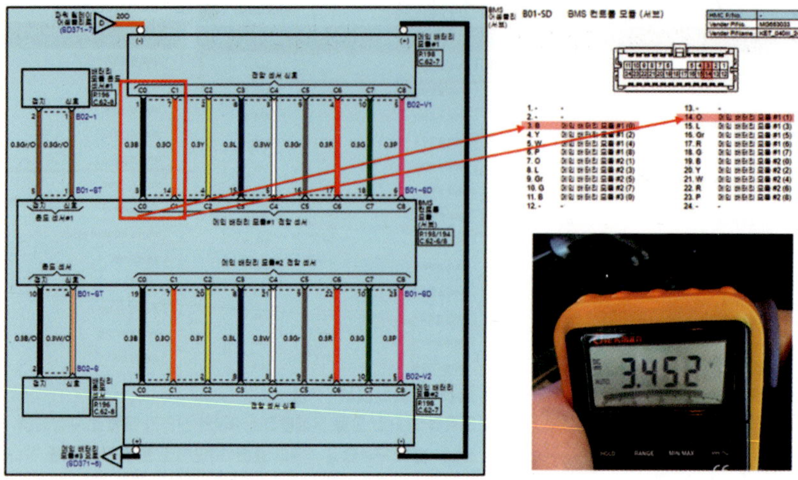

• 1번 셀의 센서데이터(3.45V)와 비교하기 위해 B01-SD커넥터의 C0, C1점검>3.45V확인

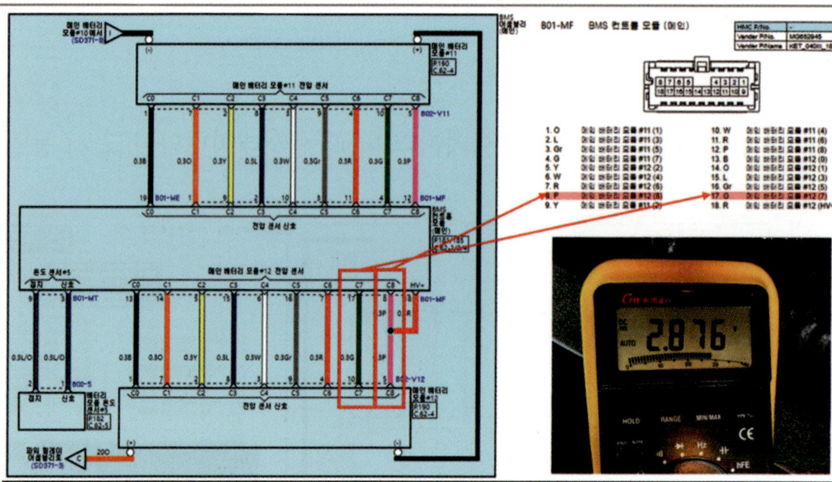

• 96번 셀의 센서데이터(2.84V)와 비교하기 위해 B01-MF커넥터의 C7, C8점검>2.87V확인
• BMU 고장이 아니라 실제로 고전압 배터리의 셀 편차가 있음

그림 고전압 배터리 실측 전압과 센서데이터 비교

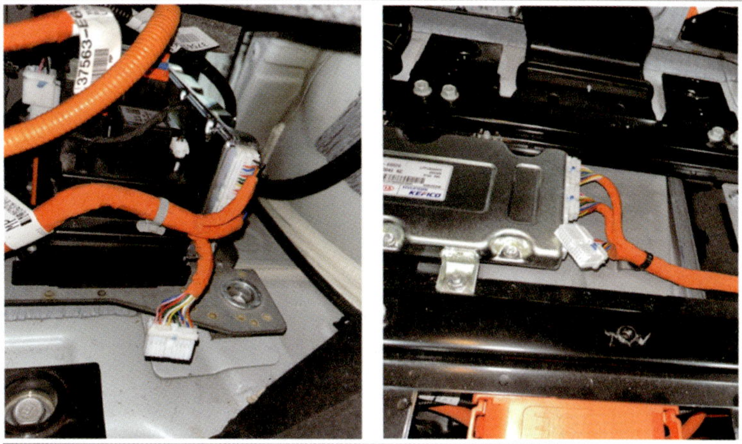

• BMU모듈로 연결되는 메인, 서브 고전압 배터리 핀 텐션 점검 시 정상

그림 메인, 서브 고전압 배터리 핀 텐션 점검

⑥ 고전압 배터리 고장 판단

[3] 발생원인

고전압 배터리 셀 전압 편차 과다

[4] 조치사항

고전압 배터리 교환

1.3.9. YF HEV(쏘나타 HEV, 차량년식 : 2013년식)

[1] 고장증상

YF HEV 주행불가 견인 입고됨 서비스램프 점등 및 경고 부저 작동, 크러스터(정차후 시동을 꺼 주십시오) 출력됨

그림 서비스램프 점등

[2] 점검내용

① 고장코드 점검 시 P1B74 고전압 배터리 전압센싱 라인 단선(현재)

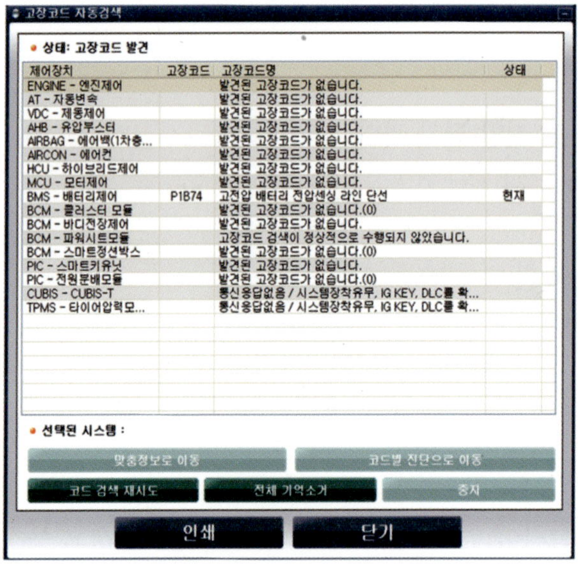

그림 고장코드

② BMS 센서 출력값 확인 시 최대/최소 셀 전압 5.10V 배터리 셀 전압 1~72번 모두가 0.00V 출력됨 셀 접압이 확인불가라 BMS 커넥터 체결상태 정상

③ BMS 교환 후 센서 출력값 확인 시 최대 /최소 셀 전압값 모두가 5.10V 1~72번 배터리 셀 전압 모두가 3.86V

그림 센서 출력값 BMS 교환 전후 비교

④ 교품 조립 후 확인 시 최대/최소 셀 전압 5.10V 배터리 셀 전압 1~72번 모두가 0.00V 출력됨

⑤ 고전압 배터리 교환

그림 교품 조립 후 확인

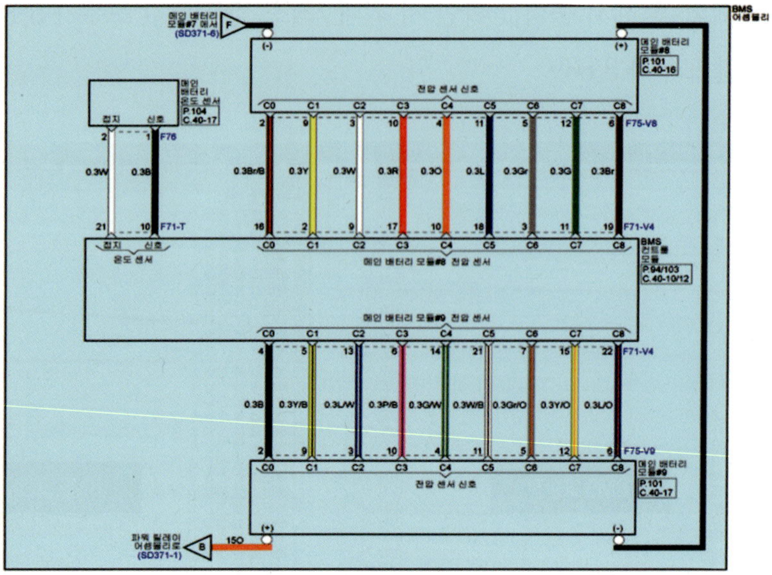

그림 회로도

[3] 발생원인

고전압 배터리 & BMS 동시 불량

고정 출력 | 전체 출력 | 그래프 | 항목 선택 | 최대/최소 초기화 | 저장 | 정지

센서명	센서값	단위
☑ 최대 셀 전압	5.10	V
☑ 최대 전압 셀 위치	17	-
☑ 최소 셀 전압	5.10	V
☑ 최소 전압 셀 위치	39	-
☐ 배터리 셀 전압 11	3.68	V
☐ 배터리 셀 전압 12	3.68	V
☐ 배터리 셀 전압 13	3.68	V
☐ 배터리 셀 전원 14	3.68	V
☐ 배터리 셀 전원 15	3.68	V
☐ 배터리 셀 전원 16	3.68	V
☐ 배터리 셀 전원 17	3.70	V
☐ 배터리 셀 전원 18	0.00	V
☐ 배터리 셀 전원 19	0.00	V
☐ 배터리 셀 전원 20	0.00	V
☐ 배터리 셀 전원 21	0.00	V
☐ 배터리 셀 전압 22	0.00	V
☐ 배터리 셀 전압 23	0.00	V
☐ 배터리 셀 전압 24	0.00	V
☐ 배터리 셀 전압 25	0.00	V
☐ 배터리 셀 전압 26	3.68	V
☐ 배터리 셀 전압 27	3.68	V
☐ 배터리 셀 전압 28	3.68	V
☐ 배터리 셀 전압 29	3.68	V
☐ 배터리 셀 전압 30	3.68	V
☐ 배터리 셀 전압 31	3.68	V
☐ 배터리 셀 전압 32	3.68	V

(a) 고전압 배터리 교환 BMS 교품 장착 시

고정 출력 | 전체 출력 | 그래프 | 항목 선택 | 최대/최소 초기화 | 저장 | 정지

센서명	센서값	단위
☑ 최대 셀 전압	3.66	V
☑ 배터리 팩 전류	2.6	A
☑ 배터리 팩 전압	263.7	V
☑ 최대 전압 셀 위치	25	-
☑ 최소 셀 전압	3.64	V
☑ 최소 전압 셀 위치	18	-
☑ 배터리 셀 전압 1	3.66	V
☑ 배터리 셀 전압 2	3.66	V
☐ 배터리 셀 전압 59	3.66	V
☐ 배터리 셀 전압 60	3.66	V
☐ 배터리 셀 전압 61	3.66	V
☐ 배터리 셀 전압 62	3.66	V
☐ 배터리 셀 전압 63	3.66	V
☐ 배터리 셀 전압 64	3.66	V
☐ 배터리 셀 전압 65	3.66	V
☐ 배터리 셀 전압 66	3.66	V
☐ 배터리 셀 전압 67	3.66	V
☐ 배터리 셀 전압 68	3.66	V
☐ 배터리 셀 전압 69	3.66	V
☐ 배터리 셀 전압 70	3.66	V
☐ 배터리 셀 전압 71	3.66	V
☐ 배터리 셀 전압 72	3.66	V
☐ 최대 내부 저항	3.00	mOhm
☐ 최대 내부 저항 배터리 셀번호	0	-
☐ 평균 내부 저항	3.00	mOhm
☐ 배터리 셀간 전압편차	0.00	V

(b) 고전압 배터리 & BMS 동시 교환 시 정상

그림 고전압 배터리 & BMS 동시 교환 시

[4] 조치사항

고전압 배터리 & BMS 동시 교환 시 정상, BMS & 고전압 배터리 동시 교환 시 BMS 출력값 확인 시 최대 셀전압 : 3.66V, 최소 셀 전압 : 3.64V 확인함

1.3.10. YF HEV(쏘나타 HEV, 차량년식 : 2014년식)

[1] 고장증상

주행중 엔진 경고등, 서비스램프 충전경고등 점등, 경보음 지속적 발생, READY LAMP 점멸

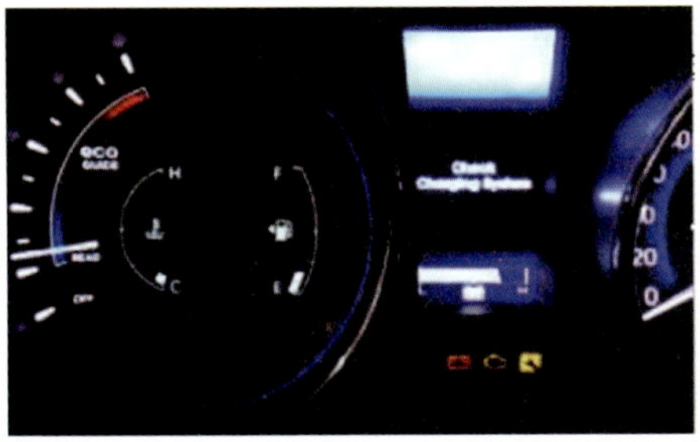

그림 서비스램프 충전경고등 점등

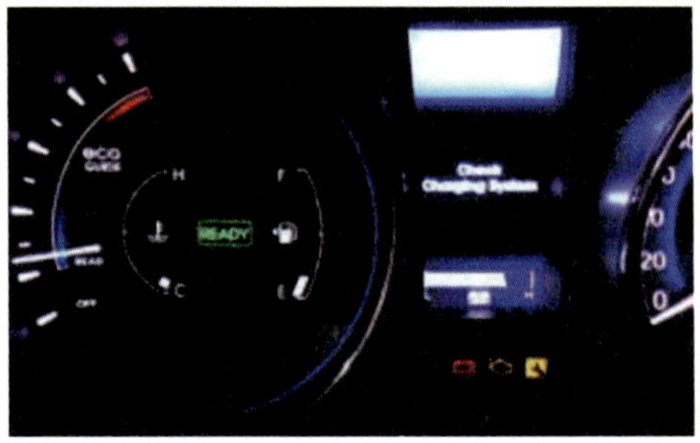

그림 READY LAMP 점멸

[2] 점검내용

① 고장코드 점검 시 P1B96 고전압 배터리 전압센싱 이상과 P1B70 고전압 배터리 저전압이 출력이 되어 센서 출력한 결과 고전압 배터리 4번 셀 불량, 센서 출력값이 1.66V임

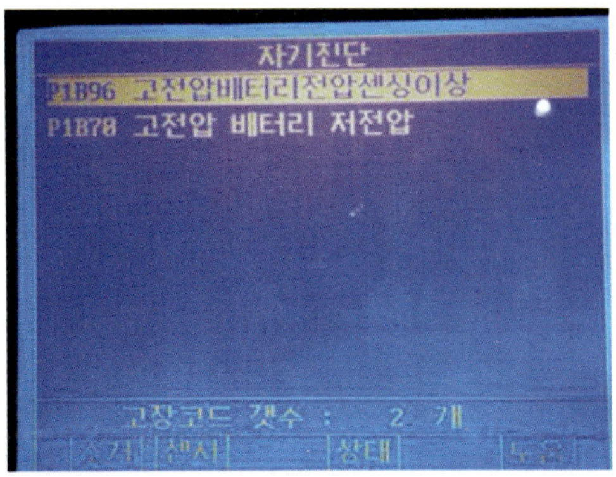

그림 고장코드 점검

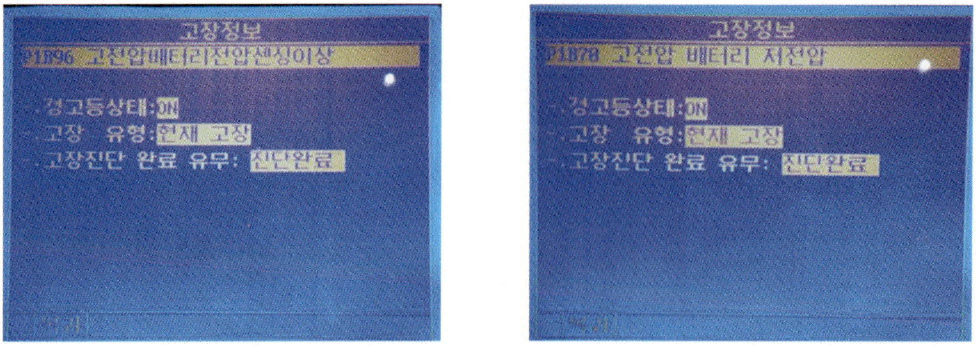

그림 고장정보

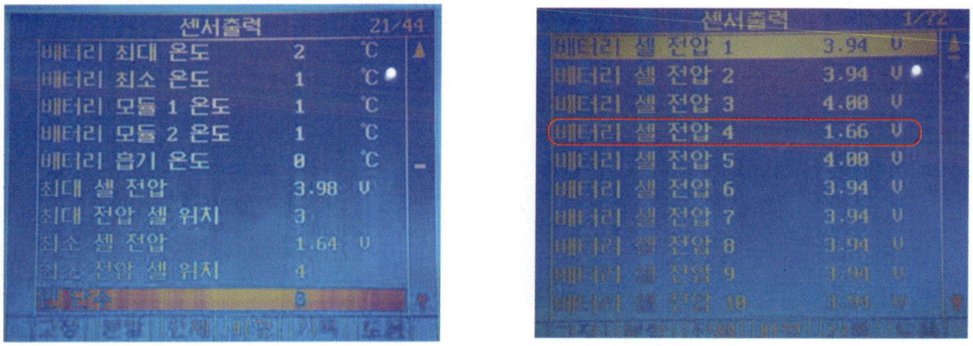

그림 센서출력

② BMS 컨넥터 탈거 후 4번 셀 전압 측정 시 전압이 1.79V로 비정상 확인됨, 동일조건 기타 셀 확인 시 전압이 3.97V로 정상 측정

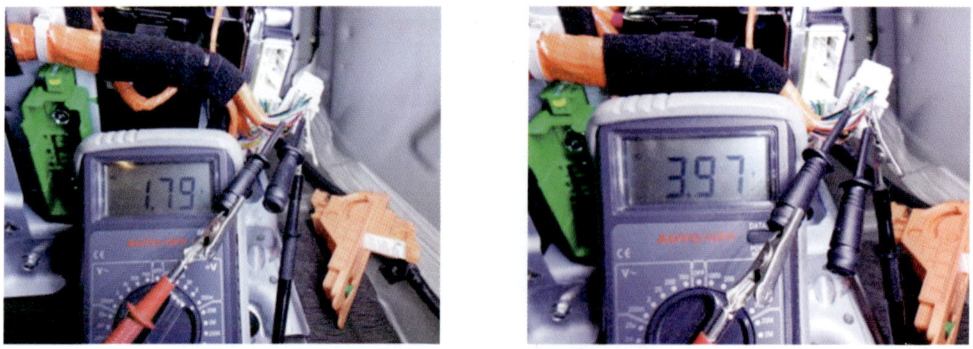

(a) 4번 셀 전압 (b) 기타 셀 전압

그림 셀 전압 측정

③ BMS와 배터리 문제 확인 시 BMS 탈거 상태에서 셀전압을 점검해보고 30분 정도 방치 후 동일 조건에서 전압 체크 시 셀전압이 일정 부분 상승하면 BMS 커넥터 조립 후 전압을 다시 체크해본다. 이때 문제 셀전압이 다시 떨어진다면 BMS와 배터리를 동시에 교환하여야 안전하다.

[3] 발생원인

고전압 배터리 4번 셀 불량

[4] 조치사항

고전압 배터리 및 BMS 교환

1.3.11. YF HEV(쏘나타 HEV, 차량년식 : 2013년식)

[1] 고장증상

센터 입고 시 계기판, "고전압 시스템을 점검하십시오" 문구 표출됨

[2] 점검내용

① 엔진/MCU/HCU/BMS/LDC 자기진단 시 정상

그림 고장코드 점검

② BMS 센서데이터 점검 시 42번 셀 전압값 2.98V 출력됨

정지 | 그래프 | 고정출력 | 강제구동

센서명(116)	센서값	단위	링크업
배터리 셀 전압 42	2.98	V	
최소 전압 셀 위치	42	-	
최소 셀 전압	2.98	V	
최대 셀 전압	3.74	V	
절연 저항	1000	kOhm	
배터리 셀 전압 1	3.70	V	
배터리 셀 전압 2	3.70	V	
배터리 셀 전압 3	3.70	V	
배터리 셀 전압 4	3.70	V	
배터리 셀 전압 5	3.70	V	

정지 | 그래프 | 고정출력 | 강제구동

센서명(116)	센서값	단위	링크업
배터리 셀 전압 42	3.00	V	
최소 전압 셀 위치	42	-	
최소 셀 전압	3.00	V	
최대 셀 전압	3.74	V	
절연 저항	1000	kOhm	
배터리 셀 전압 1	3.72	V	
배터리 셀 전압 2	3.72	V	
배터리 셀 전압 3	3.72	V	
배터리 셀 전압 4	3.72	V	
배터리 셀 전압 5	3.72	V	

그림 센서데이터

③ BMS 모듈 교환 후 동일 전압값 출력됨

④ 배터리 42번 셀 값 측정 시 2.97V 출력됨, 41번 셀값 측정 시 3.7V

(a) 42번 셀값

(b) 41번 셀값

그림 배터리 모듈 센서값 측정

[3] 발생원인

배터리 모듈 불량으로 2.97V 출력됨

[4] 조치사항

고전압 배터리 교환

1.3.12. YF HEV(쏘나타 HEV, 차량년식 : 2012년식)

[1] 고장증상

시동 시 시동불량(READY OFF)

그림 시동꺼짐 발생

[2] 점검내용

① 자기진단 실시, P1B74 : 고전압 배터리 전압 센싱라인 단선, P1B77 : 고전압 배터리 프리차징 실패로 표출. P1B74는 하이브리드 배터리 셀 전압이 0.5V 이하인 하이브리드 배터리 셀 전압센싱 라인의 단선 또는 단락이 검출될 경우 발생하는 DTC이고, P1B77은 IG ON 후 인버터 캡 초기충전 실패로 인한 고전압 공급 실패 상황이 검출되면 상기 DTC를 표출한다.

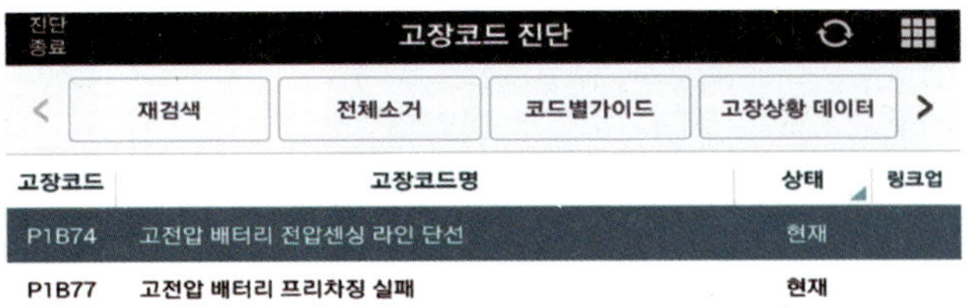

그림 자기진단

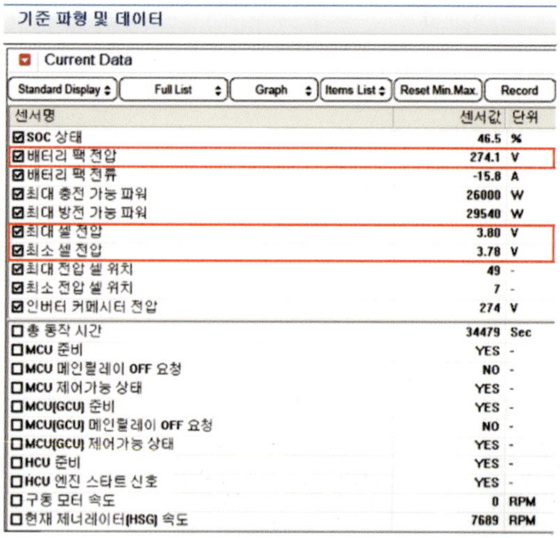

(a) 정상

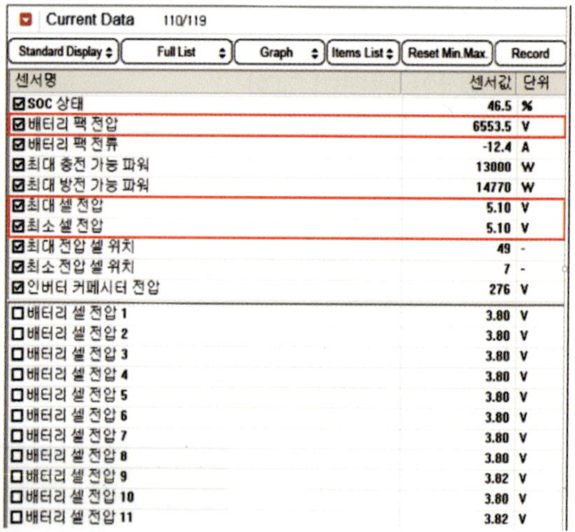

(b) 고전압 배터리 전압센싱 라인 단선 시

그림 고전압 배터리 기준 데이터

② 센서데이터 점검, 전압 센싱라인 단선 시 데이터 출력 및 전체 셀 0V 출력, 실제 고전압 배터리 측정 시 213V 측정됨

정상값 : 약 200~310V 출력(충, 방전시) ➡ 고전압 배터리 전압 측정 시 213V 출력 ➡ 고전압 방전 또는 셀 불량이 의심됨

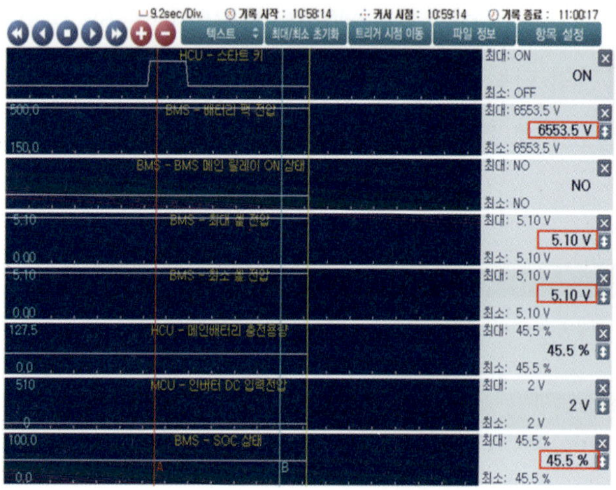

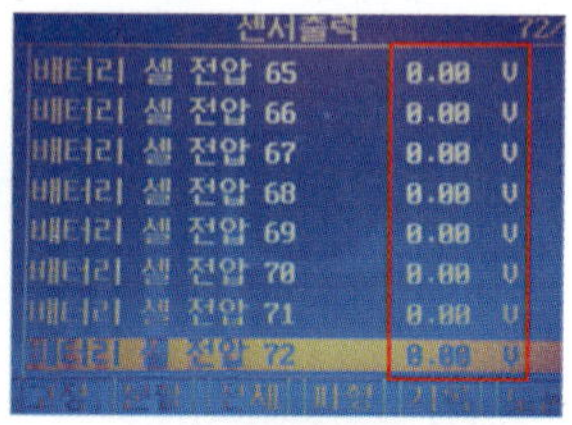

1~72셀 전체 0V출력

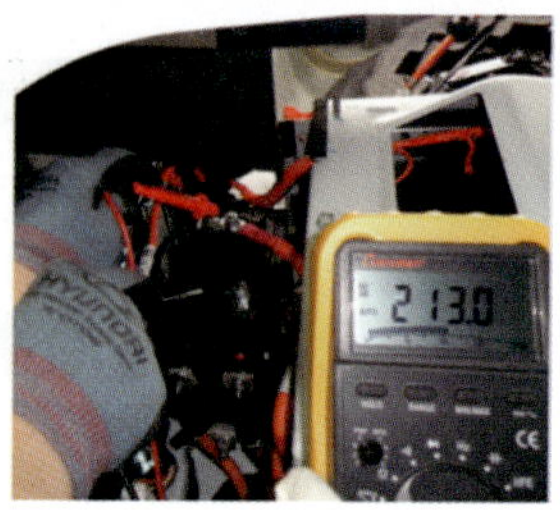

그림 P1B74 센싱라인 단선시 데이터

③ 고전압 배터리 전압측정, 213V 출력, 각 모듈별 전압 측정 시 9번 모듈 전압 0V 출력

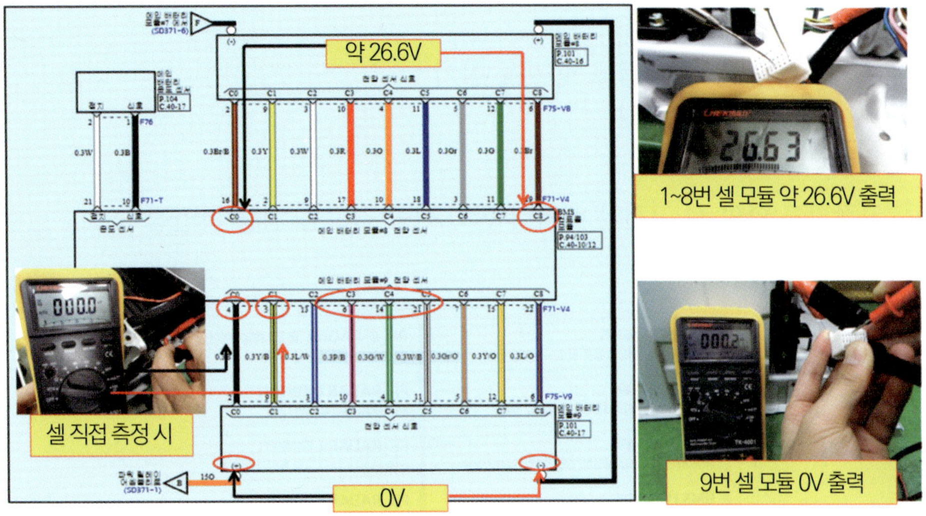

그림 메인 배터리 모듈 #9 불량

④ 9번 모듈 각 셀 전압 측정, 8개 셀 모두 0V 출력

[3] 발생원인

고전압 배터리 불량

[4] 조치사항

고전압 배터리 교환, 고전압 배터리와 BMS간 배선 접촉 불량도 있으니 핀텐션 확인 및 고전압 배터리 케이스 탈거 후 직접 셀전압 측정이 필요하다.

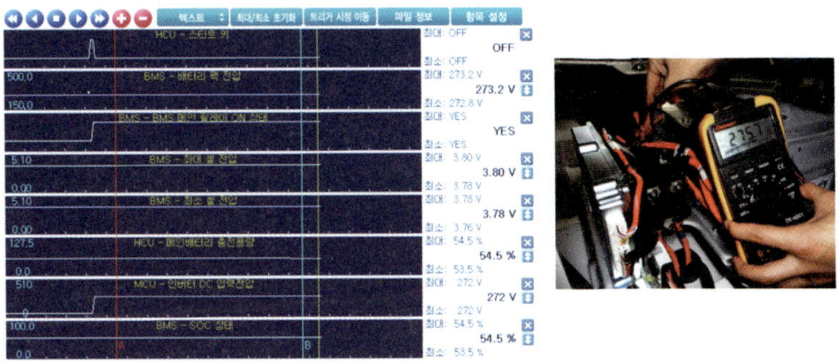

그림 고전압 배터리 교환 후 데이터

1.3.13. DL3 HEV(K5 HEV, 차량년식 : 2023년식)

[1] 고장증상

HEV 시스템 점검 문구 점등 및 시동 불가

[2] 점검내용

① 고장코드 확인 시 고전압 배터리 관련 각종 경고등 점등 확인됨

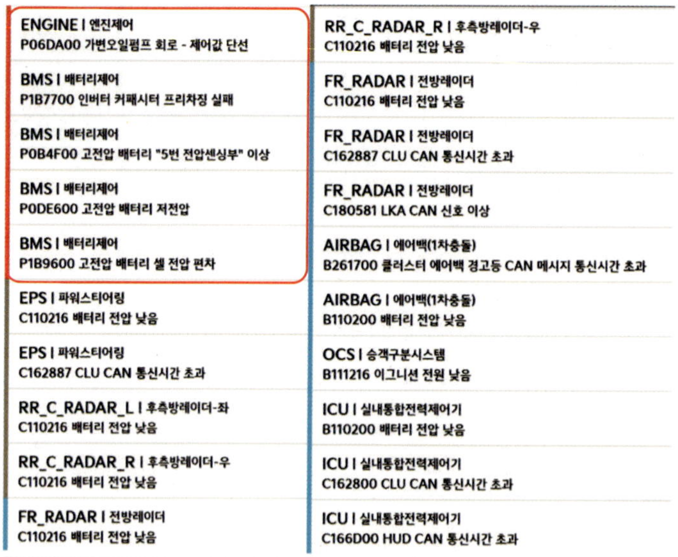

그림 고장코드 점검

② P1B96 고전압 배터리 셀 전압 편차 발생 확인

③ 셀 전압 편차 확인 시 42번 셀까지는 2.50V이며 43번부터 5.10V 비정상 전압 확인됨

☑	최대 셀 전압	2.54	V
☑	최대 셀 전압 셀 번호	17	-
☑	최소 셀 전압	2.48	V
☑	최소 셀 전압 셀 번호	6	-
☑	배터리 셀 전압 40	2.50	V
☑	배터리 셀 전압 39	2.50	V
☑	배터리 셀 전압 38	2.48	V
☑	배터리 셀 전압 41	2.50	V
☑	배터리 셀 전압 42	2.48	V
☑	배터리 셀 전압 43	5.10	V
☑	배터리 셀 전압 44	5.10	V
☑	배터리 셀 전압 45	5.10	V
☑	배터리 셀 전압 47	5.10	V
☐	배터리 셀 전압 46	5.10	V
☐	배터리 셀 전압 48	5.10	V
☐	배터리 셀 전압 49	5.10	V
☐	배터리 셀 전압 50	5.10	V
☐	배터리 셀 전압 51	5.10	V

그림 센서데이터 확인

④ 배터리 탈거 후 6번 모듈 측정 시 5.05V, 7번 모듈 측정 시 10.22V 확인됨

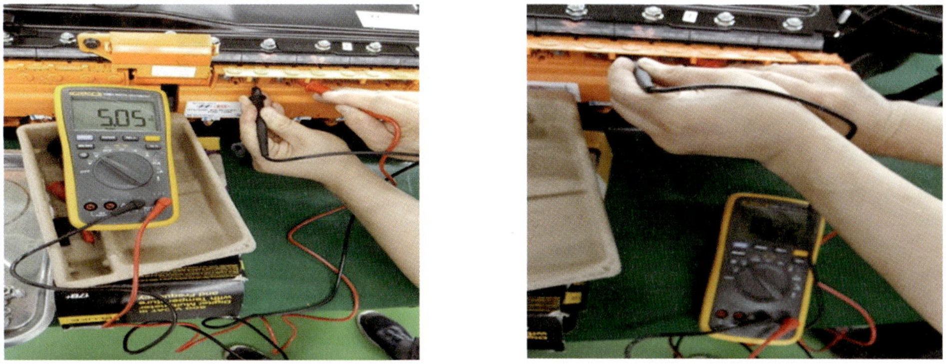

(a) 6번 모듈　　(b) 7번 모듈

그림 6번, 7번 모듈 측정

⑤ 다른 모듈의 경우 20.50V로 확인됨

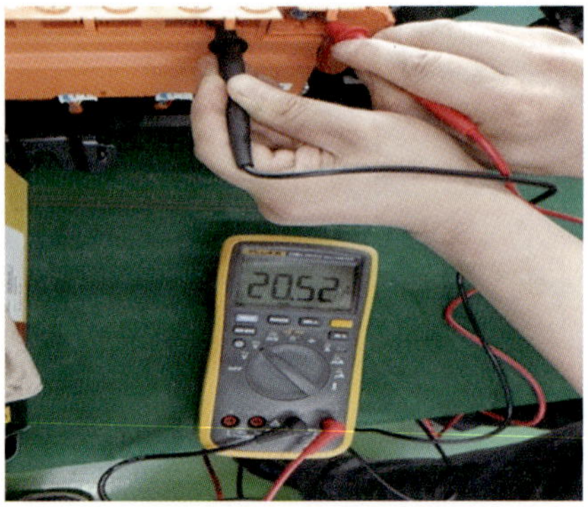

그림 다른 모듈 측정

⑥ 모듈 단품 불량으로 판단 청구 후 셀 밸런싱 실시 진행

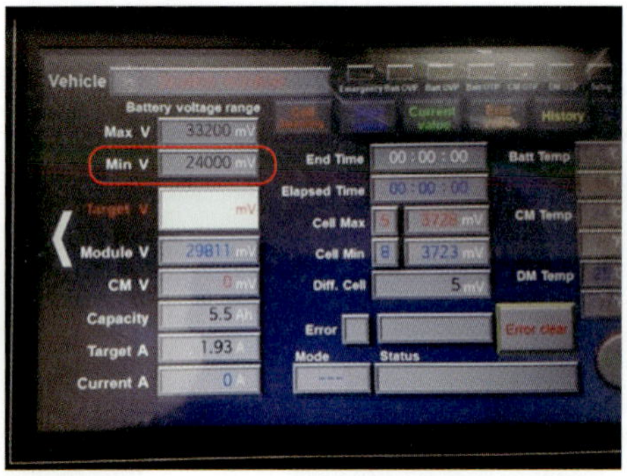

그림 셀 밸런싱 확인

⑦ 셀 밸런싱의 경우 타겟 MIN 값이 24V로 설정되어 있으며, 현재 배터리 모듈의 20.5V로 설정 불가

[3] 발생원인

고전압 배터리 6번 7번 모듈 불량에 의한 6번 모듈 5.05V, 7번 모듈 10.22V로 정상 모듈 20.5V와 전압 편차 발생

[4] 조치사항

모듈 교환 진행 시 셀 밸런싱 장비 타켓 하한치 24V보다 정상 모듈 전압이 낮음, 고전압 배터리 교환 실시

1.3.14. NQ5 HEV(디 올 뉴스포티지 HEV, 차량년식 : 2021년식)

[1] 고장증상

주행 중 차량 멈춤 발생, 전원 전체 OFF됨

[2] 점검내용

① 배선점검 및 진단장비 점검, P0B4500 고전압 배터리 3번 전압 센싱부 이상 – 배터리 셀 전압 불량

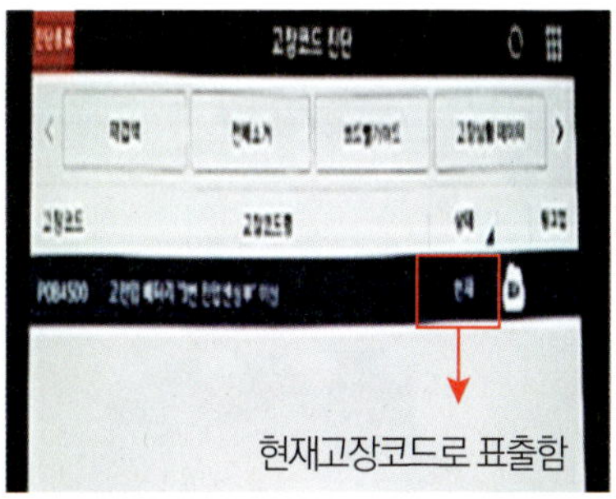

그림 고장코드 점검

② 서비스데이터 고전압 배터리 셀전압 확인결과 1번에서 22번 셀까지는 2.4V 정도 표출되나 23번 셀부터 72셀까지는 5.1V 표출됨

그림 서비스 데이터

③ 배터리 충전 또는 리셋 눌러 시동 시 일시 시동되나 잠시 후 바로 전원 OFF됨

④ 고전압 배터리 탈거 후 9개 모듈 각각 전압 체크 시 3번 모듈 15.7V, 4번 모듈 2.5V 불량 확인됨(기타 모듈들은 20V 표출됨)

(a) 정상수치

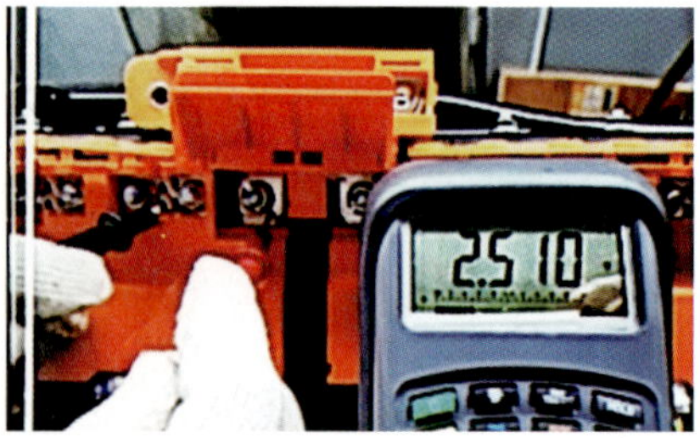

(b) 3번, 4번 모듈 전압 불량

그림 모듈 전압 체크

[3] 발생원인

3번 모듈 15V, 4번 모듈 2.5V 불량

[4] 조치사항

고전압 배터리 신품 교환 및 각각 모듈 전압 측정 시 약 30V로 정상임

그림 고전압 배터리 신품 교환 후 각각 모듈 전압 측정

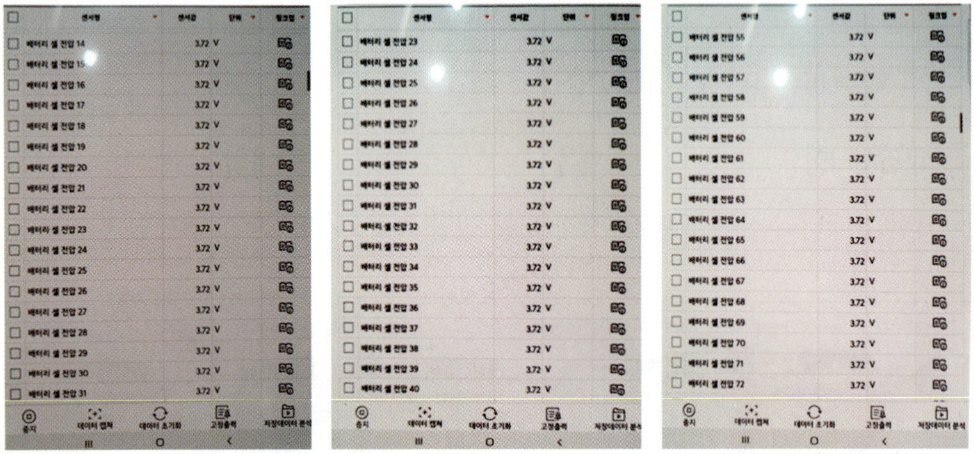

그림 고전압 배터리 교환 후 배터리 셀 전압 정상으로 표출됨

1.3.15. MQ4 HEV(쏘렌토 HEV, 차량년식 : 2022년식)

[1] 고장증상

하이브리드 시스템 레디 이후 경고등 점등 및 가속 불량 발생

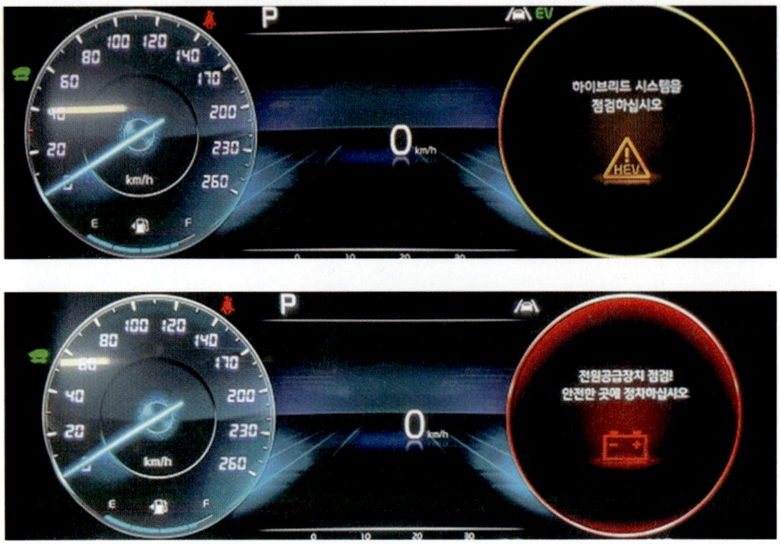

그림 고장증상

[2] 점검내용

① 진단장비 점검, P0B3B00 고전압 배터리 1번 전압 센싱부 이상

발생시킨 고장코드 : P0B3B00

P0B3B00

고전압 배터리 "1번 전압센싱부" 이상 과거

센서명(60)	센서값	단위
배터리 충전 상태(BMS)	45.0	%
최대 충전 가능 파워	0.00	kW
최대 방전 가능 파워	0.00	kW
배터리 팩 전류	-2790.5	A
배터리 팩 전압	6553.5	V
배터리 모듈 1 온도	30	℃
배터리 모듈 2 온도	19	℃
배터리 외기 온도	18	℃
최대 셀 전압	5.10	V
최대 셀 전압 셀 번호	0	No.
최소 셀 전압	5.10	V
최소 셀 전압 셀 번호	1	No.

그림 고장코드 점검

② 서비스데이터 고전압 배터리 셀전압 확인결과 모든 셀의 전압이 5.10V로 표출됨

센서명	센서값	단위
배터리 셀 전압 1	5.10	V
배터리 셀 전압 2	5.10	V
배터리 셀 전압 3	5.10	V
배터리 셀 전압 4	5.10	V
배터리 셀 전압 5	5.10	V
배터리 셀 전압 6	5.10	V
배터리 셀 전압 7	5.10	V
배터리 셀 전압 8	5.10	V
배터리 셀 전압 9	5.10	V
배터리 셀 전압 10	5.10	V

센서명	센서값	단위
배터리 셀 전압 65	5.10	V
배터리 셀 전압 66	5.10	V
배터리 셀 전압 67	5.10	V
배터리 셀 전압 68	5.10	V
배터리 셀 전압 69	5.10	V
배터리 셀 전압 70	5.10	V
배터리 셀 전압 71	5.10	V
배터리 셀 전압 72	5.10	V

그림 서비스데이터

③ 고전압 배터리 모듈 전압 체크, 단자 1-13, 6-18은 0V 측정됨, 단자 7-19, 12-24는 3.6V 측정됨

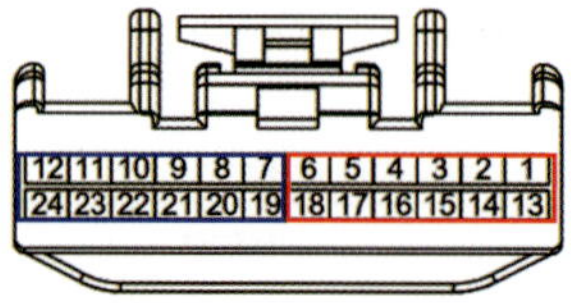

1. Y	메인 배터리 모듈 #1 (C0)	13. Br	메인 배터리 모듈 #1 (C1)
2. W	메인 배터리 모듈 #1 (C2)	14. P	메인 배터리 모듈 #1 (C3)
3. L	메인 배터리 모듈 #1 (C4)	15. Gr	메인 배터리 모듈 #1 (C5)
4. O	메인 배터리 모듈 #1 (C6)	16. G	메인 배터리 모듈 #1 (C7)
5. R	메인 배터리 모듈 #1 (C8)	17. Y	메인 배터리 모듈 #2 (C0)
6. Br	메인 배터리 모듈 #2 (C1)	18. W	메인 배터리 모듈 #2 (C2)
7. P	메인 배터리 모듈 #2 (C3)	19. L	메인 배터리 모듈 #2 (C4)
8. Gr	메인 배터리 모듈 #2 (C5)	20. O	메인 배터리 모듈 #2 (C6)
9. G	메인 배터리 모듈 #2 (C7)	21. R	메인 배터리 모듈 #2 (C8)
10. Y	메인 배터리 모듈 #3 (C0)	22. Br	메인 배터리 모듈 #3 (C1)
11. W	메인 배터리 모듈 #3 (C2)	23. P	메인 배터리 모듈 #3 (C3)
12. L	메인 배터리 모듈 #3 (C4)	24. Gr	메인 배터리 모듈 #3 (C5)

(a) 단자 번호

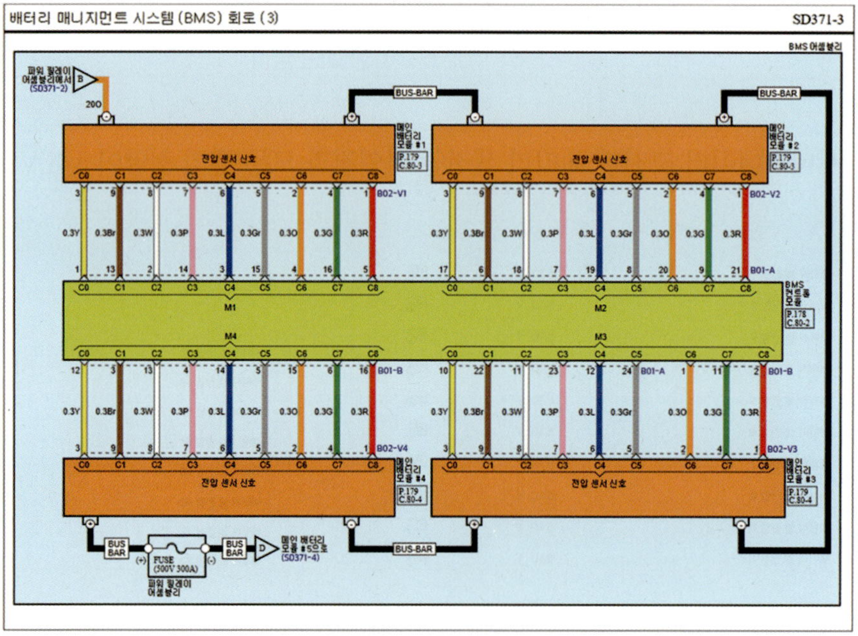

(b) 회로도

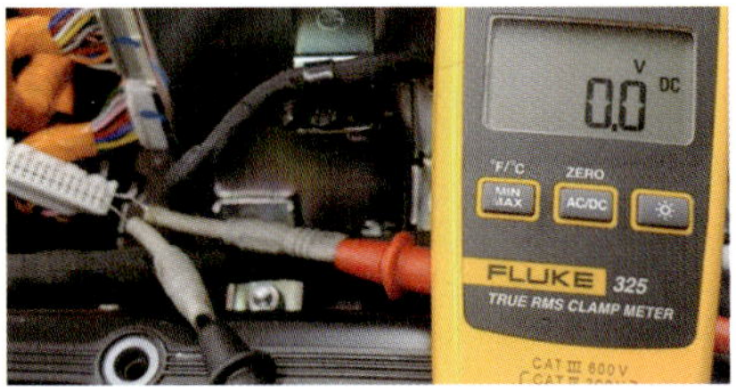

(c) 단자 1-13, 6-1

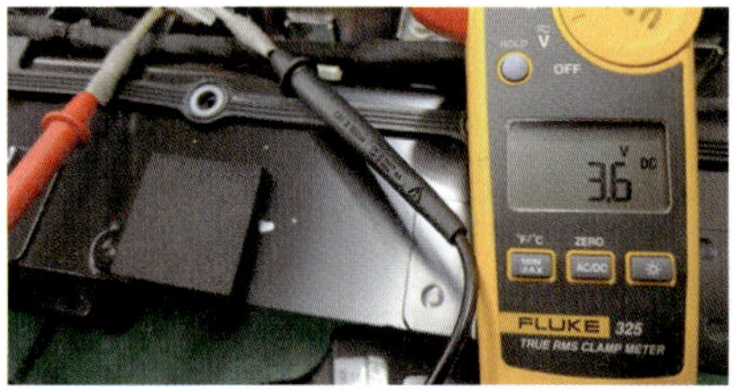

(d) 단자 7-19, 12-24

그림 전압 체크

(a) 1번 모듈

(b) 2번 모듈

(c) 3번 모듈

① 1번 모듈 : 0 × 8 = 0V
② 2번 모듈 : 3.65 × 6 = 약 20.9V
③ 3번 모듈 : 3.65 × 8 = 29.2V
④ 셀 볼티지를 역산하면 1번 모듈은 8개 셀 단선. 2번 모듈은 2개 셀 단선으로 확인됨

그림 모듈 전압 점검

[3] 발생원인

실제 불량은 1, 2번 모듈의 1~12셀 불량이나 1번 셀부터 단선이 되어 1번 셀부터 비정상적인 5.1V 값이 출력되고, 1번 모듈의 배선 체결 불량으로 판단하고 작업을 진행하였으나 문제 유발 요소는 배터리 모듈 1번과 2번의 내부 단선으로 파악됨

[4] 조치사항

내부 배선 수정불가로 배터리팩 교체 조치함

1.3.16. DN8 HEV(쏘나타 HEV, 차량년식 : 2023년식)

[1] 고장증상

HEV 시스템 점검 문구 표출 및 엔진 체크등 점등

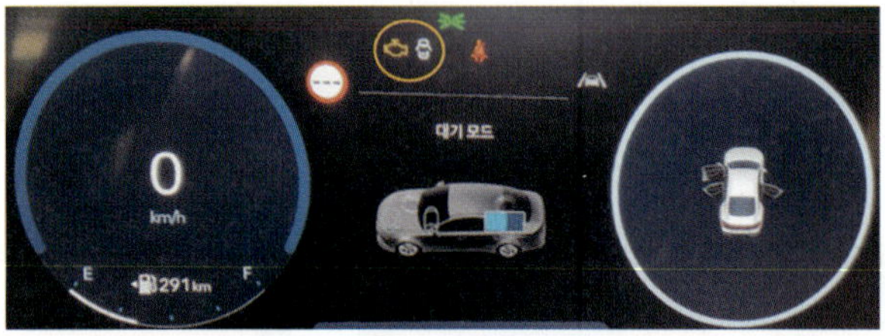

그림 엔진 체크등 점등

[2] 점검내용

① 자기진단, P1B96 고전압 배터리 셀 전압 편차

② 고장상시 데이터 점검, 최대 셀 전압 3.68V, 최소 셀 전압 2.60V(약 1V 편차 확인)

P1B9600

고전압 배터리 셀 전압 편차 과거

센서명(125)	센서값	단위
배터리 충전 상태(BMS)	57.5	%
최대 충전 가능 파워	42.57	kW
최대 방전 가능 파워	0.00	kW
배터리 팩 전류	5.1	A
배터리 팩 전압	264.3	V
배터리 모듈 1 온도	8	°C
배터리 모듈 2 온도	8	°C
배터리 외기 온도	8	°C
최대 셀 전압	3.68	V
최대 셀 전압 셀 번호	24	No.
최소 셀 전압	2.60	V
최소 셀 전압 셀 번호	63	No.
팬 단수	0	step
팬 피드백 주파수	0	Hz
보조 배터리 전압	13.7	V
절연 저항	1000	kOhm
인버터 커패시터 전압	264	V

그림 고전압 배터리 셀 전압 편차

③ 고전압 배터리 점검, 8번 모듈 전압 : 28.90V, 그 외 모듈 전압 : 29.81V

㉮ 63번 셀 = 8번 모듈(1개 모듈당 8개 셀, 9모듈 270V)

㉯ 8번 모듈 전압 : 28.90V

㉰ 9번 모듈 전압 : 29.81V(1.09V 편차)

(a) 8번 모듈 전압 : 28.90V

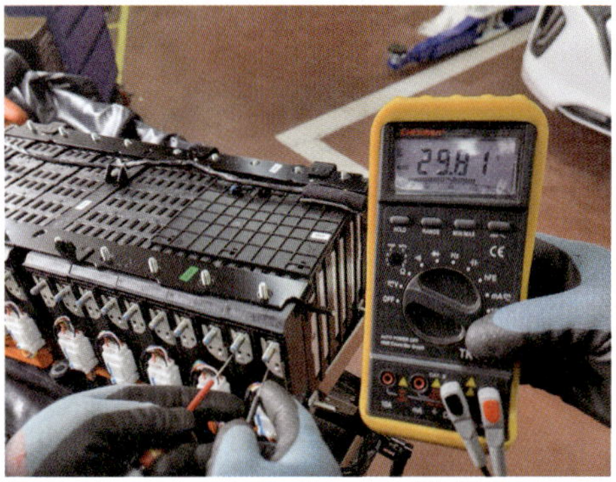

(b) 9번 모듈 전압 : 29.81V

그림 고전압 배터리 점검

[3] 발생원인

63번 셀 불량

[4] 조치사항

고전압 배터리 8번 모듈 교환

① 고전압 배터리 모듈 신품 전압 : 29.83V

② 장착된 배터리 모듈 전압 : 29.81V(0.02V 편차 작으므로 충/방전 없이 바로 교체)

③ 고전압 배터리 8번 모듈 교환 후 정상

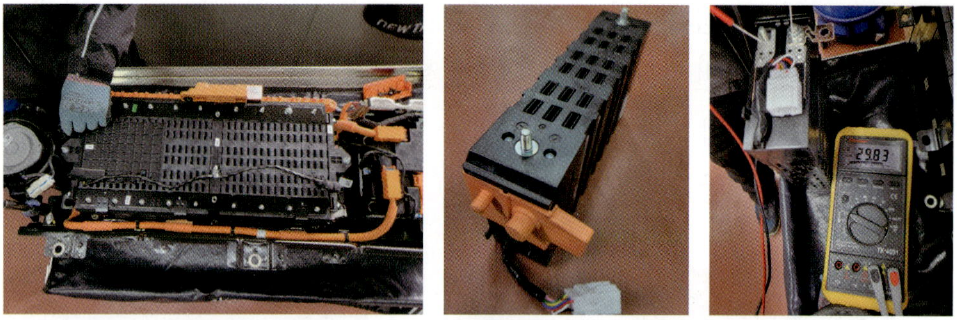

그림 고전압 배터리 8번 모듈 교환

1.3.17. DN8 HEV(쏘나타 HEV, 차량년식 : 2019년식)

[1] 고장증상

READY 시 HEV 경고등 점등

[2] 점검내용

① DTC 진단

시스템	고장코드	고장코드명	상태
ENGINE	P0C7300	전동식 워터 펌프 (EWP(CPP)) 성능 이상	과거
BMS	P1B9600	고전압 배터리 셀 전압 편차	과거

그림 고장코드 점검

고장 코드 설명

고전압 배터리 셀 간 전압편차가 과다 시 해당 DTC가 표출된다. 고전압 배터리 각각의 셀 간 전압 편차를 모니터링하여 셀 전압 간 최대 편차가 임계값 초과 시 고장코드 발생하며, 셀 전압 간 최대 편차가 임계값 미만으로 감소할 경우 고장코드 해제된다.

고장 판정 조건

항목	판정 조건	고장 예상 원인
검출 목적	하이브리드 배터리 전압센서 라인 이상으로 인한 잘못된 전압정보 차단 잘못된 전압 정보에 의한 제어오류 차단	1. 하이브리드 배터리 셀간 전압 편차 과다 2. 하이브리드 배터리 모듈과 BMS간 배선 및 커넥터 접속 불량 또는 단선 3. BMS ECU
진입 조건	점화 스위치 "ON" 보조배터리 정상전압(9~16V) 전압센싱 정상	
고장 판정	셀 간 최대 전압편차 1V 초과 또는 최저전압이 회복전압 미만인 경우이며 하한전압도달에 의한 방전파워 0kW 이며 전압편차 0.5V 이상	
진단 시간	5초	
경고등 점등 조건	1 주행 사이클	

그림 진단가이드

② 서비스데이터 분석, P1B96 고전압 배터리 셀 전압 편차

고장상황 데이터

■ 발생시킨 고장코드 : P1B9600

센서명	센서값	단위
BMS 메인 릴레이 ON 상태	YES	-
배터리 사용가능 상태	YES	-
BMS 경고	YES	-
BMS 고장	NO	-
BMS 융착 상태	NO	-
BMS 과충전 보호상태	NO	-
BMS 서비스램프 점등요청	YES	-
BMS MIL 램프	NO	-
배터리 팩 전류	7.2	A
배터리 팩 전압	253.2	V
배터리 모듈 1 온도	54	'C
배터리 모듈 2 온도	53	'C
배터리 외기 온도	28	'C
최대 셀 전압	3.56	V
최대 셀 전압 셀 번호	72	No.
최소 셀 전압	2.88	V
최소 셀 전압 셀 번호	34	No.
팬 단수	9	step

그림 서비스데이터

③ 출장진단 시 센서데이터 확인 및 점검 시 34번 모듈이 약 0.12V 낮음, 5번 모듈 타 모듈보다 0.1V 낮음 확인

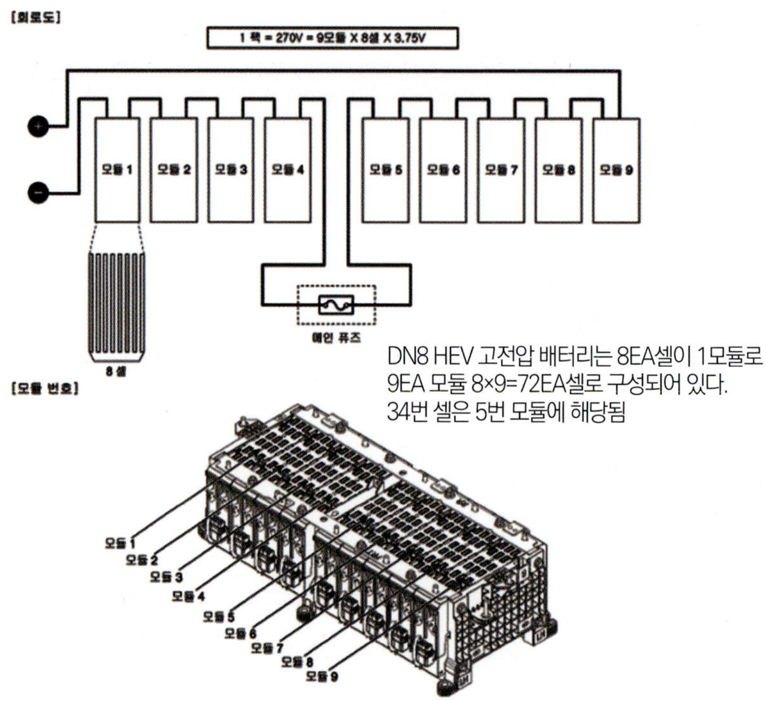

그림 회로도 및 모듈 번호

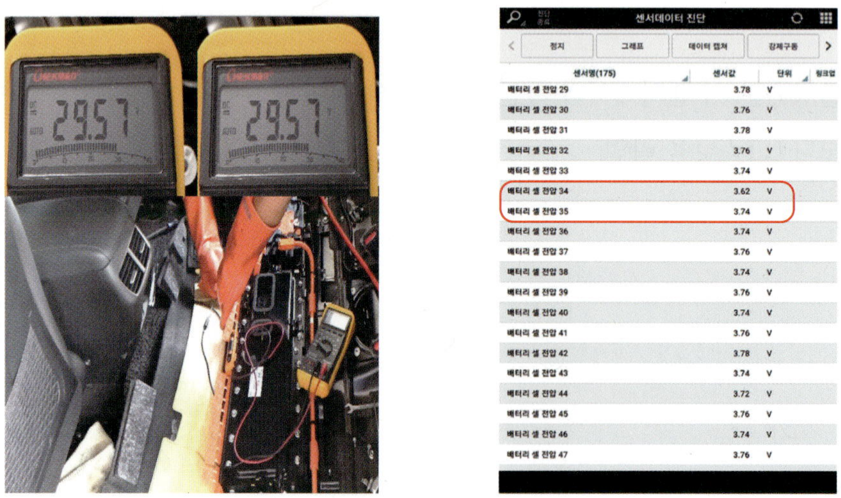

그림 전압 점검 및 센서 출력값 확인

[3] 발생원인

고전압 배터리 34번 셀 불량

[4] 조치사항

고전압 배터리 교환

1.3.18. NX4 HEV(투싼 HEV, 차량년식 : 2021년식)

[1] 고장증상

READY 상태에서 “하이브리드 시스템을 점검하십시오” 문구 점등

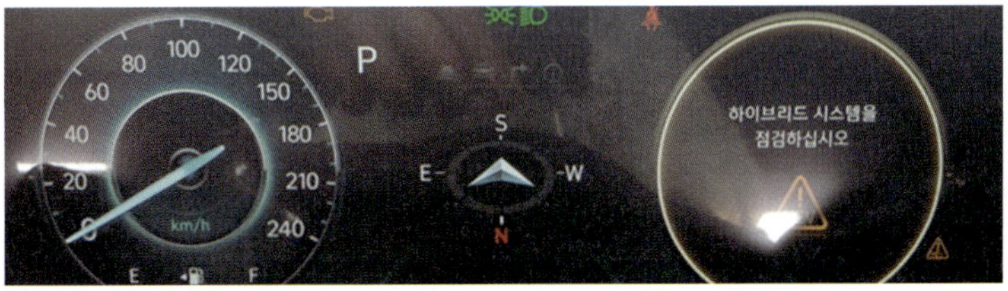

그림 하이브리드 시스템 점검 문구 점등

[2] 점검내용

① DTC 점검, P0DE600 고전압 배터리 저전압

시스템	고장코드	고장코드명	상태
BMS	P0DE600	고전압 배터리 저전압	현재

그림 고장코드 점검

② BMS 센서 출력 값 확인, 배터리 셀 전압 70번 셀 전압 값 0V(전체적으로 배터리 3.62V)

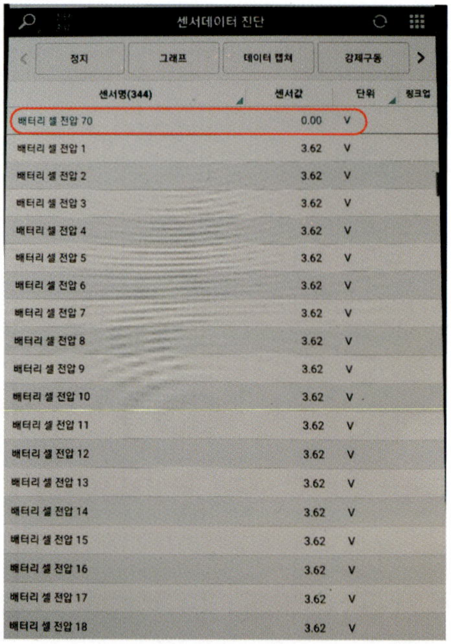

그림 센서 출력값

③ BMS 커넥터 탈거 후 셀 전압 확인, 70번 셀 전압 측정 불가

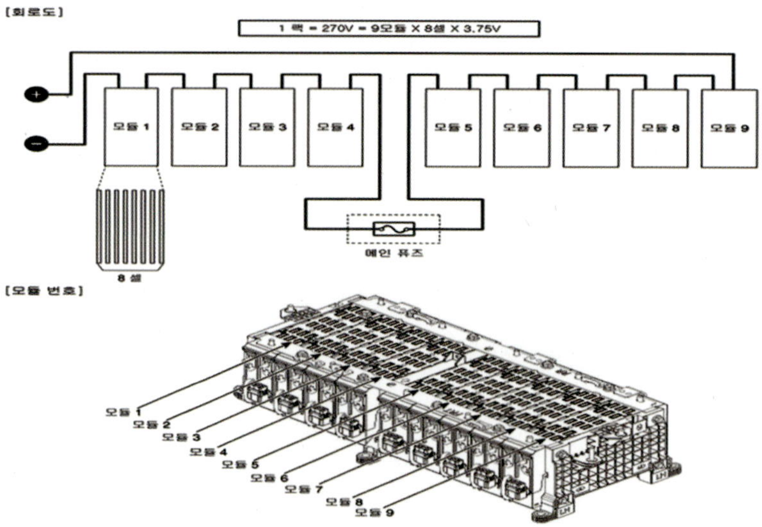

배터리는 리튬 이온 폴리머 배터리(LiPB) 타입이며, 72셀(8셀×9모듈) 각 셀의 전압은 3.75V DC이며 배터리 팩의 정격 용량은 270V DC

그림 회로도 및 모듈 번호

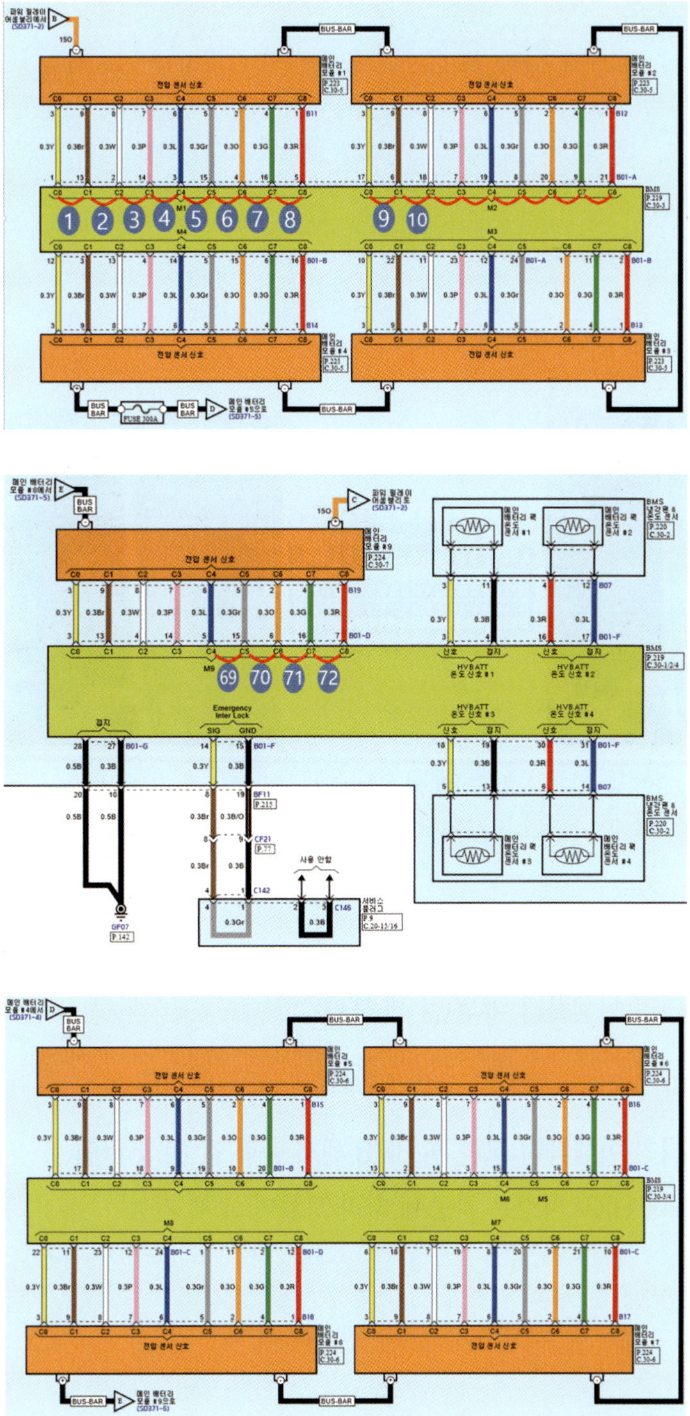

그림 고전압 배터리 회로에서 셀 번호

참고

고전압 배터리 팩은 9개의 모듈로 구성되어 있고, 1개의 모듈에 8개의 셀로 구성이므로 #1모듈 각 셀 전압 확인 시 BMS 커넥터 탈거 후 C0 과 C1을 측정하면 셀 1번 측정 전압 확인 가능하다. 2번 셀 전압 측정은 C1과 C2 전압 측정으로 2번 셀 전압 확인 가능하다.
센서 출력 값에서 70번 셀이 0V 확인으로 점검 부위는 B01-D 커넥터 C5와 C6 측정 확인

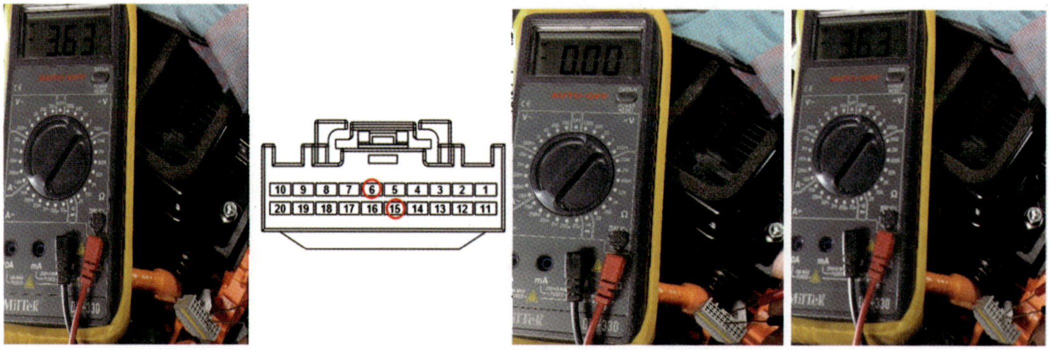

(a) 69번 셀 (b) 70번 셀 측정부위 (c) 70번 셀 (d) 71번 셀

그림 셀 전압 측정

[3] 발생원인

고전압 배터리 어셈블리 내 70번 셀 불량

[4] 조치사항

고전압 배터리 어셈블리 교환 후 BMS 센서 출력 값 정상 확인

※현대 · 기아 HEV 차량은 차종에 따라 모듈만 교체 가능

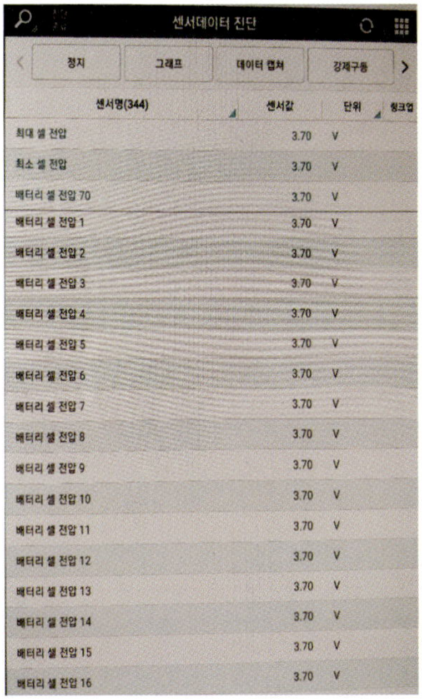

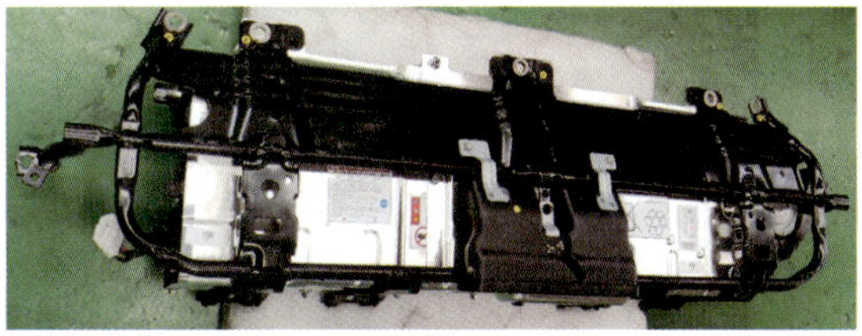

그림 센서 출력값 및 고전압 배터리 어셈블리

HPCU 정비사례

02

HPCU 정비사례

02
CHAPTER

2.1 HPCU 역할

HPCU(Hybrid Power Control Unit)는 하이브리드 자동차의 구동력을 발생하는 구동모터와 초기 엔진 구동 및 배터리 충전을 위한 HSG 모터를 제어한다. 또한 차량의 구동과 전체 상태를 관장하는 최상위 수준의 제어기인 HCU의 신호를 받아 제어한다.

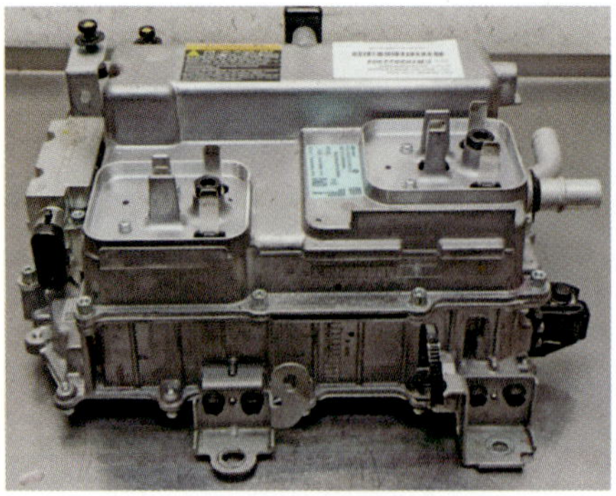

그림 HPCU

2.2 HPCU 구성

① HCU(Hybrid Control Unit) : 하이브리드 차량의 구동, 전체 상태를 관장하는 최상위 제어기로 HCU는 차량의 상태, 운전자의 요구, 엔진의 정보, 고전압 배터리 정보 등을 기초로 하여 엔진과 모터의 파워 및 토크 배분, 회생 제동과 페일-세이프(Fail-Safe)를 제어하는 역할을 한다.

② MCU(Motor Control Unit) : 하이브리드 차량에서 전기 모터의 작동을 제어하는 핵심적인 역할을 수행한다. MCU는 고전압 배터리의 직류 전력을 모터의 작동에 필요한 교류 전력으로 변환하는 인버터와 연동하여 모터의 회전 속도, 토크 등을 조절한다.

③ LDC(Low voltage DC-DC Converter) : 전력 변환 장치로 고전압 배터리에서 저전압 배터리(12V)로 감압을 하는 컨버터이다.

④ 인버터(Inverter) : 3상 모터를 구동시키는 부품으로 배터리의 DC 전기를 AC 전기로 변환하여 모터를 구동한다.

⑤ SMPS(Switching Mode Power Supply) : 스위칭 동작에 의한 전원을 공급해주는 장치이다.

2.3 HPCU 기능

① 고전압 배터리와 저전압 배터리를 제어한다.

② 고전압 배터리를 저전압 배터리로 충전한다.

③ 내연기관과 전기 동력 장치를 주행 상황에 맞게 상호 연동한다.

④ 차량의 구동력을 발생하는 구동모터와 초기 엔진 구동 및 배터리 충전을 위한 HSG 모터의 제어를 담당한다.

2.4 고장 시 증상 및 점검방법

2.4.1. CN7 HEV(뉴 아반떼 HEV, 차량년식 : 2022년식)

[1] 고장증상

주행 중 간헐적으로 “하이브리드 시스템을 점검하십시오” 문구 발생, 울컥거림, 후진 시 시동 꺼짐

그림 하이브리드 시스템 점검 문구 발생

그림 후진 시 시동꺼짐

그림 고장코드(1)

[2] 정비이력

① CAN 로거 장착하였으나 현상 재현 불가

② 고장코드 없음

• 고장 코드 전체 검색 결과

시스템	상태정보	진단결과
ENGINE	고장코드 없음	정상
MCU	고장코드 없음	정상
HCULDC	고장코드 없음	정상
MCA	고장코드 없음	정상
BMS	고장코드 없음	정상
AT	고장코드 없음	정상
ABSVDC	고장코드 없음	정상
EPS	고장코드 없음	정상
ADAS_PRK	고장코드 없음	정상
FR_CMR	고장코드 없음	정상
RR_C_RADAR_L	고장코드 없음	정상
RR_C_RADAR_R	고장코드 없음	정상
FR_RADAR	고장코드 없음	정상

그림 고장코드(2)

③ HCU INFO 코드 확인 시 구동모터 레졸버 및 엔진클러치 관련 코드 다수 확인됨

HCU 고장 정보 1	227	-
HCU 고장 정보 2	202	-
HCU 고장 정보 3	201	-
HCU 고장 정보 4	549	-
HCU 고장 정보 5	256	-
HCU 고장 정보 6	517	-
HCU 고장 정보 7	538	-
HCU 고장 정보 8	545	-
HCU 고장 정보 9	547	-
HCU 고장 정보 10	521	-

그림 HCU INFO 코드

④ DCT, 구동모터, 엔진클러치 교환 후 시동 꺼짐 현상 발생

⑤ 브레이크를 아주아주 살살 놓으며 후진할 경우에는 시동 꺼지지 않음

⑥ 전진 주행 중 충격이 발생한 이후 간헐적으로 가속이 되지 않는 현상도 발생

⑦ 엔진클러치 학습, DCT 학습 기능, 구동모터 레졸버 옵셋 보정을 수차례 실시해도 개선되지 않음

[3] 점검내용

① HCU INFO 코드 확인 시 레졸버 보정 및 엔진클러치 관련 코드 다수 확인됨

② DCT, 모터 어셈블리, 엔진클러치 교환

③ 교환 후 후진 시 시동꺼짐 현상, 전진 주행 시 충격현상이 추가로 발생함

④ TCU 디로거, CAN 로깅 후 분석

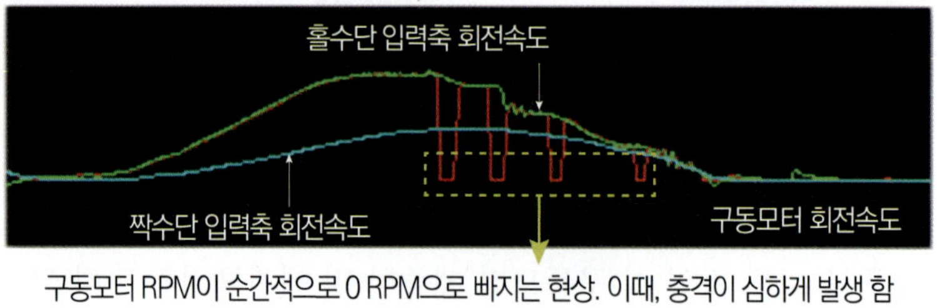

그림 TMS 디로거

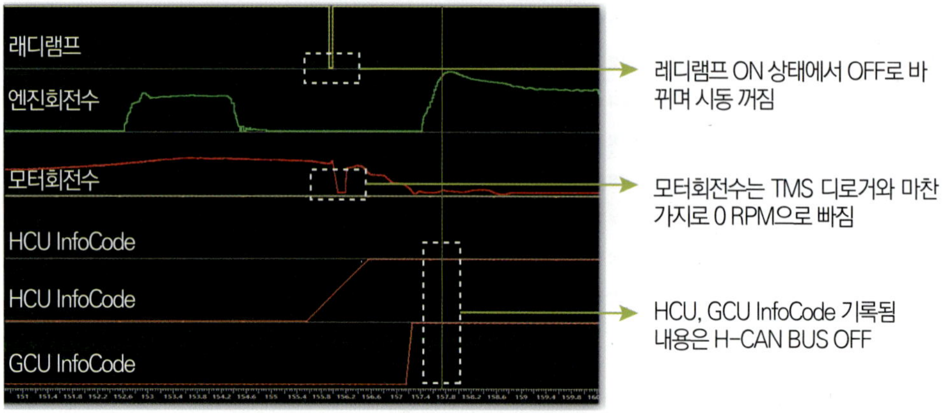

그림 CAN 로깅 데이터

참고 CAN 로깅 데이터 분석

① TMS 디로거, CAN 로깅 추가 실시하여 분석
② TCU 데이터는 전진 주행중 충격발생 시 모터 RPM이 0으로 빠지는 현상 발생
③ CAN 로깅 데이터는 시동이 꺼질 때 Infocode 발생하여 확인
④ H-CAN BUS OFF 기록됨

⑤ 시동이 꺼질 때 INFO 코드 확인 결과 HCU CAN BUS OFF 발생

⑥ HPCU측에서 종단저항 점검 시 60Ω으로 양호, 핀텐션 양호

⑦ 상시전원, IG1 전원, IG3 전원, 접지 점검 시 모두 정상

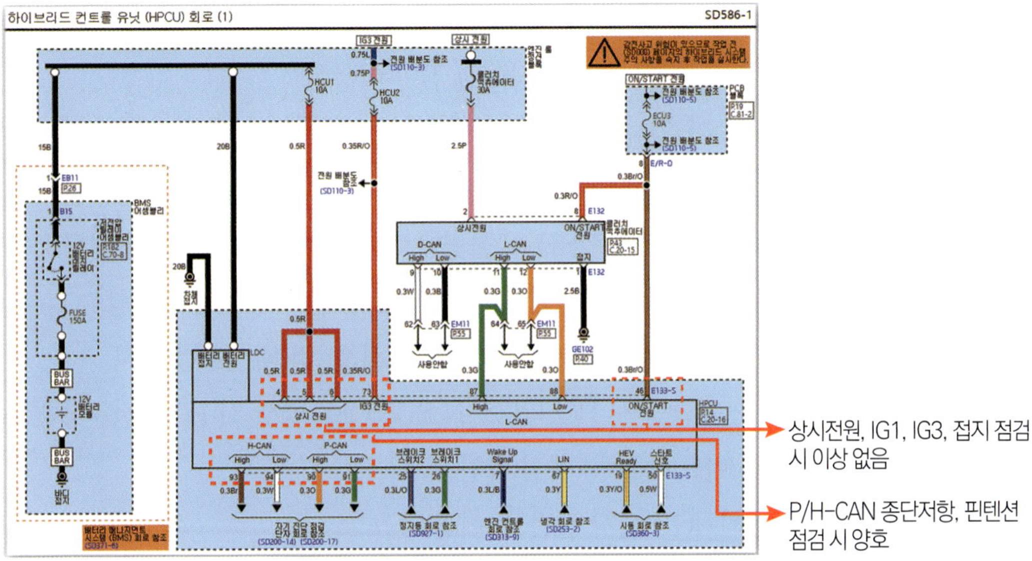

그림 하이브리드 컨트롤 유닛(HPCU) 회로

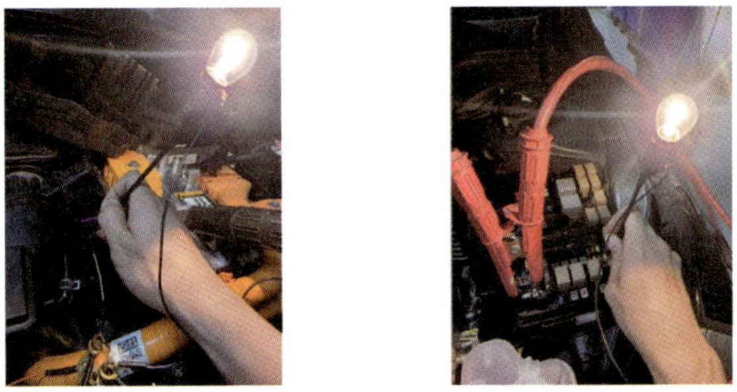

그림 HPCU 전원, 접지 점검

⑧ MCU 부가기능의 HPCU 자기진단 기능 실시해 보았으나 조건을 맞췄음에도 "기능 진행 중 조건 불만족으로 중지되었습니다. 저전압 배터리 릴레이 ON" 표출되며 부가기능 실패

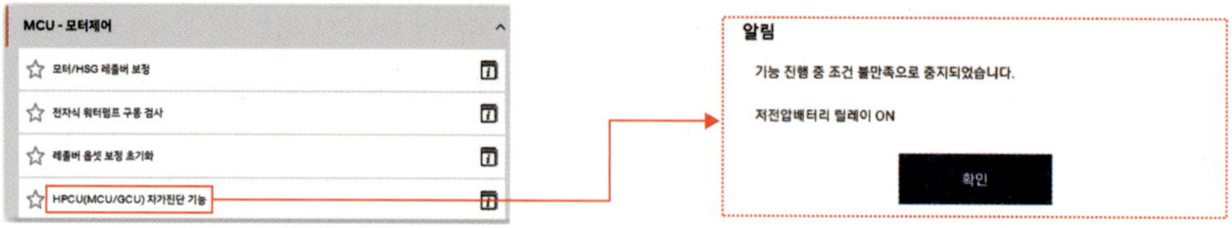

그림 HPCU 자기진단 기능

⑨ 모터 및 변속기 교환 후 현상이 더 심해진 점이 이상함

⑩ 조립 과정에서 실수가 있나 확인하기 위해 HPCU 탈거하여 점검

⑪ HPCU 재장착 후 READY가 불가능한 상황 발생

⑫ 배선 점검 시 이상 없었으므로 HPCU 불량으로 판단하여 HPCU 교환 진행

⑬ 고장코드 점검 시 HPCU 응답 지연 발생, HPCU 통신실패 현상 발생함

⑭ HPCU 교환 후에도 동일증상 지속 발생하여 다시 한 번 배선점검 실시

⑮ CAN 로깅 데이터 재확인 시 HCU의 CAN BUS OFF 발생 시 HCU 전원상태가 빠지는 현상 및 HPCU만 비트(샘플링) 빠짐 확인

⑯ 점검결과 상시전원, IG1, 접지 점검 시 이상 없음

⑰ HCU2 퓨즈 점검 시 이상 없음

⑱ IG3 전원 확인 시 전원 불량 확인됨

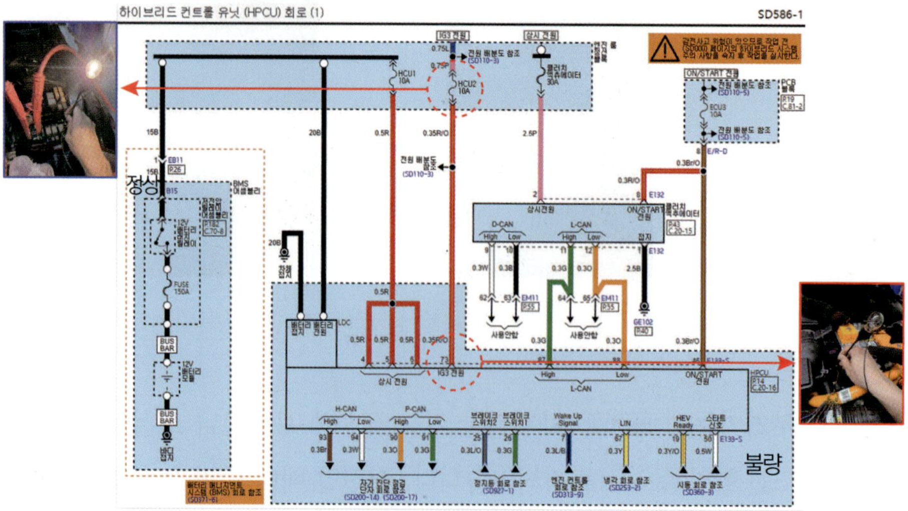

그림 배선점검

⑲ BMS측 EF11의 6번 점검 시 정상

⑳ HPCU측 전원선 단선 점검 시 단선 확인됨

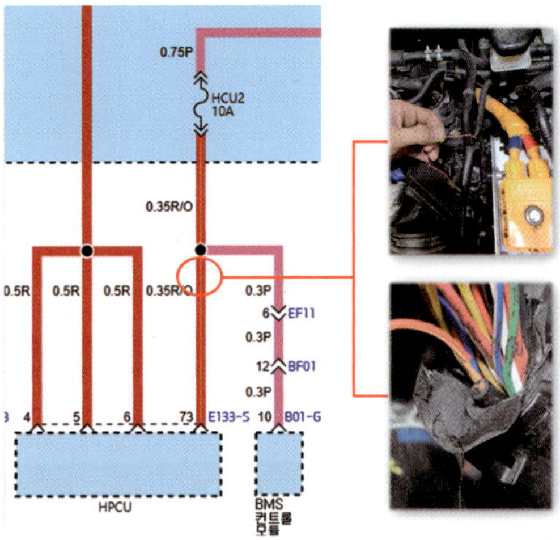

그림 IG3 전원선 단선

[4] 발생원인

① 최초에는 반단선 상태여서 간헐적으로 현상이 나타났고, 변속기 교환 시 반 단선 상태가 더 안 좋아졌고, 후진 시 엔진/변속기가 움직이며 반단선 배선이 단선됨

② HPCU 탈부착 과정에서 반단선된 배선이 확실하게 단선 상태가 되었던 상황임

③ HPCU의 전원이 OFF되는 고장이기 때문에 고장코드도 남아있지 않음, 다발생 우려됨

[5] 조치내용

① HPCU IG3 전원선 납땜 수리

② 기존 배선 조인트 부위가 유동이 발생하는 부위여서 조인트 부위 위치 변경

2.4.2. CN7 HEV(뉴 아반떼 HEV, 차량년식 : 2012년식)

[1] 고장증상

주행중 “하이브리드 시스템 점검하십시오” 문구 출력 및 운행불가

[2] 점검내용

① 진단결과 DTC 출력

② P1B2500 관련 고장상황(인버터 고전압단과 고전압 매터리 전압 편차) 데이터 확인

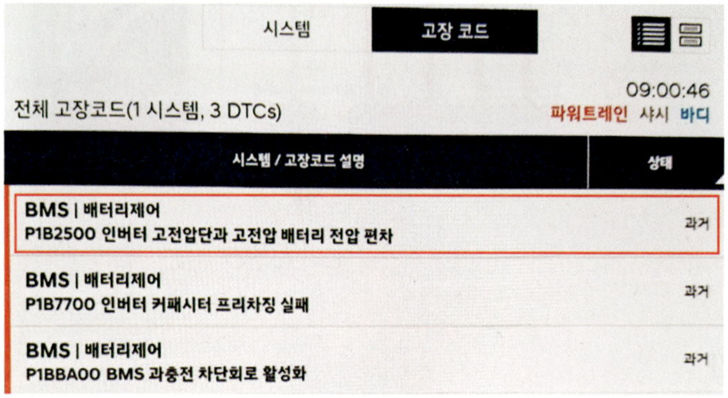

그림 고장코드

③ 고장상황 데이터 확인 시 인버터 캐피시터 전압 45V

④ 고전압 배터리와 인버터 캐피시터 전압 차이 30V 이상 차이날 경우 고장코드 점등

항목	판정 조건	고장예상 원인
검출목적	Safety Plug 또는 Safety Plug 메인 휴즈 단선에 의한 고전압 공급 차단 검출 주행 중 릴레이 라인 단선에 의한 고전압 공급 차단 검출 시스템 제어이상으로 인한 팩전압의 과다 상승 및 하강 검출	1. 하이브리드 배터리 모듈과 BMS간 배선 및 커넥터 단자 접속 불량 및 단선 2. 하이브리드 배터리 Safety Plug 메인 휴즈 3. 하이브리드 배터리 Safety Plug 결함 4. 하이브리드 배터리 메인 릴레이 5. BMS ECU 6. MCU
검출조건	점화스위치 "ON" 보조배터리 정상전압(9-16V) 메인 릴레이 "ON" 전압센싱 정상	
고장코드발생기준값	하이브리드 배터리 팩 전압값과 MCU 에서 측정되는 인버터 커패시터 전압 차이의 절대값이 30V 이상으로 5초 이상	
고장코드해제기준값	점화스위치 "OFF"	
경고등 점등 조건	1 주행 사이클	

그림 진단가이드

⑤ 고장상황 데이터를 보면 인버터 캐패시터 전압과 배터리팩 전압 30V 이상 차이나는 것을 확인할 수 있다.

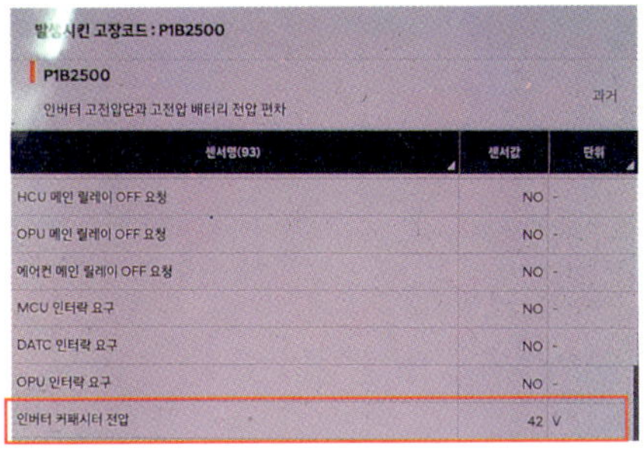

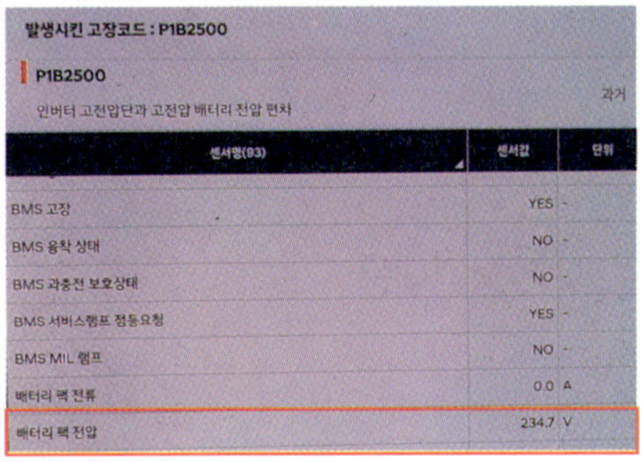

그림 고장상황 데이터

⑥ 고전압 배터리 및 파워 릴레이 단자간 확인 시 정상 체결됨

⑦ 인버터 캐피시터 전압을 측정하는 MCU에 문제가 있다고 판단

⑧ HPCU 내부에 MCU 내장되어 있으므로 HPCU 교환 진행

[3] 발생원인

MCU 내부 불량으로, 인버터 캐피시터 전압 측정 불량

[4] 조치사항

HPCU 교환

2.4.3. CN7 HEV(뉴 아반떼 HEV, 차량년식 : 2023년식)

[1] 고장증상

"하이브리드 시스템을 점검하십시오" 경고등 점등 및 시동 불량(Ready 불가)

그림 경고등 점등

[2] 점검내용

① 진단 데이터 조회, 데이터 조회 시 케패시터 전압 낮음 및 BMU 고장

전체 고장코드(9 시스템, 11 DTCs) 파워트레인 샤시

시스템 / 고장코드 설명	상태
HCULDC | HCU/LDC P0C3B12 LDC 온도센서 이상-단락	과거
HCULDC | HCU/LDC P1A8F31 DC/DC 컨버터 PWM 출력 고장	과거
BMS | 배터리제어 P1B7700 인버터 커패시터 프리차징 실패	과거
ADAS_PRK | 운전자보조주차시스템 C110516 이그니션 전원 낮음	과거
ADAS_PRK | 운전자보조주차시스템 C11311C 광각 카메라 전원 공급 이상	과거
RR_C_RADAR_L | 후측방레이더-좌 C110117 배터리 전압 높음	과거
RR_C_RADAR_R | 후측방레이더-우 C110117 배터리 전압 높음	과거
AIRBAG | 에어백(1차충돌) B110200 배터리 전압 낮음	과거
OCS | 승객구분시스템 B111216 이그니션 전원 낮음	과거
BLTN_CAM | 빌트인 캠 B16E200 저전압 에러	과거
ICU | 실내통합전력제어기 B110200 배터리 전압 낮음	과거

그림 고장코드

② 관련 회로 점검 시 고전압 배터리 출력 전압이 177.4V 출력

참고

출력 전압이 177.4V 출력 이유는 BMA 커넥터 연결 시 멀티미터로 허수 유입되므로 BMA 커넥터 탈거 후 측정 요망

③ 고전압 배터리 탈부착 BMA 1~4 전압 116.9V, 5~8 전압 116.9V 출력, 총 전압이 177.4V(BMA 커넥터 탈거 시 0V)

그림 고전압 배터리 출력 전압

그림 BMA 전압

④ P1B2500 고전압 퓨즈 점검 실시

⑤ 고전압 관련 퓨즈 점검 시 150A 퓨즈 단선

그림 퓨즈 점검

⑥ 퓨즈 교환 후 레디는 가능하나 전기차 경고등 점등

⑦ 고전압 절연파괴 검사 시 고전압 입력단 절연 이상 점검 실시

그림 고전압 입력단 절연 이상 점검

⑧ HPCU 절연저항 측정 시 절연파괴 확인(정상적인 절연은 5MΩ 출력)

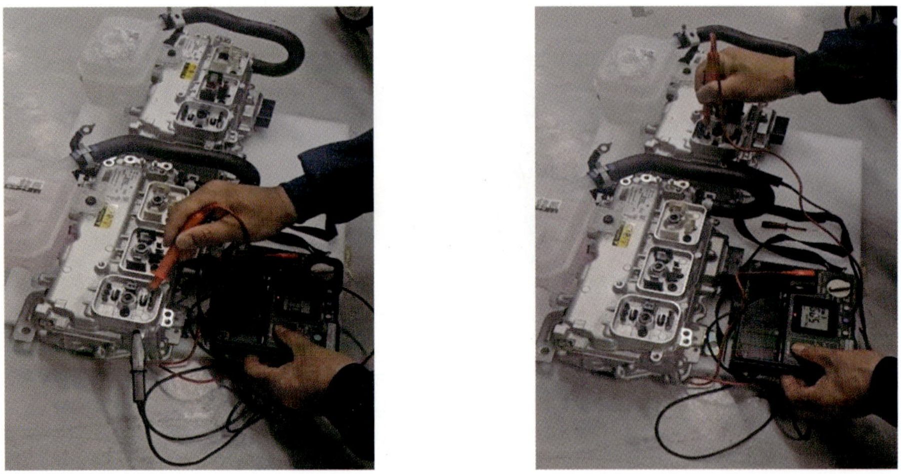

(a) 고품　　　　(b) 신품

그림 HPCU 절연저항 측정 시 절연파괴 확인

[3] 발생원인

HPCU 절연파괴로 고전압 퓨즈 손상 발생

[4] 조치사항

HPCU 교환 및 고전압 퓨즈 150A 교환

2.4.4. HG HEV(그랜저 HEV, 차량년식 : 2015년식)

[1] 고장증상

① 장시간 주차 후 전원 이동은 가능하나 ECO 게이지 및 READY 램프 미점등되며 주행 불가

② 냉간 초기 시동 시에 주로 발생되며 열간 시는 현상재현 불가함

그림 ECO 게이지 및 READY 램프 미점등

[2] 정비이력

장시간 주차 후 재시동 시 시동불가로 긴급출동 3회 및 배터리 교환이력 있음

[3] 점검내용

① 현상발생 시 전원이동은 가능하나 ECO 게이지 및 READY 램프 점등불량 확인

② 현상발생 시 SSB 3회 작동 시 정상적으로 스타터 릴레이 전원 출력됨

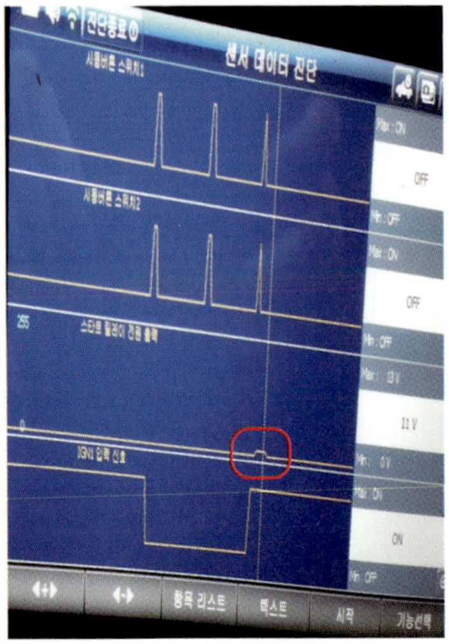

그림 센서데이터 진단

③ SMK 서비스데이터 확인 시 스타터 릴레이 전원 출력 불가함

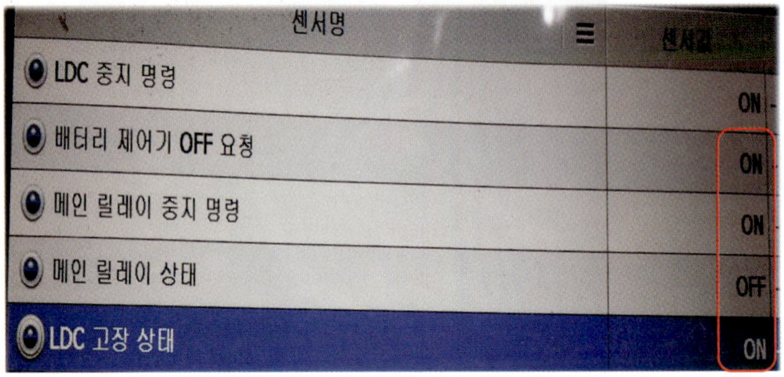

그림 SMK 서비스데이터

④ SMK 모듈 교환하였으나 동일현상 발생되었으며 스타터 릴레이 출력 관련 배선점검 시 특이사항 없음

⑤ HEV 관련 모듈들 전체 점검 시 DTC 없으며, 시동불가 시에 HCU 서비스데이터 상 LDC 고장상태 ON 및 입력전압 4V 출력되었음–메인 릴레이 OFF시킴

[4] 발생원인

LDC 고장으로 메인 배터리 제어 및 메인릴레이 중지 명령으로 주행 불가

[5] 조치사항

HPCU(LDC) 교환 후 정상적으로 ECO 게이지 및 READY 램프 점등됨

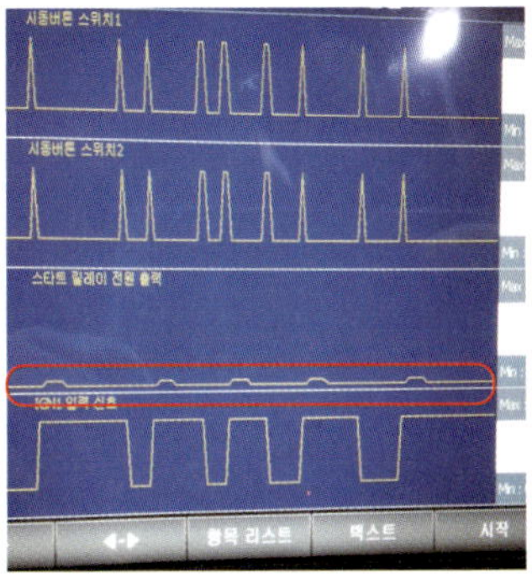

(a) 센서데이터 진단

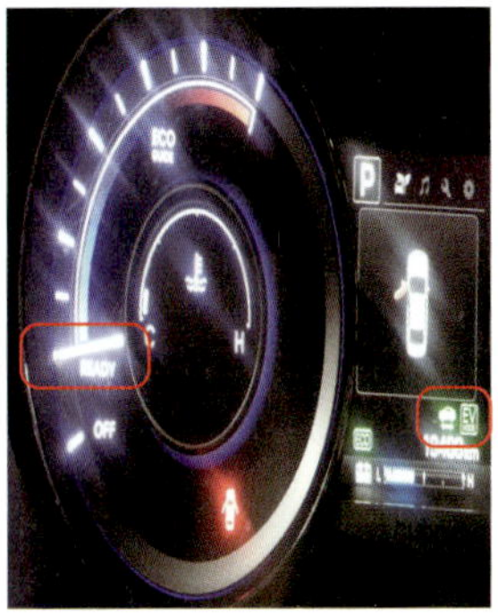

(b) ECO 게이지 및 READY 램프 점등

그림 HPCU(LDC) 교환 후 정상

2.4.5. HG HEV(그랜저 HEV, 차량년식 : 2014년식)

[1] 고장증상

하이브리드 관련 고장으로 HPCU 교환 후 경고등 점등(U0298) 현상 동일

[2] 정비이력

전방 좌측 사고

[3] 점검내용

① 자기진단

㉮ HCU U0298 CAN 통신 회로-DC 컨버터 모듈 응답 지연-임시

㉯ A/C U0298 CAN 통신 회로-DC 컨버터 모듈 응답 지연-임시

㉰ 특이사항으로 LDC 통신 실패

09:38:38

전체 고장코드(2 시스템, 2 DTCs) 파워트레인 샤시 바디

시스템 / 고장코드 설명	상태
HCU | 하이브리드제어 U0298 CAN 통신 회로 - DC컨버터모듈 응답 지연	임시
AIRCON | 에어컨 U0298 CAN 통신 회로 - DC컨버터모듈 응답 지연	-

그림 고장코드 점검

② 회로 점검

㉮ 회로 점검 시 LDC로 가는 상시 전원 및 ON/START 전원 안 들어옴

㉯ 워터펌프 10A 및 인버터 10A 퓨즈 정상

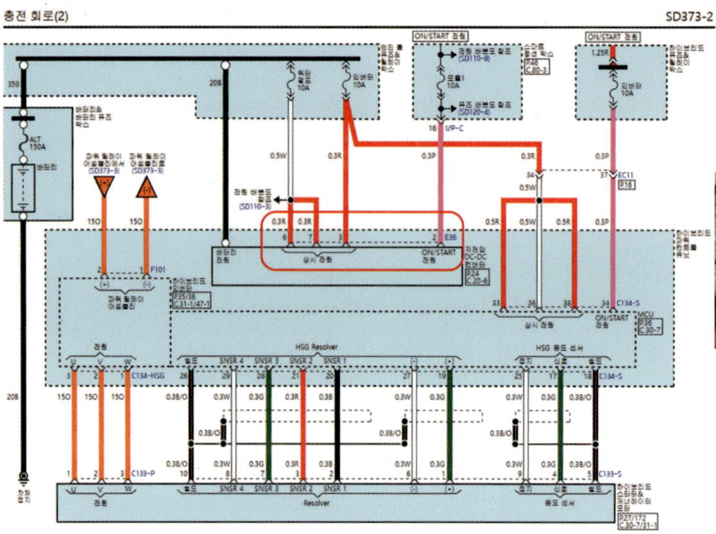

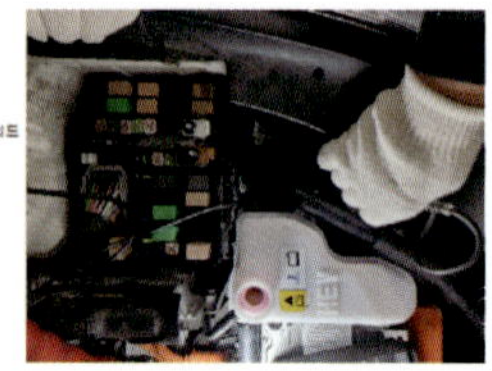

그림 상시 전원 회로도 및 회로점검

㉰ 상지전원 및 ON/START 전원 직결 시 LDC 통신 가능 및 시스템 정상

㉱ 프론트 범퍼 탈거 중 좌측 안개등 파손 확인

㉲ 전방 사고로 인한 배선 단선 확인

그림 안개등 파손

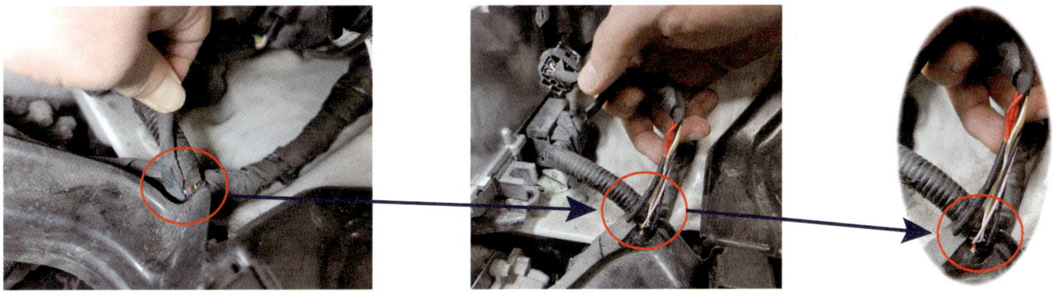

그림 배선 단선 확인

[4] 발생원인

LDC 상시전원 E36 #2, #3, #7, #6 단선

[5] 조치사항

배선 수리

2.4.6. HG HEV(그랜저 HEV, 차량년식 : 2015년식)

[1] 고장증상

"전원공급장치 점검 안전한 곳에 장차하십시오" 문구 출력되며 주행 및 LEADY 진입불가 발생(U0298, C1102)

그림 문구 출력

[2] 점검내용

① SSB 전원이동 불가함

② 진단코드 점검 시 배터리 낮음 코드 발생(EPB, VDC)

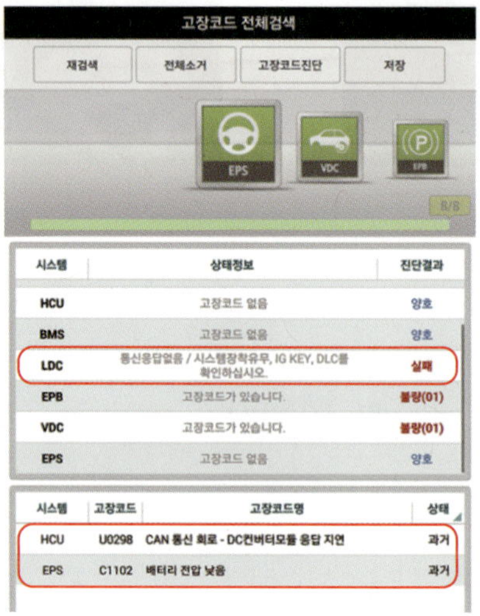

그림 진단코드 점검

③ LDC측 진단코드 출력은 가능하나 센서데이터 진입 불가

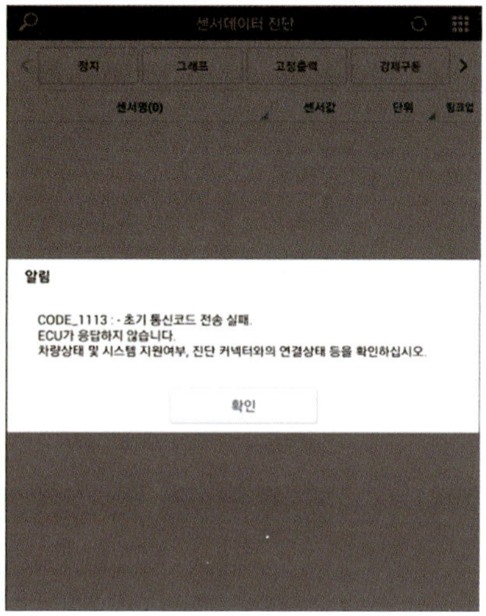

그림 센서데이터 진입 불가

④ 엔진측 제어기 배터리 전압 센서데이터 및 실차 배터리 전압 측정

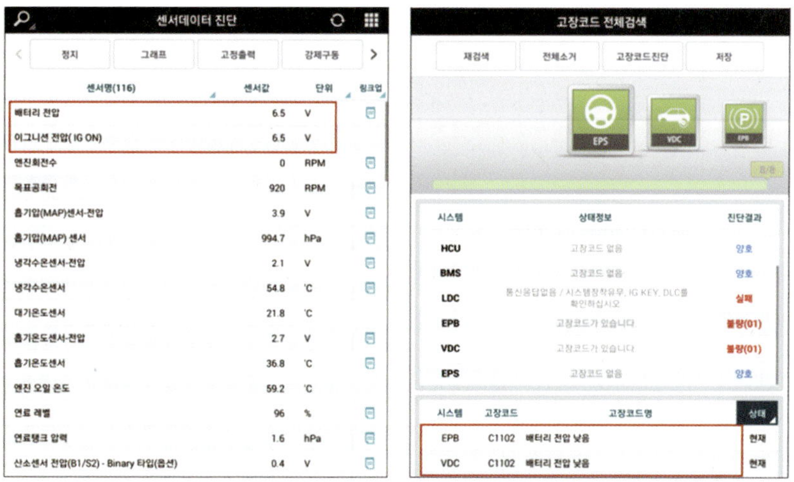

그림 배터리 전압 6.5V 측정되며 EPB, VDC측 C1102 배터리 전압 낮음 발생함

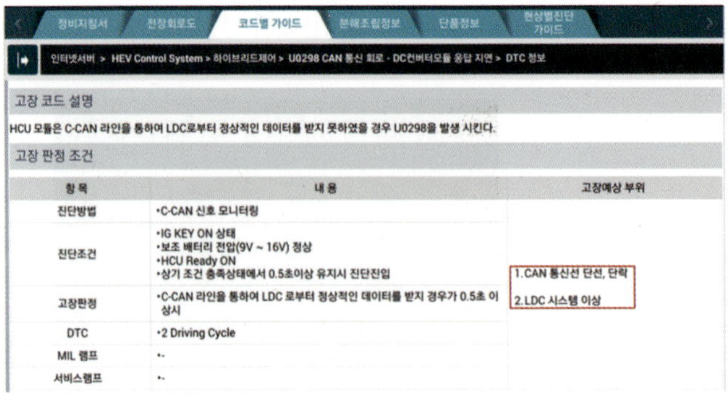

그림 U0298 진단 가이드(LDC 시스템 이상 추정)

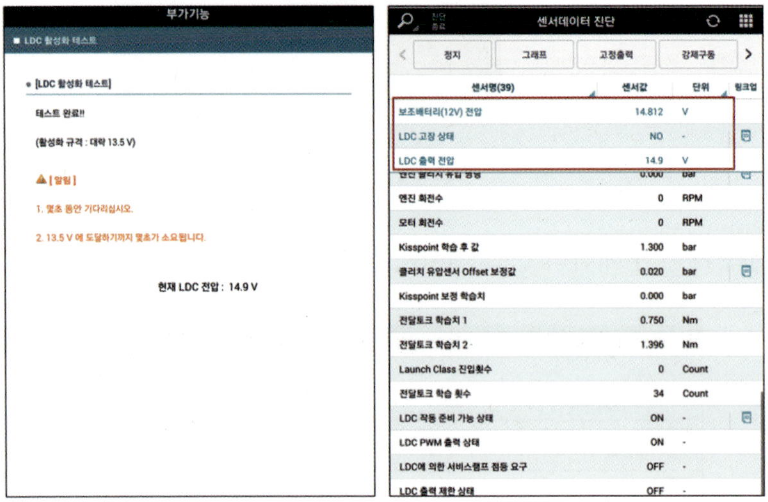

그림 HPCU 교환 후 LDC 활성화 TEST 정상 진입되며, LDC 출력 전압 14.9V 측정됨

[3] 발생원인

LDC 불량으로 저전압(12V) 배터리 충전 불량과 엔진룸 정션박스 메인 전원 공급되지 않아 배터리 방전되어 PRA 구동불가로 시동불량 발생함

[4] 조치사항

HPCU 및 12V 보조 배터리 교환

참고

LDC는 고전압 배터리 전력을 차량의 기본 전장 부하에 공급할 수 있도록 고전압을 저전압(12V)으로 전환시켜 주는 모듈이다. MCU와는 달리 직류에서 직류로 전력을 변환하며, 기존 내연기관 차량에서의 알터네이터와 같은 역할을 한다.

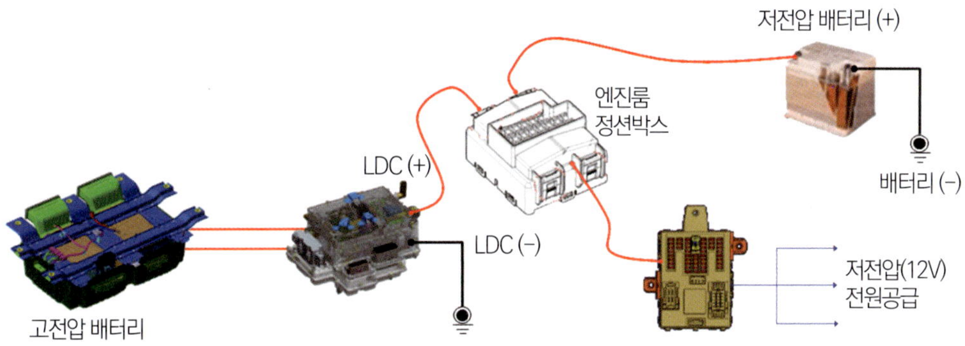

그림 LDC

2.4.7. HG HEV(그랜저 HEV, 차량년식 : 2014년식)

[1] 고장증상

시동불가(전원이동 가능)

[2] 점검내용

① 시스템 전체 자기진단, BMS P1B77 프리차징 실패

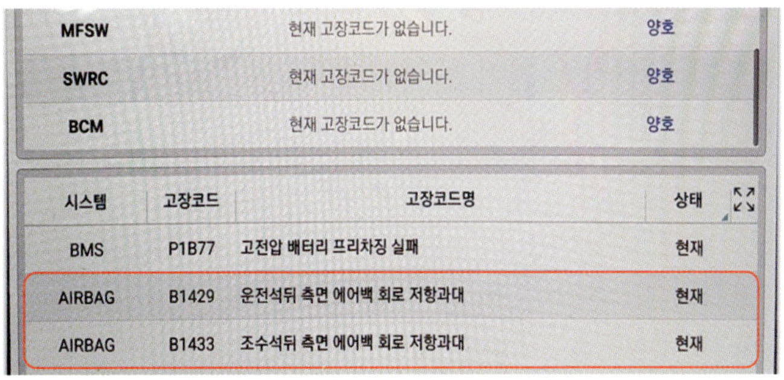

MFSW	현재 고장코드가 없습니다.	양호
SWRC	현재 고장코드가 없습니다.	양호
BCM	현재 고장코드가 없습니다.	양호

시스템	고장코드	고장코드명	상태
BMS	P1B77	고전압 배터리 프리차징 실패	현재
AIRBAG	B1429	운전석뒤 측면 에어백 회로 저항과대	현재
AIRBAG	B1433	조수석뒤 측면 에어백 회로 저항과대	현재

그림 점검 과정에서 발생된 고장코드(리어 시트 백 탈거 상태)

㉮ PRA 작동 시 인버터 내에 캐퍼시터 충전 실시

㉯ 고전압 연결 실패 상황이 검출되면 상기 코드를 표출한다.

㉰ 메인 릴레이 ON 후 MCU에서 측정되는 인버터 캐패시터 전압이 특정 수준으로 상승하지 않을 경우 고장 판단된다.

고장 판정 조건

<table>
<tr><th>항목</th><th colspan="3">판정조건</th><th>고장예상원인</th></tr>
<tr><td>검출목적</td><td colspan="3">프리차징 실패로 인한 릴레이 제어 오류 방지
고전압 인가 불가로 인한 하이브리드기능 상실 검출</td><td rowspan="7">1. 메인 릴레이 결합
2. 하이브리드 배터리 모듈과 BMS간 배선 및 커넥터 접속 불량 또는 단선
3. BMS ECU
4. MCU</td></tr>
<tr><td>진입조건</td><td colspan="3">점화스위치 "ON"
보조배터리 정상전압(9-16V)</td></tr>
<tr><td rowspan="5">안전모드</td><td colspan="2">고전압릴레이제어</td><td>OFF</td></tr>
<tr><td rowspan="2">서비스 램프</td><td>ON 조건</td><td>1회 주행사이클</td></tr>
<tr><td>OFF 조건</td><td>점화스위치 "OFF"</td></tr>
<tr><td colspan="2">DTC 확정</td><td>1회 주행사이클</td></tr>
<tr><td colspan="2">경고등(MIL)</td><td>ON</td></tr>
</table>

그림 고장판정 조건

② PRA의 릴레이 불량추정으로 PRA 교환 후 동일현상 발생됨, 동일 고장코드 발생됨

③ PRA 작동상태 점검, BMS 부가기능 강제 구동 시 릴레이 전원 미출력

④ PRA 이전에서 "+" 전원 미 검출됨, 안전 플러그 내에 메인 퓨즈 단선 확인됨

㉮ 안전 플러그 내에 고전압 퓨즈 단선으로 무한대 저항이 측정됨

㉯ 퓨즈 단선으로 인해 메인 배터리의 고전압 출력이 되지 않는 상황으로 메인 릴레이 ON 후 MCU에서 측정되는 인버터 캐패시터 충전전압이 0V로서 P1B77 프리차징 실패 코드 발생됨

㉰ 메인 퓨즈가 단선된 원인이 무엇인지 확인이 필요하다.

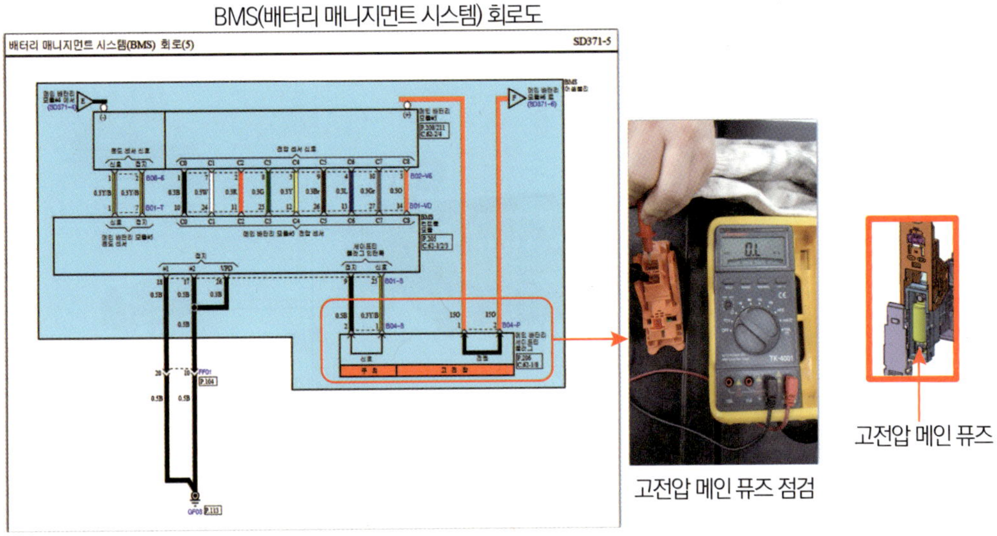

그림 메인 퓨즈 점검

⑤ 메인 퓨즈 단선 원인 규명 위한 점검

⑥ 고전압 회로 HSG · 구동모터 · HPCU · 에어컨 컴프레서 등 "+, −" 단락 가능 여부점검

㉮ HPCU 측 내부 저항 측정결과 약 136kΩ 측정됨(HPCU 내부 저항) − 고전압 인풋 케이블 탈거 후

㉯ 구동모터 측 저항 측정결과 0Ω(구동모터 코일 Y결선으로 정상) − 구동모터 케이블 탈거 후

㉰ HSG 모터 코일 저항 측정결과 0Ω(HSG 모터 코일 Y결선으로 정상) − HSG 케이블 탈거 후

㉱ A/C 컴프레서 인버터 내부 저항 측정결과 약 3MΩ 측정됨 − A/C 컴프레서 커넥터 탈거 후

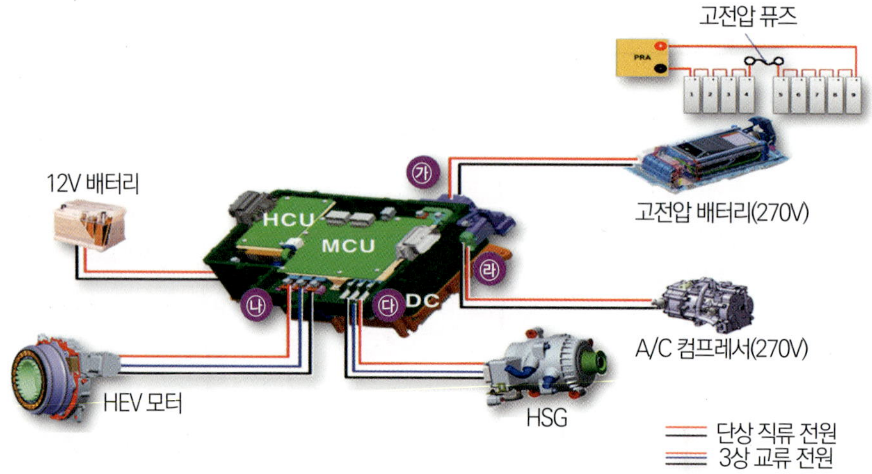

그림 고전압 회로에 과대 전류흐름으로 퓨즈 단선원인 점검

⑦ HPCU 내부 인버터 저항이 136kΩ대로 확인됨, 정상 차량 HPCU 입력단 저항 값 8~15MΩ

(a) 문제차량 HPCU

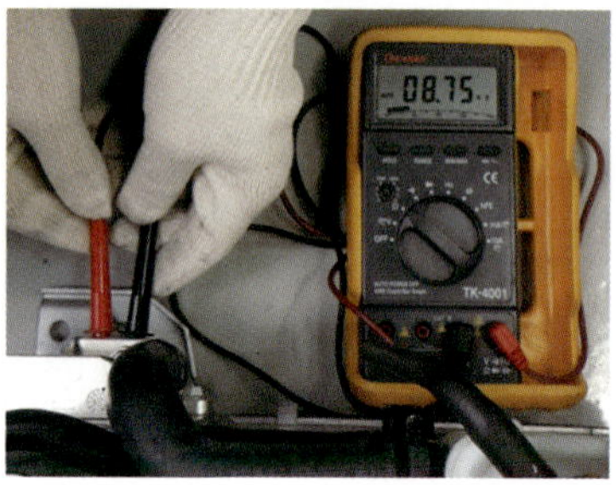

(b) 정상차량 HPCU

그림 HPCU 내부 인버터 저항

[3] 발생원인

① HPCU 내부 인버터 저항 낮아 안전 플러그 내에 있는 퓨즈가 피로 누적에 의한 단선됨 이로 인한 P1B77 프리차징 실패 코드 발생.

② 시동 시 SMK에서 스마트키 인증 후 고전압 연결을 위해 PRA가 작동된다.

③ BMS는

㉮ 메인 릴레이 "–" 작동

㉯ 프리차저 릴레이 작동

㉰ 메인 릴레이 "+" 작동

㉱ 프리차저 릴레이 OFF후 시동상태 유지

④ 하지만 프리차저 릴레이 구동 시 안전 플러그 내에 퓨즈 단선으로 인한 인버터 내에 캐퍼시터에 고전압 배터리 전압이 인가되지 않아 P1B77 프리차징 실패 코드가 발생하게 된 것이다.

[4] 조치사항

PRA 교환, 안전 플러그(고전압 휴즈), HPCU 교환

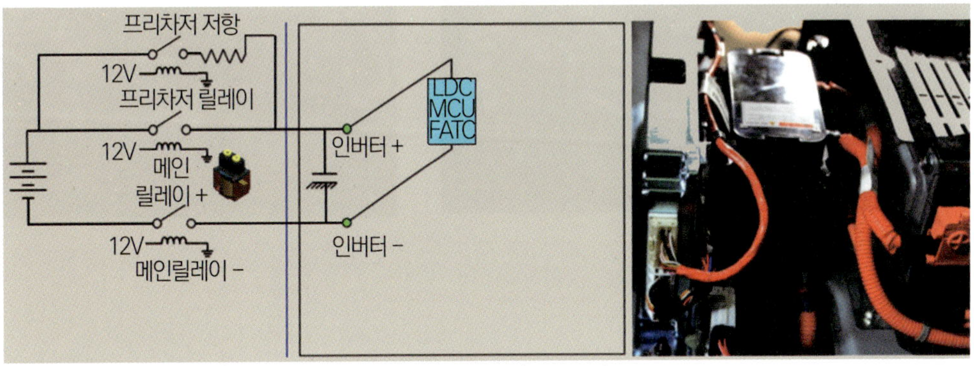

Key-ST시 PRA 작동순서
① 메인 릴레이-ON
② 프리차지 릴레이 ON
③ 커패시터 충전
④ 메인 릴레이+ON
⑤ 프리차지 릴레이 OFF
※ 차량에 따라 ① ② 순서가 다른 경우가 있음

IG-OFF시 PRA 작동순서(동시 OFF)
① 메인 릴레이 + OFF
② 메인 릴레이 – OFF

그림 HPCU 교환

참고 안전 플러그

안전 플러그는 기계적인 분리를 통하여 고전압 배터리 내부의 회로 연결을 차단하는 장치이다. 연결 부품으로는 고전압 배터리 팩, 파워 릴레이 어셈블리, 급속 충전 릴레이, BMU, 모터, EPCU, 완속 충전기, 고전압 조인트 박스, 파워 케이블, 전기 모터식 에어컨 컴프레서 등이 있다.

참고 메인 퓨즈

> 메인 퓨즈(250A 퓨즈)는 안전 플러그 내에 장착되어 있으며, 고전압 배터리 및 고전압 회로를 과전류로부터 보호하는 기능을 한다.

2.4.8. HG HEV(그랜저 HEV, 차량년식 : 2014년식)

[1] 고장증상

READY 후 잠시 후 "정차 후 시동을 꺼주십시오.", "충전시스템을 점검하십시오" 문구 및 하이브리드 경고등 점등

그림 문구 및 경고등 점등

[2] 점검내용

① 고장코드 점검, 고장코드 확인 시 P0AA6, P0562, C1102, B1102 검출

② 센서데이터 점검(HCU)

　㉮ HPCU 관련 고장코드 없음

　㉯ HPCU – LDC 중지명령 ON으로 보아 P0562, C1102, B1102가 표출된 것으로 판단

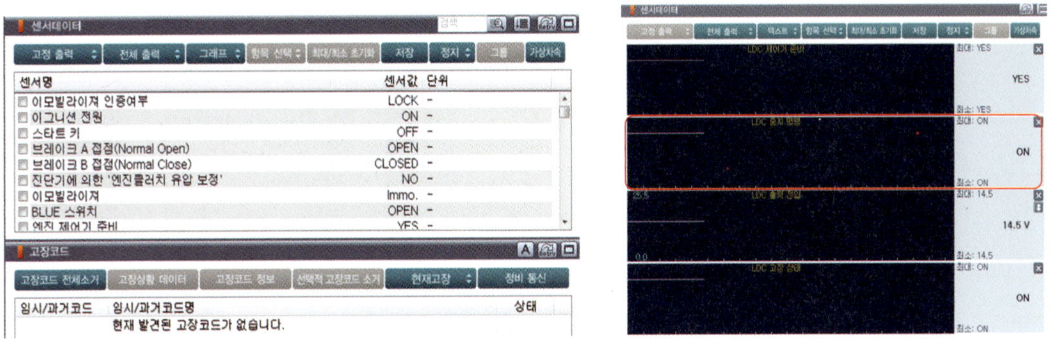

제어장치	고장코드	고장코드명	상태
ENGINE - 엔진제어	P0562	시스템전원 낮음	과거
MCU - 모터제어	P0A7A	제너레이터(HSG) 인버터 성능 이상	현재
HCU - 하이브리드제어		발견된 고장코드가 없습니다.	
BMS - 배터리제어	P0AA6	고전압 배터리 절연 파괴	과거
LDC - 직류변환기		발견된 고장코드가 없습니다.	
AT - 자동변속		발견된 고장코드가 없습니다.	
EPB - 전동파킹브레이크	C1501	EPB 스위치 이상	과거
VDC - 제동제어	C1102	배터리 전압 낮음	과거
AIRBAG - 에어백(1차충...	B1102	배터리 전원 낮음	과거
AIRCON - 에어컨		발견된 고장코드가 없습니다.	
EPS - 파워스티어링	C1102	배터리 전압 낮음	과거
EPS - 파워스티어링	C1628	클러스터측 CAN 신호 안나옴	과거

그림 센서데이터 점검(HCU)

③ 센서데이터 점검(BMS)

㉮ SOC 상태 이상 없으나, 고전압 배터리 절연파괴

㉯ BMS 센서데이터 중 배터리팩 전류 값 0.0A로 이상 있음, 배터리팩 전압(V)은 이상 없음

㉰ 최대 셀 전압 규정값 3.75V에 근접하여 정상

㉱ 절연저항 규정 값 1000kΩ이 정상이나 계단식으로 상승 후에 300kΩ 미만으로 하강

④ P0AA6 고장코드 발생조건 확인, 정차 후 일정 주행은 가능하지만 곧바로 HEV 경고등 점등되며 운행 불가 상태로 전환

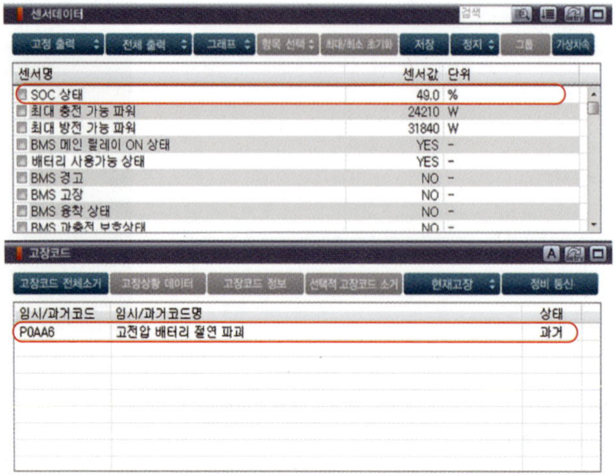

고장코드 판정 조건

항 목	판정 조건	고장 예상 원인
검출 목적	절연파괴에 의한 안전사고 방지	
검출 방법	검출조건으로 18초간 지속되면 검출	
검출 조건	점화 스위치 "ON" 9V < Aux(보조 배터리)전압 < 16V	
고장코드 발생기준값	절연저항 < 300kΩ	1. 하이브리드 배터리 팩 2. 절연 저항 센싱 회로 이절 3. BMS ECU
고장코드 해제기준값	절연저항 > 900kΩ	
MIL 점등 조건	1DC(드라이빙 사이클: ST ON-IG OFF 1회) 발생 시	
MIL 소등 조건	IG OFF시 과거 고장으로 진입(과거 고장 및 현재 고장은 진단툴로 소거 가능)	
안전 모드	고전압공급차단(HEV기능중단) : 메인릴레이 OFF 유지 BMS 가용 파워 : 0kW	

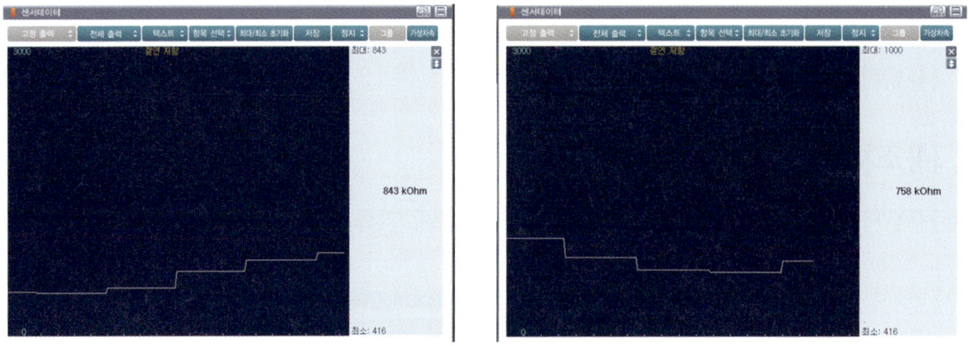

그림 센서데이터 진단(BMS)

⑤ 메가옴 테스터기로 절연파괴 검사, 절연파괴 검사 시 HSG & 모터 정상 HPCU 절연파괴 확인

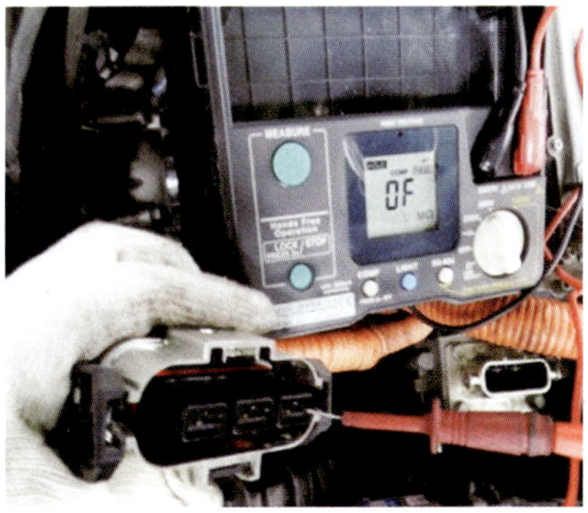

(a) HSG 정상

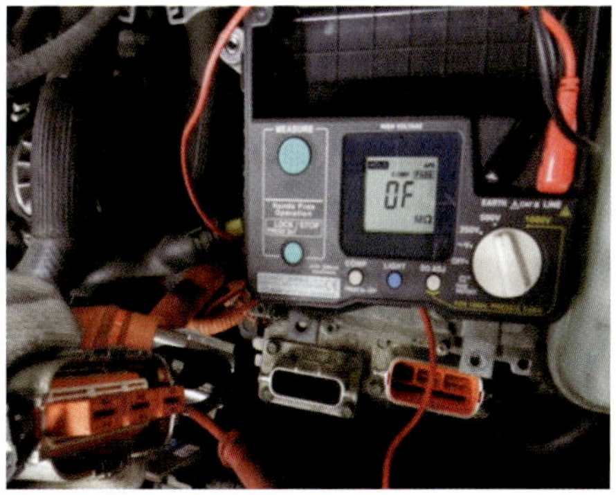

(b) 모터 정상

(c) HPCU 절연파괴

그림 절연파괴 검사(메가옴 테스트)

[3] 발생원인

HPCU 절연파괴

[4] 조치내용

HPCU 교환 후 데이터 확인 시 규정값에 맞게 전류, 전압, 절연저항 잘 나오고 있음을 확인

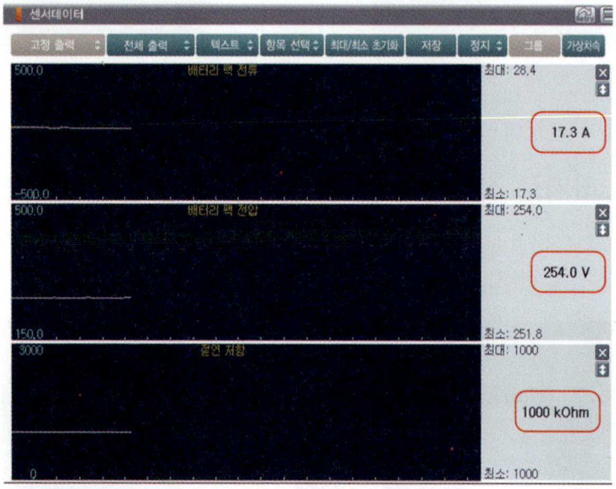

그림 HPCU 교환 후 데이터

2.4.9. IG HEV(그랜저 HEV, 차량년식 : 2018년식)

[1] 고장증상

견인 입고 당시 정상적으로 시동되었다가 약 5분 이후 하이브리드 시스템 점검문구 표출되고, 재시동 시 시동불가, 일정 시간 경과 후 재시동 가능하나 동일 현상 재발생

그림 점검문구 표출

[2] 정비이력

PRA 교환 후 동일 현상

[3] 점검내용

① 시동 ON/OFF 시 P1B25, P1B77 번갈아 가면서 고장코드 출력됨

㉮ 최초 견인입고 당시에 정상 시동 가능하였고 고장코드 확인 시 P1B25 인버터 고전압단과 고전압 배터리 전압편차 과거 고장 표출되었으며, 기억소거 후 재시동상태 약 5분 이후 P1B25 현재 고장 발생되며 시동 불가함

시스템	고장코드	고장코드명	상태
BMS	P1B25	인버터 고전압단과 고전압 배터리 전압 편차	현재

그림 P1B25 고장코드 출력

㉯ 점검 도중 기억소거 시 P1B77 인버터 커패시터 프리차징 실패, 현재 고장 표출되며 시동 불가함

시스템	고장코드	고장코드명	상태
BMS	P1B77	인버터 커패시터 프리차징 실패	현재

그림 P1B77 고장코드 출력

② 고장예상 원인

㉮ P1B25 인버터 고전압단과 고전압 배터리 전압편차

메인 릴레이 ON 상태에서 고전압 배터리의 전원을 공급하는 Safety Plug가 OFF 또는 Safety Plug가 제거되어 있거나, 고전압을 직렬로 연결하기 위한 부스바(bus bar) 단선 시, Safety Plug 내부에 설치되어 있는 퓨즈가 용단 시 DTC를 표출한다.

고전압 배터리 팩 전압과 MCU에서 측정되는 인버터 커패시터 전압 간 차이(절대값)가 기준값 이상일 경우 고장 검출한다. IG OFF 시 고장코드는 해제된다.

㉠ 하이브리드 배터리 모듈과 BMS간 배선 및 커넥터 단자 접속 불량 및 단선

㉡ 하이브리드 배터리 Safety Plug 메인 퓨즈

㉢ 하이브리드 배터리 Safety Plug 결함

㉣ 하이브리드 배터리 메인 릴레이

㉤ BMS ECU

㉥ MCU

㉯ P1B77 인버터 커페시터 프리차징 실패

인버터 커패시터 초기충전 실패로 인한 고전압 공급 실패 상황이 검출되면 DTC를 표출한다. 메인 릴레이 ON 후 MCU에서 측정되는 인버터 커패시터 전압이 특정 수준으로 상승하지 않을 경우 고장 판단된다. IG OFF 시 고장코드는 해제된다.

㉠ 메인 릴레이 결함

㉡ 하이브리드 배터리 모듈과 BMS간 배선 및 커넥터 단자 접속 불량 및 단선

㉢ BMS ECU

㉣ MCU

③ 시동이 걸린 상태에서 고전압 라인 불안정함

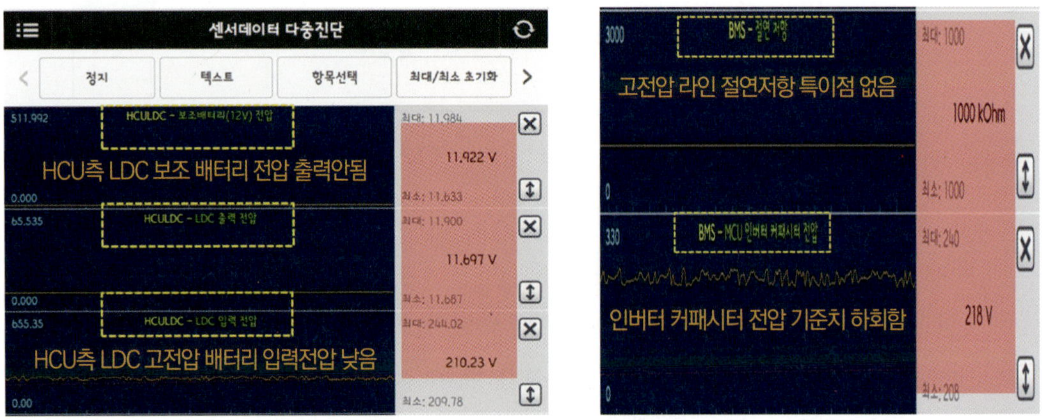

그림 센서데이터 다중 진단

④ BMS측 PRA 릴레이 접지단 접촉 불량 확인, BMS 와이어링 교환, 재시동되었다가 경고등 재점등

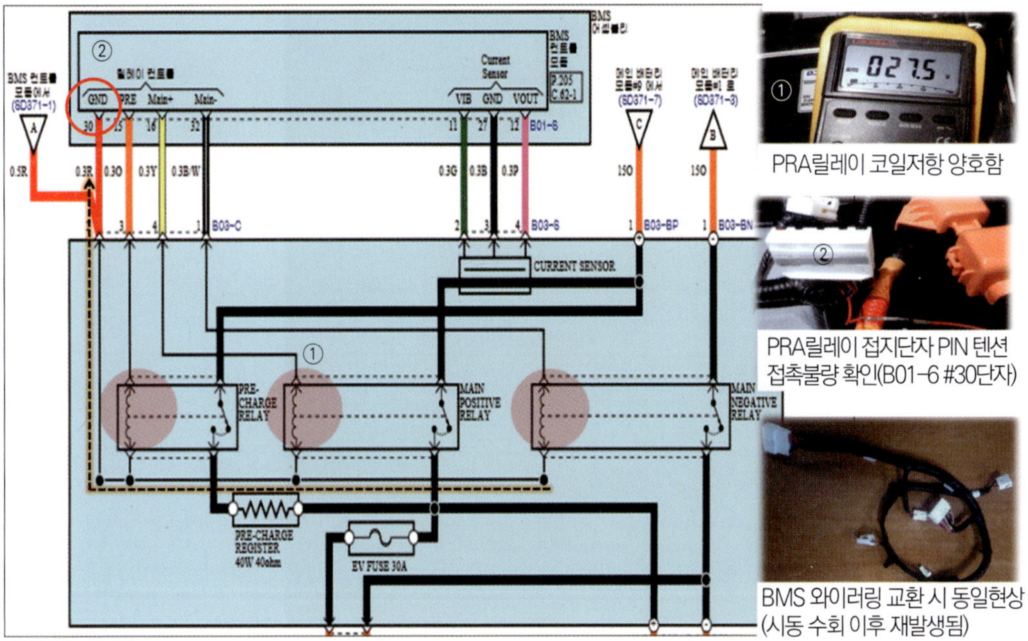

그림 1차 고전압 PRA 릴레이 제어단 회로 점검

⑤ 고전압 라인 절연저항 점검 : MOTOR, HPCU, HSG, OPU 관련 회로 점검

⑥ 고전압 배터리 와이어링 교환 이후 전체 절연저항 점검 시 OPU 단품내부 절연저항 불량, BMS측 PRA 릴레이 제어단(접지단) 접촉 불량 확인, 고전압 라인 점검 중 OPU 절연저항 점검 시 절연불량 오인(OPU 고전압 양단 절연 점검 시 테스터에 의한 500V 인가 시 상호 단락되어 절연파괴로 오인할 수 있음 – 교환 시 동일)

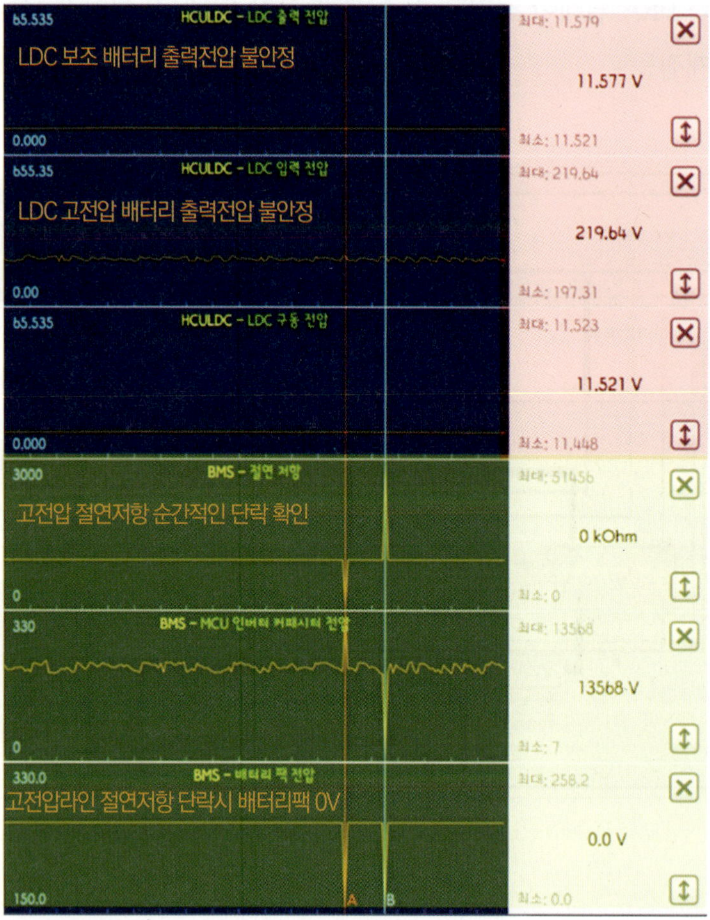

그림 절연저항 불량

⑦ 고전압 라인 전체적으로 절연저항 확인 시 절연파괴 없음

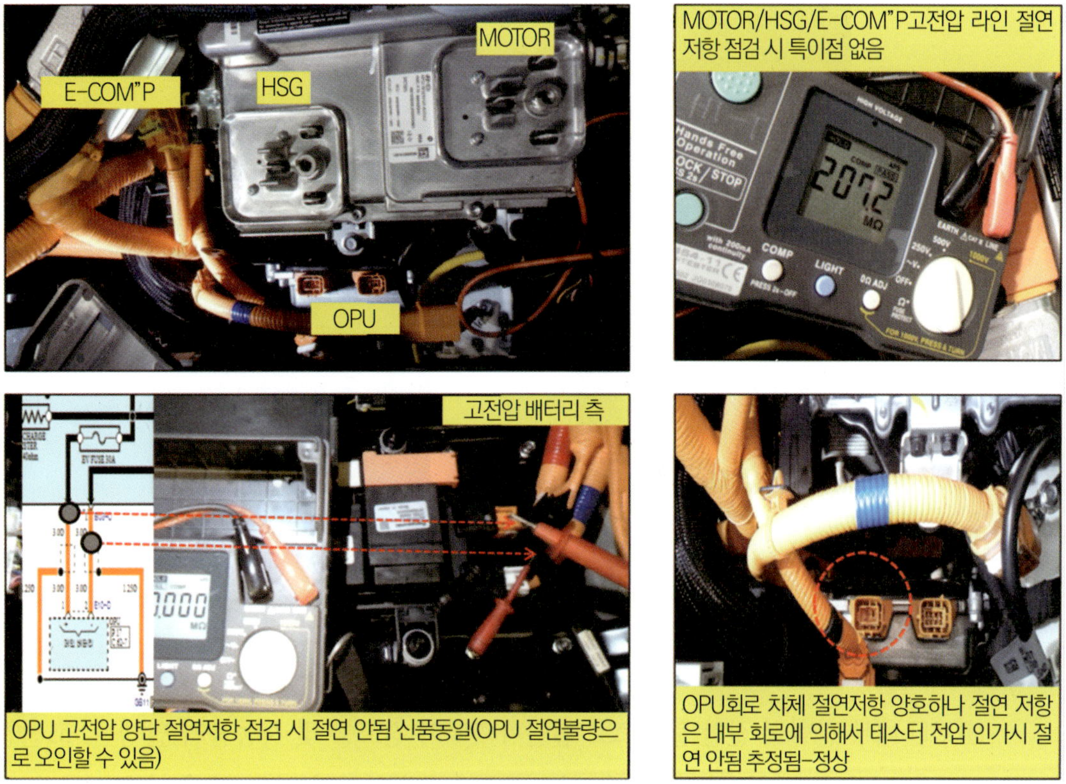

그림 고전압 라인 절연저항 확인

⑧ BMS, MCU 서비스 데이터 점검 시 고전압 배터리 210~250V 상하 유동

⑨ PCU 교환 후 시동성 및 정상적인 데이터 출력 확인됨

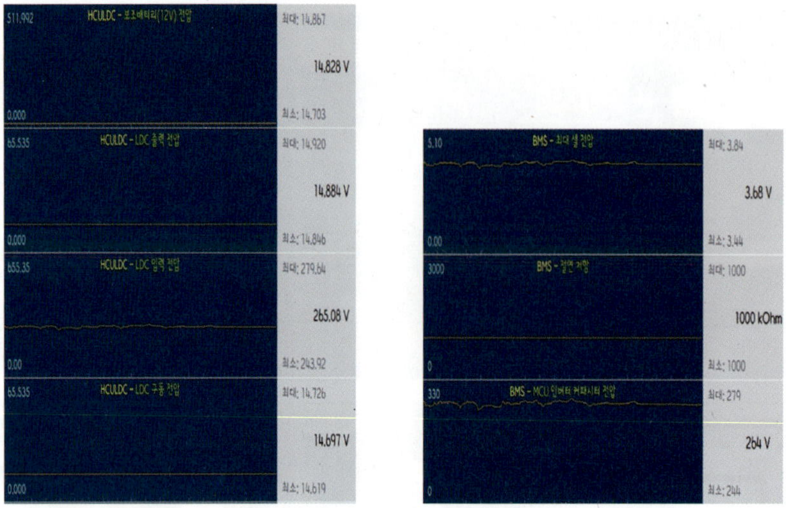

그림 HPCU 교환 후 데이터

[4] 발생원인

HPCU 내부 간헐적 절연 불량으로 절연파괴되어 경고등 및 시동불가 발생됨, 고전압 배터리와 고전압단 편차 DTC 발생됨, 참고로 OPU 내부 절연 저항 점검 시 고전압단 상호 절연저항은 OPU 커넥터 탈거 상태에서 측정 요함(절연파괴 오인할 수 있음)

[5] 조치내용

HPCU 교환 후 출고

2.4.10. IG HEV(그랜저 HEV, 차량년식 : 2017년식)

[1] 고장증상

READY 시 HEV 경고등 점등

[2] 정비이력

자기진단 실시, 고장코드 P0AA6 발생

[3] 점검내용

① E-COMP 퓨즈 탈거 후 가조립 후 재현 확인 시 동일현상 발생

② 구동모터 절연저항 측정 시 382MΩ

③ HSG 절연저항 측정 시 OFMΩ

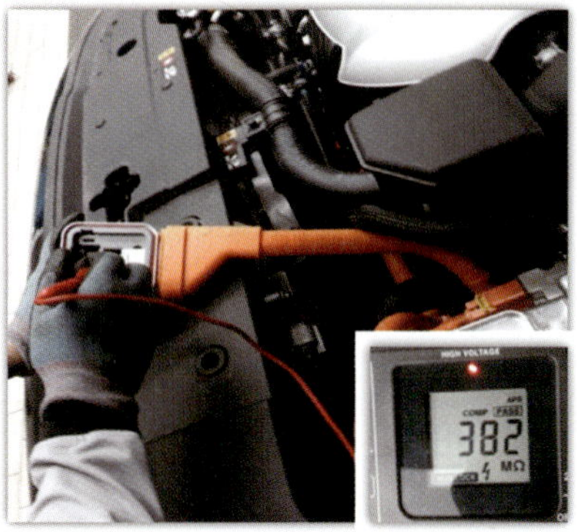

그림 구동모터 절연저항 점검

그림 HSG 절연저항 점검

④ HPCU 절연저항 측정 시 0.036MΩ, 절연저항 정상범위에 있지 않음(정상 10MΩ 이상)

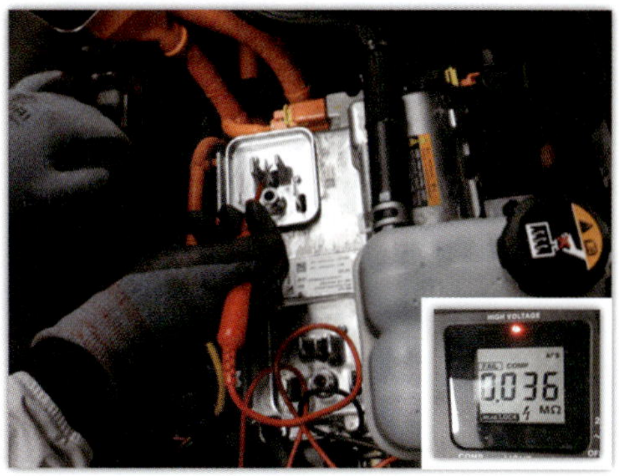

그림 HPCU 절연저항 점검(비정상)

⑤ OPU 입력단 측정 시 0MΩ(HPCU 입력단 체결상태임)

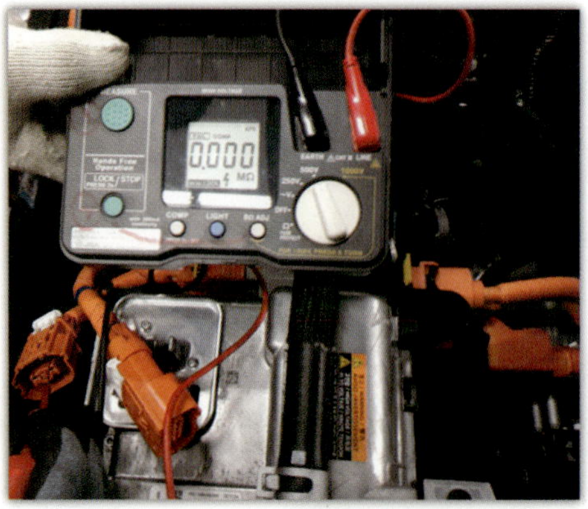

그림 OPU 입력측 고전압 입력체결시 측정

⑥ HPCU 입력단 체결 후 OPU 입력단 측정시 0MΩ 표출관계로 고전압 배터리 PRA 측 의심되어 탈거 후 확인 시 특이 사항 없음

⑦ HPCU 탈거 후 OPU 입력단 측정 시 정상 OF 확인

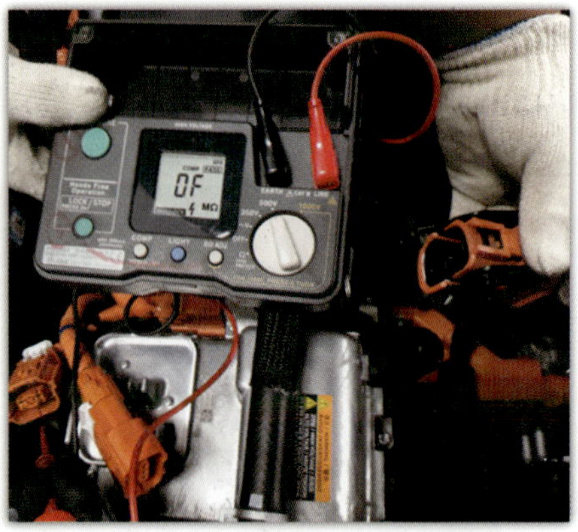

그림 OPU측 고전압 입력 탈거 시 측정

⑧ 고전압 배터리 PRA 내부 릴레이 연결 관계로 절연파괴 검출됨

OPU 입력측 배선 저항 측정시 HPCU 입력커넥터 탈거하지 않고 측정 시 고전압 배터리측 의심가능 있으며(오진단)/저항이 검출된 조건은 HPCU에서 검출된 저항이 PRA 내부 회로 연결 OPU 입력측으로 표출된 저항임

그림 OPU 입력에서 절연저항이 측정된 경로

HPCU

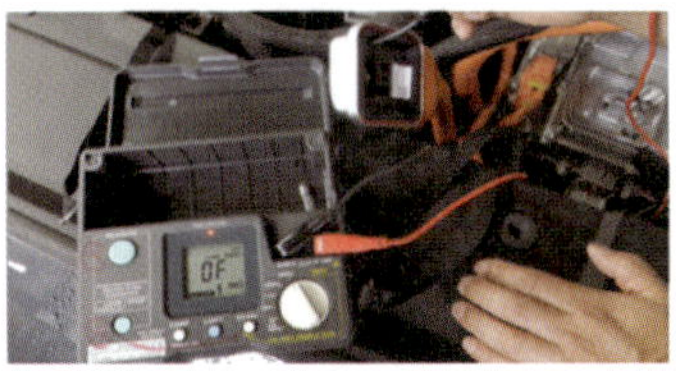

HSG

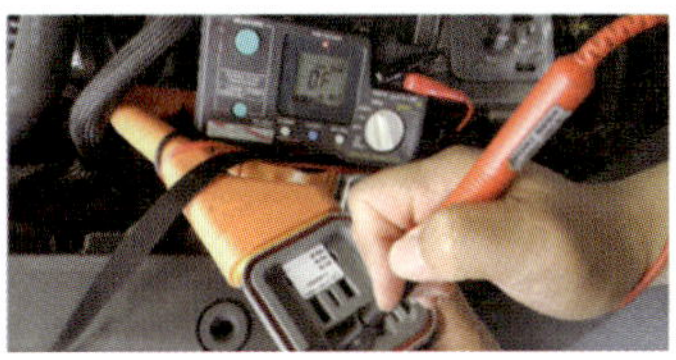

구동모터

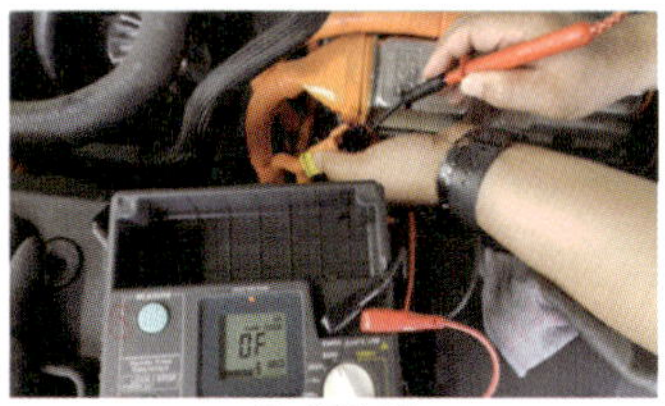

E-COMP

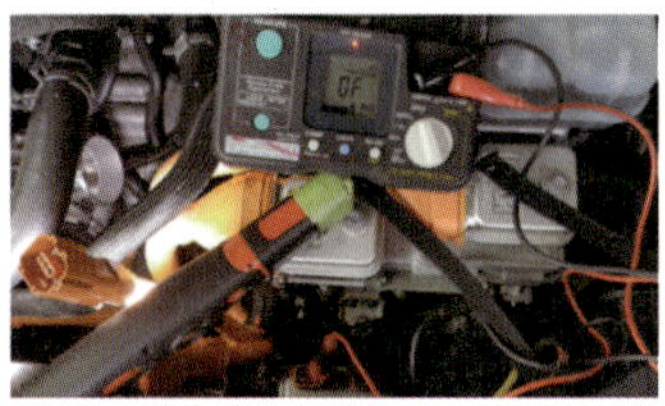

OPU

그림 정상차량 절연저항

[4] 발생원인

HPCU 절연파괴

[5] 조치사항

HPCU 교환

2.4.11. LF HEV(쏘나타 HEV, 차량년식 : 2016년식)

[1] 고장증상

시동 시 READY 실패

[2] 점검내용

① 자기진단, P1B77 인버터 커패시터 프리차저 실패, 재시동 시 동일 고장코드 발생

그림 자기진단

② PRA(파형측정, 전압), 정상제어로 270V 출력

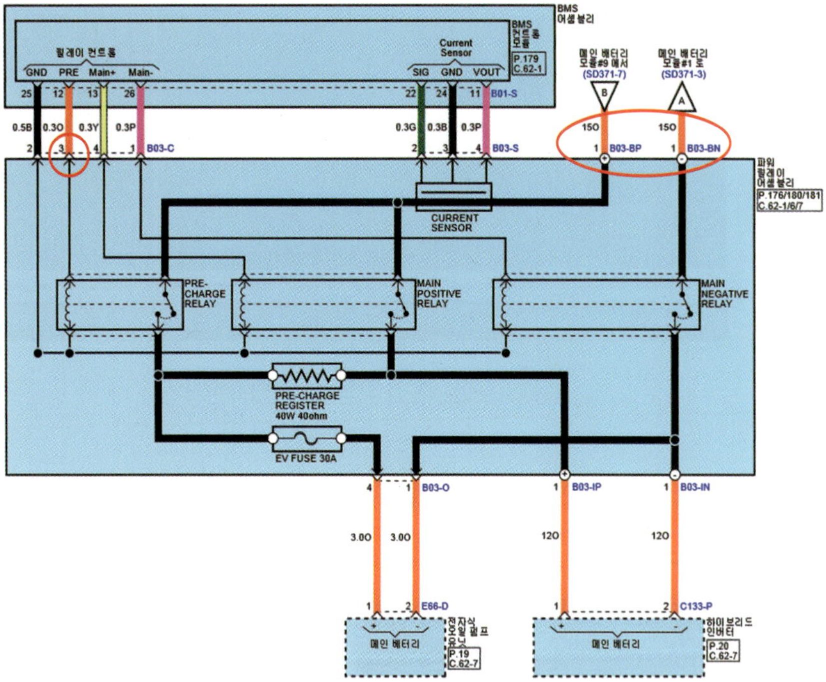

그림 회로도

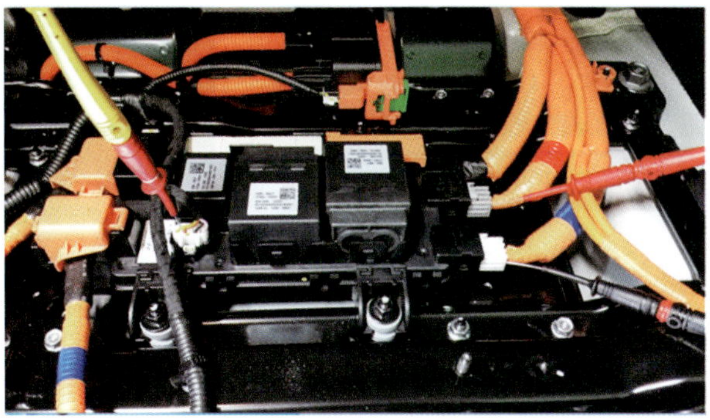

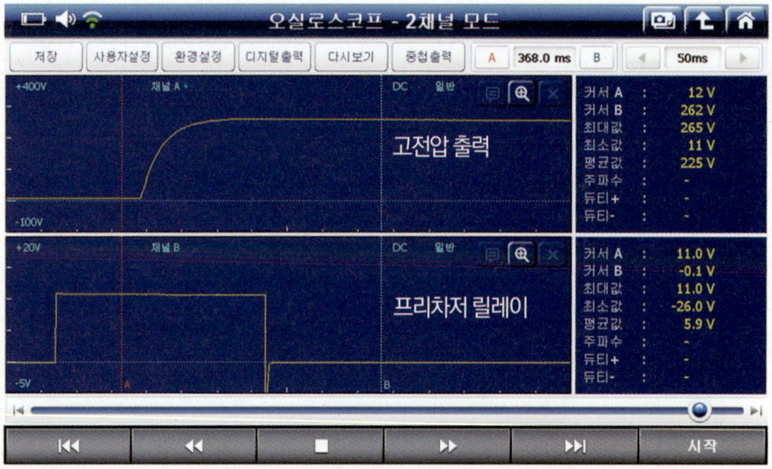

그림 PRA 작동 시 전압측정

③ 서비스데이터 점검, MCU 270V 인식 불가로 서비스데이터는 0V 표출 자기진단은 정상

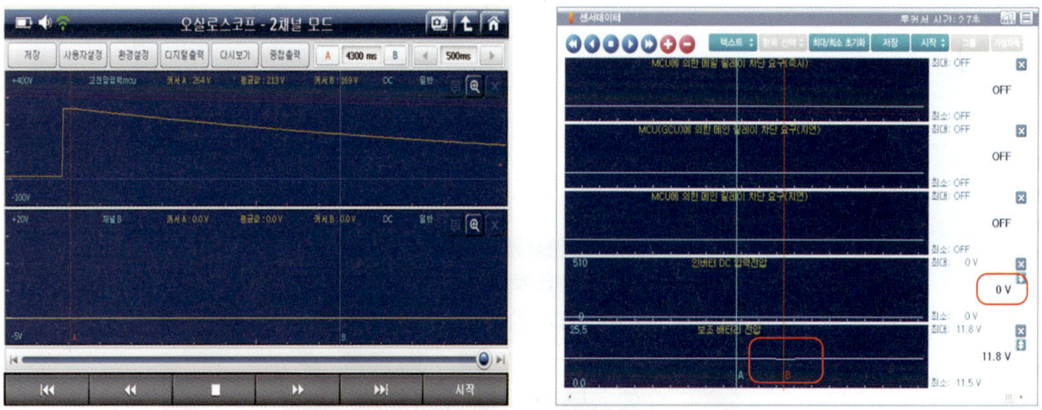

그림 MCU 전단에서 스타팅 시 전압측정

④ 파형점검(전압), MCU까지 정상 270V 입력

[3] 발생원인

MCU에서 270V 인가는 되나 270V 인식 불가로 PRA 차단

[4] 조치내용

HPCU 교환

2.4.12. LF HEV(쏘나타 HEV, 차량년식 : 2015년식)

[1] 고장증상

주행 중 간헐적 "하이브리드 냉각수를 보충하세요" 문구 출력, 1~2주에 1회 관련 문구 출력

그림 냉각수 보충 문구 출력

[2] 점검내용

① 관련 자기진단 시 정상

② EWP 냉각수 및 에어빼기 작업 후 동일현상 발생(EWP 교환상태)

③ 관련 문구 출력 조건 : HPCU가 시동 시 EWP 구동 후 모터 회전수 모니터링 후 관련 문구 출력함

④ EWP 교환 및 관련 배선 점검 시 특이점 없음으로 HPCU 교환 후 모니터링 시 이상 없음

[3] 조치내용

HPCU 교환

2.4.13. LF HEV(쏘나타 HEV, 차량년식 : 2016년식)

[1] 고장증상

주행 중 간헐적 시동 꺼짐 발생 후 간헐적 재시동 불량

[2] 점검내용

① 시동 후 TIP IN 시 시동꺼짐 및 간헐적 READY 진입 불가

② 전 시스템 진단, CAN 관련 고장코드 다수 출력

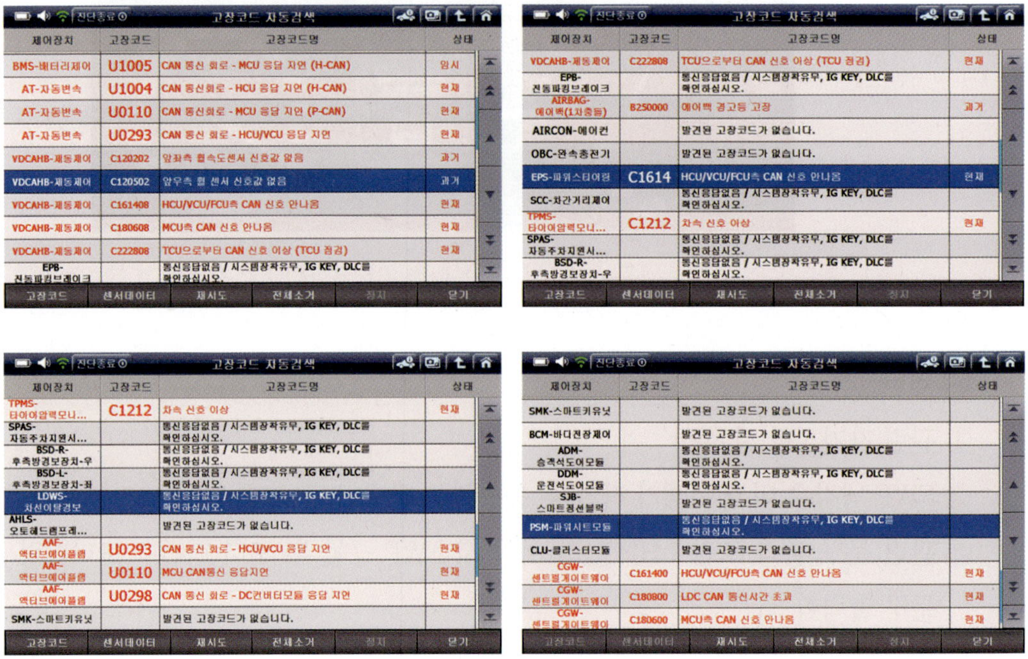

그림 CAN 관련 고장코드

③ 고장코드 분석, HCU/MCU 통신불가 확인

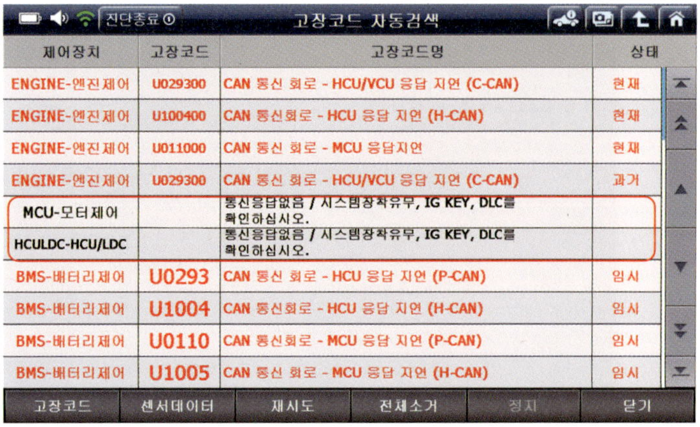

제어장치	고장코드	고장코드명	상태
ENGINE-엔진제어	U029300	CAN 통신 회로 - HCU/VCU 응답 지연 (C-CAN)	현재
ENGINE-엔진제어	U100400	CAN 통신회로 - HCU 응답 지연 (H-CAN)	현재
ENGINE-엔진제어	U011000	CAN 통신 회로 - MCU 응답지연	현재
ENGINE-엔진제어	U029300	CAN 통신 회로 - HCU/VCU 응답 지연 (C-CAN)	과거
MCU-모터제어		통신응답없음 / 시스템장착유무, IG KEY, DLC를 확인하십시오.	
HCULDC-HCU/LDC		통신응답없음 / 시스템장착유무, IG KEY, DLC를 확인하십시오.	
BMS-배터리제어	U0293	CAN 통신 회로 - HCU 응답 지연 (P-CAN)	임시
BMS-배터리제어	U1004	CAN 통신회로 - HCU 응답 지연 (H-CAN)	임시
BMS-배터리제어	U0110	CAN 통신회로 - MCU 응답 지연 (P-CAN)	임시
BMS-배터리제어	U1005	CAN 통신 회로 - MCU 응답 지연 (H-CAN)	임시

그림 MCU/HCU 통신불가

④ HPCU 통신 관련 점검, 상시전원 · IG전원 · 접지 점검 시 정상 확인

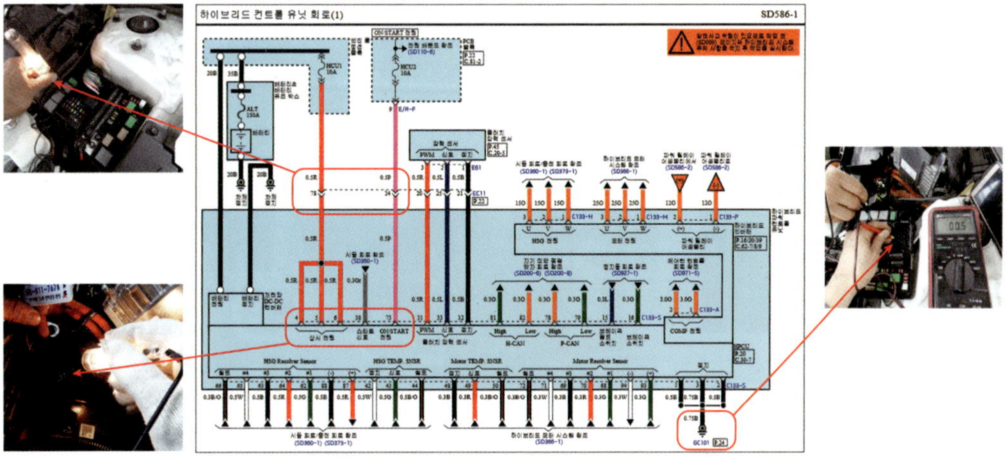

그림 상시전원·IG 전원·접지 점검

⑤ 각 제어기 통신 파형 점검, 통신파형 점검 시 정상 확인

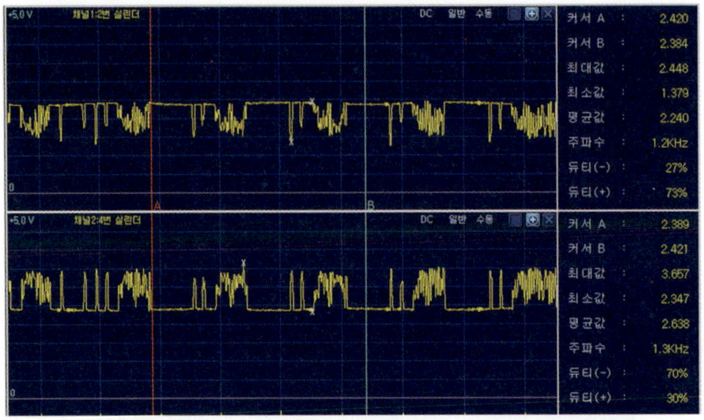

그림 파형 점검

⑥ 탈착하는데 HPCU 내부에서 소음이 발생하여 내부 확인, HPCU 분해 시 회로고정 볼트 풀림 이탈 확인

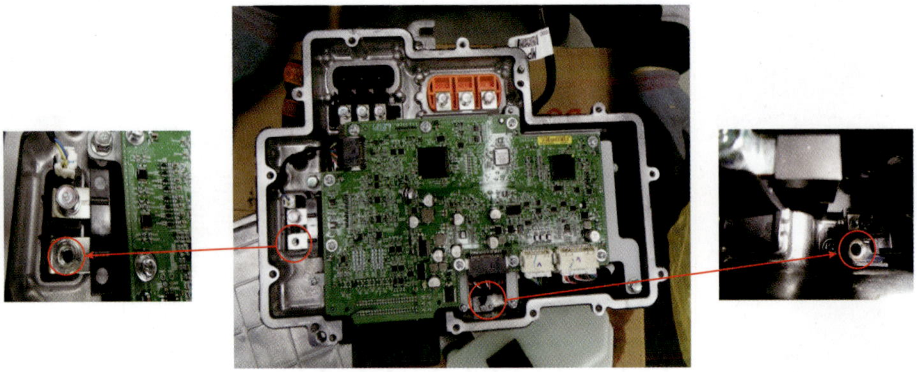

그림 볼트 풀림

[3] 발생원인

초기 토크 부족으로 인한 HPCU 내부 볼트 풀림

[4] 조치내용

HPCU 교환

2.4.14. LF HEV(쏘나타 HEV, 차량년식 : 2016년식)

[1] 고장증상

시동불가 및 주행중 경고등 점등

그림 경고등 점등

[2] 점검내용

① 자기진단 실시

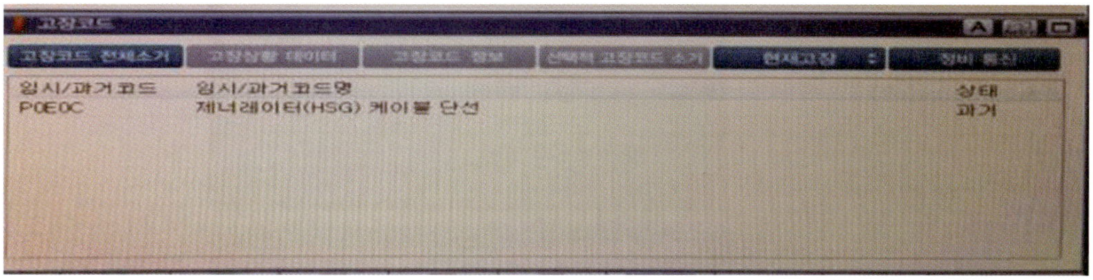

그림 입고시 고장코드

② 안전플러그 단선으로 P1B77 점등되어 안전플러그 교환 후 시동 시 시동 불가

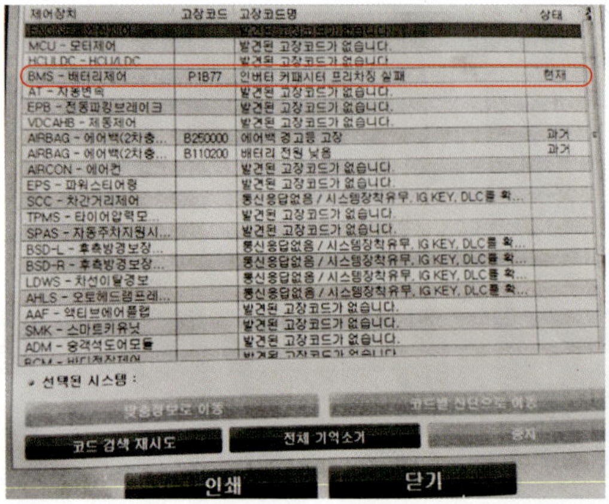

제어장치	고장코드	고장코드명	상태
MCU - 모터제어		발견된 고장코드가 없습니다.	
HCU LDC - HCU/LDC		발견된 고장코드가 없습니다.	
BMS - 배터리제어	P1B77	인버터 커패시터 프리차징 실패	현재
AT - 자동변속		발견된 고장코드가 없습니다.	
EPB - 전동파킹브레이크		발견된 고장코드가 없습니다.	
VDCAHB - 제동제어		발견된 고장코드가 없습니다.	
AIRBAG - 에어백(2차충...	B250000	에어백 경고등 고장	과거
AIRBAG - 에어백(2차충...	B110200	배터리 전원 낮음	과거
AIRCON - 에어컨		발견된 고장코드가 없습니다.	
EPS - 파워스티어링		발견된 고장코드가 없습니다.	
SCC - 차간거리제어		통신응답없음 / 시스템장착유무, IG KEY, DLC를 확...	
TPMS - 타이어압력모...		발견된 고장코드가 없습니다.	
SPAS - 자동주차지원시...		발견된 고장코드가 없습니다.	
BSD-L - 후측방경보장...		통신응답없음 / 시스템장착유무, IG KEY, DLC를 확...	
BSD-R - 후측방경보장...		통신응답없음 / 시스템장착유무, IG KEY, DLC를 확...	
LDWS - 차선이탈경보		통신응답없음 / 시스템장착유무, IG KEY, DLC를 확...	
AHLS - 오토헤드램프레...		통신응답없음 / 시스템장착유무, IG KEY, DLC를 확...	
AAF - 액티브에어플랩		발견된 고장코드가 없습니다.	
SMK - 스마트키유닛		발견된 고장코드가 없습니다.	
ADM - 승객석도어모듈		발견된 고장코드가 없습니다.	

* 선택된 시스템 :

코드 검색 재시도 | 전체 기억소거

인쇄 | 닫기

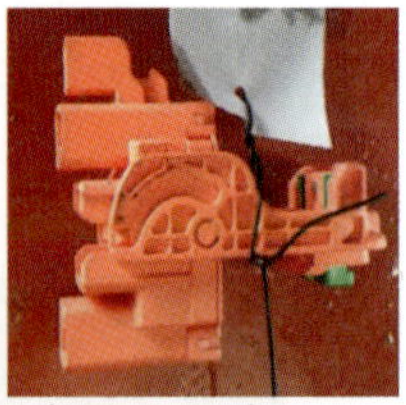

안전플러그

그림 고장코드 P1B77 점등 및 안전플러그

③ HSG 고전압 케이블 장착 시나 탈거 시 동일 고장코드 P0E0C 점등됨

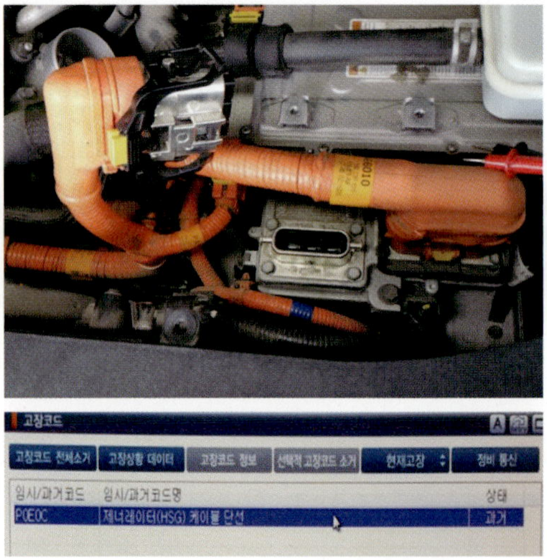

그림 HSG 고전압 케이블 탈·부착 및 고장코드

④ HSG와 구동모터부 고전압 케이블 탈거 시 고장코드 확인결과 정상적으로 제어

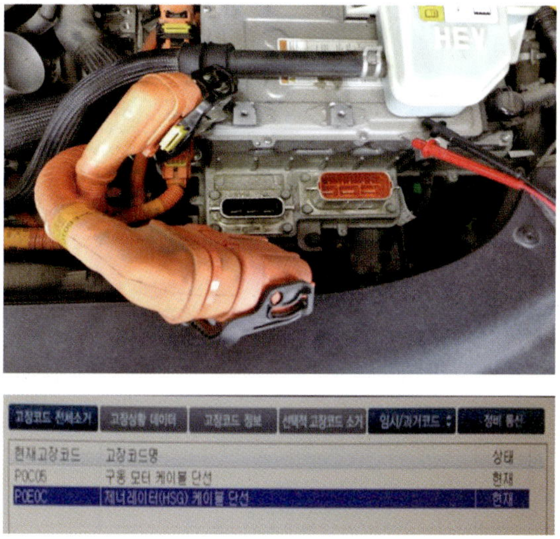

그림 구동모터 고전압 케이블 탈거 시 고장코드

⑤ HSG 고전압 케이블 탈거 후 U · V · W상 저항측정 시 정상으로 0.5Ω 측정됨, 와이어링 및 HSG 내부단선은 아님으로 확인

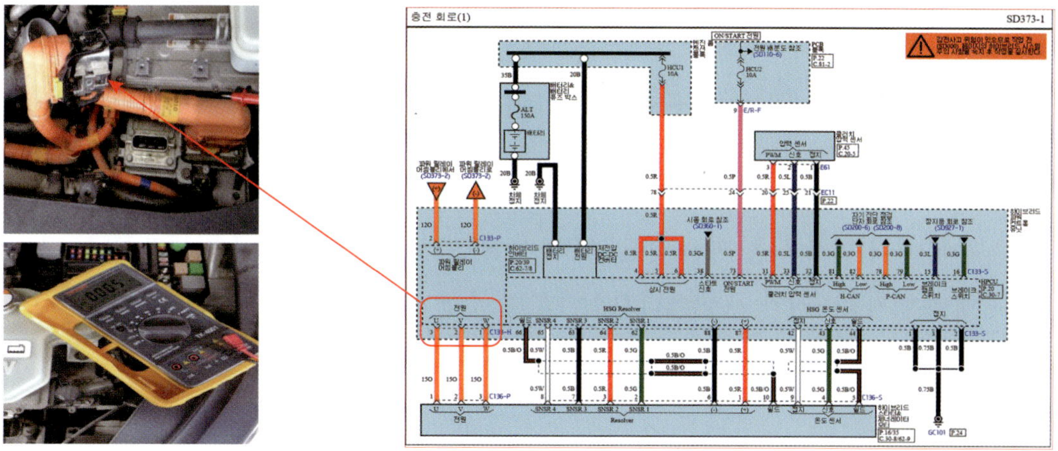

그림 U·V·W상 저항측정

⑥ 케이블 및 HSG 정상으로 판단

⑦ HPCU 교환 시 홀 발생 확인

그림 홀 발생 확인

[3] 발생원인

HPCU 교환 시 홀 발견 외부 쪽도 아닌 안쪽 부위인데 원인불문으로 내부 쇼트로 안전플러그 단선 및 HSG 오진단 발생됨 추정

[4] 조치내용

HPCU 교환

2.4.15. LF HEV(쏘나타 HEV, 차량년식 : 2018년식)

[1] 고장증상

주행 중 간헐적 시동 꺼짐 및 READY 시 HEV 시스템 점검 문구 발생과 HEV 경고등 점등 및 주행가능거리가 공칭(에너지소비효율) 주행거리보다 늘어나 이의 제기

[2] 점검내용

① DTC 확인, P0A94 출력(DC/DC 컨버터 성능이상 출력), C11021, B110200(배터리 전압 낮음) 출력. DTC P0A94 고장 판정 조건 확인

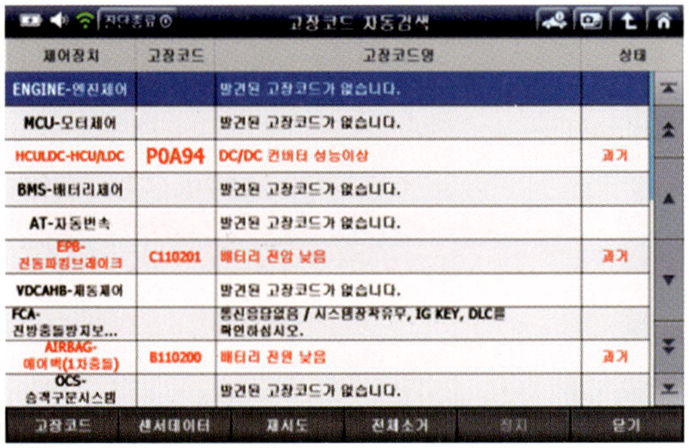

고장코드 자동검색

제어장치	고장코드	고장코드명	상태
ENGINE-엔진제어		발견된 고장코드가 없습니다.	
MCU-모터제어		발견된 고장코드가 없습니다.	
HCULDC-HCU/LDC	P0A94	DC/DC 컨버터 성능이상	과거
BMS-배터리제어		발견된 고장코드가 없습니다.	
AT-자동변속		발견된 고장코드가 없습니다.	
EPB-전동파킹브레이크	C110201	배터리 전압 낮음	과거
VDCAHB-제동제어		발견된 고장코드가 없습니다.	
FCA-전방충돌방지보...		통신응답없음 / 시스템장착유무, IG KEY, DLC를 확인하십시오.	
AIRBAG-에어백(1차충돌)	B110200	배터리 전원 낮음	과거
OCS-승객구분시스템		발견된 고장코드가 없습니다.	

고장코드 | 센서데이터 | 재시도 | 전체소거 | 정지 | 닫기

(a) 고장코드

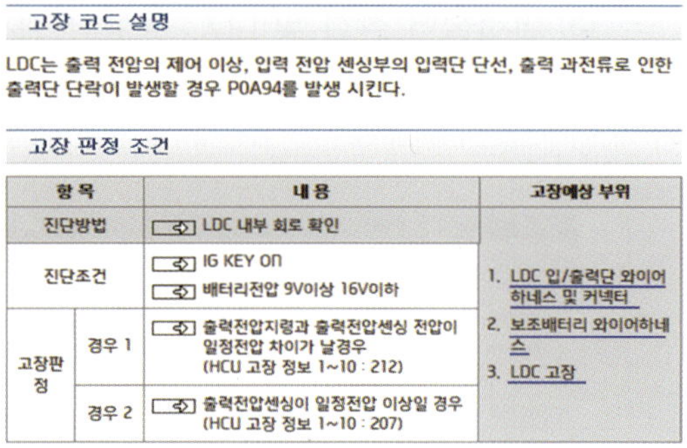

고장 코드 설명

LDC는 출력 전압의 제어 이상, 입력 전압 센싱부의 입력단 단선, 출력 과전류로 인한 출력단 단락이 발생할 경우 P0A94를 발생 시킨다.

고장 판정 조건

항 목		내 용	고장예상 부위
진단방법		LDC 내부 회로 확인	1. LDC 입/출력단 와이어 하네스 및 커넥터 2. 보조배터리 와이어하네스 3. LDC 고장
진단조건		IG KEY on 배터리전압 9V이상 16V이하	
고장판정	경우 1	출력전압지령과 출력전압센싱 전압이 일정전압 차이가 날경우 (HCU 고장 정보 1~10 : 212)	
	경우 2	출력전압센싱이 일정전압 이상일 경우 (HCU 고장 정보 1~10 : 207)	

(b) 고장 판정 조건

그림 고장코드 및 고장 판정 조건

② 고장 상황 데이터 확인. LDC 지령전압은 15.1V인데 출력 전압이 12.4V 낮음, 고장상세코드 212(전압제어 이상)번 출력. LDC 출력 전류 1A 출력

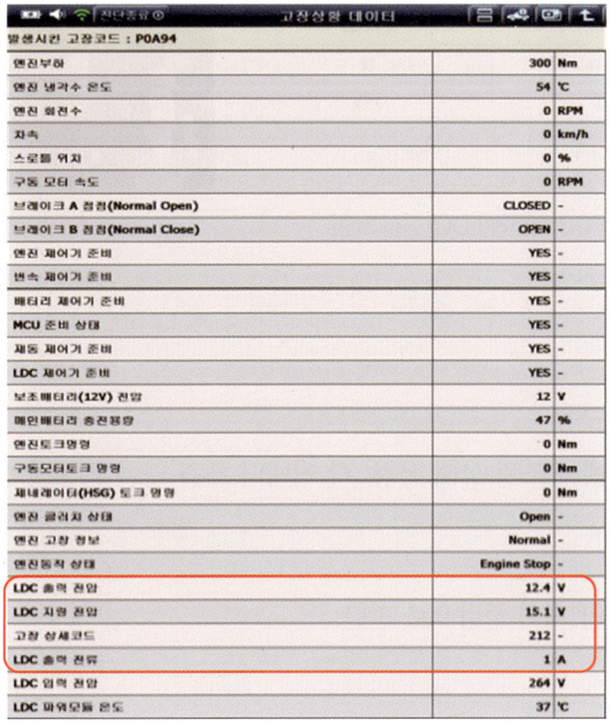

고장상황 데이터

발생시킨 고장코드 : P0A94

엔진부하	300	Nm
엔진 냉각수 온도	54	℃
엔진 회전수	0	RPM
차속	0	km/h
스로틀 위치	0	%
구동 모터 속도	0	RPM
브레이크 A 접점(Normal Open)	CLOSED	-
브레이크 B 접점(Normal Close)	OPEN	-
엔진 제어기 준비	YES	-
변속 제어기 준비	YES	-
배터리 제어기 준비	YES	-
MCU 준비 상태	YES	-
제동 제어기 준비	YES	-
LDC 제어기 준비	YES	-
보조배터리(12V) 전압	12	V
메인배터리 충전용량	47	%
엔진토크명령	0	Nm
구동모터토크 명령	0	Nm
제네레이터(HSG) 토크 명령	0	Nm
엔진 클러치 상태	Open	-
엔진 고장 정보	Normal	-
엔진동작 상태	Engine Stop	-
LDC 출력 전압	12.4	V
LDC 지령 전압	15.1	V
고장 상세코드	212	-
LDC 출력 전류	1	A
LDC 입력 전압	264	V
LDC 파워모듈 온도	37	℃

그림 고장 상황 데이터

③ 센서출력 점검 및 LDC 활성화 검사. LDC 출력 전압 확인 시 14.9V 정상 출력(수회 반복 작업)

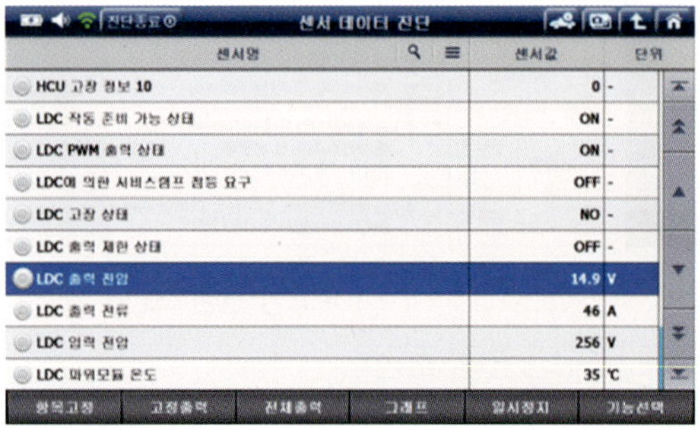

(a) LDC 출력전압

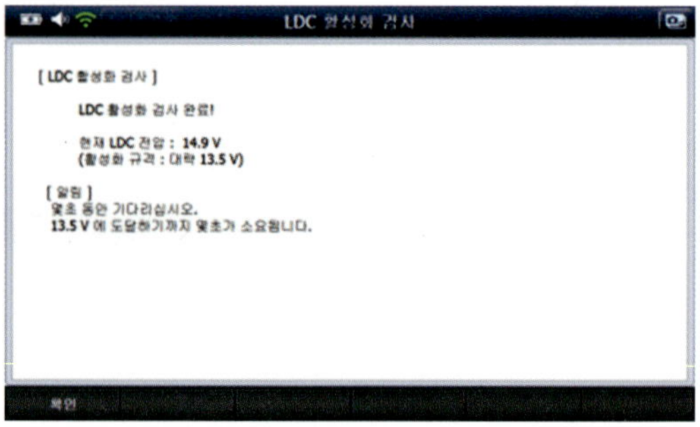

(b) LDC 활성화 검사

제원

항목	제원
입력 전압(V)	200 ~ 310
출력 전압(V)	12.8 ~ 14.7
정격 파워(kW)	1.8
냉각 방법	수냉식

(c) HPCU 저전압(LDC) 정상 제원

(d) HPCU

그림 센서데이터 진단 점검 및 LDC 활성화 검사

④ LDC 강제구동

⑤ HPCU 커넥터 조립 상태 점검. 각 커넥터 체결 및 수분유입 상태 점검 및 접지 등 양호

[3] 발생원인

LDC 내부 전압 제어 불량으로 판단

[4] 조치내용

HPCU 교환

2.4.16. LF HEV(쏘나타 HEV, 차량년식 : 2017년식)

[1] 고장증상

HEV 시스템 점검 문구 및 HEV 경고등

[2] 정비이력

동일 현상(문구 및 경고등)으로 HPCU, HSG, 보조 배터리 교환됨

[3] 점검내용

① 자기진단, P0A94 LDC 성능 이상

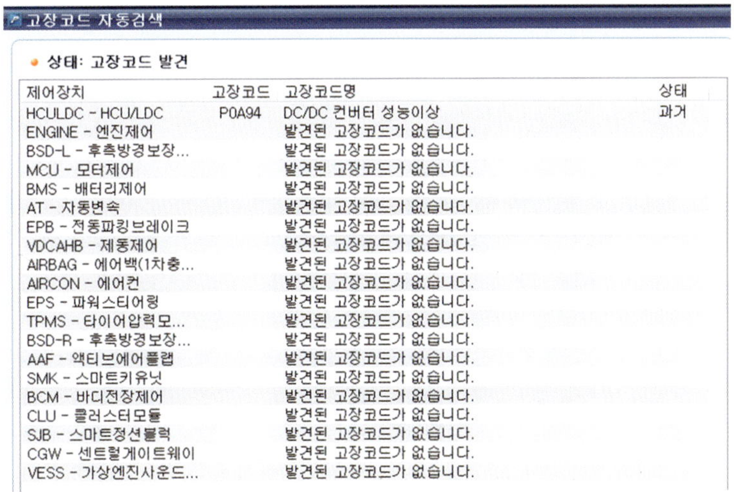

고장코드 자동검색

• 상태: 고장코드 발견

제어장치	고장코드	고장코드명	상태
HCULDC - HCU/LDC	P0A94	DC/DC 컨버터 성능이상	과거
ENGINE - 엔진제어		발견된 고장코드가 없습니다.	
BSD-L - 후측방경보장...		발견된 고장코드가 없습니다.	
MCU - 모터제어		발견된 고장코드가 없습니다.	
BMS - 배터리제어		발견된 고장코드가 없습니다.	
AT - 자동변속		발견된 고장코드가 없습니다.	
EPB - 전동파킹브레이크		발견된 고장코드가 없습니다.	
VDCAHB - 제동제어		발견된 고장코드가 없습니다.	
AIRBAG - 에어백(1차충...		발견된 고장코드가 없습니다.	
AIRCON - 에어컨		발견된 고장코드가 없습니다.	
EPS - 파워스티어링		발견된 고장코드가 없습니다.	
TPMS - 타이어압력모...		발견된 고장코드가 없습니다.	
BSD-R - 후측방경보장...		발견된 고장코드가 없습니다.	
AAF - 액티브에어플랩		발견된 고장코드가 없습니다.	
SMK - 스마트키유닛		발견된 고장코드가 없습니다.	
BCM - 바디전장제어		발견된 고장코드가 없습니다.	
CLU - 클러스터모듈		발견된 고장코드가 없습니다.	
SJB - 스마트정션블럭		발견된 고장코드가 없습니다.	
CGW - 센트럴게이트웨이		발견된 고장코드가 없습니다.	
VESS - 가상엔진사운드...		발견된 고장코드가 없습니다.	

그림 입고 시 고장코드

② 센서출력 및 시운전, 양호

③ 고장 상황코드 212 내용 전압제어 이상으로 판단

고장 상황 데이터

발생시킨 고장코드 : P0A94

센서명	센서값	단위
엔진부하	300	Nm
엔진 냉각수 온도	88	'C
엔진 회전수	0	RPM
차속	2	km/h
스로틀 위치	7	%
구동 모터 속도	282	RPM
브레이크 A 접점(Normal Open)	CLOSED	-
브레이크 B 접점(Normal Close)	OPEN	-
엔진 제어기 준비	YES	-
변속 제어기 준비	YES	-
배터리 제어기 준비	YES	-
MCU 준비 상태	YES	-
제동 제어기 준비	YES	-
LDC 제어기 준비	YES	-
보조배터리(12V) 전압	12	V
메인배터리 충전용량	57	%
엔진토크명령	0	Nm
구동모터토크 명령	18	Nm
제네레이터(HSG) 토크 명령	0	Nm
엔진 클러치 상태	Open	-
엔진 고장 정보	Normal	-
엔진동작 상태	Engine Stop	-
LDC 출력 전압	12.3	V
LDC 지령 전압	15.1	V
고장 상세코드	212	-
LDC 출력 전류	1	A
LDC 입력 전압	268	V
LDC 파워모듈 온도	25	'C

그림 고장 상황 데이터

쏘나타 hybrid(LF HEV) 2017 G 2.0 GDI HEV

2017 > G 2.0 GDI HEV > HEV Control System > HCU/LDC > P0A94 LDC 성능이상 > DTC 정보

고장 코드 설명

LDC는 출력 전압의 제어 이상, 입력 전압 센싱부의 입력단 단선, 출력 과전류로 인한 출력단 단락이 발생할 경우 P0A94를 발생 시킨다.

고장 판정 조건

항 목	내 용	고장예상 부위
진단방법	LDC 내부 회로 확인	1. LDC 고장. 2. LDC 입력단 단선. 3. LDC 출력단 단락.
진단조건	IG KEY ON 배터리전압 9V이상 16V이하	
고장판정	전압 제어 이상/출력단 단락 시/입력단 단선 시	
진단시간	10초 / 즉시 / 즉시	
DTC	1 Driving Cycle	
MIL 램프	1 Driving Cycle	
서비스램프	1 Driving Cycle	

그림 고장 판정 조건

④ HPCU 조립상태 확인, 커넥터 체결 및 수분유입, 접지 등 양호

⑤ 시운전을 위해 READY 진입 시 현상 확인됨, P0A94 동일 코드 확인

그림 READY 진입 시 현상 확인됨, P0A94 동일 코드 확인

진단 종료 | 고장코드 진단

고장상황 데이터

■ 발생시킨 고장코드 : P0A94

센서명	센서값	단위
변속 제어기 준비	YES	-
배터리 제어기 준비	YES	-
MCU 준비 상태	YES	-
제동 제어기 준비	YES	-
LDC 제어기 준비	YES	-
보조배터리(12V) 전압	12	V
메인배터리 충전용량	44	%
엔진토크명령	0	Nm
구동모터토크 명령	0	Nm
제네레이터(HSG) 토크 명령	0	Nm
엔진 클러치 상태	Open	-
엔진 고장 정보	Normal	-
엔진동작 상태	Engine Stop	-
LDC 출력 전압	12.1	V
LDC 지령 전압	15.1	V
고장 상세코드	212	-
LDC 출력 전류	1	A
LDC 입력 전압	262	V
LDC 파워모듈 온도	29	℃

그림 고장 상황 데이터

⑥ LDC 강제구동, 충전을 위한 12.6V 이상 상승 안 됨

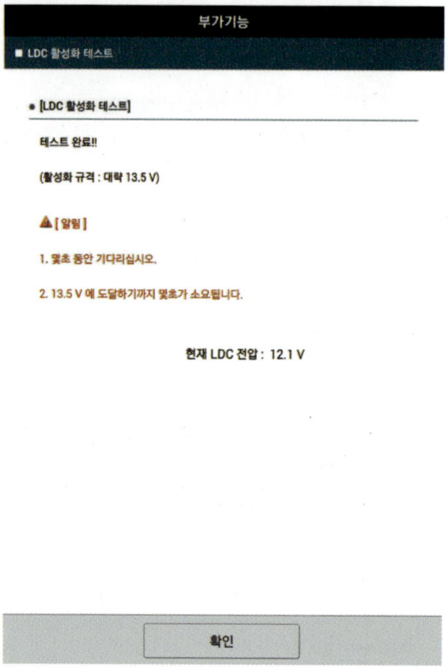

그림 LDC 강제구동 상태

⑦ HPCU 교환

[4] 발생원인

HPCU 불량

[5] 조치사항

HPCU 교환

2.4.17. NX4 HEV(투싼 HEV, 차량년식 : 2021년식)

[1] 고장증상

하이브리드 시스템 점검 경고등 점등

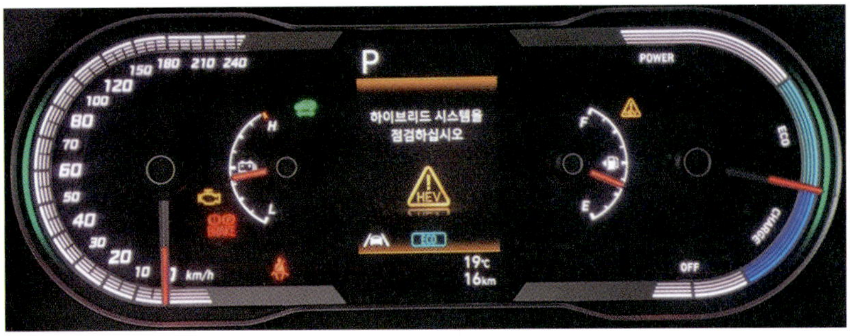

그림 경고등 점등

[2] 점검내용

① 자기진단 시 P0AA600 고전압 부품 절연파괴 확인

② 고장 상황 데이터 점검 → 절연저항 0kΩ, 상세 고장코드 출력 확인

③ 부가기능(절연파괴 부품 검사) → 고전압 입력부(고전압 배터리 출력 ↔ 고전압 부품 입력단)에서 절연파괴 발생 확인

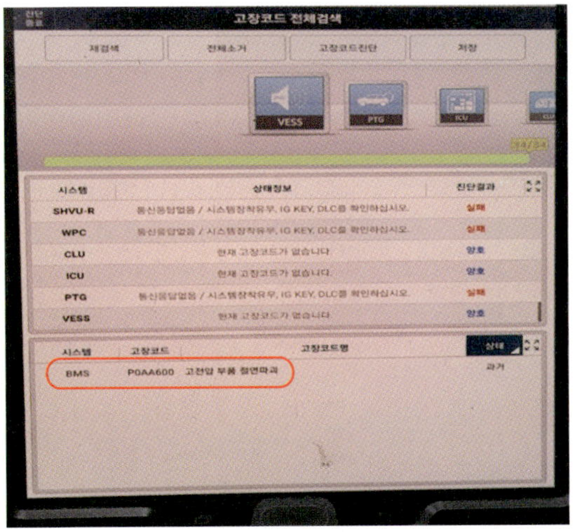

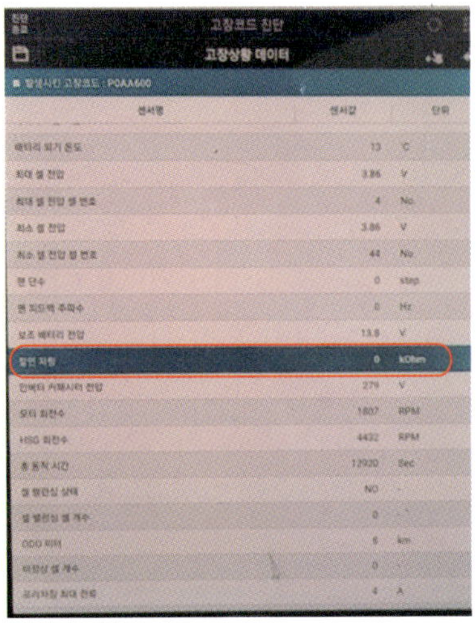

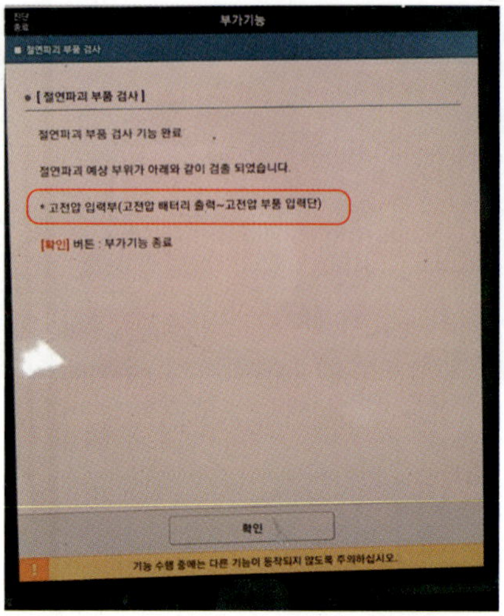

그림 자기진단 시 고전압 입력부 절연파괴 발생 확인

④ 고장 상세코드 확인 시 메인 릴레이 후단(고전압 정션 블록 측) 절연파괴 확인

"고장 추가 정보(Info Code)"를 이용하여 아래 내용을 확인한다.

분류	고장 추가 정보
메인 릴레이 전단 절연파괴	고장 추가 정보1=1, 고장 추가 정보2=0
메인 릴레이 후단 절연파괴	고장 추가 정보1=0, 고장 추가 정보2=1

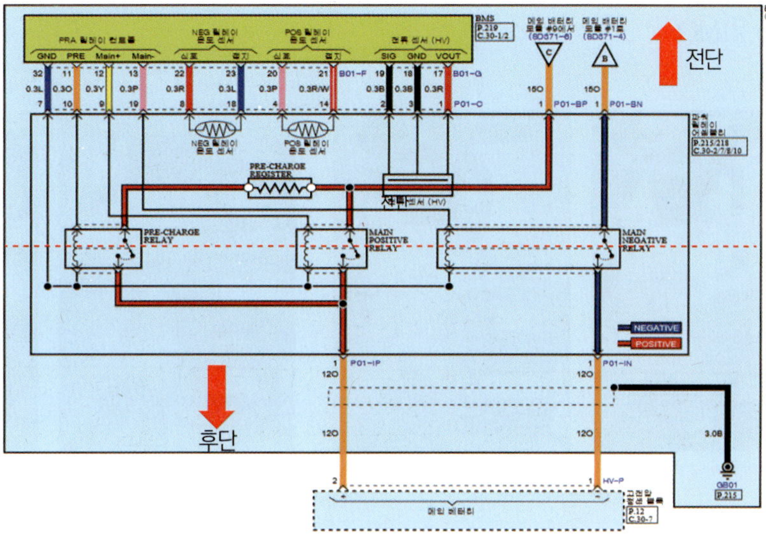

그림 고장 상세코드 확인

⑤ 고전압 입력부 절연저항 측정 → HPCU 절연파괴 확인

㉮ 고전압 정션블록 탈거 전 고품 및 신품 절연저항값 비교 결과. 시작값 최종값 둘 다 5MΩ 수준으로 유의미한 차이 없음.

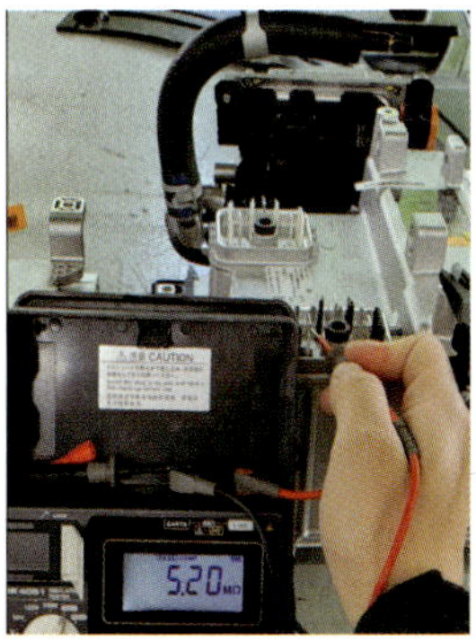

(a) 고품

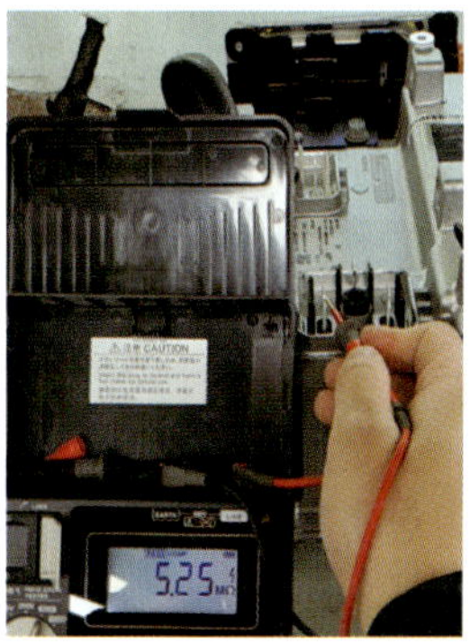

(b) 신품

그림 고전압 정션블록 탈거 전 고품 및 신품 절연 저항값 비교

㉯ 고품 고전압 정션블록 탈거 후 절연저항 값 측정 시 시작값 : 0.68MΩ, 최종값 : 5.22MΩ

㉰ 신품 고전압 정션블록 탈거 후 절연저항 값 측정 시 시작값 : 5.12MΩ, 최종값 : 5.21MΩ

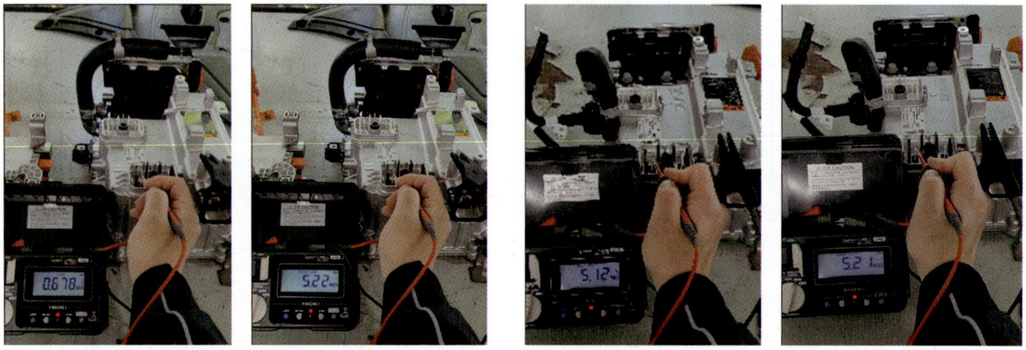

(a) 고품 (b) 신품

그림 고전압 정션블록 탈거 후 절연저항 측정결과

[3] 발생원인

HPCU 절연파괴

[4] 조치내용

HPCU 단품 교환 후 정상

① 부가기능 – 절연파괴 부품 검사 시 정상

② 센서데이터 점검 시 1000kΩ 정상

③ 시운전 시 정상.

참고

① NX4 HPCU 어셈블리 절연저항 측정 시 고전압 정션블록 탈거 후 측정해야 정확하게 측정 가능함

② 절연테스터기 사용하여 절연저항 측정 시, 시작값을 유의미한 값으로 보아야 함

[절연 저항 점검]

릴레이 ON상태에서는 고전압 배터리를 포함하여, 모든 고전압 PE부품의 절연 저항의 합산값이 측정되기 때문에, 고전압을 사용하는 PE부품들에 특별한 문제가 없는한, 최소한 300kΩ 이상을 만족하여야 한다.
1000kΩ은 BMS에서 표출하는 최대값이며, 실제 절연 저항계를 이용하여 측정할 경우 그 이상의 값이 측정 될수 있다.
300kΩ이하의 절연 저항이 측정되는 경우, 고전압 정션 박스에서 각 부품별로 커넥터를 하나씩 뽑아가면서 문제의 부품을 찾으며 진단한다.

1. 진단기기를 자기 진단 커넥터(DLC)에 연결한다.
2. 점화 스위치를 ON한다.
3. "차종, BMS, 센서데이터 진단"을 선택한다.
4. 진단기기 센서 데이터의 절연 저항을 확인한다.

절연 저항 정상값 :
릴레이 OFF상태 : 900 ~ 1000 kΩ (20℃)
릴레이 ON상태 : 300 ~ 1000 kΩ (20℃)

그림 절연저항 점검

2.4.18. AE HEV(아이오닉 HEV, 차량년식 : 2016년식)

[1] 고장증상

시동 시 시동불량. 최초 시동 불량 당시 경고등 점등

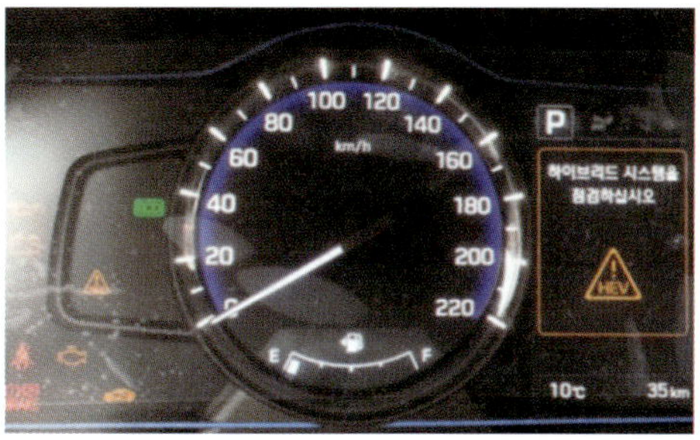

그림 경고등 점등

[2] 점검내용

① 입고 당시 보조배터리 완전 방전 상태로 점프 후 시동

② 고장코드 P0A0D 고전압 인터락 체결불량 출력되었다 함

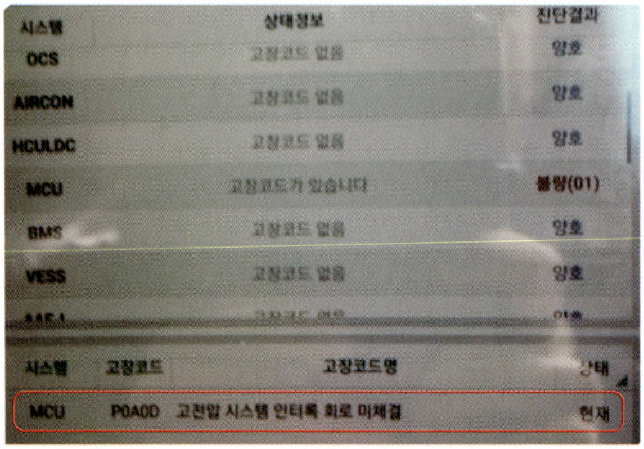

그림 고장코드

③ 전체 시스템 기억 소거 실시, 1시간 주차 후 재시동 시 엔진 경고등 점등 확인됨

그림 센터 입고 후 재발생 시 고정코드

④ MCU측 고장 상황 데이터 확인 시 전압은 250V 입력되며 상세코드 614 출력됨

고장 상황 데이터

발생시킨 고장코드 : P0A0D

센서명	센서값	단위
메인배터리 충전 상태	83	%
인버터 입력 전압(고전압단)	257	V
보조 배터리 전압	14.64	V
구동 모터 속도	0	RPM
제네레이터(HSG) 속도	0	RPM
구동 모터 출력 토크	0.0	Nm
제네레이터(HSG) 출력 토크	0.0	Nm
구동 모터 온도	16	'C
제너레이터(HSG) 온도	38	'C
MCU 온도	24	'C
MCU(GCU) 온도	26	'C
고장 상세코드	614	-
BMS 메인 릴레이 ON 상태	ON	-
과충전 제한 상태 (BMS)	OFF	-
Anti-jerk 금지 동작상태(HCU)	OFF	-
제네레이터(HSG) 제어 모드 (HCU)	ON	-
구동 모터 제어 모드(HCU)	ON	-
제네레이터(HSG) 출력 허용(HCU)	ON	-
구동 모터 출력 허용(HCU)	ON	-
구동모터 D축 전류	0	A
구동모터 Q축 전류	-1	A
제네레이터(HSG) D축 전류	0	A
제네레이터(HSG) Q축 전류	1	A

그림 고장 상황 데이터

⑤ 상세코드 614번은 HPCU 내부 고장 확인됨(613번은 외부 고장임)

⑥ MCU 이후 고전압 인터락 관련 전체 배선 핀 텐션 확인 결과 정상

㉮ 고전압 인터락 회로 – 2, 3번 점검 결과 정상

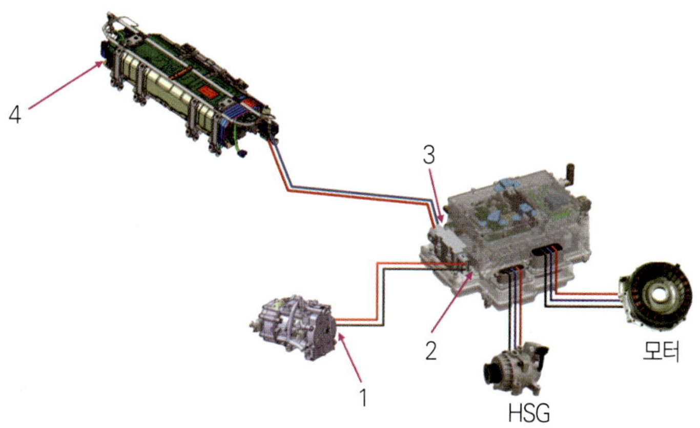

그림 고전압 인터락 회로 - 2, 3번 점검

㉯ 인터락 센싱 전압 변화 없음 – 4V 이상 시 고장 검출됨

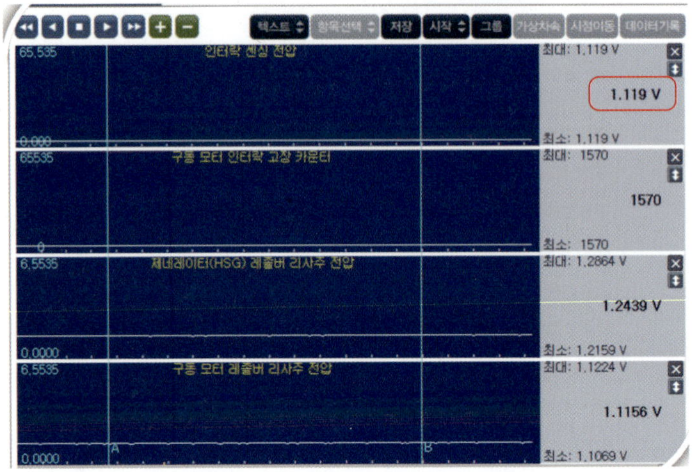

그림 인터락 센싱 전압

㉰ 에어컨 컴프레서 커넥터 탈거 시 이상 발생 코드

그림 에어컨 컴프레서 커넥터 탈거 시

⑦ HPCU 교환 후 정상

[3] 발생원인

HPCU 내부 고장

[4] 조치내용

HPCU 교환

2.4.19. YF HEV(쏘나타 HEV, 차량년식 : 2012년식)

[1] 고장증상

A/T 미션 교환 후 P1744 점등

[2] 정비이력

주행 중 변속충격 발생으로 미션 교환

[3] 점검내용

① 주행 중 변속충격 발생으로 미션교환

② 미션교체 이후 정상으로 출고

③ 미션교체 이후 주행 중 P1744 코드 발생 입고

④ 미션교체 이후 P1744 발생

⑤ 자기진단 시 P1744 발생 확인

⑥ HSG 및 구동모터 재학습

⑦ 엔진클러치 보정학습 실시 학습실패 발생

⑧ 배선점검 및 전원 접지점검 시 정상으로 HPCU 교체 후 재학습 시 정상 학습됨

[4] 발생원인

HPCU 불량으로 인한 엔진클러치 학습실패

[5] 조치사항

HPCU 교체 후 재학습, 시운전 시 정상으로 출고

2.4.20. YF HEV(쏘나타 HEV, 차량년식 : 2013년식)

[1] 고장증상

주행 중 가속 불량 및 시동 꺼짐 발생 후 정차 후 시동 OFF 문구 점등

[2] 점검내용

① DTC 확인 시 AHB_C1102, VDC_C1688, TPMS_C1126, AIRBAG_B1102, EPS_C1102 출력

● 상태: 고장코드 발견

제어장치	고장코드	고장코드명	상태
LDC - 직류변환기		발견된 고장코드가 없습니다.	
AT - 자동변속		발견된 고장코드가 없습니다.	
AHB - 유압부스터	C1102	배터리 전압 낮음	과거
VDC - 제동제어	C1688	VSM2 (MDPS) 신호 이상	과거
AIRBAG - 에어백(1차충...	B1102	배터리 전원 낮음	과거
AIRCON - 에어컨		발견된 고장코드가 없습니다.	
EPS - 파워스티어링	C1102	배터리 전압 낮음	과거
TPMS - 타이어압력모...	C1126	TPMS ECU 배터리전압 낮음	과거
AHLS - 오토헤드램프레...		발견된 고장코드가 없습니다.(0)	
AAF - 액티브에어플랩		발견된 고장코드가 없습니다.	
IMMO - 이모빌라이저		-- 고장코드 진단을 지원하지 않는 시스템입니다. --	
PDM - 전원분배모듈		발견된 고장코드가 없습니다.(0)	
SMK - 스마트키유닛		발견된 고장코드가 없습니다.	
SMKCODE - 스마트키...		-- 고장코드 진단을 지원하지 않는 시스템입니다. --	
BCM - 바디전장제어		발견된 고장코드가 없습니다.	
CLU - 클러스터모듈		발견된 고장코드가 없습니다.(0)	
PSM - 파워시트모듈		발견된 고장코드가 없습니다.(0)	
SJB - 스마트정션블럭	B2512	우측전조등 하향등 회로 접지 쪽 단락	과거
SJB - 스마트정션블럭	B2513	좌측 전조등 하향등 회로 접지 쪽 단락	과거
CUBIS - CUBIS-T		통신응답없음 / 시스템장착유무, IG KEY, DLC를 확...	
CODE - 트랜스미터코...		-- 고장코드 진단을 지원하지 않는 시스템입니다. --	

그림 고장코드

② 입고 시 현상 재현 불가로 DTC 과거 고장임

③ 기억소거 후 시운전 점검, 정상(현상 재현없음)

④ 배터리 전압 측정 및 상태 테스트, 12.7V(정상), CCA 정상, CP 정상 측정

⑤ 센서데이터 측정, 정상

㉮ BMS 센서데이터 – SOC 상태 점검 시 43.5% 정상, 각 배터리 셀 전압 전체 점검 및 최대 최소값 정상

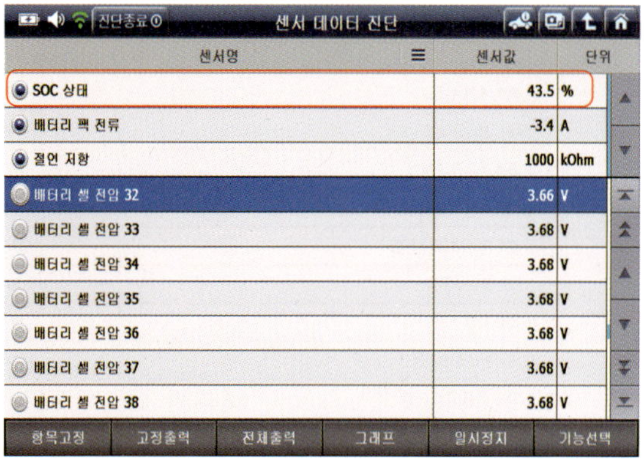

그림 BMS 센서데이터

㉯ LDC 센서데이터 – LDC 입력 전압 268V 정상 출력, LDC 출력 전류 28A 정상 출력, LDC 출력 전압 14.5V 정상

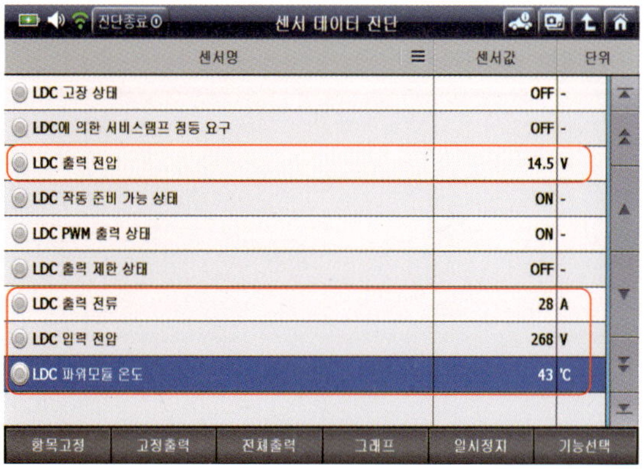

그림 LDC 센서데이터

㉰ HCU 센서데이터 – LDC 제어기 준비 상태 YES 정상 출력, 보조배터리(12V) 전압 14.3V 정상 출력, LDC 지령 전압 14.4V 정상

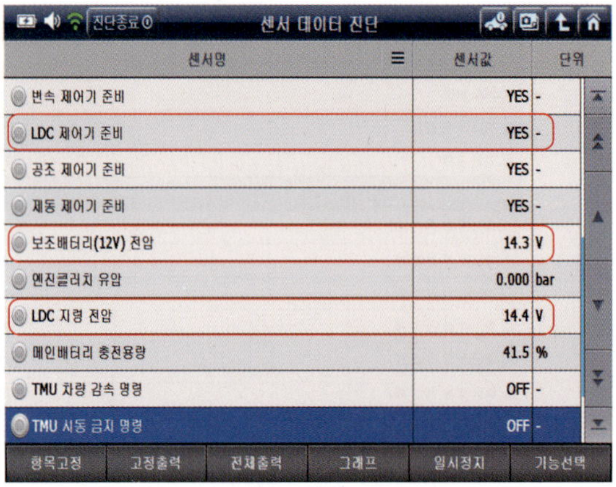

그림 HCU 센서데이터

⑥ 관련 배선 전압 측정 및 저항 측정 점검, 정상

⑦ 전원단부 점검, 정상

[3] 발생원인

HPCU 내부 LDC 불량

[4] 조치내용

HPCU 교환 후 출고

2.4.21. YF HEV(쏘나타 HEV, 차량년식 : 2011년식)

[1] 고장증상

차량 READY 후 1~2분 후 고전압 경고등 점등

[2] 점검내용

① 고장코드 점검, 고장코드 BMS 〉 P0AA6 고전압 절연파괴_과거, AIRCON 〉 B1801 전동식 컴프레서 대기모드 – 저전압_현재, B2467 전동식 컴프레서 대기모드_현재 발생

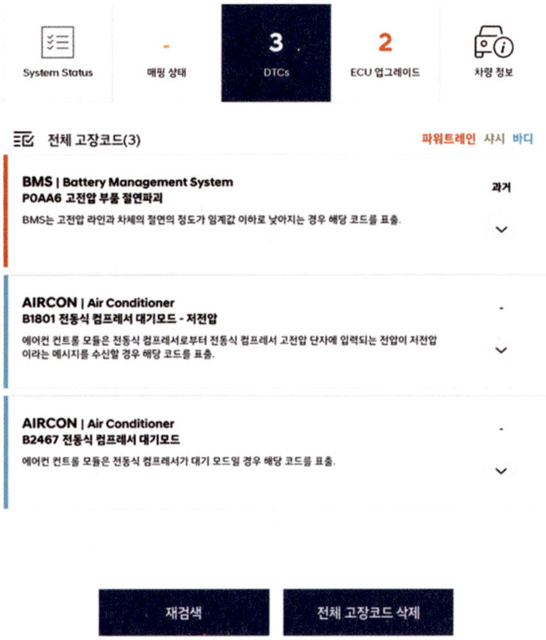

그림 고장코드

② 고장코드 소거 후 재시동(READY) 후 재점등 발생

③ 고장판정 조건 점검

2011 > G 2.0 HEV > Battery Management System > 배터리제어 > P0AA6 고전압 배터리 절연 파괴 > 일반정보

고장코드 설명

절연파괴 검출회로는 BMS-ECU의 내부에 회로로 꾸며져 있으며, 고전압 라인과 차체의 절연의 정도가 300kΩ 이하로 낮아 질때 고장으로 판단함. 즉, 배터리 고전압 라인과 GND간 단락에 의한 고전압 절연파괴를 검출하면 상기 DTC를 표출한다. 현재 고장이 발생하면 서비스 램프를 점등시킨다. 만약 정상 상태로 회복되면 현재의 고장코드는 삭제되고 과거고장 코드(DTC 코드 끝부분에 H 표시)가 검출 된다. 이때 서비스 램프는 소등되며 과거 고장코드는 GDS를 사용하여 소거시킬 수 있다.

고장코드 판정 조건

항 목	판정 조건	고장예상 부위
검출 목적	절연파괴에 의한 안전사고 방지	1. 하이브리드 배터리 팩 2. 하이브리드 배터리 고전압 케이블 3. MCU 4. 하이브리드 모터 5. LDC 6. HSG 7. BMS ECU 8. 에어컨 컴프레서
검출 방법	검출조건으로 18초간 지속되면 검출	
검출 조건	IG ON 상태에서 9V < Aux(보조 배터리)전압 < 16V 일 경우	
고장코드 발생기준값	절연저항 < 300kΩ	
고장코드 해제기준값	절연저항 > 2000kΩ	
서비스 램프 점등 조건	1DC(드라이빙 사이클: ST ON~IG OFF 1회) 발생 시	
서비스 램프 소등 조건	IG OFF시 과거 고장으로 진입(과거 고장 및 현재 고장은 진단툴로 소거 가능)	
안전 모드	고전압공급차단(HEV기능중단) : 메인릴레이 OFF 유지 BMS 가용 파워 : 0kW	

그림 고장판정 조건

④ 고장 시 서비스 DATA 점검

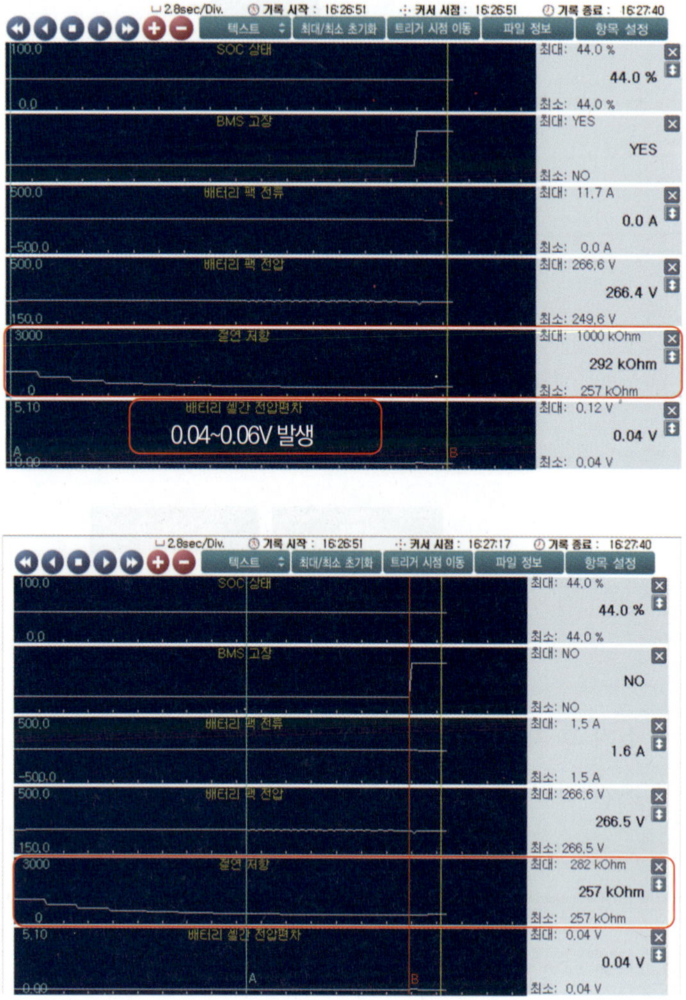

그림 고장 시 서비스 DATA

⑤ 고전압 케이블 및 단품 점검 정상(저항 및 절연파괴 TEST)

⑥ 전동식 컴프레서 불량판단으로 교환 후 시운전 시 정상이나 다음날 아침 재시동 시 현상 재발생

[3] 발생원인

HPCU 내부 불량으로 현상 발생

[4] 조치내용

HPCU 교환

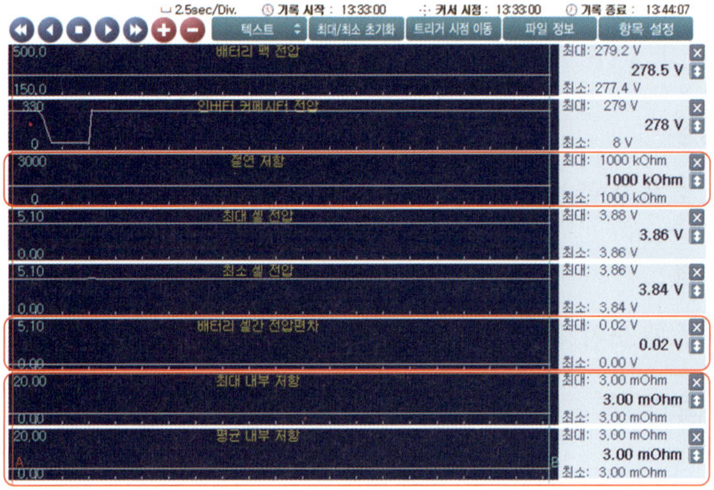

그림 HPCU 교환 후 서비스 DATA

2.4.22. YF HEV(쏘나타 HEV, 차량년식 : 2013년식)

[1] 고장증상

간헐적 브레이크 경고등 외 각종 경고등 점등되며 주행불가

[2] 점검내용

① 간헐적 현상 발생 후 DTC 없음

② CAN 데이터 수집, 분석 시 고전압 입력전압 빠짐

③ 부품 확보 후 관련 절연저항 점검 시 특이사항 발견 어려우나, 현상 재현 불가한 상태로 정상 판단 어려움

④ 데이터 분석 결과로 관련 회로 점검 후 HPCU, 고전압 와이어링 교환 판단함

[3] 발생원인

고전압 입력 전압 빠지며 LDC 고장 횟수 누적

[4] 조치내용

고전압 와이어링(입력부) 교환 진행, HPCU 교환

2.4.23. DL3 HEV(K5 HEV, 차량년식 : 2023년식)

[1] 고장증상

고장코드 소거 후 주행 시 재발생

[2] 정비이력

브레이크 스톱 스위치 교환 후 동일현상

[3] 점검내용

① 자기진단 시 HCU P050415 브레이크 A/B 스위치 및 회로고장 현재 표출

(a) 고장코드

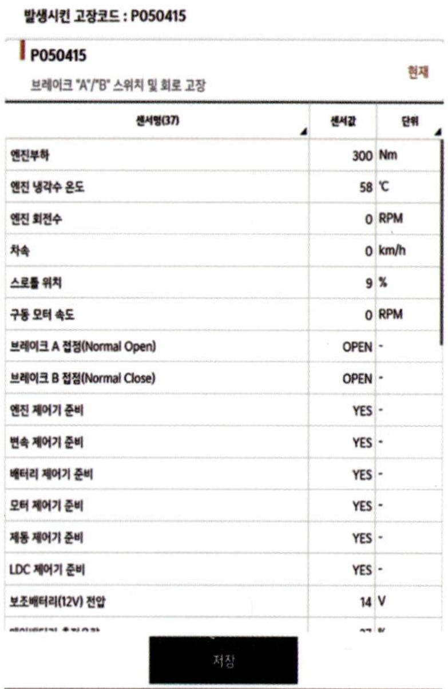

센서명(37)	센서값	단위
엔진부하	300	Nm
엔진 냉각수 온도	58	℃
엔진 회전수	0	RPM
차속	0	km/h
스로틀 위치	9	%
구동 모터 속도	0	RPM
브레이크 A 접점(Normal Open)	OPEN	-
브레이크 B 접점(Normal Close)	OPEN	-
엔진 제어기 준비	YES	-
변속 제어기 준비	YES	-
배터리 제어기 준비	YES	-
모터 제어기 준비	YES	-
제동 제어기 준비	YES	-
LDC 제어기 준비	YES	-
보조배터리(12V) 전압	14	V

(b) 고장상황 데이터

그림 자기진단

② 브레이크 스톱 스위치 단품 및 배선 점검, 고장코드 소거 후 재검색 시 DTC 코드 미발생

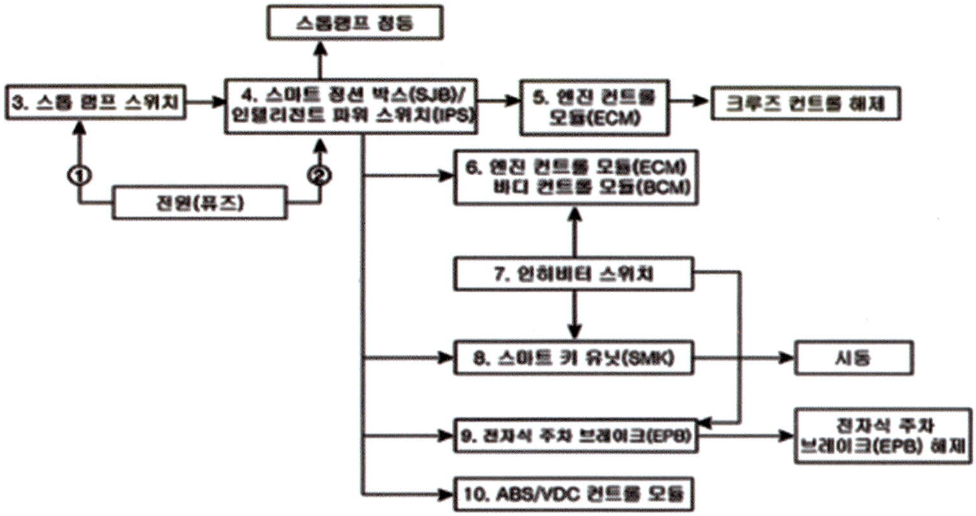

그림 시스템 구성도 및 시스템 회로도

③ 진단기 장착 주행 테스터 시 동일현상 발생

④ 센서데이터 다중 진단 ECU, HCU, ABS, BCM, SMK, ICU의 브레이크 신호 점검

2023 > G 2.0 NU GDI (HEV) > HEV Control System > HCU/LDC > P050415 브레이크 "A"/"B" 스위치 및 회로 고장 > DTC 정보

고장 코드 설명

HCU는 브레이크 페달 신호가 논리적으로 맞지 않거나 신호가 없을 경우 P050415를 표출한다.

고장 판정 조건

항목	판정 조건	고장 예상 원인
진단 방법	◆ 브레이크 스위치 또는 브레이크 램프 스위치 신호 확인	◆ 커넥터 접촉 불량 ◆ 신호선 단선 또는 단락 ◆ 브레이크 스위치 고장 ◆ 브레이크 램프 스위치 ◆ HCU
진단 조건	◆ 점화 스위치 "ON" ◆ 보조 배터리 전압 (9 ~ 16V) ◆ HCU ready "ON" ◆ HEV ready "ON" ◆ CAN 통신 정상 ◆ APS 신호 10% 이상	
판정 조건	◆ 브레이크 Normal Open 신호와 브레이크 Normal Close 신호가 동일 한 경우가 12회 이상일 경우	
해제 조건	◆ 30초간 고장판정 조건 미성립 시	
DTC 확정	◆ 2 주행 사이클	
서비스 램프	◆ 점등	

그림 브레이크 신호 점검

⑤ 브레이크 페달 밟을 때 HCU 브레이크 A 접점(N/O) CLOSED, B 접점(N/C) OPEN

⑥ 브레이크 페달 안 밟을 때 HCU 브레이크 A 접점(N/O)OPEN, B 접점(N/C) OPEN

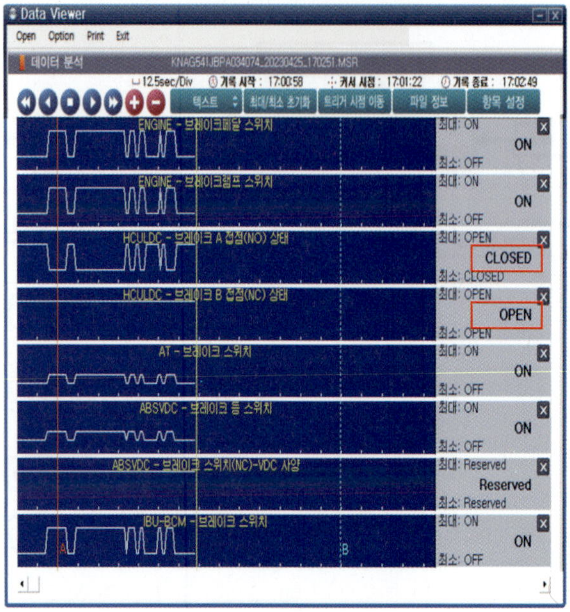

그림 브레이크 페달 밟을 때 B 접점 변화 없음

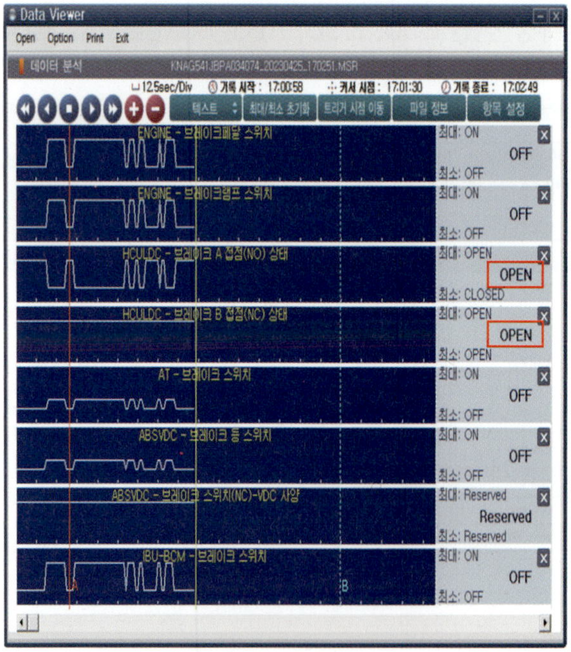

그림 브레이크 페달 안 밟을 때 B 접점 변화 없음

⑦ 브레이크 밟으나 안 밟으나 접점 B(N/C) OPEN으로 변화 없음

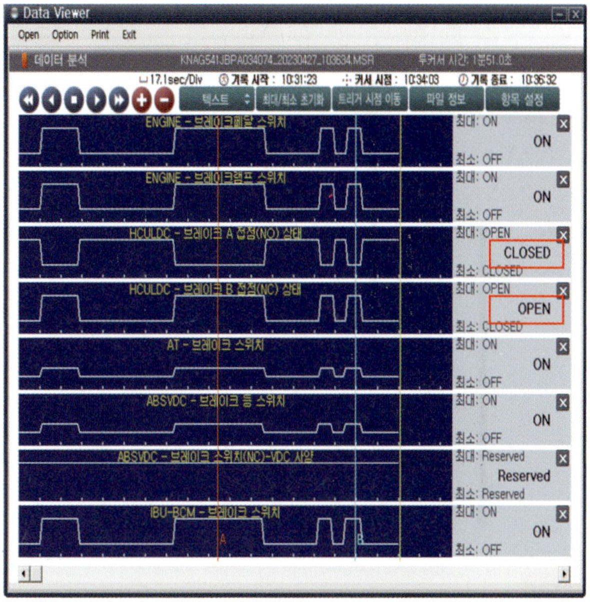

그림 브레이크 페달 밟을 때

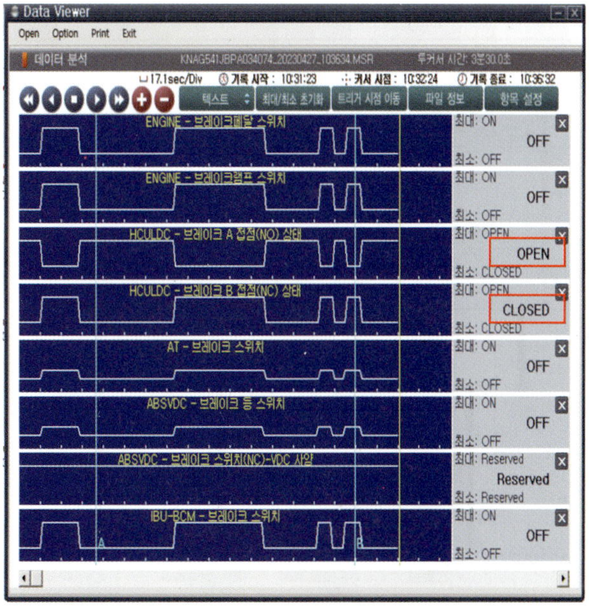

그림 브레이크 페달 안 밟을 때

⑧ 스톱스위치에서 HPCU-S 컨넥터 25, 25번까지 배선 점검 시 란스 및 단자 전압 정상

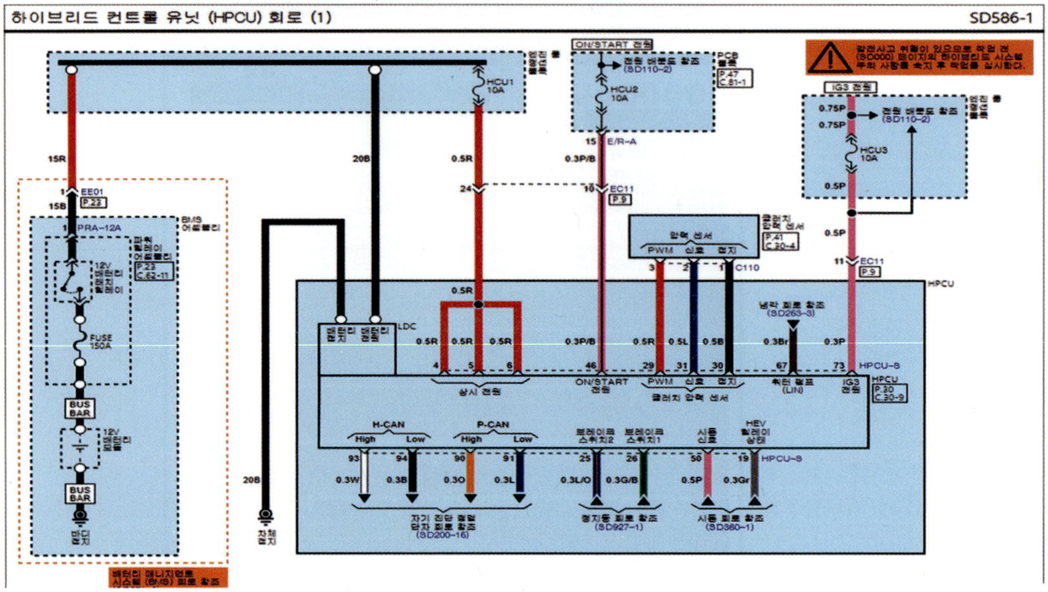

그림 하이브리드 컨트롤 유닛 회로도

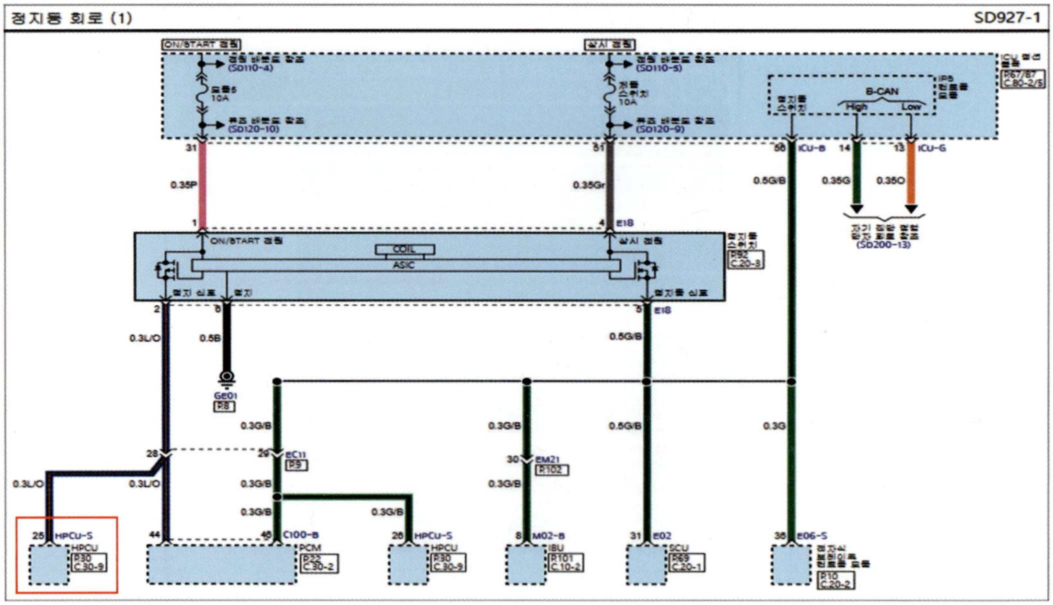

그림 정지등 회로

⑨ HPCU 내부 브레이크 B 접점(N/C) 내부 단선 추정 사료됨

[4] 발생원인

브레이크 스위치, 배선, 관련 제어기 모듈

[5] 조치사항

HPCU 어셈블리 교환 후, 정상작동 확인 및 주행테스터 정상

2.4.24. DL3 HEV(K5 HEV, 차량년식 : 2020년식)

[1] 고장증상

가속 및 회생제동 시 고전압 배터리 모듈 부위 이음 발생 및 "퉁"하는 충격 발생

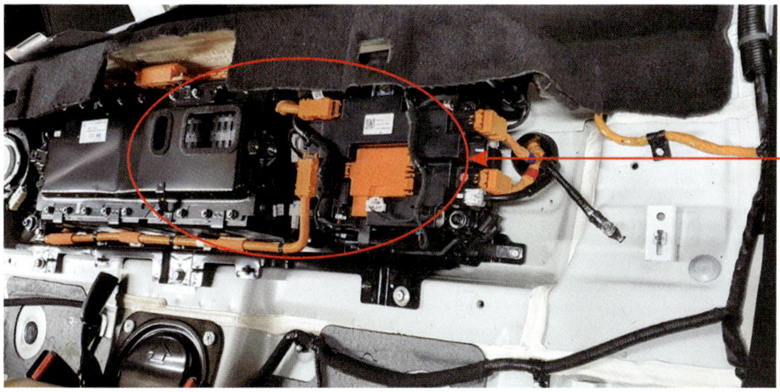

그림 고전압 배터리 모듈부 이음 발생 부위

[2] 점검내용

① 주행 테스터 시 현상 확인되며 DTC 없음

② 부가기능에서 HPCU MCU/GCU 자기진단 시 유사한 느낌의 현상 발생

그림 부가기능

③ 자가진단은 정상 표출되나 클러스터에선 하이브리드 시스템 점검 문구 표출

④ 자기진단 시 MCU P0C1700 구동 모터 위치센서 미보정, MCU P0DFC00 HSG 위치센서 미보정 현재 고장코드 표출

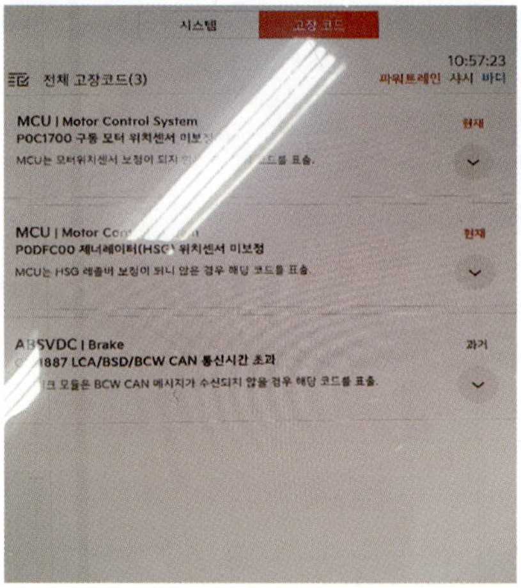

그림 고장코드

⑤ DTC 소거 후 재보정 시 정상, 자기진단 시 정상

⑥ 시운전 가속 및 감속 EV 구간에서 이음발생 및 퉁 하는 차량 튕기는 동일 현상 발생, 이음이 커질수록 차량 튕기는 느낌 정비례함

⑦ HPCU 자가진단 기능에서 위 ④항처럼 고장코드 발생하여 HPCU/MCU/GCU 제어 불량추정되어 HPCU 교환 보정 후 HPCU 자가진단기능 정상, 시운전 정상

⑧ HPCU와 연결된 HSG 및 구동모터 고전압 케이블 탈거 시 타는 냄새 심하게 발생되었고, 커넥터 자체 란스는 정상이며 HPCU 내부 고전압 회로 연결부 열 손상 추정

[3] 발생원인

점검 결과 –구동모터 출력 시 및 발전 시 HPCU 내의 구동모터 및 HSG 고전압 케이블 연결 부위 접촉 불량으로 열손상 추정됨

[4] 조치내용

HPCU 교환 보정 후 주행테스터 정상

2.4.25. GL3 HEV(K8 HEV, 차량년식 : 2021년식)

[1] 고장증상

주행 중 "하이브리드 시스템을 점검하시오" 경고등 점등

[2] 점검내용

① 고장코드 진단 시 하이브리드 파워 컨트롤유닛 경고등 점등

② 시동 시 시동불가

③ 고장코드 확인 시 P0A8B, 0BEA, 1A8B 확인됨

④ HPCU로 들어오는 전원단 전압 정상, 하이브리드 배선 점검 시 커넥터 체결 상태, 접지상태 정상 체결

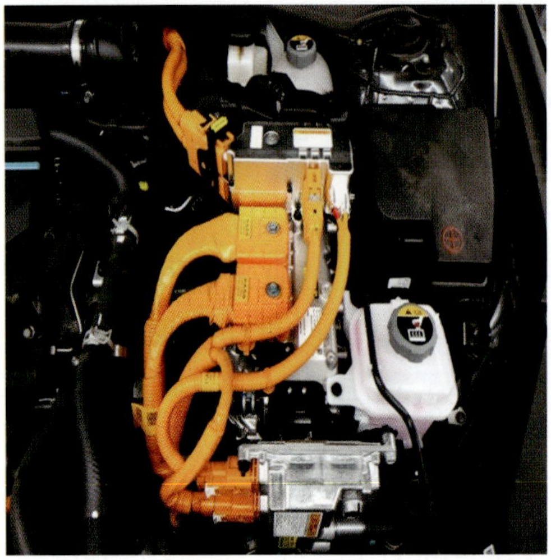

그림 배선 점검

⑤ HPCU 단품 불량으로 판단

[3] 발생원인

HPCU 내부 불량에 의한 시동 불량 발생

[4] 조치내용

HPCU 교환 실시 후 시동 및 시운전 시 정상 확인됨

그림 HPCU 교환

2.4.26. GL3 HEV(K8 HEV, 차량년식 : 2021년식)

[1] 고장증상

완전 방전으로 스마트키 작동 안됨, 시동 안됨, 점프 시동 시 하이브리드 시스템 점검 문구 표출

[2] 점검내용

① DTC P1A8F31 DC/DC 컨버터 PWM 출력 고장 표출

② 고장 상세코드 17번으로 LDC 내부문제 파악(P1A8F31 코드는 LDC 내부고장, P1A8F13 코드는 LDC 이후 전원단문제로 분리된다고 함)

발생시킨 고장코드[S3409_DTC_FFMSG3] : P1A8F31
엔진 회전수,0,RPM,8
차속,0,KM/H,9
구동 모터 속도,0,RPM,A921
브레이크 A 접점(NORMAL OPEN),ON,-,A919
브레이크 B 접점(NORMAL CLOSE),OFF,-,A920
엔진 제어기 준비,READY,-,6816
변속 제어기 준비,READY,-,6819
배터리 제어기 준비,READY,-,6817
모터 제어기 준비,READY,-,6818
제동 제어기 준비,READY,-,R3844
LDC 제어기 준비,READY,-,R3842
보조배터리(12V) 전압,12,V,R1822
메인배터리 충전용량,72,%,A749
엔진토크명령,0,NM,A750
구동모터토크 명령,0,NM,A536
제네레이터(HSG) 토크 명령,0,NM,A751
엔진 클러치 상태,OPEN,-,R3807
엔진 고장 정보,NORMAL,-,R7068
엔진동작 상태,ENGINE STOP,-,A752
LDC 출력 전압,11.8,V,R3681
LDC 지령 전압,11.8,V,R3777
고장 상세코드,17,-,A699 LDC 내부문제
LDC 출력 전류,0,A,R4072
LDC 입력 전압,276,V,R4073
LDC 파워모듈 온도,20,'C,6731
LDC 가변전압모드,LDC ON REQUEST STATE FROM BMS,-,A2933
LDC 디레이팅 상태,NORMAL,-,A2934
보조배터리 디레이팅 상태,NORMAL,-,A2950
보조배터리 전압,11.2,V,A1584
보조 배터리 전류,61,A,R8258
보조 배터리 SOC,0,%,R8259
보조 배터리 온도,19,'C,R3704
LDC 데이터 1,3,-,R10555
LDC 데이터 2,4,-,R10556
총 주행거리,235,KM,
경고등 점등후 주행거리,0,KM,
고장코드 발생 시 주행거리,235,KM,

그림 고장상황 데이터

③ 로우 배터리 완전방전으로 교환

④ HPCU 교환 후 정상작동 확인

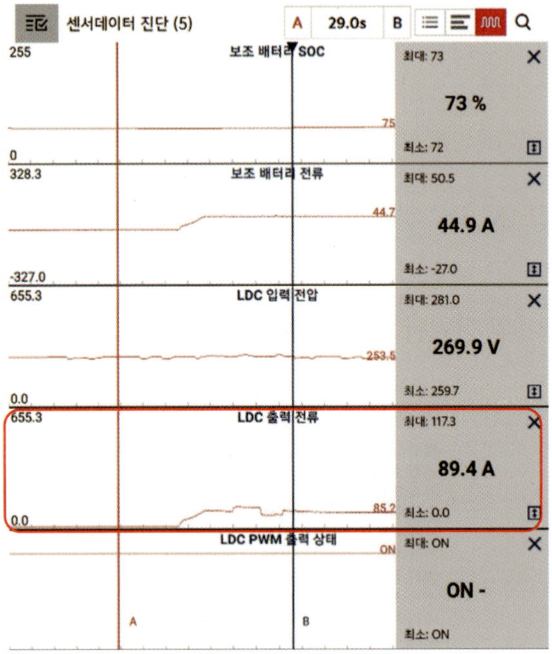

그림 HPCU 교환 후

[3] 발생원인

고장상황 데이터에서 상세코드 17번 확인하여 LDC 내부 불량 파악

[4] 조치내용

LDC 고장으로 인하여 HPCU 교환

2.4.27. MQ4 HEV(쏘렌토 HEV, 차량년식 : 2021년식)

[1] 고장증상

간헐적 클러스터에 HEV 경고등 점등 및 주행성 불량

[2] 점검내용

① 입고 당시 과거 고장으로 시운전 중 현재 고장으로 표출되고, 가속불량 및 주행성 불량 발생됨

그림 고장코드

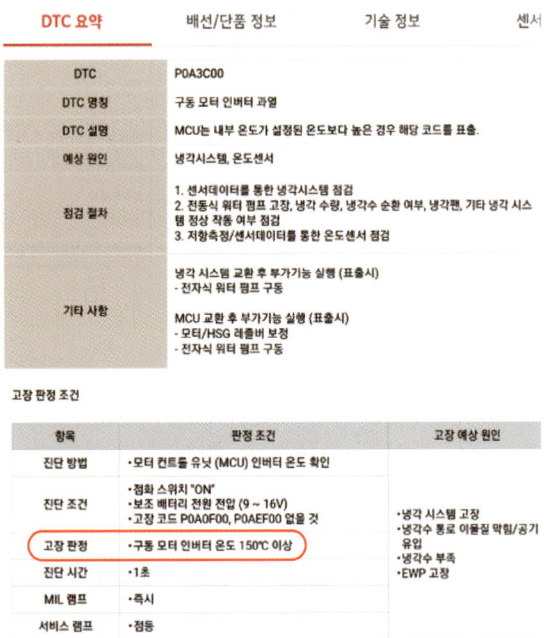

DTC 요약 | 배선/단품 정보 | 기술 정보 | 센서

DTC	P0A3C00
DTC 명칭	구동 모터 인버터 과열
DTC 설명	MCU는 내부 온도가 설정된 온도보다 높은 경우 해당 코드를 표출.
예상 원인	냉각시스템, 온도센서
점검 절차	1. 센서데이터를 통한 냉각시스템 점검 2. 전동식 워터 펌프 고장, 냉각 수량, 냉각수 순환 여부, 냉각팬, 기타 냉각 시스템 정상 작동 여부 점검 3. 저항측정/센서데이터를 통한 온도센서 점검
기타 사항	냉각 시스템 교환 후 부가기능 실행 (표출시) - 전자식 워터 펌프 구동 MCU 교환 후 부가기능 실행 (표출시) - 모터/HSG 레졸버 보정 - 전자식 워터 펌프 구동

고장 판정 조건

항목	판정 조건	고장 예상 원인
진단 방법	•모터 컨트롤 유닛 (MCU) 인버터 온도 확인	•냉각 시스템 고장 •냉각수 통로 이물질 막힘/공기 유입 •냉각수 부족 •EWP 고장
진단 조건	•점화 스위치 "ON" •보조 배터리 전원 전압 (9 ~ 16V) •고장 코드 P0A0F00, P0AEF00 없을 것	
고장 판정	•구동 모터 인버터 온도 150℃ 이상	
진단 시간	•1초	
MIL 램프	•즉시	
서비스 램프	•점등	

그림 DTC 가이드

② 냉각수 점검 시 전기차용이 들어 있어서 냉각수 교환 및 이물질 제거 작업실시, HEV 라디에이터 교환, EWP 배선점검 및 교환, 냉각수 에어빼기 작업 후 시운전 실시함

③ 10km 정도 거리를 운행 중 현상이 재 발생됨, 고장상황 데이터 분석 시 실제 구동모터 인버터 온도가 올라가지 않는 것 확인함

발생시킨 고장코드 : P0A3C00

P0A3C00
구동 모터 인버터 과열 　과거

센서명(32)	센서값	단위
제네레이터(HSG) 속도	0	RPM
구동 모터 출력 토크	0.0	Nm
제네레이터(HSG) 출력 토크	0.0	Nm
구동 모터 온도	42	℃
제네레이터(HSG) 온도	36	℃
MCU 온도	52	℃
MCU(GCU) 온도	36	℃
고장 상세코드	118	-
BMS 메인 릴레이 ON 상태	ON	-
BMS 과충전 보호상태	OFF	-
Anti-jerk 금지 동작상태(HCU)	OFF	-
제네레이터(HSG) 제어 모드 (HCU)	ON	-
구동 모터 제어 모드(HCU)	ON	-
제네레이터(HSG) 출력 허용(HCU)	ON	-
구동 모터 출력 허용(HCU)	ON	-
구동모터 D축 전류	-0.3	A

발생시킨 고장코드 : P0A3C00

P0A3C00
구동 모터 인버터 과열 　현재

센서명(32)	센서값	단위
구동 모터 제어 모드(HCU)	ON	-
제네레이터(HSG) 출력 허용(HCU)	OFF	-
구동 모터 출력 허용(HCU)	OFF	-
구동모터 D축 전류	0.1	A
구동모터 Q축 전류	0.4	A
제네레이터(HSG) D축 전류	0.1	A
제네레이터(HSG) Q축 전류	0.6	A
1DC IG On 시간	1	Sec
주행거리	1100	km
차속	0	km/h
엔진 회전수	0	RPM
EWP 회전수	0	RPM
EWP 동작 요청 속도	0	RPM
방열판 온도	26	℃
외기 온도	25.5	℃
자동변속기 오일 온도센서(옵션)	30.0	℃

그림 고장상황 데이터

④ HPCU 교환 후 정상, 장시간 시운전 후 현상이 재현되지 않아 출고함

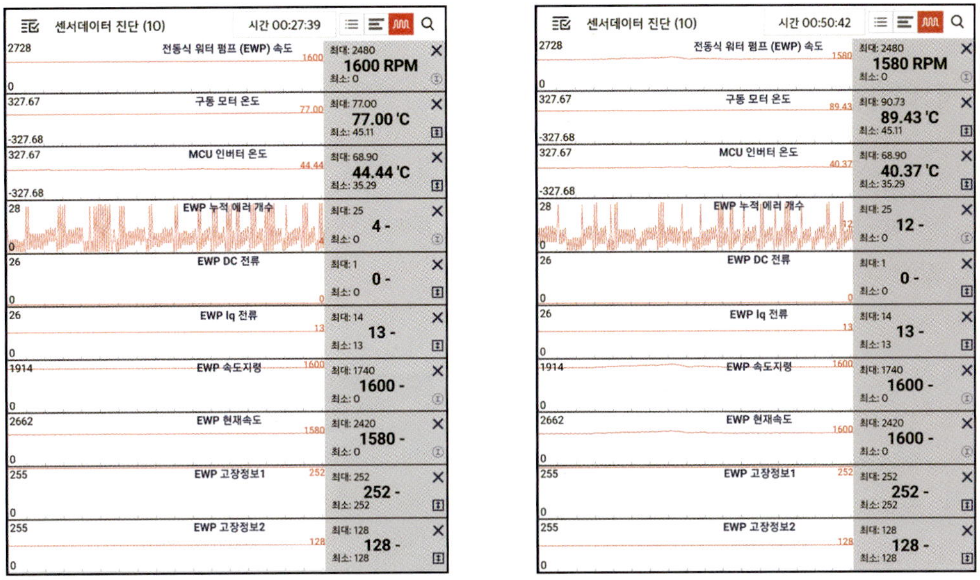

그림 HPCU 교환 후 센서데이터 진단

[3] 발생원인

HPCU 내부 이상으로 실제 구동모터 인버터 온도가 올라가지 않는데도 경고등 점등됨

[4] 조치내용

HPCU 교환

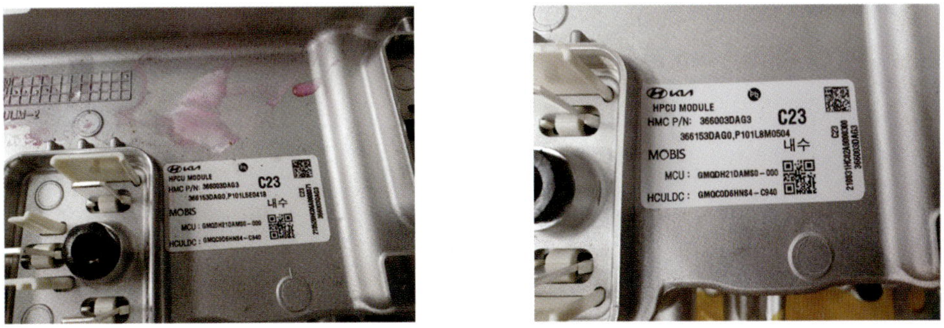

(a) 교환 전 (b) 교환 후

그림 HPCU

2.4.28. MQ4 HEV(쏘렌토 HEV, 차량년식 : 2021년식)

[1] 고장증상

주행 중 하이브리드 시스템 경고등 점등되며, 출발 시 뒤에서 땡기듯이 가속 잘 안됨. 고객 문진 시 80KPH 이상 주행 중 경고등 점등되었다고 함. 입고 후 주행 시 증상 재현되지 않으나 고객 문진 시 고장 사진 확인함

그림 고장 시 사진

[2] 정비이력

자동변속기 2회 교환

[3] 점검내용

① 차량 고장코드 없음. 부가기능 HPCU 자기진단 및 고전압 절연파괴 점검 시 이상 없음

② 고전압 배터리 SOC값 확인 시 비정상 방전 확인되어, 충전을 위해 엔진 시동하고 일정 시간 후 "충전을 위해 정차하십시오." 메시지 점등되고 이후 하이브리드 시스템 경고등 점등됨

③ DTC 확인 시 "P0C1700 구동 모터 위치 센서 미보정", "P0DFC00 HSG 위치 센서 미보정" 현재로 확인됨. HSG/구동 모터 레졸버 보정 시 "레졸버 옵셋 보정 시 클러치 상태 오류(GCU)" 에러 내용 확인되어 미션 교체 실시함

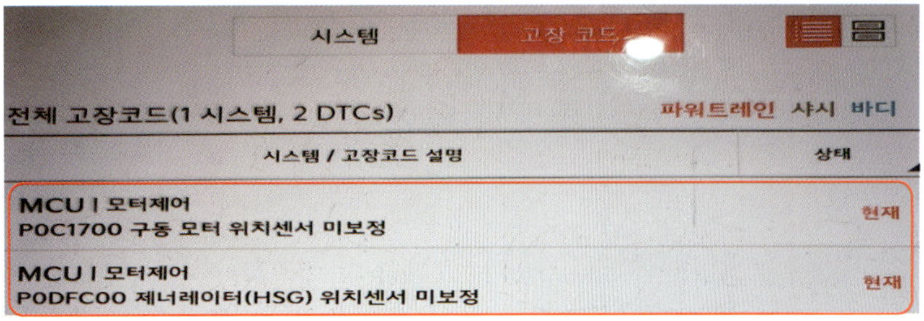

그림 고장코드

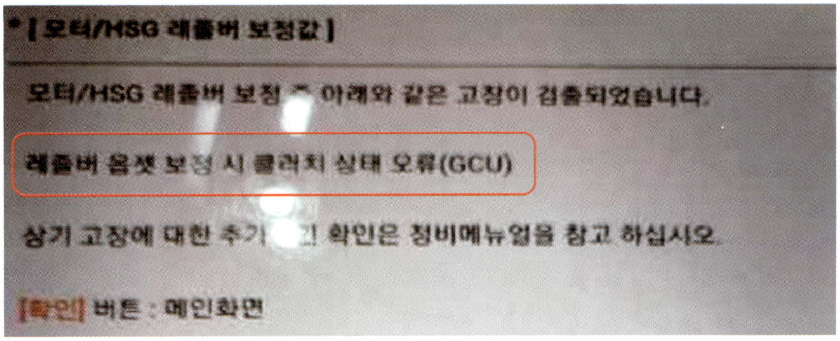

그림 모터/HSG 레졸버 보정값

④ 엔진 클러치 보정 시 에러 코드 "000482" 발생되며, 엔진 클러치 강제 구동 시 실패 확인됨 미션 유압 센서, EOP 배선 점검 시 이상 없어 엔진 클러치 하드웨어 불량으로 판단되어 미션 교환하였으나 증상 동일함

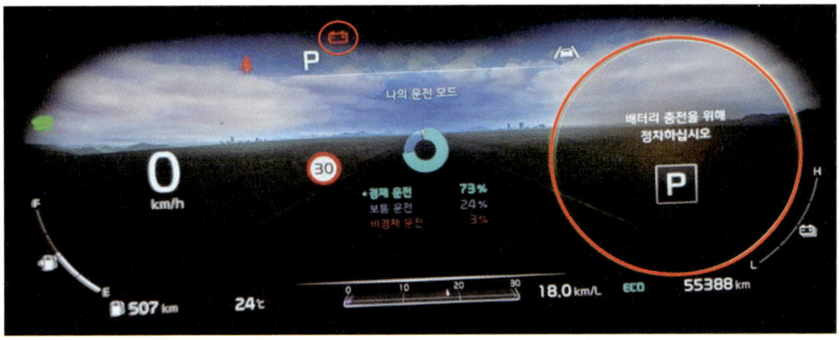

그림 미션 교체 후 시운전 시 배터리 충전 경고등 발생

⑤ LDC 센서데이터 확인 시 충전 불량 확인됨

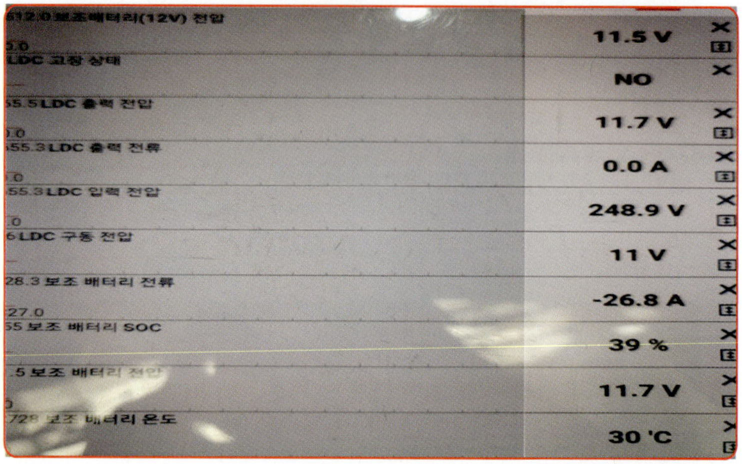

그림 LDC 센서데이터 확인

⑥ HCU/LDC, MCU, BMS 데이터 분석 요청 후 시운전 시 증상 발생되어 INFO CODE 리셋 후 데이터 재측정하여 데이터 송부. 데이터 재측정 시 고장코드 "P0A7700 HSG W상 전류값 높음", "P0E0C00 HSG 케이블 단선", "B182188 전동식 컴프레서 대기 모드 전압 낮음" 발생됨

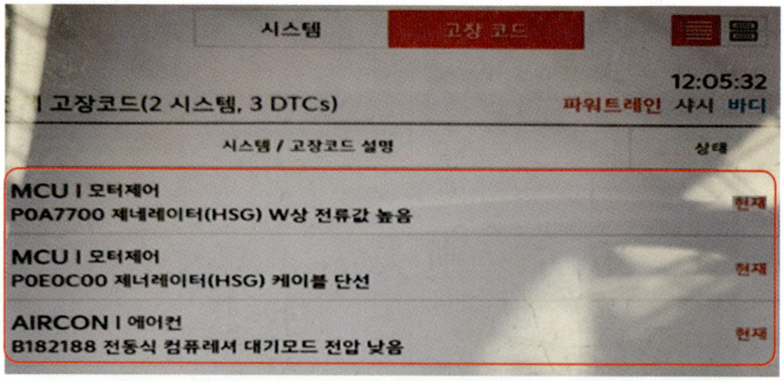

그림 고장코드

⑦ HSG 단품 점검 시 W상 저항 불량으로 HSG, 고전압 배선 교환하였으나 증상 동일함 HPCU 내부 MCU 불량으로 판단되어 HPCU 교환하였을 시 증상 사라짐

그림 HSG 단품 점검

[4] 발생원인

HPCU, HSG 내부 불량으로 주행 중 경고등 점등됨

[5] 조치내용

HPCU, HSG, HSG 고전압 배선 교환

그림 HPCU, HSG, HSG 고전압 배선 및 HPCU

2.4.29. MQ4 HEV(쏘렌토 HEV, 차량년식 : 2021년식)

[1] 고장증상

주행 중 간헐적 경고등 점등. 센터 입고 시 항시 점등 확인. 점검 시 H CAN 및 P CAN 관련 DTC 표출

그림 DTC 표출

[2] 점검내용

① 피코 설치 후 H CAN, P CAN 측정

② 측정 시 H CAN 로우선 접지 단락 확인되며 P CAN 정상

③ H CAN 라인 관련 단품 탈거하면서 점검 시 HPCU 탈거 시 정상 확인됨

④ P CAN 관련 DTC는 H CAN 데이터 이상으로 DTC 표출됨

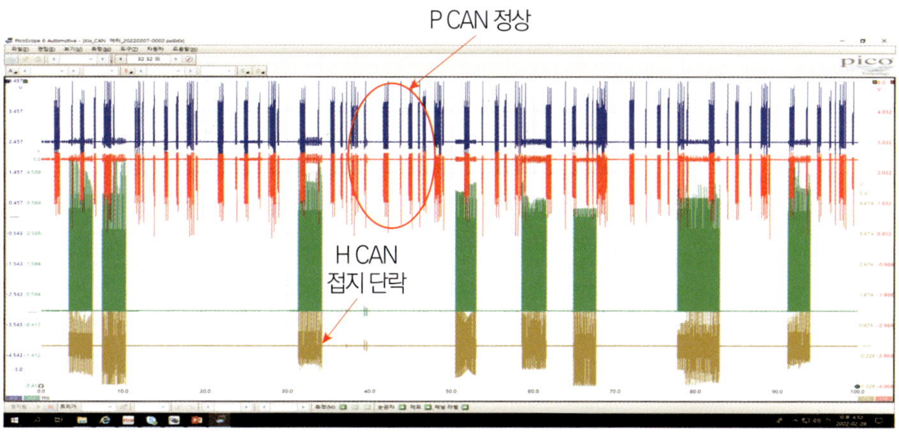

그림 측정 데이터

[3] 발생원인

HPCU 내부 캔 라인 이상 – H CAN LOW 접지단락, P CAN 정상, HPCU 내부 CAN LOW 접지 단락

[4] 조치내용

HPCU 교환

2.4.30. MQ4 HEV(쏘렌토 HEV, 차량년식 : 2020년식)

[1] 고장증상

주행 중 출력 부족 및 경고 등 점등

[2] 점검내용

① 스캔툴 점검 시 P0AA6 고전압 배터리 절연파괴 확인

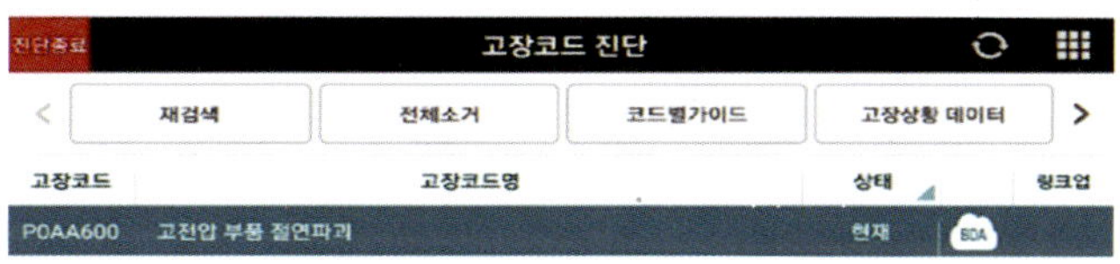

그림 고장코드

② 서비스 데이터 점검 시 절연저항 0kΩ

그림 고장상황 데이터

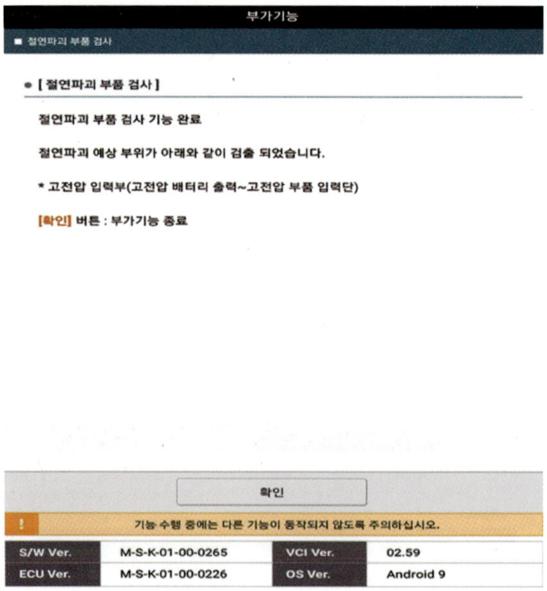

그림 부가기능

③ 절연파괴 부품 검사 시 절연파괴 예상부위 고전압 입력부(고전압 배터리 출력부~고전압 부품 입력단)

④ 절연저항계로 배터리 팩, 모터, HSG, 에어컨 컴프레서, OPU 단품 점검

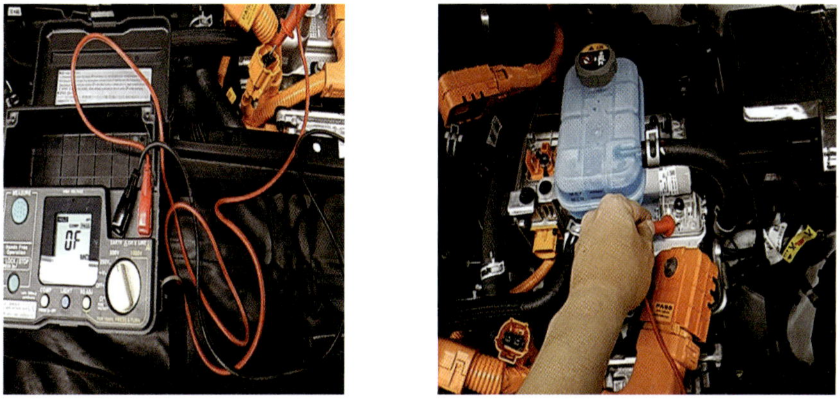

그림 단품 점검

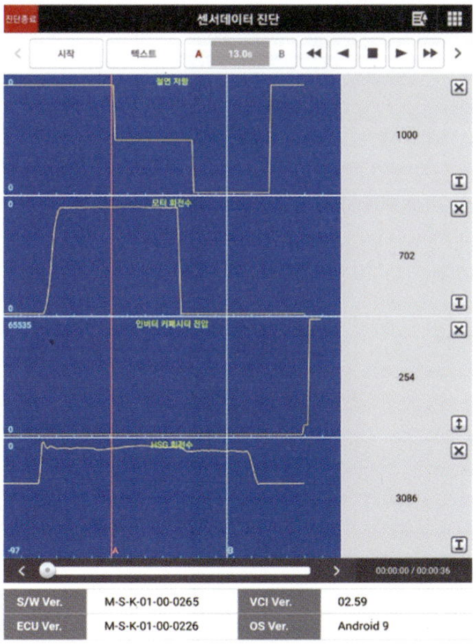

(a) 수리 전

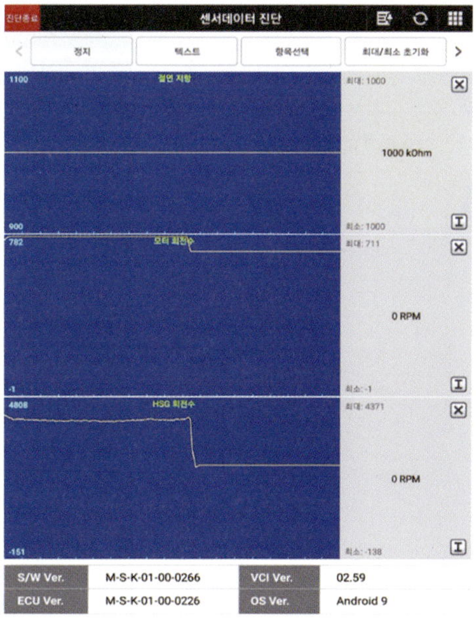

(b) 수리 후

그림 센서데이터 진단

[3] 발생원인

HPCU를 제외한 단품 및 배선 점검 시 정상으로 HPCU 내부 불량으로 판단함

[4] 조치내용

HPCU 교환 및 냉각수 교환

2.4.31. MQ4 HEV(쏘렌토 HEV, 차량년식 : 2022년식)

[1] 고장증상

주행 중 시동꺼짐

[2] 점검내용

① 입고 시 정상적으로 운행 가능하며 특이사항 없음

② 고장코드 다수 검출

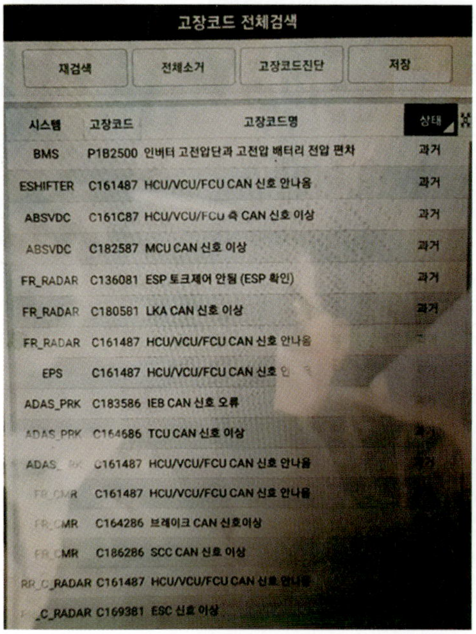

그림 고장코드

③ 고장상황 데이터 BMS P1B2500 인버터 고전압단과 배터리 전압 편차

④ UVO DTC CODE – U100400 CAN 통신회로 – HCU 응답 지연(H–CAN), U100500 CAN 통신회로 – HCU 응답 지연(H–CAN), U011000 CAN 통신회로 – MCU 응답 지연, U029300 CAN 통신회로 – HCU/VCU 응답지연

KDS 진단 이력 2022-04-11

- ◆ C161487 HCU/VCU/FCU CAN 신호 안나옴 (E-Shifter)
- ◆ C161C87 HCU/VCU/FCU 측 CAN 신호 이상 (Brake)
- ◆ P1B2500 입버터 고전압단과 고전압 배터리 전압 편차 (BMS)
- ◆ C182587 MCU CAN 신호 이상 (Brake)
- ◆ C136081 ESP 토크제어 안됨 (ESP 확인) (Front Radar)
- ◆ C180581 LKA CAN 신호 이상 (Front Radar)
- ◆ C161487 HCU/VCU/FCU CAN 신호 안나옴 (Front Radar)
- ◆ C161487 HCU/VCU/FCU CAN 신호 안나옴 (Steering)
- ◆ C183586 IEB CAN 신호 오류 (ADAS)
- ◆ C164686 TCU CAN 신호 이상 (ADAS)
- ◆ C161487 HCU/VCU/FCU CAN 신호 안나옴 (ADAD)
- ◆ C161487 HCU/VCU/FCU CAN 신호 안나옴 (Front View Camera)
- ◆ C164286 브레이크 CAN 신호 이상 (Front View Camera)
- ◆ C186286 SCC CAN 신호 이상 (Front View Camera)
- ◆ C161487 HCU/VCU/FCU CAN 신호 안나옴 (Rear Corner Radar)
- ◆ C169381 ESC 신호 이상 (Rear Corner Radar)
- ◆ C161400 HCU/VCU/FCU CAN 신호 안나옴 (ICU)
- ◆ C180600 MCU CAN 통신 시간 초과 (ICU)
- ◆ C180800 LDC CAN 통신 시간 초과 (ICU)

UVO DTC 이력 2022-04-10

- ◆ U100400 CAN 통신회로-HCU 응답지연
- ◆ U100500 CAN 통신회로-HCU 응답지연
- ◆ U029300 CAN 통신회로-HCU/VCU 응답지연
- ◆ U011000 CAN 통신회로-MCU 응답지연

그림 UVO DTC 이력

⑤ 장거리 운행 후 시동꺼짐 현상 발생 이후 일시적 시동 불가 발생 후 시동 가능함

[3] 발생원인

DTC 검출정보 토대로 점검 결과 HPCU 불량임을 추정할 수 있음

[4] 조치내용

HPCU 교환 및 교환 후 확인점검 시운전

2.4.32. MQ4 HEV(쏘렌토 HEV, 차량년식 : 2021년식)

[1] 고장증상

주행중 시동꺼짐 재시동 불량/견인입고

[2] 점검내용

① KDS 진단 시(U004600, C160E88, U159400, U134100, U15900' 등) P CAN, C CAN 통신 불량 고장코드 확인됨

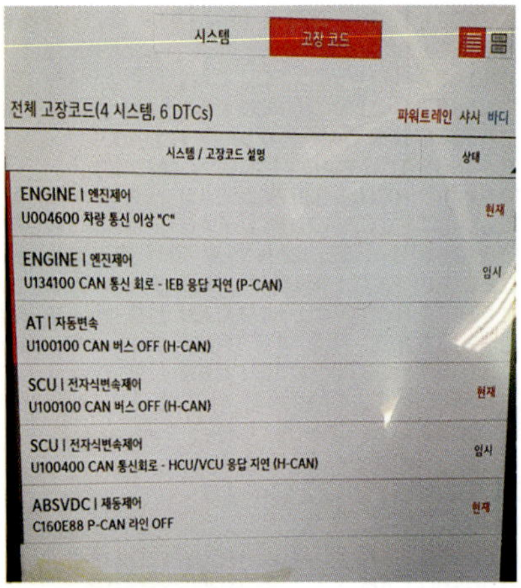

그림 고장코드

② 통신 회로 확인 시 H CAN 공통 통신 불량 확인되어 피코 장비 활용하여 CAN 파형 점검

③ EC11 1번 16번 파형 측정하여 점검 시 하이선 기준 전압 0V 단락 확인됨(불량)

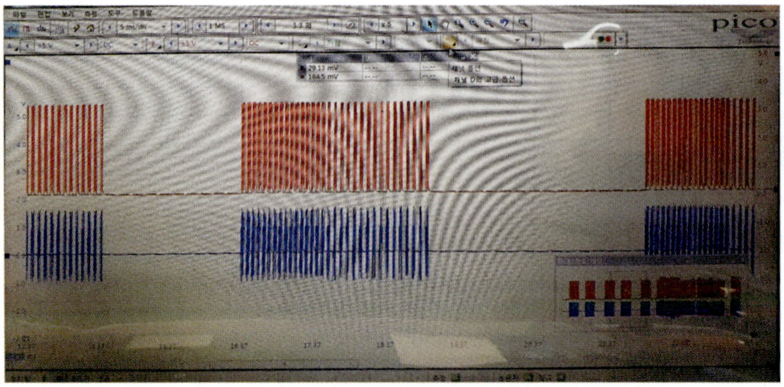

그림 HPCU 교환 전 불량파형

④ 단락 점검실시 – EM21 커넥터 탈거 시 변화 없음, EM11 커넥터 탈거 시 변화 없음, ECM C 100 B 커넥터 탈거 시 변화 없음, HPCU C133 S 커넥터 탈거 시 정상 파형 확인, 재체결 시 동일문제 발생(3회 이상 재점검 실시함)

그림 HPCU 커넥터 상태 정상

⑤ HPCU C133 S 커넥터 탈거 시 정상 파형 확인되어 HPCU 내부 단락 판단 HPCU 교환 후 파형 측정 시 H CAN 기준 전압 2.5V 정상 파형 확인, 고장코드 없으며, 냉각수 순환 후 시운전 시 이상 없음

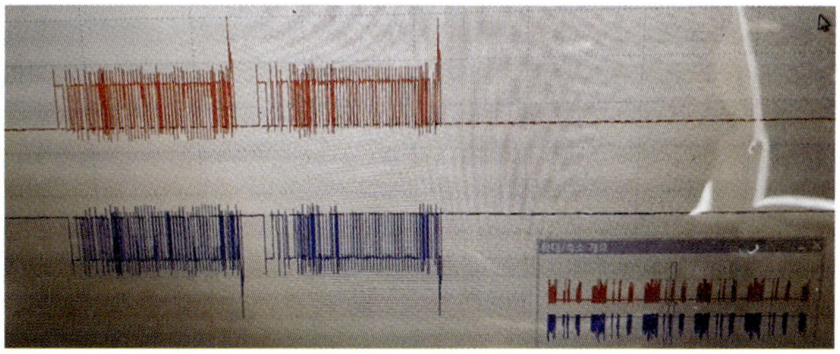

그림 HPCU 교환 후 정상 파형

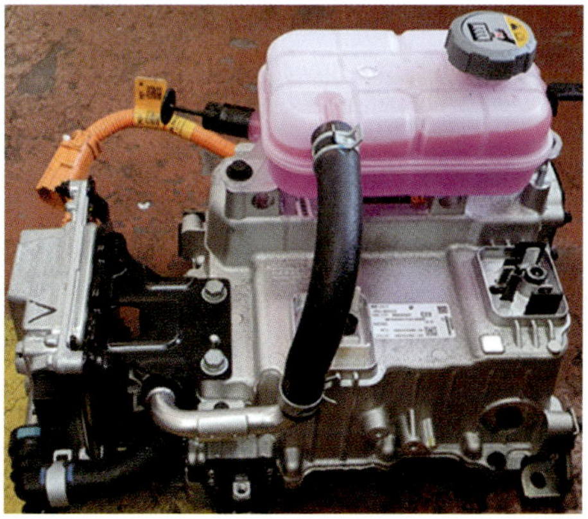

그림 HPCU 교환 후 정상

[3] 발생원인

HPCU 단품불량

[4] 조치내용

HPCU 교환

2.4.33. MQ4 HEV(쏘렌토 HEV, 차량년식 : 2022년식)

[1] 고장증상

주행불가하여 견인 입고됨. 클러스터에 경고문구 표출됨 고장코드 BMS P0AA600(고전압 부품 절연파괴)

그림 경고문구

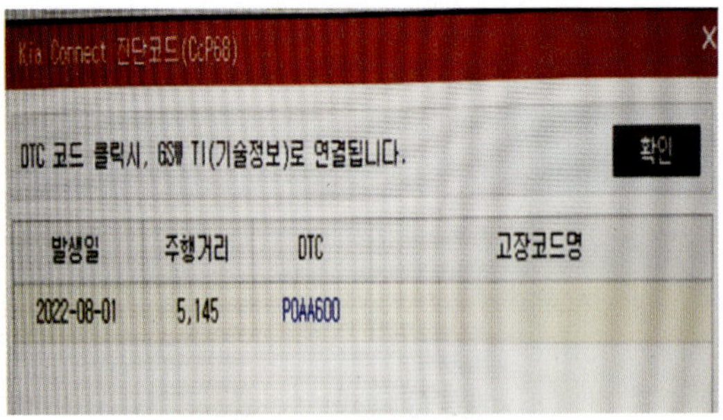

Kia Connect 진단코드(CcP68)

DTC 코드 클릭시, GSW TI(기술정보)로 연결됩니다.

확인

발생일	주행거리	DTC	고장코드명
2022-08-01	5,145	P0AA600	

그림 고장코드

[확인] 버튼: 기능 종료.

단위 : kΩ

검사 항목	검사 조건	최대값	최소값
IG ON 검사	고전압 배터리 부	1000	1000
HV 릴레이 ON 검사	고전압 입력 부	1000	130
EOP 검사	EOP 부	1000	130
HSG ON 검사	HSG 부	500	0
에어컨 ON 검사	에어컨 컴프레서 부	0	0
주행 검사	모터 3상 부	0	0

확인 메뉴얼

(a) 수리 전

[확인] 버튼: 기능 종료.

단위 : kΩ

검사 항목	검사 조건	최대값	최소값
IG ON 검사	고전압 배터리 부	1000	1000
HV 릴레이 ON 검사	고전압 입력 부	1000	1000
EOP 검사	EOP 부	1000	1000
HSG ON 검사	HSG 부	1000	1000
에어컨 ON 검사	에어컨 컴프레서 부	1000	1000
주행 검사	모터 3상 부	1000	1000

확인 메뉴얼

(b) 수리 후

그림 부가기능

[2] 점검내용

① 절연파괴 부품검사 시 고전압 입력부(고전압 배터리 출력에서 고전압 부품 입력단)

② 고전압 부품 절연저항 검사 진행하면서 점검 시 고전압 입력부, EOP부 130kΩ, HSG부, 에어컨 컴프레서부, 모터 3상부 0kΩ

그림 절연저항 검사

③ 절연테스트기 사용하여 모터 3상, HSG, A/C, OPU 고압배선 절연상태 점검 시 PASS

④ HPCU 절연테스트 시 5.14MΩ 이어서 HPCU 이상이라고 판단하여 교환 전 신품 HPCU 절연테스트 시 동일하게 5.14MΩ

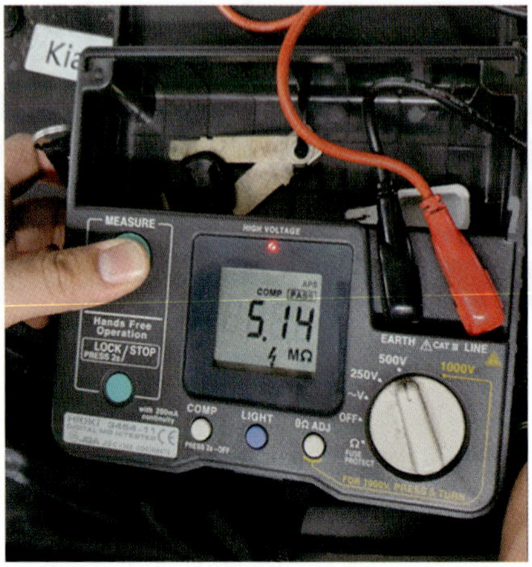

그림 HPCU 절연테스트

⑤ HPCU에서 나가는 전체 고압 케이블 탈거하여 고전압 부품 절연저항 검사하여 테스트 절연파괴됨

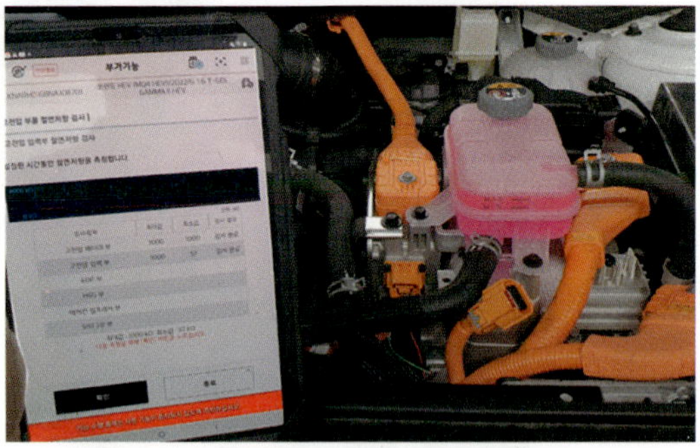

그림 고전압 부품 절연저항 검사

[3] 발생원인

HPCU 내부 불량

[4] 조치내용

HPCU 내부 불량으로 확정하고 교환작업 진행함

HEV 전기장치

03

HEV 전기장치

03
CHAPTER

3.1 HEV 전기장치 역할

HEV(Hybrid Electric Vehicle) 전기장치는 가솔린 엔진과 전기 모터, 배터리, 회생제동 시스템, 그리고 각종 전자 제어 시스템으로 구성된다. 이 장치들은 HEV의 효율적인 동력 시스템 운영에 핵심적인 역할을 한다.

3.2 HEV 전기장치 구성

① 배터리 : HEV의 에너지 저장장치로, 전기 모터에 전력을 공급한다. 배터리는 충전 및 방전 과정을 반복하며, 회생제동 시스템을 통해 제동 시 발생하는 에너지를 저장하기도 한다.

② 회생제동 시스템 : 브레이크를 밟아 감속할 때 전기 모터가 발전기 역할을 하여 배터리를 충전하는 시스템이다. 이를 통해 에너지를 낭비하지 않고 효율적으로 재활용할 수 있다.

③ 전자 제어 시스템 : 엔진과 전기 모터의 작동을 제어하고, 배터리 충전 및 방전, 회생제동 등을 관리하는 시스템이다. 이 시스템은 차량의 주행 상황 및 운전자의 요구에 맞춰 최적의 구동 방식을 선택한다.

④ 고전압 배터리 시스템 : HEV는 내연기관 차량과 달리 고전압 배터리를 사용한다. 이 배터리는 구동 모터 및 HSG(Hybrid Start Generator)에 전력을 공급하고, 회생제동으로 발생한 에너지를 회수한다.

⑤ 12V 배터리 : HEV는 고전압 배터리와 함께 12V 배터리를 사용한다. 12V 배터리는 차량의 각종 전기장치를 작동시키는 데 사용된다.

3.3 HEV 전기장치 각종 전자 제어 시스템 기능

① BMU(Battery Management Unit) : 배터리 시스템의 냉각, 충전, 방전 제어를 수행하는 유닛으로, 차량과의 통신을 통해 배터리 시스템의 상태를 공유한다.

② CMU(Cell Management Unit) : 배터리 팩 내 개별 셀의 상태를 모니터링하고 관리하는 중요한 역할을 한다.

③ PRA(Power Relay Assembly) : 파워 릴레이 어셈블리(PRA)는 고전압 배터리 시스템 어셈블리 내에 장착되어 있으며 (+)고전압 제어 메인 릴레이, (–)고전압 제어 메인 릴레이, 프리차지 릴레이, 프리차지 레지스터, 배터리 전류 센서로 구성되어 있다. 그리고 BMU의 제어 신호에 의해 고전압 배터리 팩과 고정압 조인트 박스 사이의 DC 360V 고전압을 ON, OFF 및 제어하는 역할을 한다.

④ HSG(Hybrid Starter Generator) : 엔진을 크랭킹하며, 엔진의 회전력을 이용해 발전기로 사용하여 고전압 배터리를 충전한다.

⑤ VPS(Virtual Power Steering) : VPS는 차량의 파워 시스템에서 전력 제어를 담당한다.

⑥ IBU(Integrated Body Unit) : 자동차의 여러 전자 제어 장치들을 통합 관리하는 역할을 한다. HEV 차량에서 IBU는 바디 제어 모듈(BCM), 스마트키, 타이어 공기압 경보장치(TPMS) 등을 하나로 통합하여 관리한다.

⑦ LDC(low voltage DC/DC converter) : LDC(보조 배터리 충전 컨트롤 유닛)는 12V 충전용 직류 변환장치로써, 일반 가솔린자동차의 발전기 대용으로 하이브리드 차량의 메인 배터리의 고전압을 저전압으로 낮추어 보조배터리 충전 및 기타 12V 전장품(전조등, 와이퍼, 펌프, 제어보드 등)에 전력을 공급하는 장치이다. 이렇게 해서 LDC의 장착으로 하이브리드 자동차에는 일반 자동차에서 볼 수 있는 발전기는 볼 수 없게 된다.

⑧ 메인 릴레이(Main Relay) : 메인 릴레이는 파워 릴레이 어셈블리에 장착되어 있으며, 고전압 (+) 라인을 제어하는 메인 릴레이와 고전압(−) 라인을 제어하는 메인 릴레이, 이렇게 2개의 메인 릴레이로 구성되어 있다. 그리고 BMU의 제어 신호에 의해 고전압 조인트 박스와 고전압 배터리 팩 간의 고전압 전원, 고전압 접지 라인을 연결시켜 주는 역할을 한다.

⑨ OPD(Overvoltage Protection Device) : 고전압 배터리 셀이 과충전에 의해 부풀어 오르는 상황이 되면 고전압 보호장치인 OPD에 의해 메인 릴레이 (+), 메인 릴레이 (−), 프리차지 릴레이 코일 접지 라인을 차단함으로써 과충전 시엔 메인 릴레이 및 프리차지 릴레이의 작동을 금지시킨다. 고전압 배터리가 정상적인 상태일 경우에는 VPD는 작동하지 않고 항상 연결되어 있다. OPD 장착 위치는 12개(차량회사마다 다를 수 있음) 배터리 모듈 상단에 장착되어 있다.

⑩ 고전압 배터리 인렛 온도 센서 : 인렛 온도 센서는 고전압 배터리 1번 모듈 상단에 장착되어 있으며, 배터리 시스템 어셈블리 내부의 공기 온도를 감지하는 역할을 한다. 인렛 온도 센서 값에 따라 쿨링팬의 작동 유무가 결정된다.

⑪ 고전압 배터리 히터 릴레이 및 히터 온도 센서 : 고전압 배터리 히터 릴레이는 파워 릴레이 어셈블리(PRA) 내부에 장착되어 있다. 고전압 배터리에 히터 기능을 작동해야 하는 조건이 되면 제어 신호를 받은 히터 릴레이는 히터 내부에 고전압을 흐르게 함으로써 고전압 배터리의 온도가 조건에 맞추어서 정상적으로 작동할 수 있도록 작동된다.

⑫ 배터리 온도 센서 : 배터리 온도 센서는 각 고전압 배터리 모듈에 장착되어 있으며, 각 배터리 모듈의 온도를 측정하여 CMU에 전달하는 역할을 한다.

⑬ 배터리 전류 센서 : 배터리 전류 센서는 파워 릴레이 어셈블리에 장착되어 있으며, 고전압 배터리의 충 · 방전 시 전류를 측정하는 역할을 한다.

⑭ 프리차지 릴레이(Pre-Charge Relay) : 프리차지 릴레이는 파워 릴레이 어셈블리에 장착되어 있으며, 인버터의 커패시터를 초기 충전할 때 고전압 배터리와 고전압 회로를 연결하는 기능을 한다. IG ON을 하면 프리차지 릴레이와 레지스터를 통해 흐른 전류가 인버터 내에 커패시터에 충전이 되고, 충전이 완료되면 프리차지 릴레이는 OFF된다.

⑮ 프리차지 레지스터(Pre-Charge Resistor) : 프리차지 레지스터는 파워 릴레이 어셈블리에 장착되어 있으며, 인버터의 커패시터를 초기 충전할 때 충전 전류를 제한하여 고전압 회로를 보호하는 기능을 한다.

3.4 고장 시 증상 및 점검방법

3.4.1. 12V 배터리

[1] CH7 HEV(뉴아반떼 HEV, 차량년식 : 2022년식)

(1) 고장증상

IG ON, 시동 ON 시 "하이브리드 시스템을 점검하십시오" 문구 출력 및 각종 경고등 점등

(2) 정비이력

파워 릴레이 교환, BMS, EPCU 교환

(3) 점검내용

1) GDS 모바일 자기진단

① P1BBE00 : 12V 전압경로 이상

② P1BBA00 : BMS 과충전 차단회로 활성화

③ P1B7700 : 인버터 커패시터 프리차징 실패

④ P1B2500 : 인버터 고전압단과 고전압 배터리 전압 편차

2) DTC 기반으로 차량 점검 진행

① [P1B7700 : 인버터 커패시터 프리차징 실패 (과거)]

고장 코드 설명

IG ON 후 인버터 커패시터 초기충전 실패로 인한 고전압 공급 실패 상황이 검출되면 상기 DTC를 표출한다. 고전압 배터리 팩 전압(Vpack)과 MCU 에서 측정되는 인버터 커패시터 전압(Vcap)을 모니터링하여 고장을 검출한다. 현재 고장이 발생하면 서비스 램프를 점등시킨다. 만약 정상 상태로 회복되면 현재의 고장코드는 삭제되고 과거고장 코드(DTC 코드 끝부분에 H표시)가 검출 된다. 이때 서비스 램프는 소등되며 과거 고장코드는 GDS를 사용하여 소거시킬수 있다.

그림 고장코드 설명

㉮ 인버터 커패시터 초기충전 실패는 파워 릴레이가 제 역할을 하지 못한다고 판단하여 다시 PRA 점검 진행

㉯ 파워 릴레이 점검하면서 배터리측 절연저항도 점검하였으나 정상

㉰ 인버터 위치한 HPCU도 절연저항 및 점검 진행하였으나 정상

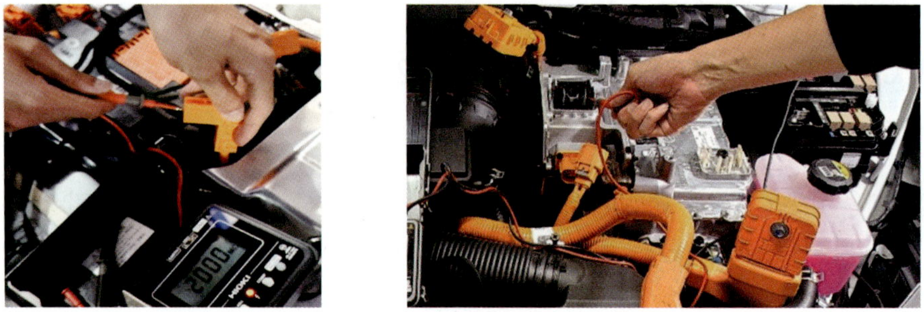

그림 절연저항 점검

② [P1B2500 : 인버터 고전압단과 고전압 배터리 전압 편차]

고장 코드 설명

IG ON 후 고전압 배터리의 전원을 공급하는 Safety Plug가 OFF 또는 Safety Plug가 제거되어 있거나, 고전압을 직렬로 연결하기 위한 부스바(bus bar) 단선시, Safety Plug 내부에 설치되어 있는 125A/DC450V 용량의 휴즈가 용단시 상기 DTC를 표출한다. 고전압 배터리 팩 전압과 MCU 에서 측정되는 고전압배터리 전압(인버터 커패시터) 간 전압차의 절대값이 30V 이상일 경우 고장검출한다. 현재 고장이 발생하면 서비스 램프를 점등시킨다. 만약 정상 상태로 회복되면 현재의 고장코드는 삭제되고 과거고장 코드(DTC 코드 끝부분에 H 표시)가 검출 된다. 이때 서비스 램프는 소등되며 과거 고장코드는 진단장비를 사용하여 소거시킬수 있다.

그림 고장코드 설명

㉮ 센서데이터를 통해서 인버터와 배터리 전압이 얼마나 차이 나는지 확인

㉯ 배터리팩 전압 : 234.7V(정상)

㉰ 인버터측 전압 : 42V(비정상)

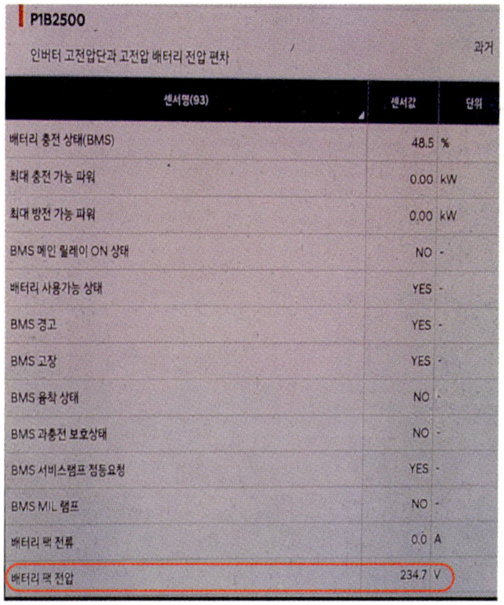

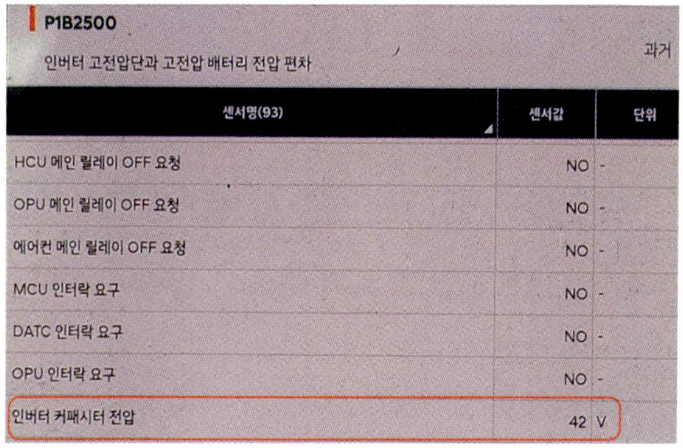

그림 배터리팩 전압과 인버터측 전압

3) P1BBE00 고장코드가 갑자기 현재로 뜨면서 12V 전압라인 점검

① 점검 후 원인 파악이 힘들어 재조립 후 다음날 시동 ON하려 했으나 배터리 래치 릴레이도 작동 안하고 아무 반응 없음

② 배터리 충전기 연결하여 시동 ON한 후 GDS 모바일 자기진단 재실시

③ P1BBE00 : 12V 전압 경로 이상 현재 고장코드로 뜸

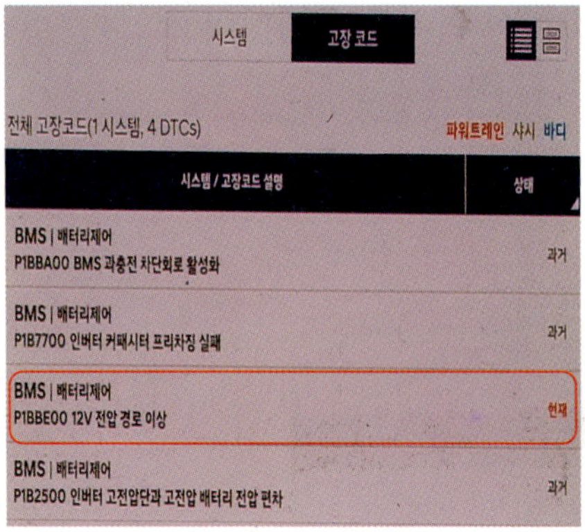

그림 고장코드

④ 점검 도중 계속 배터리 충전기가 연결되어 있음에도 불구하고 DISCONNECT로 표시함

4) 12V 전압라인 점검 시 보조 배터리 (+) 커넥터에 수분 유입됨 확인

① 12V 전압 경로에 이상이 생겼나 의심되어 12V 전압라인 EB11 점검

② 보조 배터리 (+) 커넥터에 수분 유입됨 확인

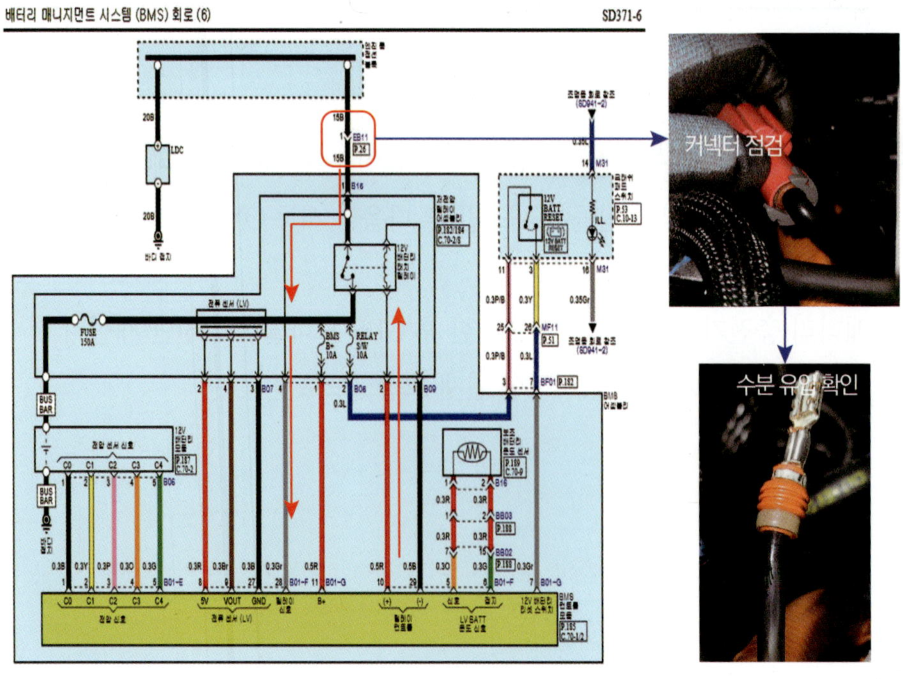

그림 12V 전압라인 EB11 점검

(4) 발생원인

보조 배터리 (+) 커넥터 수분 유입

(5) 조치사항

보조 배터리 (+) 커넥터 수분 제거 및 실링 작업

[2] CH7 HEV(뉴아반떼 HEV, 차량년식 : 2020년식)

(1) 고장증상

방전으로 입고(도어 록 이후 20~30분 뒤 리모컨 작동 불량, 12V 배터리 차단되어 수동으로 도어 언록 후 12V 배터리 리셋 버튼 작동함)

(2) 점검내용

① 방전 테스트 시 정상 확인

② 자기진단 시 정상

● 고장 코드 전체 검색 결과

시스템	상태정보	진단결과
ENGINE	현재 고장코드가 없습니다.	양호
MCU	현재 고장코드가 없습니다.	양호
HCULDC	현재 고장코드가 없습니다.	양호
MCA	현재 고장코드가 없습니다.	양호
BMS	현재 고장코드가 없습니다.	양호
AT	현재 고장코드가 없습니다.	양호
ABSVDC	현재 고장코드가 없습니다.	양호
FR_RADAR	현재 고장코드가 없습니다.	양호
OCS	현재 고장코드가 없습니다.	양호
AIRBAG	현재 고장코드가 없습니다.	양호
AIRCON	현재 고장코드가 없습니다.	양호
EPS	현재 고장코드가 없습니다.	양호
RVM	현재 고장코드가 없습니다.	양호
RR_C_RADAR_.	현재 고장코드가 없습니다.	양호
RR_C_RADAR_.	현재 고장코드가 없습니다.	양호
FR_CMR	현재 고장코드가 없습니다.	양호
IBU-BCM	현재 고장코드가 없습니다.	양호
IBU-IMMO	통신응답없음 / 시스템장착유무, IG KEY, DLC를 확인하십시오.	실패
IBU-SMK	현재 고장코드가 없습니다.	양호
IBU-TPMS	현재 고장코드가 없습니다.	양호
SHVU-F	현재 고장코드가 없습니다.	양호

1/2

그림 고장코드

③ 차량 상태 점검 시 이상 증상 확인, 도어 록 이후 20~30분 뒤 리모컨 작동 불량, 12V 배터리 차단되어 수동으로 도어 언록 후 12V 배터리 리셋 버튼 작동함

④ 12V 배터리 SOC값 및 12V 셀 전압값 센서데이터 확인 시 정상

그림 센서데이터 진단

⑤ 12V 배터리 상태 정보 확인 → 12V 릴레이 오프 시 차량 정보 확인, 진단(전압편차)에 의한 릴레이 오프

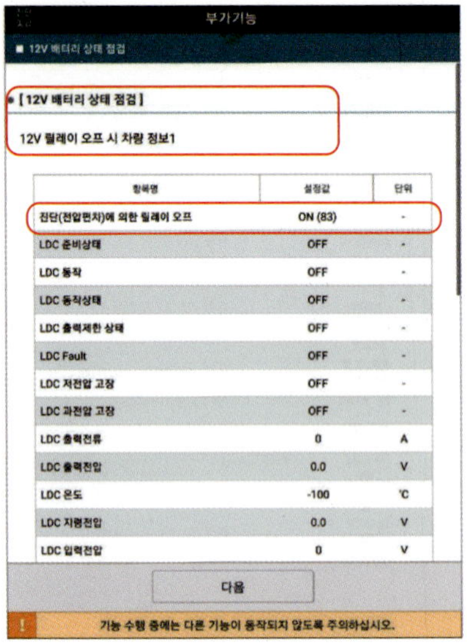

그림 릴레이 오프

⑥ 12V 배터리 상태 정보 확인, 12V 배터리 셀간 전압 0.24V 편차 발생

그림 12V 배터리 셀간 전압 0.24V 편차

⑦ 현상 재현 후 12V 배터리 상태 확인 시 12V 배터리 셀 전압 차가 점점 높아짐 확인

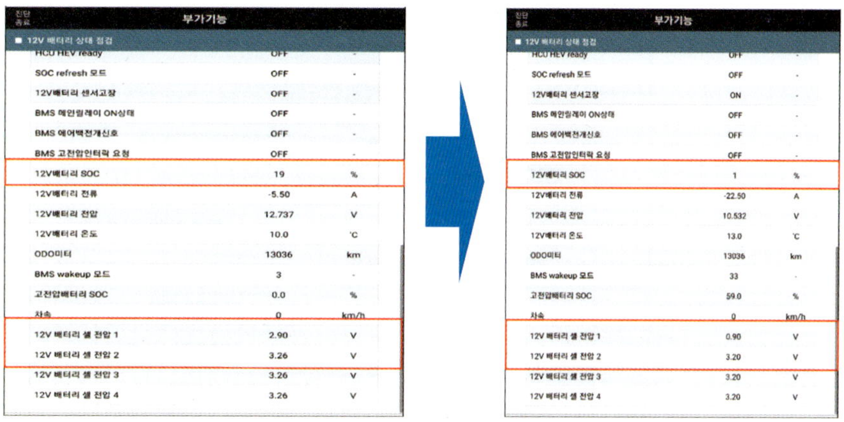

그림 셀 전압 차가 점점 높아짐

⑧ 보조 배터리 교환 후 정상

(3) 발생원인

12V 배터리 단품 불량

(4) 조치사항

12V 배터리 교환

[3] CH7 HEV(뉴아반떼 HEV, 차량년식 : 2010년식)

(1) 고장증상

주행 중 경고등 점등

(2) 점검내용

① DTC 과거로 확인되나 시운전 시 현상재현 불가

② TMS 진단정보 확인, P1BB200 12V 리튬배터리 과전압

③ CAN 데이터 분석

㉮ 분석 내역 1 : 12V 배터리 전압 14.9V, SOC 100% 배터리 서비스 램프 ON 확인 12V 배터리 최소, 최대 전압값이 표출 안 되는 것은 아쉬움

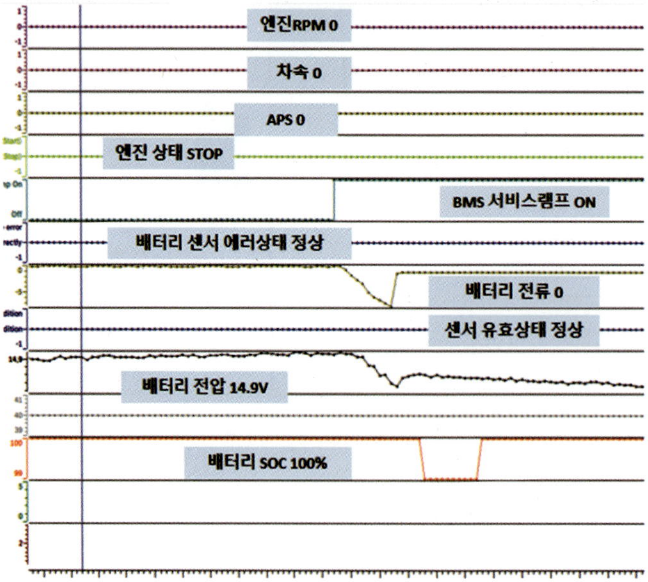

그림 분석 내역 1

㉯ 분석 내역 2 : 경고등 점등 전 데이터 엔진 아이들 상태 및 정지상태에서도 배터리 전압, 전류값 유동 확인

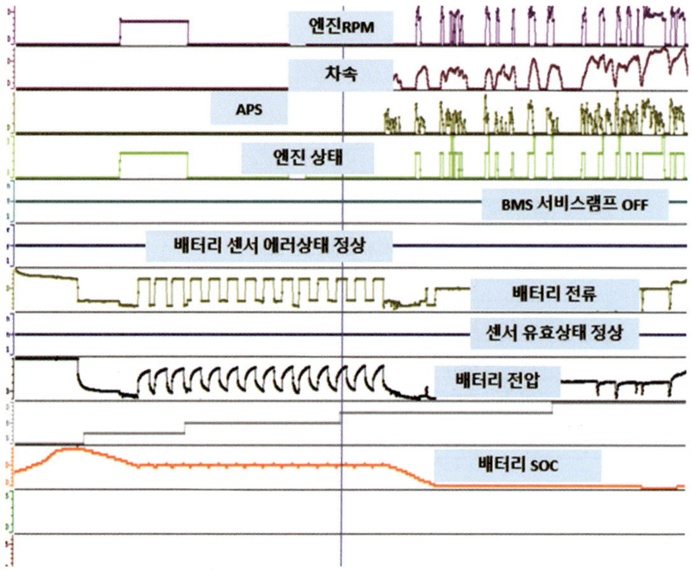

그림 분석 내역 2

(3) 발생원인

12V 리튬이온 배터리 모듈 불량

(4) 조치사항

12V 리튬이온 배터리 모듈 교환

[4] OS HEV(코나 HEV, 차량년식 : 2019년식)

(1) 고장증상

READY 시 클러스터에 "하이브리드 시스템 점검" 경고 문구 출력

(2) 정비이력

해당 차량은 사고 차량으로, 휠하우스, 범퍼 교환

(3) 점검내용

① 자기 진단 점검, 진단 점검 결과 P1BBE00 현재 고장코드 발생(P1BBE00 코드 : 12V 전압 경로 이상)

고장 코드 설명

BMS ECU는 12V 전압 경로 이상시 P1BBE00를 표출한다.

고장 판정 조건

항목	판정 조건	고장예상 원인
검출목적	12V 리튬배터리 과충전에 의한 열화방지 12V 리튬배터리 과충전에 의한 안전사고 방지	1. 12V 리튬배터리 결함 2. 배선 및 커넥터 접속 불량 또는 단선 3. BMS ECU
검출조건	보조배터리 정상전압 (9-16V)	
고장코드발생기준값	동일 DC내에서 LDC로부터 고장판단 신호 2회 수신 시	
고장코드해제기준값	점화 스위치 "OFF"	
경고등 점등 조건	2 주행 사이클	

그림 고장코드

② 회로도 점검, BMS 보조 배터리 C0~C4 전압 센서 신호 확인

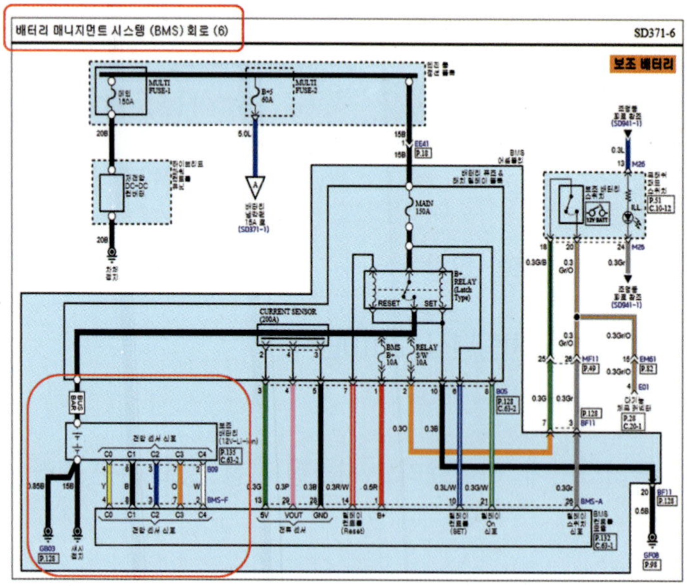

그림 회로도

㉮ 관련 통신 라인 핀텐션 확인

㉯ 12V 보조배터리 & BMS 컨트롤 모듈 간 C0~C4 전압 및 저항 확인

㉰ 규정 전압값 – C1 : 약 3.3V, C2 : 약 6.7V, C3 : 약 10.1V, C4 : B+(정비지침서 참고)

㉱ 점검 결과 전압 및 저항 이상 없음

③ 저전압 배터리 단품 점검, 점검 결과 저전압 배터리 (+)단자 너트 체결 불량(너트 체결 흔적은 있으나, 너트 자체가 없음)

그림 (+)단자 너트 체결 불량

(4) 발생원인

해당 차량은 사고 차량으로, 사고 수리 시 12V 배터리 탈거 후 장착하였으나 너트 체결 안 한 것으로 판단

(5) 조치사항

저전압 배터리 (+)단자 10mm 너트 체결 후 출고

[5] OS HEV(코나 HEV, 차량년식 : 2020년식)

(1) 고장증상

17S 또는 34S 주기로 "12V 배터리 전원차단 상태일 경우 이 버튼을 누르면 시동이 가능합니다." 자동 POP UP됨

그림 경고문구

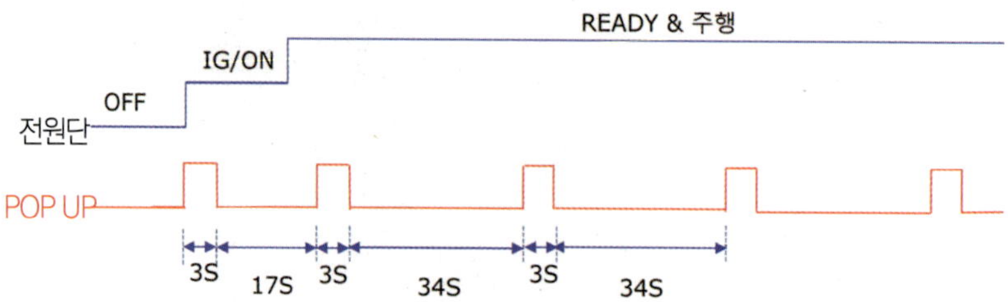

그림 17S 또는 34S 주기

(2) 점검내용

① 보조 배터리 방전으로 입고

② 전체 시스템 진단, 정상

③ LDC 입/출력 데이터 점검, 지적사항 없음

④ 보조 배터리 리셋 스위치 작동 시마다 동일문구 POP UP 확인됨(보조 배터리 리셋 스위치 작동 → 보조 배터리 SOC 10% ↓, 14.8V ↑ 차단됨 => BMS 제어)

그림 리셋 스위치 작동

⑤ 보조 배터리 리셋 스위치 M26 커넥터 탈거 점검, 전원단 : OK, 출력단 : NG로 동일 현상

⑥ 보조 배터리 리셋 스위치 관련 전압파형 점검

⑦ 출력단 전압이 스위치 상태와 무관하게 0.2~9V 임의 전압 검출됨

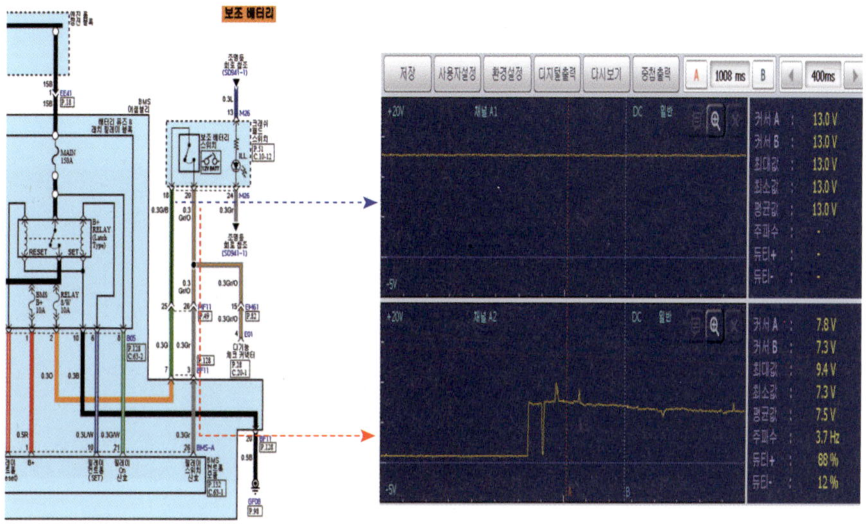

그림 파형점검

⑧ MF11 커넥터 점검, 전면유리 썬팅용 수분 유입에 의한 부식 및 단락 확인됨

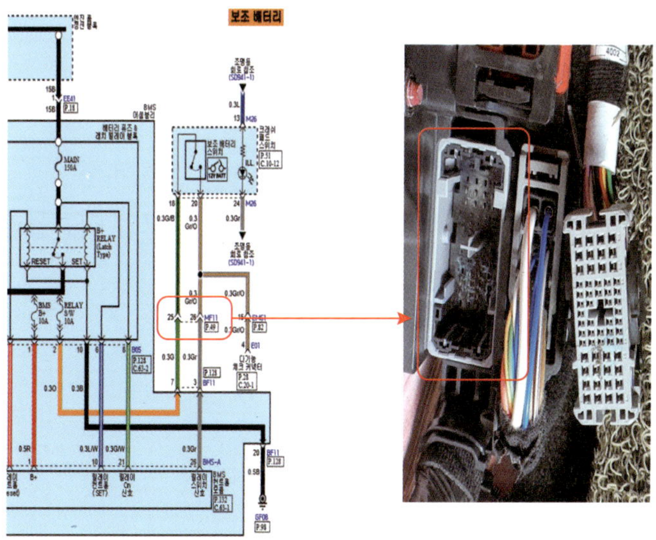

그림 부식 및 단락

(3) 발생원인

MF11 커넥터 신차 출고 후 썬팅 작업 시 수분 유입에 따른 부식 및 단락

(4) 조치사항

MF11 커넥터 세척

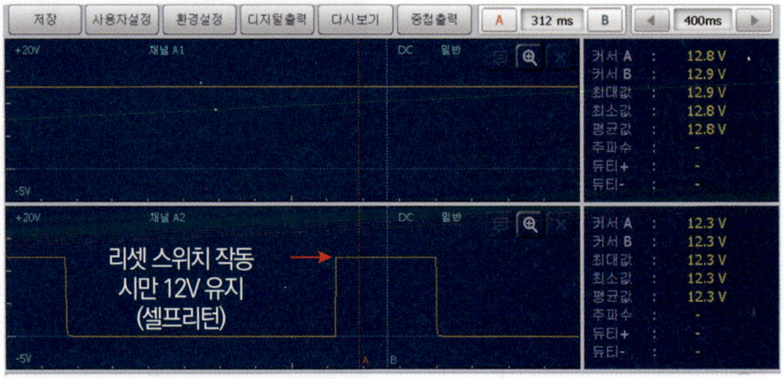

그림 정상파형

[6] YF HEV(쏘나타 HEV, 차량년식 : 2014년식)

(1) 고장증상

주행 중 간헐적 "시동을 끄고 정차하시오" 문구 점등

(2) 점검내용

① 자기진단 : P1B70 고전압 배터리 저전압, C1236 고압 어큐뮬레이터 저압력, C1102 배터리 전압 낮음, B1102 배터리 전압 낮음

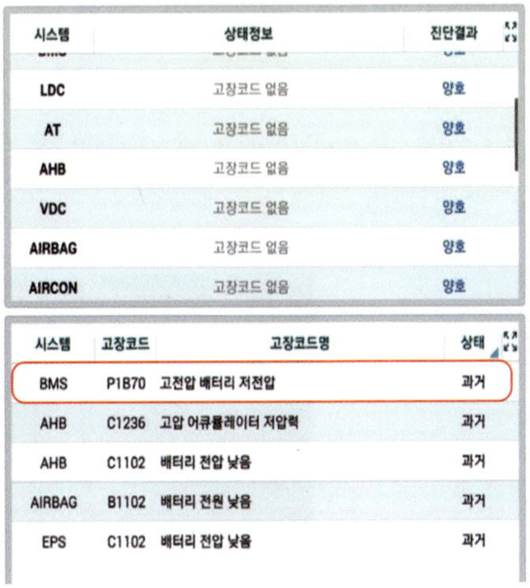

그림 자기진단

② 고장상황 데이터 점검 : 최대/최소 셀 및 셀 전압, 보조배터리 전압, 팬 회전수 등 이상 표출(16번, 1.6V, 16RPM 등)

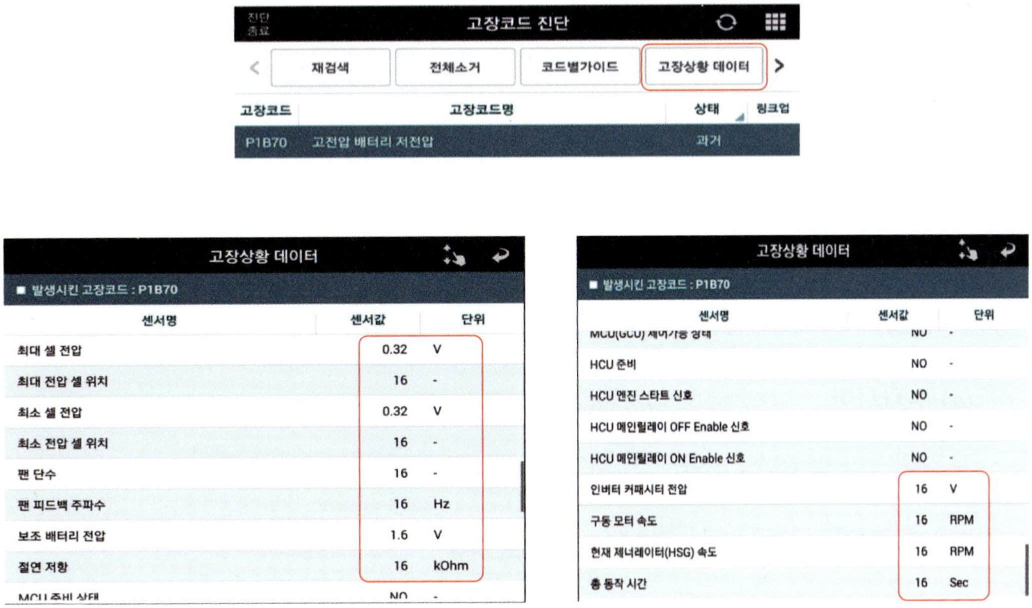

그림 고장상황 데이터

③ 배터리 분리 BMS 커넥터 및 와이어링 점검, 양호

④ 보조 배터리 상태 점검(블랙박스 상시 사용), 불량

⑤ 보조 배터리 및 BMS 교환 후 1시간가량 충전상태 후 측정결과 정상

그림 보조배터리 및 BMS 교환 및 출력값

(3) 발생원인

① BMS, 보조배터리 저전압(블랙박스)

② 보조 배터리 불량에 따른 배터리 저전압으로 인해 BMS가 DIE하면서 오 판단에 의한 경고등 점등 사료됨

③ P1B74 고전압센싱 단선, P1B96 고전압 셀 편차 등도 BM 혹은 보조 배터리 저전압 의심 필요

(4) 조치사항

보조배터리 및 BMS 교환

[7] YF HEV(쏘나타 HEV, 차량년식 : 2013년식)

(1) 고장증상

주행 중 경고등 및 경고음 발생

(2) 점검내용

1) 진단기 점검

① 고장코드 진단 확인 시 LDC P0A96 LDC 성능 이상 과거 코드 확인

② 코드 정보 확인 실시

㉮ 전압제어 이상, 출력단 단락, 입력단 단선 시

㉯ 상기 고장코드 발생 확인

기능 및 역할

LDC(Low voltage DC/DC Converter)는 직류변환장치로 고전압(270V)을 저전압(약 12V)로 변환하여 보조배터리를 충전 하는 역할을 한다.

고장 코드 설명

LDC는 출력 전압의 제어 이상, 입력 전압 센싱부의 입력단 단선, 출력 과전류로 인한 출력단 단락이 발생할 경우 P0A94를 발생 시킨다.

고장 판정 조건

항 목	내 용	고장예상 부위
진단방법	LDC 내부 회로 확인	1. LDC 고장. 2. LDC 입력단 단선. 3. LDC 출력단 단락.
진단조건	IG KEY ON 9V < 배터리전압 < 16V	
고장판정	전압 제어 이상/출력단 단락 시/입력단 단선 시	
진단시간	10초 / 즉시 / 즉시	
DTC	1 Driving Cycle	
MIL 램프	-	
서비스램프	1 Driving Cycle	

그림 코드 정보 확인

2) 관련 배선 점검 실시

① 고전압 입력, 저전압 출력단 배선 점검 확인했으나 특이사항 없음

② 고장상황 데이터 확인 시 특이사항 없음

3) 현상 재현 실시

① 현상 재현을 위해 시운전 실시하려는 도중 현상 발생

② 현상 발생 시 센서데이터 확인 시 저전압 출력단 11.5V 입력 확인됨

③ 고장상황 발생 시 입력단 약 240V 입력 확인됨

④ Key On/Off 시에도 현상 유지되며, 간헐적으로 약 0.5s 잠시 충전 시도했으나 충전 전류가 100A 넘어가면 충전 중단 실시됨

⑤ 고장코드 발생으로 발전 제어는 미작동하는 것으로 확인

⑥ 다회 시도 중 현상 미발생 시에는 저전압이 14~13V로 약 2초 정도 주기로 반복됨

4) 저전압 배터리 교환

① 저전압 배터리 내부 불량으로 충전 전압 제어 이상 발생한 것으로 추정되어 저전압 배터리 교환

② 교환 후 현상 사라짐 확인됨

③ 이전 고품 배터리 재장착 직후 경고등 점등 확인됨

(3) 발생원인

저전압 배터리 내부 불량으로 충전 전압 제어 불량으로 추정

(4) 조치사항

저전압 배터리 교환

[8] DL3 HEV(K5 HEV, 차량년식 : 2020년식)

(1) 고장증상

입고점검 시 레디 상태에서 2분 간격으로 클러스터에 "12V 배터리 전원 차단 시 이 버튼을 눌러 시동이 가능합니다." 문구 표출됨

그림 경고문구

(2) 정비이력

BMS, 보조배터리 교환

(3) 점검내용

① GDS 장비사용 암전류 점검 시 120mA 암전류 확인, BMS 퓨즈 탈거 시 정상 확인

② BMS 입력요소 제거하던 중 12V 배터리 리셋버튼 커넥터 탈거 시 암전류 정상 확인됨

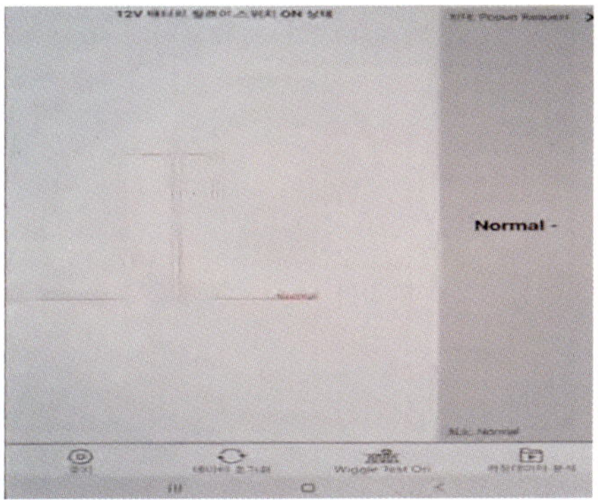

그림 리셋버튼 커넥터 탈거 시 암전류

③ 리셋스위치 커넥터 탈거 시 멀티테스터 저항점검 시 200Ω 측정됨

그림 저항점검

(4) 발생원인

12V 배터리 리셋버튼 불량

(5) 조치사항

리셋스위치 커넥터 탈거 후 수초 지난 후 암전류 정상, 스위치 교환 후 정상 출고

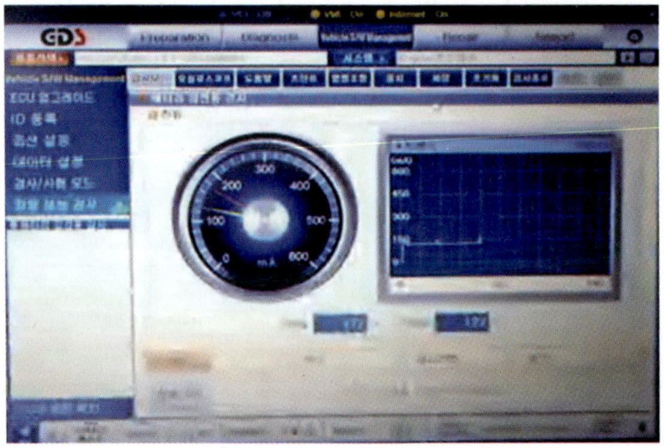

그림 암전류 점검

3.4.2. PRA(Power Relay Assembly)

[1] CN7 HEV(뉴아반떼 HEV, 차량년식 : 2022년식)

(1) 고장증상

래치 릴레이 작동불량으로 시동 불가

그림 입고 당시 계기판

(2) 점검내용

① 엔진룸 정션박스의 B+, ALT 단자 탈거된 상태에서 견인 입고

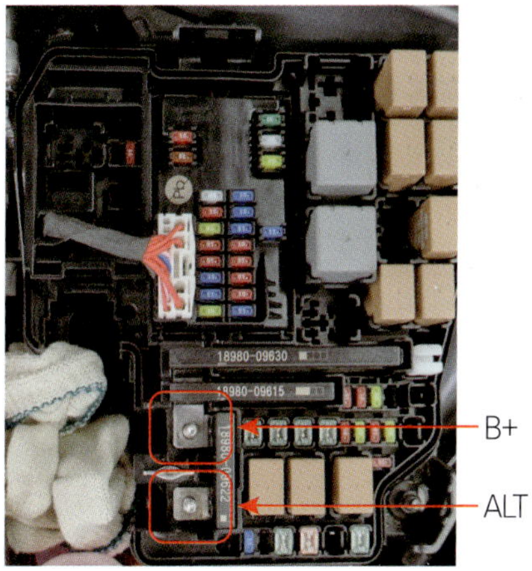

그림 전원 차단 후 견인 입고

② 래치 릴레이 작동 불가로 JUMP 후 시동 ON

③ DTC 점검 시, "P1BBE00 12V 전압 경로 이상" 현재 고장코드 확인

전체 고장코드(2 시스템, 2 DTCs) 파워트레인 샤시 바디

시스템 / 고장코드 설명	상태
BMS | 배터리제어 **P1BBE00 12V 전압 경로 이상**	현재
ADAS_PRK | 운전자보조주차시스템 **C110516 이그니션 전원 낮음**	과거

그림 고장코드

고장 코드 설명

BMS ECU는 12V 전압 경로 이상시 P1BBE00을 표출한다.

고장 판정 조건

항목	판정 조건	고장예상 원인
검출목적	12V 리튬배터리 과충전에 의한 열화방지 12V 리튬배터리 과충전에 의한 안전사고 방지	1. 12V 리튬배터리 결함 2. 배선 및 커넥터 접속 불량 또는 단선 3. BMS ECU
검출조건	보조배터리 정상전압 (9-16V)	
고장코드발생기준값	동일 DC내에서 LDC로부터 고장판단 신호 2회 수신 시	
고장코드해제기준값	점화 스위치 "OFF"	
경고등 점등 조건	2 주행 사이클	

그림 고장코드 설명

④ 12V 배터리 점검 결과, 각 셀 전압 3.3V 확인

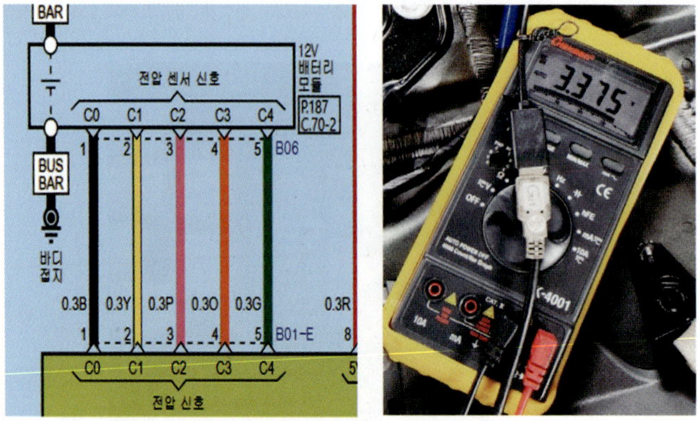

그림 배터리 회로도 및 점검

⑤ BMS 점검 결과 정상 확인

⑥ 12V 배터리 상태 점검 : ON(68) 변환 시, 과전압 점프, 14.8V 초과 확인, 과전압(14.8V)에 의한 릴레이 오프

• [12V 배터리 상태 점검]

12V 릴레이 오프 시 차량 정보2

항목명	설정값	단위
과전압(14.8V)에 의한 릴레이 오프	ON (68)	-
LDC 준비상태	OFF	-
LDC 동작	OFF	-
LDC 동작상태	OFF	-
LDC 출력제한 상태	OFF	-
LDC Fault	OFF	-
LDC 저전압 고장	OFF	-
LDC 과전압 고장	OFF	-
LDC 출력전류	0	A
LDC 출력전압	0.0	V
LDC 온도	-100	'C
LDC 지령전압	0.0	V
LDC 입력전압	0	V

LDC 입력전압	0	V
MCU 인버터 커패시터 전압	6553	V
HCU LDC 동작 금지 명령	OFF	-
HCU HEV ready	OFF	-
SOC refresh 모드	OFF	-
12V배터리 센서고장	OFF	-
BMS 메인릴레이 ON상태	OFF	-
BMS 에어백전개신호	OFF	-
BMS 고전압인터락 요청	OFF	-
12V배터리 SOC	100	%
12V배터리 전류	0.60	A
12V배터리 전압	14.830	V
12V배터리 온도	12.0	'C
ODO미터	226	km
BMS wakeup 모드	4	-
고전압배터리 SOC	0.0	%
차속	0	km/h

그림 12V 배터리 상태 점검

⑦ 래치 릴레이 OFF 해석과 다르게 래치 릴레이 스위치는 융착 상태

⑧ PRA 교품 및 신품 점검

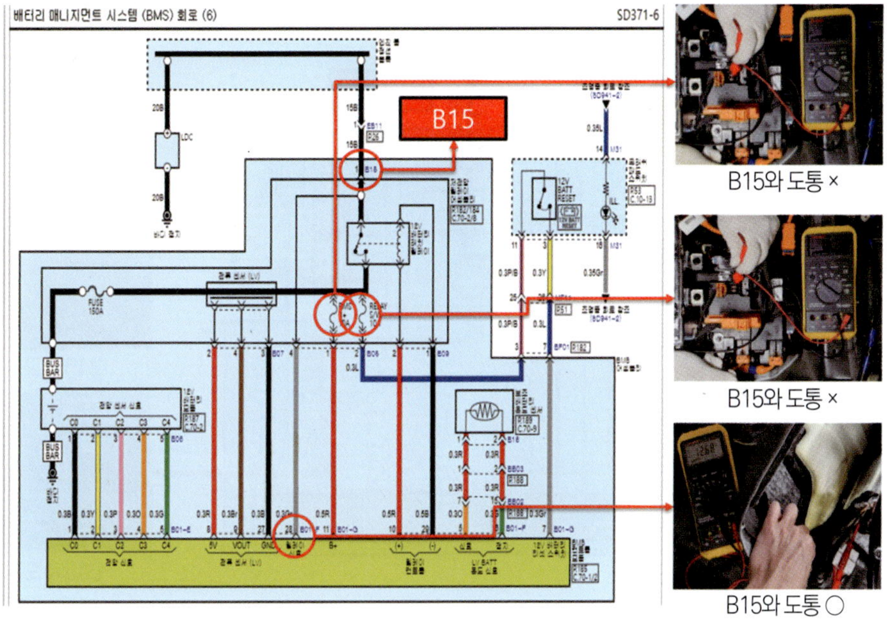
배터리 매니지먼트 시스템 (BMS) 회로 (6)
SD371-6
B15
B15와 도통 ×
B15와 도통 ×
B15와 도통 ○

그림 탈거 전

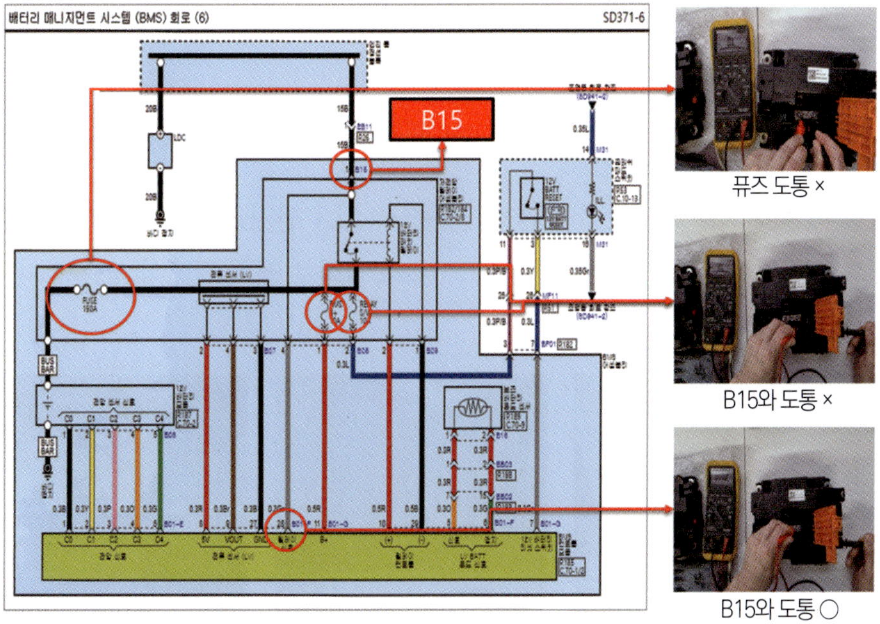
배터리 매니지먼트 시스템 (BMS) 회로 (6)
SD371-6
B15
퓨즈 도통 ×
B15와 도통 ×
B15와 도통 ○

그림 탈거 후

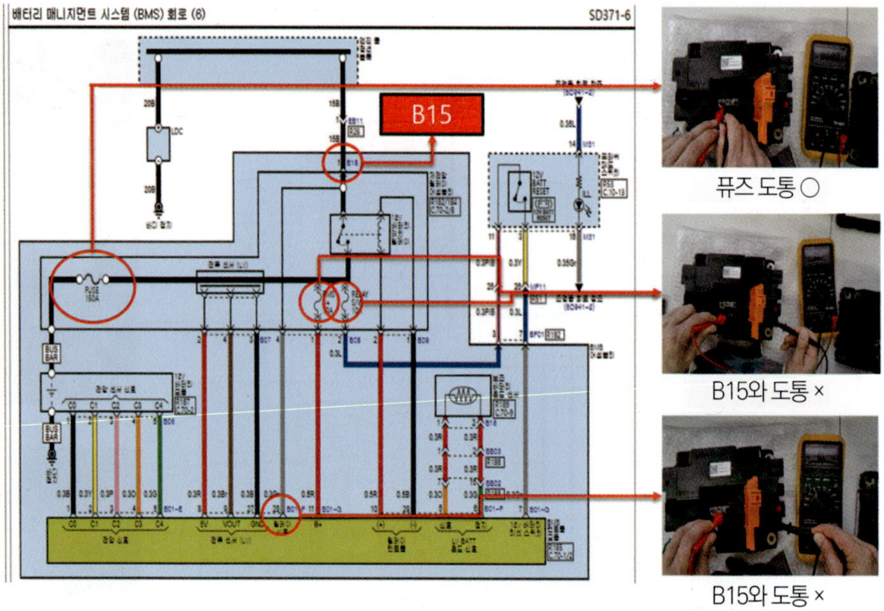

그림 신품

⑨ 래치 릴레이 스위치 융착 및 150A 퓨즈 열화 소손, 래치 릴레이 스위치 열림 상태 확인(최초 조립 상태)

(3) 발생원인

차량 화재 신고로 출동한 소방관이 전원(B+, ALT 단자) 분리 과정에서 스파크 및 서지 발생으로 래치 릴레이 스위치 융착, 150A 퓨즈 열화로 래치 릴레이 작동 불가

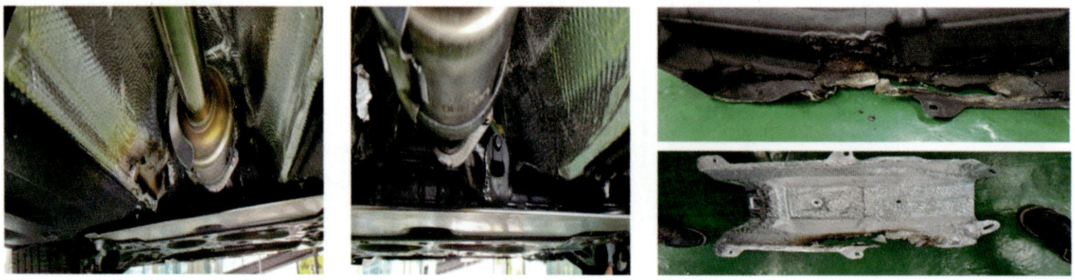

그림 화재상황

(4) 조치사항

PRA, 히트 인슐레이터, 행거 교환, 교품 및 신품 모두 FUSE 150A 이후 라인에서 BMS B+ 10A & REALY S/W 10A 도통이 되고 있어 정상, 도로 위에 있는 종이 물질이 센터 머플러 하단에 붙어 화재 발생, 차량 문제 없음 확인

(5) 기타 사항

실제 전류센서 또한 FUSE 150A 이후 라인에 위치, 전장 회로도와 실제 부품과 차이가 있음

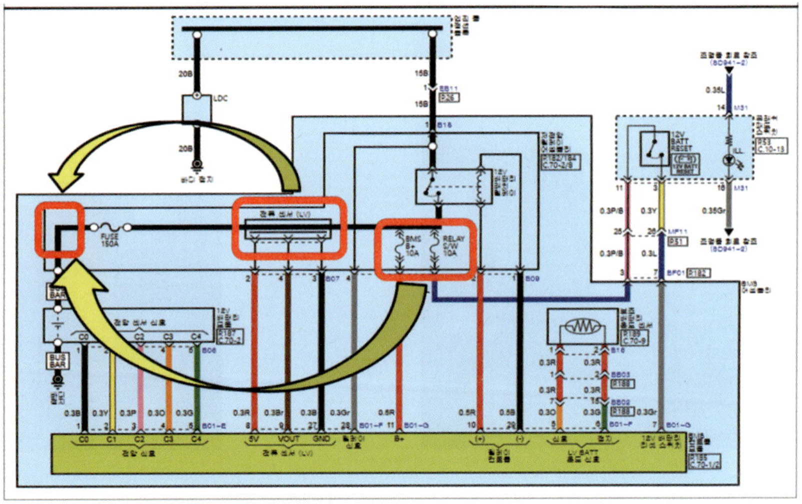

그림 회로도 수정 필요 실제와 위치상이

그림 PRA 전류센서, 퓨즈위치

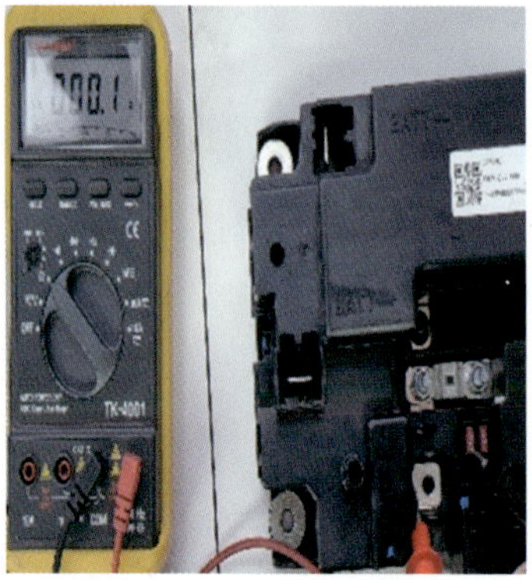

(a) 교품

(b) 신품

(c) 교품

(d) 신품

(e) 교품

(f) 신품

그림 교품과 신품

[2] LF HEV(쏘나타 HEV, 차량년식 : 2015년식)

(1) 고장증상

시동 시 HEV 경고등 점등 및 시동불량

(2) 점검내용

① 전 시스템 진단, P1B77 인버터 커패시터 프리차징 실패(현재) DTC 출력

시스템	상태정보	진단결과
MCU	고장코드 없음	양호
HCULDC	고장코드 없음	양호
BMS	고장코드가 있습니다.	불량(01)
AT	고장코드 없음	양호
VDCAHB	고장코드 없음	양호
AIRCON	고장코드 없음	양호

시스템	고장코드	고장코드명	상태
BMS	P1B77	인버터 커패시터 프리차징 실패	현재

그림 자기진단

② 서비스데이터 분석, MCU 커패시터 전압 11V 출력(불량)

고장상황 데이터

■ 발생시킨 고장코드 : P1B77

센서명	센서값	단위
MCU 인버터 커패시터 전압	11	V
모터 회전수	0	RPM
HSG 회전수	0	RPM
총 동작 시간	7524040	Sec
고장 추가 정보 1	0	-
고장 추가 정보 2	4	-
고장 추가 정보 3	0	-
고장 추가 정보 4	0	-
셀 밸런싱 상태	NO	-
셀 밸런싱 셀 개수	0	-
팬 준비	YES	-
팬 초기화	NO	-

그림 서비스데이터

③ 고장 추가 정보 분석

고장상황 데이터		
■ 발생시킨 고장코드 : P1B77		
센서명	센서값	단위
MCU 인버터 커패시터 전압	11	V
모터 회전수	0	RPM
HSG 회전수	0	RPM
총 동작 시간	7524040	Sec
고장 추가 정보 1	0	-
고장 추가 정보 2	4	-
고장 추가 정보 3	0	-
고장 추가 정보 4	0	-
셀 밸런싱 상태	NO	-
셀 밸런싱 셀 개수	0	-
팬 준비	YES	-
팬 초기화	NO	-

※고장상황데이터 내 LDC 커패시터전압을 확인한다.

Info Code1<2A 이고 LDC 커패시터전압이 배터리팩전압의 92%이상 형성되어 있다면 모터인버터측 문제임, 인버터 점검 필요 Info Code1>2A일 경우 타 고전압부품에서 비정상동작을 하는 경우이므로 고전압부품 점검이 필요함(LDC,A/C인버터,모터인버터 등) 단, 이경우 타부품 오동작에 의해 프리차지저항이 이미 소손되었을 수 있으니 저항점검 후 소손 시 교체 필요함

그림 고장 추가 정보 분석

㉮ LF HEV 15MY(AE HEV 이전)_ LF HEV 16MY 이후에는 표출함, MCU 커패시터 입력 전압값은 표출되나 LDC 입력 전압값은 미 표출함, 고장 추가 정보2의 값으로 LDC 입력 전압값을 계산해야 함

㉯ 고장 추가 정보 1 : 프리차징 평균 전류값의 10배를 표출(정상 표출값 : 20)

㉰ 고장 추가 정보 2 : LDC 입력 전압값의 1/2을 표출(정상 표출값 270V의 92% 이상 : 124.2~135)

㉱ 고장 추가 정보 3 : VPD ID 과충전 방지 센싱 전류값(AE HEV 이후부터 표출)_LF 16MY 이하는 미사용

㉮ 고장 추가 정보 4 : 미사용

④ 고장 추가 정보 활용 진단

그림 고장 추가 정보 활용 진단

㉮ MCU 인버터 커패시터 전압 : MCU 인버터 커패시터 전압값이 11V

㉯ 고장 추가 정보 1 : 프리차징 평균 전류값의 10배를 표출(정상 표출값 : 20) : 0이면 0A

㉰ 고장 추가 정보 2 : LDC 입력 전압값의 1/2을 표출 : 4×2이므로 8V(정상값 : 270V)

㉱ 결론 : 프리차징 평균 전류값이 2A가 정상인데 0A이고 LDC와 MCU의 입력 전압값이 기준전압보다 현저히 낮음. 배터리에서 출력이 이상이 있는 걸로 판단. 즉 PRA의 점검이 필요함

㉲ 다른 예 : 고장 추가정보 1값(20)과 2값(124.2~135)이 정상이고 MCU 인버터 커패시터 전압이 문제(11V)라면 MCU로 입력되는 라인이나 MCU의 문제일 가능성이 있음

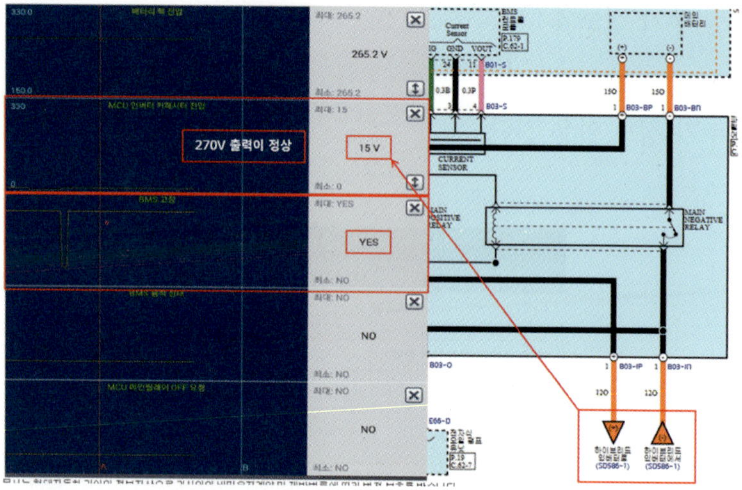

그림 점검내용 : BMS 서비스데이터 점검

⑤ BMS 흐름도 분석

㉮ READY 시 PRA 작동순서 : 프리차지 릴레이 ON → 메인 릴레이(−) → 커패시터 충전 → 메인 릴레이(+) → 프리차지 릴레이 OFF

㉯ IG OFF 시 PRA 작동순서(동시 OFF) : 메인 릴레이(+) OFF/메인 릴레이(−) OFF

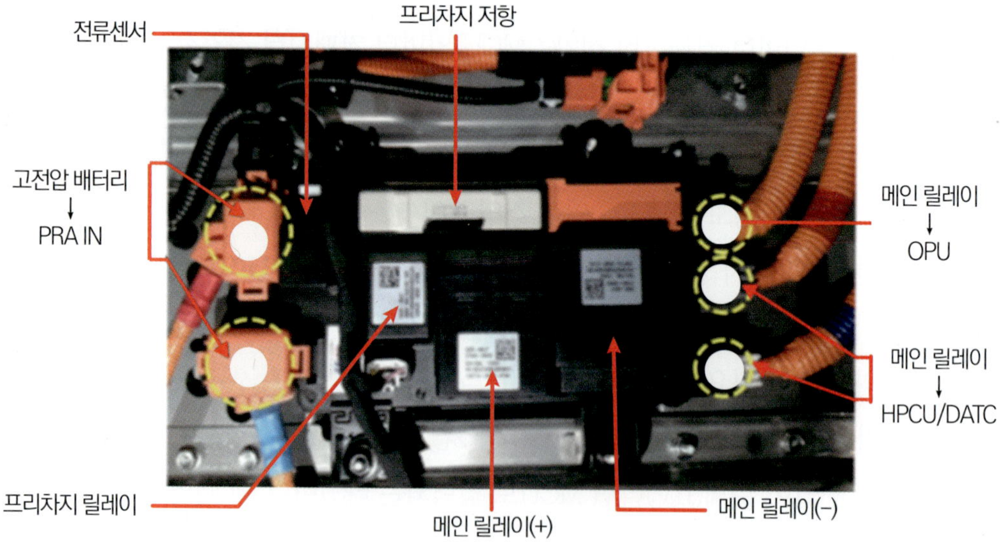

㉮→㉰ 프리차지 릴레이 점검 방향
㉮→㉱ 메인 릴레이(+) 점검 방향
㉯→㉲ 메인 릴레이(−) 점검 방향

그림 BMS 흐름도 분석

⑥ BMS 강제구동 실시하고 멀티테스터기로 측정

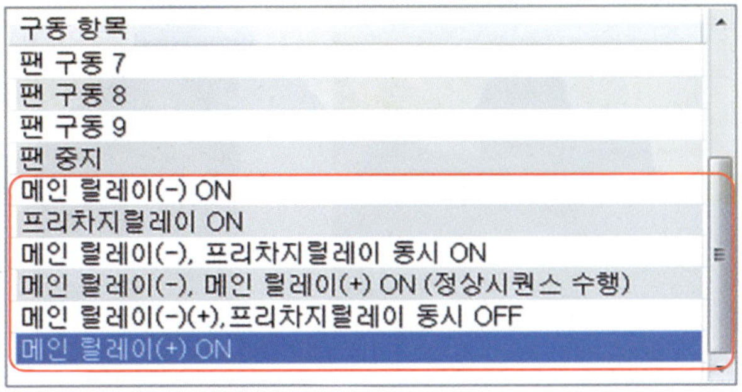

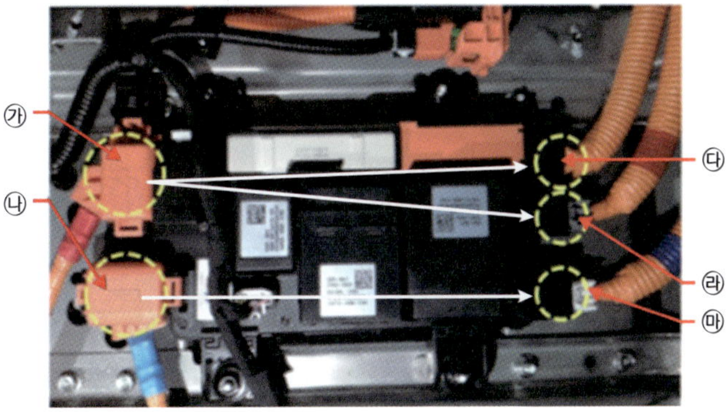

㉮→㉰ 프리차지 릴레이 점검 방향
㉮→㉱ 메인 릴레이(+) 점검 방향
㉯→㉲ 메인 릴레이(-) 점검 방향

그림 BMS 강제구동

㉮ 프리차지 릴레이 점검 방향 : 프리차지 릴레이 측정값 40Ω(불량), 규정값 : 59.4~79.6Ω(상온 20도 기준)

㉯ 메인 릴레이(+) 점검 방향 : 메인 릴레이(+) 0.2Ω(정상), 규정값 : 통전

㉰ 메인 릴레이(−) 점검 방향 : 메인 릴레이(−) 0MΩ(불량), 규정값 : 통전

(a) ㉮→㉰ 프리차지 릴레이 점검 방향

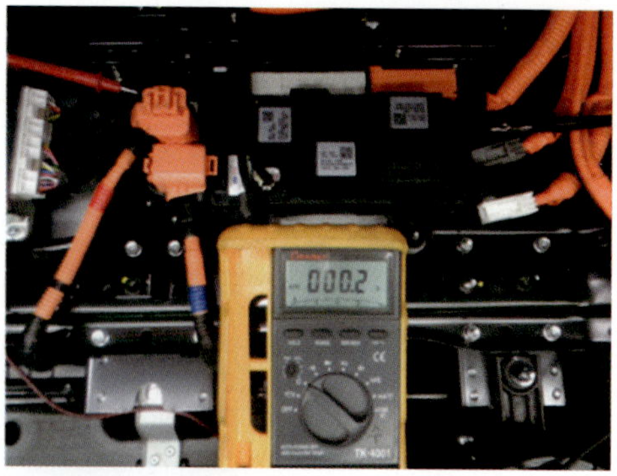

(b) ㉮→㉱ 메인 릴레이(+) 점검 방향

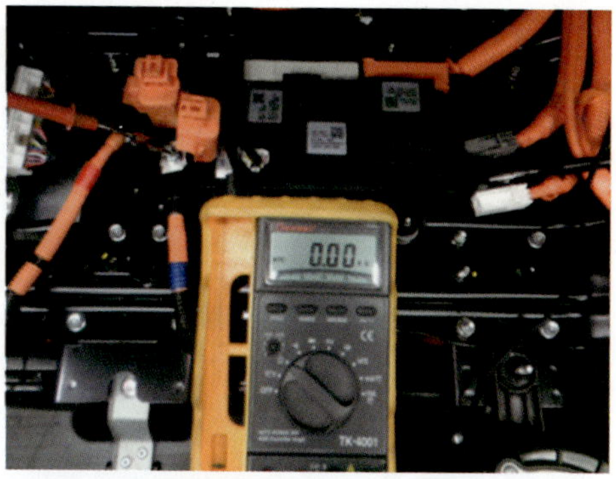

(c) ㉯→㉲ 메인 릴레이(-) 점검 방향

그림 멀티테스터기로 측정

⑦ 메인 릴레이를 탈거해 보니 (−)릴레이가 파손되어 있음

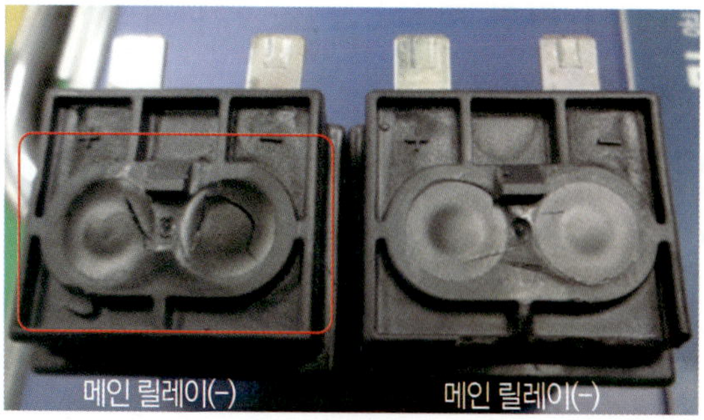

그림 (-)릴레이 파손

⑧ 결론 : BMS ECU 제어 신호에 의해 인버터의 고전압 전원회로를 제어함. 인버터 커패시터 고전압 미출력 시 PRA 작동 테스트로 진단이 필요함

메인 릴레이(-) : 0MΩ(불량)

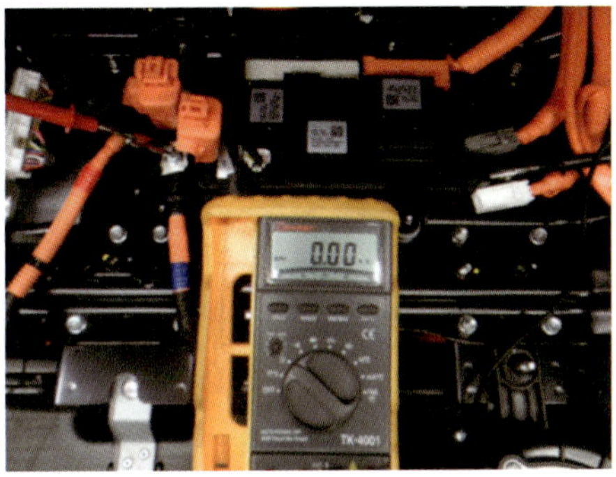

(a) 교환 전

메인 릴레이(-) : 0.1Ω(정상), 규정값 : 통전

(b) 교환 후

그림 PRA 교환 전, 교환 후

(3) 발생원인

PRA(−) 릴레이 및 프리차지 릴레이 불량

(4) 조치사항

PRA ASSY 교환

(5) 추가정보

고장 추가 정보 분석 AE HEV 이후 LF HEV 16MY 이후부터 표출함

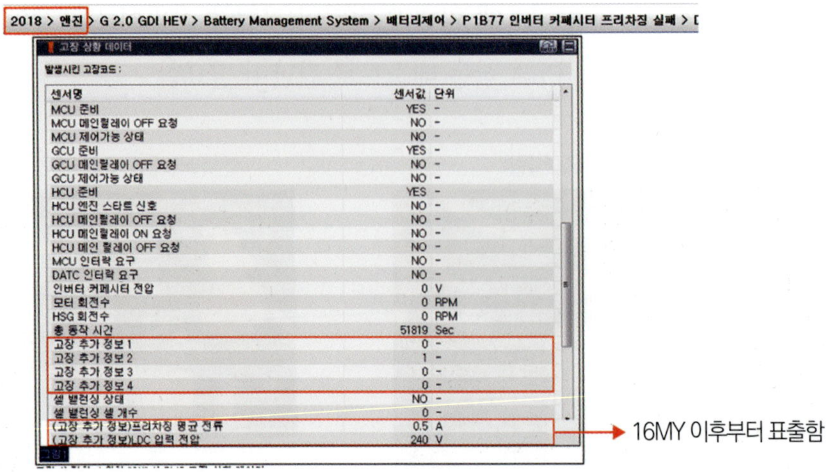

2018 > 엔진 > G 2.0 GDI HEV > Battery Management System > 배터리제어 > P1B77 인버터 커패시터 프리차징 실패 > [

고장 상황 데이터

발생시킨 고장코드 :

센서명	센서값	단위
MCU 준비	YES	-
MCU 메인릴레이 OFF 요청	NO	-
MCU 제어가능 상태	NO	-
GCU 준비	YES	-
GCU 메인릴레이 OFF 요청	NO	-
GCU 제어가능 상태	NO	-
HCU 준비	YES	-
HCU 엔진 스타트 신호	NO	-
HCU 메인릴레이 OFF 요청	NO	-
HCU 메인릴레이 ON 요청	NO	-
HCU 메인 릴레이 OFF 요청	NO	-
MCU 인터락 요구	NO	-
DATC 인터락 요구	NO	-
인버터 커패시터 전압	0	V
모터 회전수	0	RPM
HSG 회전수	0	RPM
총 동작 시간	51819	Sec
고장 추가 정보 1	0	-
고장 추가 정보 2	1	-
고장 추가 정보 3	0	-
고장 추가 정보 4	0	-
셀 밸런싱 상태	NO	-
셀 밸런싱 셀 개수	0	-
(고장 추가 정보)프리차징 평균 전류	0.5	A
(고장 추가 정보)LDC 입력 전압	240	V

그림 고장 추가 정보

[3] LF HEV(쏘나타 HEV, 차량년식 : 2014년식)

(1) 고장증상

시동 시 REDAY 진입 불가 발생

그림 현상 발생 시 클러스터 상태

(2) 점검내용

① 전체 자기진단 시 P1990 OPU 입력 고전압 와이어 단선

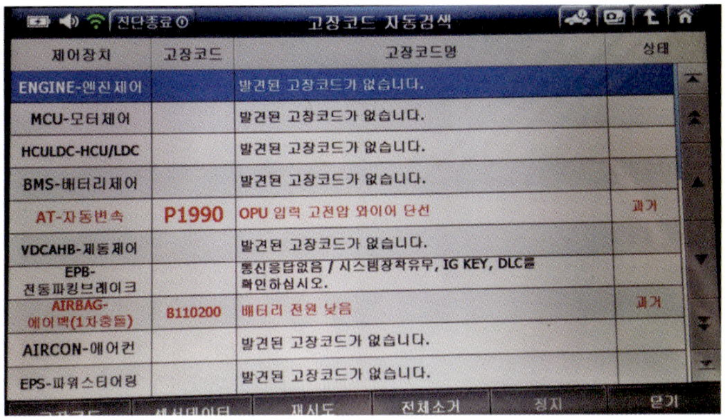

그림 자기진단 상태

② BMS 센서데이터 케패시터 전압 확인, BMS 케패시터 전압 11V 확인

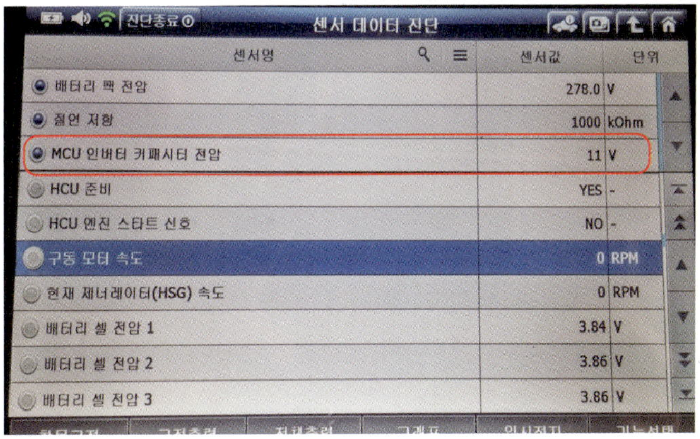

그림 센서데이터

③ PRA 릴레이 작동 상태 확인 및 릴레이 단품 상태 확인, PRA 릴레이 단품 저항 측정 시 정상

(a) 프리차지 릴레이 저항　　　　(b) 메인 릴레이 저항

그림 RPA 릴레이 단품 저항 측정

④ 메인 릴레이 단품 확인 시 점접부측 부풀음 확인됨

그림 점접부측 부풀음

(3) 발생원인

PRA 릴레이 불량, 메인 릴레이 내부 부풀음 현상으로 케패시터 전압 인가 불량

(4) 조치사항

PRA 릴레이 어셈블리 교환으로 처리함

[4] LF HEV(쏘나타 HEV, 차량년식 : 2015년식)

(1) 고장증상

경고등 점등 및 시동불가

(2) 점검내용

① 점검 시 시동불가함

② BMS 자기진단, P1B77(인버터 커패시터 프리차징 실패)

진단 차량	진단시스템	Engine/엔진제어	주행거리	
	고객명		연락처	

● 상태: 고장코드 발견

제어장치	고장코드	고장코드명	상태
ENGINE - 엔진제어		발견된 고장코드가 없습니다.	
MCU - 모터제어		발견된 고장코드가 없습니다.	
HCULDC - HCU/LDC		발견된 고장코드가 없습니다.	
BMS - 배터리제어	P1B77	인버터 커패시터 프리차징 실패	과거
AT - 자동변속		발견된 고장코드가 없습니다.	
EPB - 전동파킹브레이크		통신응답없음 / 시스템장착유무, IG KEY, DLC를 확...	
VDCAHB - 제동제어		발견된 고장코드가 없습니다.	
AIRBAG - 에어백(1차충...	B110200	배터리 전원 낮음	과거
AIRCON - 에어컨		발견된 고장코드가 없습니다.	
EPS - 파워스티어링		발견된 고장코드가 없습니다.	
SCC - 차간거리제어		통신응답없음 / 시스템장착유무, IG KEY, DLC를 확...	
TPMS - 타이어압력모...		발견된 고장코드가 없습니다.	
AAF - 액티브에어플랩		발견된 고장코드가 없습니다.	
BCM - 바디전장제어		발견된 고장코드가 없습니다.	
CLU - 클러스터모듈		발견된 고장코드가 없습니다.	

그림 자기진단

2015 > G 2.0 HEV > Battery Management System > 배터리제어 > P1B77 인버터 커패시터 프리차징 실패 > DTC 정보

고장 코드 설명

IG ON 후 인버터 커패시터 초기충전 실패로 인한 고전압 공급 실패 상황이 검출되면 상기 DTC를 표출한다. 고전압 배터리 팩 전압(Vpack)과 MCU 에서 측정되는 인버터 커패시터 전압(Vcap)을 모니터링하여 고장을 검출한다. 현재 고장이 발생하면 서비스 램프를 점등시킨다. 만약 정상 상태로 회복되면 현재의 고장코드는 삭제되고 과거고장 코드(DTC 코드 끝부분에 H표시)가 검출 된다. 이때 서비스 램프는 소등되며 과거 고장코드는 GDS를 사용하여 소거시킬수 있다.

고장 판정 조건

항목	판정 조건	고장 예상 원인
검출목적	프리차징 실패로 인한 릴레이 제어 오류 방지 고전압 인가 불가로 인한 하이브리드기능 상실 검출	1. 메인 릴레이 결함 2. 프리차지 릴레이 결함 3. 하이브리드 배터리 모듈과 BMS간 배선 및 커넥터 접속 불량 또는 단선 4. BMS ECU 5. MCU
검출방법	검출조건으로 0.02초간 지속되면 검출	
검출조건	점화 스위치 "ON" 보조배터리 정상	
고장코드발생기준값	메인 릴레이 ON후 인버터 커패시터 전압이 특정 수준(배터리 팩 전압의 80%)으로 상승하지 않을 경우	
고장코드해제기준값	점화 스위치 "OFF"	
MIL 점등 조건	1DC(드라이빙 사이클: ST ON~IG OFF) 동안 고장 발생 시	
MIL 소등 조건	3DC(드라이빙 사이클: ST ON~IG OFF) 동안 고장 없을 시	
안전 모드	고전압공급차단(HEV기능중단) : 메인릴레이 OFF 유지	

그림 고장코드 설명

③ 고전압 배터리 릴레이 저항 점검 시 정상

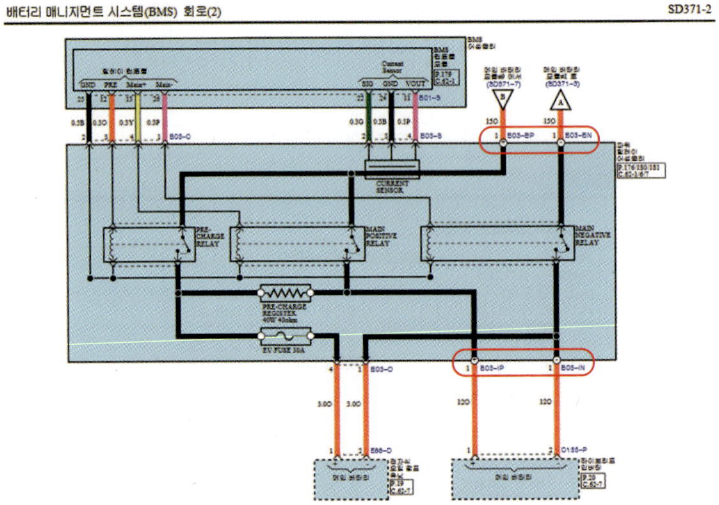

그림 회로도(릴레이 저항 측정)

그림 릴레이 작동 시 저항값

④ 릴레이 단품탈거 시 접점 열화 확인됨

그림 릴레이 접점 열화

(3) 발생원인

고전압 파워 릴레이 열화

(4) 조치사항

파워 릴레이 교환

[5] LF HEV(쏘나타 HEV, 차량년식 : 2016년식)

(1) 고장증상

시동불가 및 하이브리드 경고등 점등

(2) 점검내용

① 자기진단 시 "P1990 OPU 입력 고전압 와이어 단선" 발생, DTC 정보 확인 시 OPU 내부 고전압 입력단 고전압 인가 안됨 확인

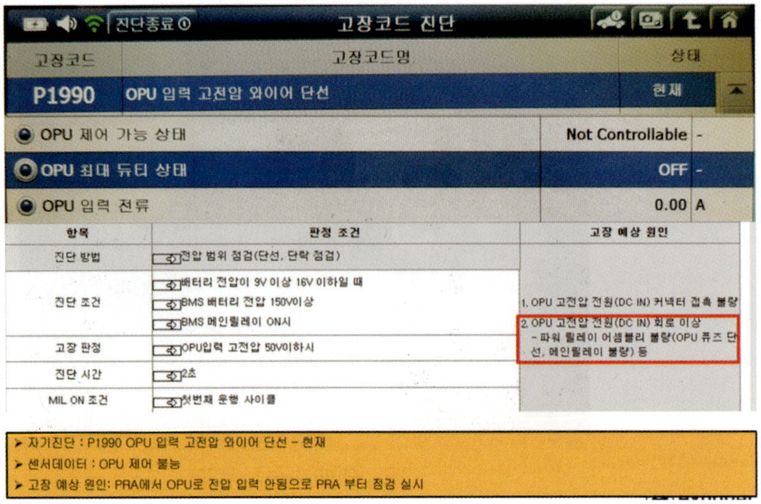

그림 고장코드 진단

② PRA 내부 강제 구동하여 통전 시험, PRA 내부 메인 릴레이 (+)단 강제 구동하여 통전 테스트했으나 통전 안됨

㉮ 메인 릴레이(+) 강제구동 후 통전 시험 시 B03-BP 1번 –> B03-O 4번, B03-IP 1번 통전 안됨

㉯ 메인 릴레이(–) 강제구동 후 통전 시험 시 B03-BN 1번 –> B03-O 1번, B03-IN 1번 통전 가능

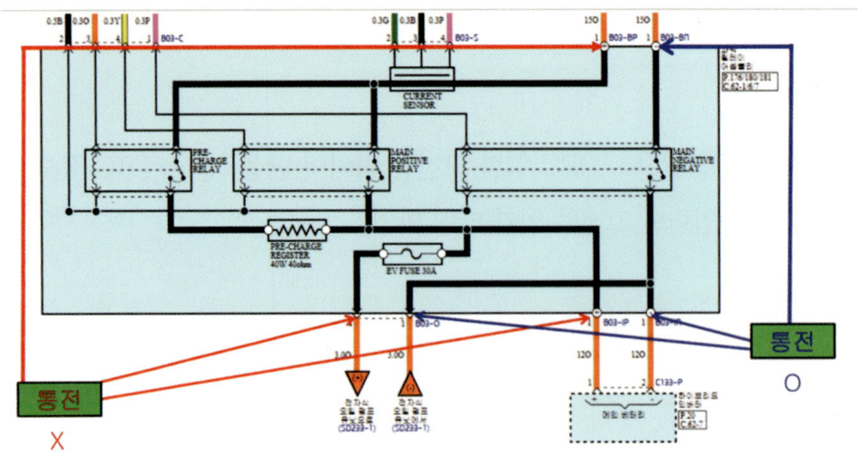

그림 PRA 내부 메인 릴레이(+, -) 통전 점검 실시

③ PRA 내부 메인 릴레이(+), 메인 릴레이(−) 탈거 후 점검, PRA 내부 메인 릴레이 탈거 시 메인 릴레이(+) 스위치부 열화 확인됨, 코일부 저항점검 시 33.6Ω으로 정상

(a) 메인 릴레이(+)　　　　(b) 메인 릴레이(−)

(c) 메인 릴레이(+) 스위치 단자 라인 열화

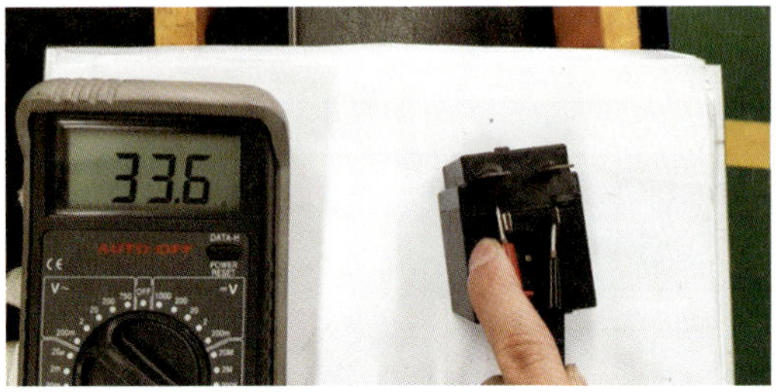

(d) 메인 릴레이(+)

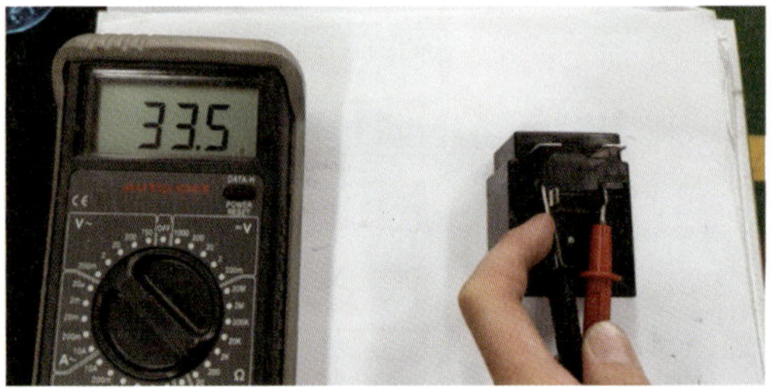

(e) 메인 릴레이(−)

그림 메인 릴레이(+),(-) 육안 및 저항 점검

(3) 발생원인

PRA 내부 메인 릴레이(+) 스위치 단자에서 고전압 흘려주는 과정 중 열화 발생하여 스위치 내부 소손된 것으로 판단됨

(4) 조치사항

PRA 교환

[6] YF HEV(쏘나타 HEV, 차량년식 : 2013년식)

(1) 고장증상

시동불가 및 서비스 경고등 점등(READY 불가)

(2) 점검내용

① 자기진단 코드 점검, BMS P1B25, LDC P0A94 코드 발생

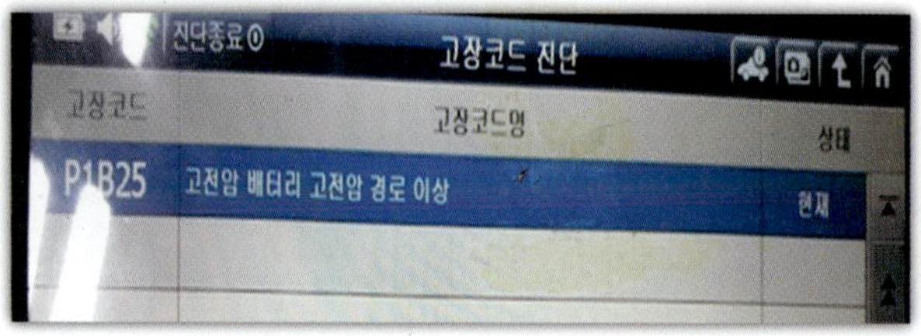

고장코드 설명

고전압을 직렬로 연결하기 위한 부스바(bus bar) 단선시, Safety Plug 내부에 설치되어 있는 125A/ DC450V 용량의 휴즈가 용단시 상기 DTC를 표출한다. 현재 고장이 발생하면 서비스 램프를 점등시킨다. 만약 정상 상태로 회복되면 현재의 고장코드는 삭제되고 과거고장 코드(DTC 코드 끝부분에 H 표시)가 검출 된다. 이때 서비스 램프는 소등되며 과거 고장코드는 GDS를 사용하여 소거시킬 수 있다.

고장코드 판정 조건

항 목	판정 조건	고장예상 부위
검출 목적	Safety Plug 또는 Safety Plug 메인 휴즈 단선에 의한 고전압 공급 차단 검출 주행 중 고전압 라인 단선에 의한 고전압 공급 차단 검출 시스템 제어이상으로 인한 팩전압의 과다 상승 및 하강 검출	1. 하이브리드 배터리 모듈과 BMS간 와이어 하네스 및 커넥터 단자 접속 불량 및 단선 2. 하이브리드 배터리 Safety Plug 메인 휴즈 3. 하이브리드 배터리 Safety Plug 4. 하이브리드 배터리 메인 릴레이 5. BMS ECU 6. MCU
검출 방법	검출조건으로 5sec간 지속되면 검출	
검출 조건	IG ON 9V < Aux(보조 배터리)전압 < 16V Main Relay ON Status=1 전압센싱 정상	
고장코드 발생기준값	|Vpack(하이브리드 배터리 팩 전압) - Vcap|(인버터 캡-MCU Capacitor) > 30V	
고장코드 해제기준값	IG off	
서비스 램프 점등 조건	1DC(드라이빙 사이클: ST ON~IG OFF 1회) 발생 시	
서비스 램프 소등 조건	IG OFF시 과거 고장으로 진입(과거 고장 및 현재 고장은 진단툴로 소거 가능)	
안전 모드	고전압공급차단(HEV기능중단) : 메인릴레이 OFF 유지 BMS 가용 파워 : 0kW	

참고

배터리 팩의 전압과 인버터 커패시터의 전압이 30V 이상 차이나면 발생하는 진단코드

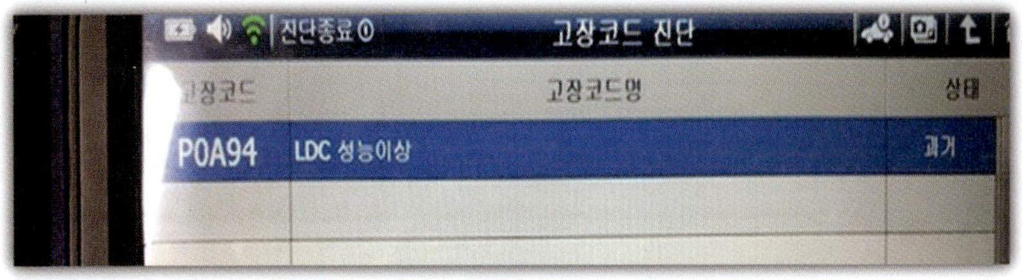

기능 및 역할

LDC(Low voltage DC/DC Converter)는 직류변환장치로 고전압(270V)을 저전압(약 12V)로 변환하여 보조배터리를 충전 하는 역할을 한다.

고장 코드 설명

LDC는 출력 전압의 제어 이상, 입력 전압 센싱부의 입력단 단선, 출력 과전류로 인한 출력단 단락이 발생할 경우 P0A94를 발생 시킨다.

고장 판정 조건

항 목	내 용	고장예상 부위
진단방법	LDC 내부 회로 확인	1. LDC 고장. 2. LDC 입력단 단선. 3. LDC 출력단 단락.
진단조건	IG KEY ON 9V < 배터리전압 < 16V	
고장판정	전압 제어 이상/출력단 단락 시/입력단 단선 시	
진단시간	10초 / 즉시 / 즉시	
DTC	2 Driving Cycle	
MIL 램프	-	
서비스램프	1 Driving Cycle	

참고 LDC 입력/출력 전압 이상 혹은 출력 전압의 제어가 이상이 있을 때 발생하는 진단코드. P1B25와 함께 발생한 것으로 보아 인버터 커패시터 전압 이상으로 함께 발생한 것으로 판단됨

그림 자기진단 코드 점검

② 센서데이터 점검, 시동 시 BMS 인버터 커패시터 전압 점검, 약 276V 출력되다 점점 떨어짐. 계속 반복 시 그림처럼 전압 떨어짐. 270V 출력되다 떨어지는 것으로 보아 세이프티 플러그는 정상. PRA 접촉 불량 의심

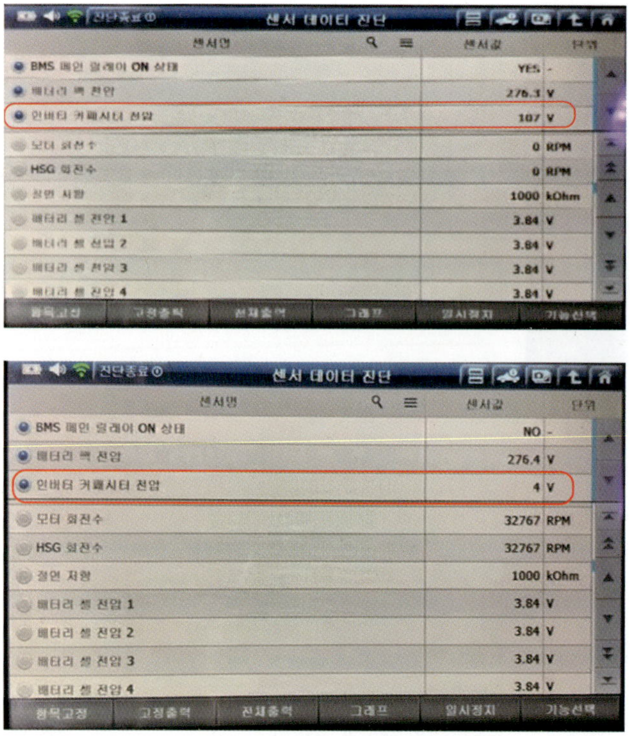

그림 센서데이터 점검

③ PRA 강제구동 테스트, 메인 릴레이(−)(+) 함께 구동 시 커패시터 전압 유지불가. 메인 릴레이(−), 프리차지 릴레이 함께 구동 시 커패시터 전압 유지 양호. 메인 릴레이(+) 작동불량 의심

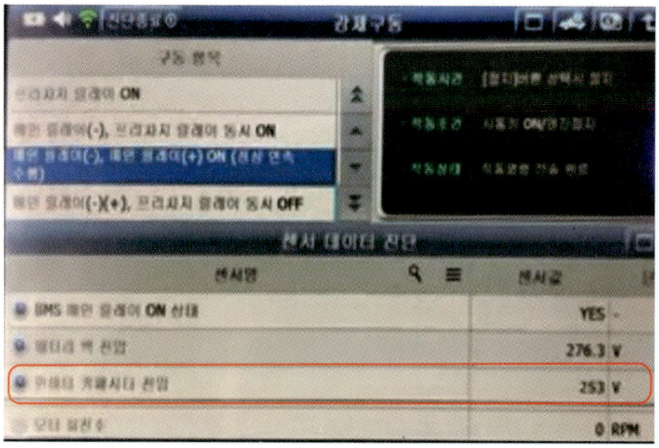

그림 메인 릴레이(-), 프리차지 릴레이 함께 구동 시

④ PRA 교체 후 테스트, 릴레이 코일 저항 33.6Ω 정상, 프리차지 릴레이 저항 40Ω 정상, 릴레이 구동 시 선간 저항 0Ω 정상, 교체 후 메인 릴레이(−)(+) 함께 구동 시 커패시터 전압 유지 양호(270V)

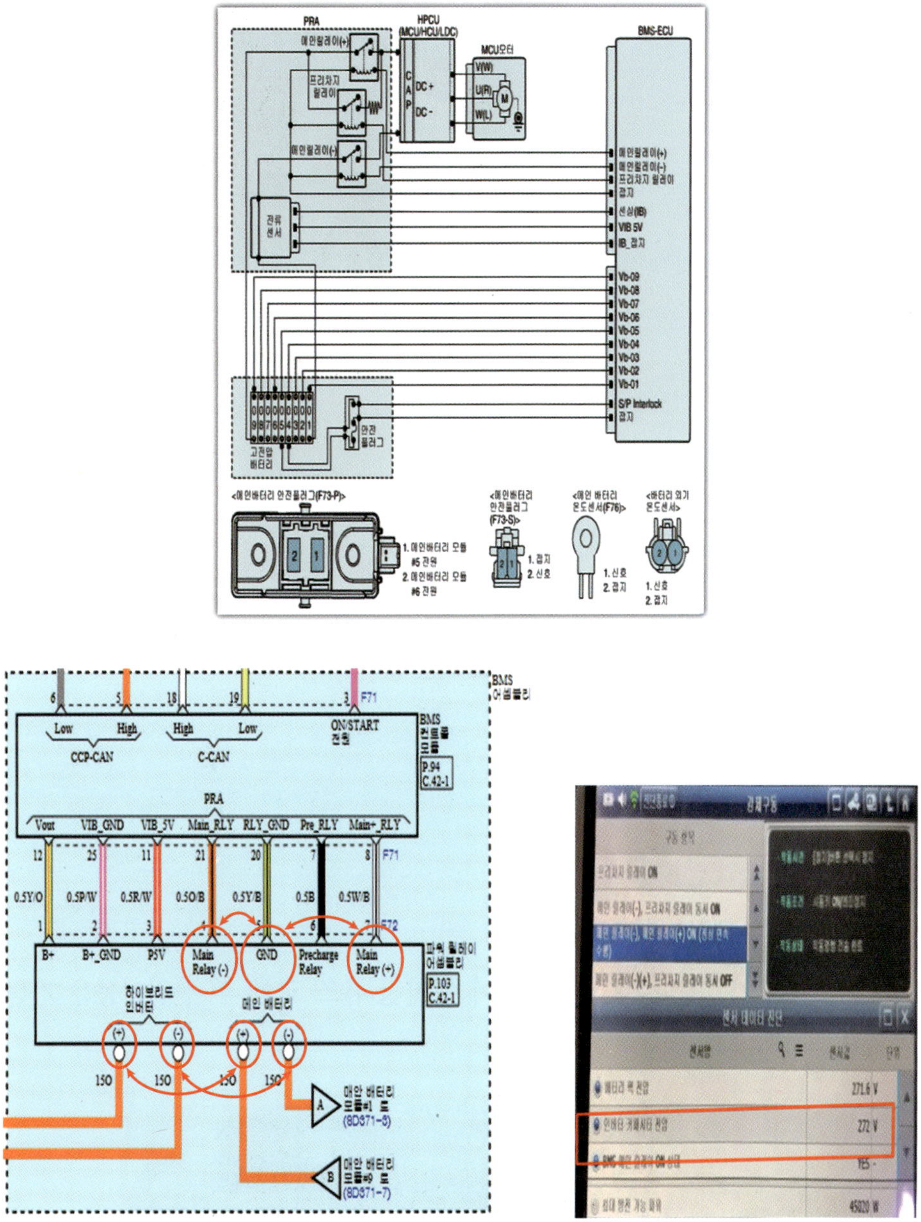

그림 회로도 및 점검

(3) 발생원인

PRA 내부 메인 릴레이(+) BUS BAR 열화 발생으로 PRA 메인 릴레이(+) 접촉 불량

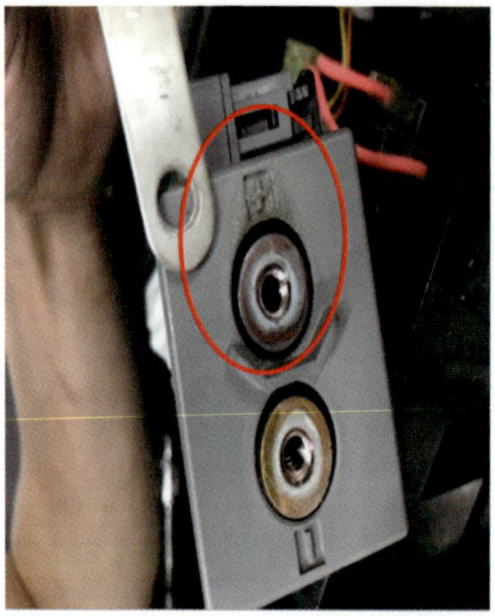

그림 열화 발생

(4) 조치사항

PRA 교체

[7] YF HEV(쏘나타 HEV, 차량년식 : 2012년식)

(1) 고장증상

에어컨 작동불량 및 시동불능

(2) 점검내용

① 에어컨 작동불량으로 입고함

② HPCU측의 DC30A 퓨즈 단선되어 에어컨 퓨즈 교환 후 전원이동은 가능하나 시동이 안됨

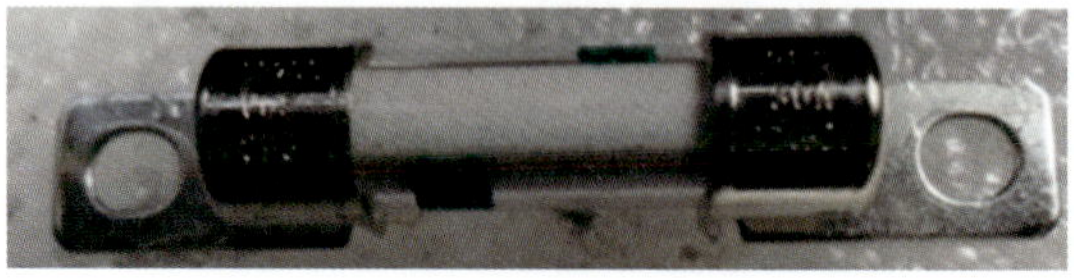

그림 DC30A 퓨즈

③ DTC 확인 시 P1B77 프리차저 실패 외 다수 코드 점등됨

제어장치	고장코드	고장코드명	상태
ENGINE – 엔진제어		발견된 고장코드가 없습니다.	
MCU – 모터제어		발견된 고장코드가 없습니다.	
HCU – 하이브리드제어		발견된 고장코드가 없습니다.	
BMS – 배터리제어	P1B77	고전압 배터리 프리차징 실패	현재
LDC – 직류변환기		발견된 고장코드가 없습니다.	
AT – 자동변속		발견된 고장코드가 없습니다.	
AHB – 유압부스터	C1102	배터리 전압 낮음	과거
VDC – 제동제어	C1208	뒤좌측 휠속도센서 신호값 없음	과거
VDC – 제동제어	C1211	뒤우측 휠속도센서 신호값 없음	과거
AIRBAG – 에어백(1차충...	B2500	에어백 경고등 고장	과거
AIRBAG – 에어백(1차충...	B1102	배터리 전원 낮음	과거
AIRCON – 에어컨		발견된 고장코드가 없습니다.	

그림 고장개소

Start 버튼을 눌렀을 때 메인 릴레이(-)로 전원이 출력되지 않음을 확인함

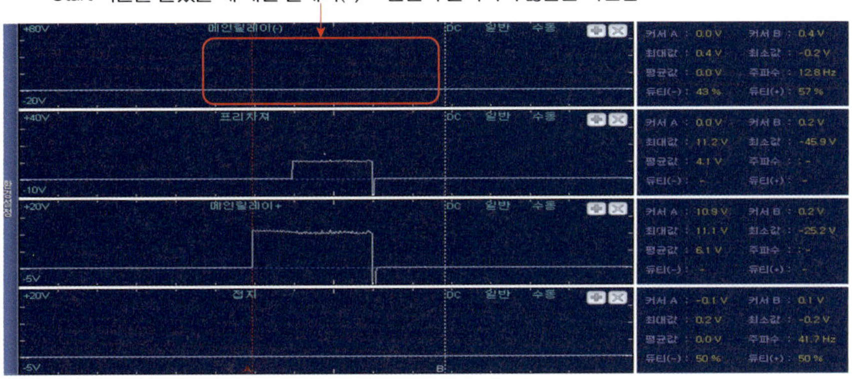

그림 파형점검

④ A/C COMP 점검 시 내부 단락 확인되어 A/C COMP 교환 후에도 동일현상 발생

⑤ PRA와 HPCU, BMS를 교환하였으나 동일현상 발생함

• 상태: 고장코드 발견

제어장치	고장코드	고장코드명	상태
MCU – 모터제어	P0C17	구동 모터 위치센서 미보정	임시
MCU – 모터제어	P1C76	제너레이터(HSG) 위치센서 미보정	임시
ENGINE – 엔진제어		발견된 고장코드가 없습니다.	
HCU – 하이브리드제어		발견된 고장코드가 없습니다.	
BMS – 배터리제어	P1B76	고전압 배터리 릴레이 융착	임시
LDC – 직류변환기		발견된 고장코드가 없습니다.	
AT – 자동변속		발견된 고장코드가 없습니다.	
AHB – 유압부스터		발견된 고장코드가 없습니다.	
VDC – 제동제어		발견된 고장코드가 없습니다.	
AIRBAG – 에어백(1차충...		발견된 고장코드가 없습니다.	
AIRCON – 에어컨	B1695	CAN 통신 회로 – 전동식 컴프레서 응답 지연	현재
EPS – 파워스티어링		발견된 고장코드가 없습니다.	

그림 동일 고장코드 발생

⑥ PRA의 메인 릴레이 (+)와 (−)를 연결하고 강제구동 시 시동은 걸리며 커패시터에 전원이 공급됨을 확인하였으나 시동 OFF 후 재시동은 안됨

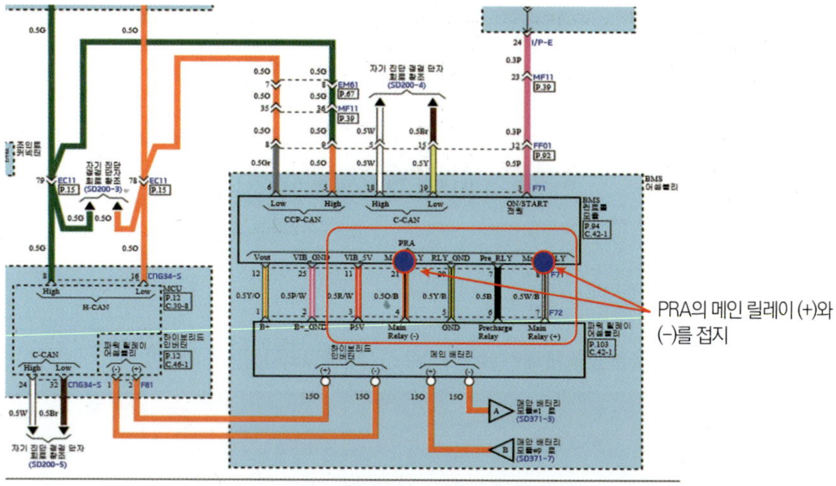

그림 메인 릴레이 (+)(-) 연결

⑦ 교환한 PRA의 문제로 상기현상 발생함

⑧ CAN 통신라인의 점검 시 이상 없음을 확인하였고 BMS에서 PRA로의 배선 및 전원선 점검 시 이상 없음을 확인함

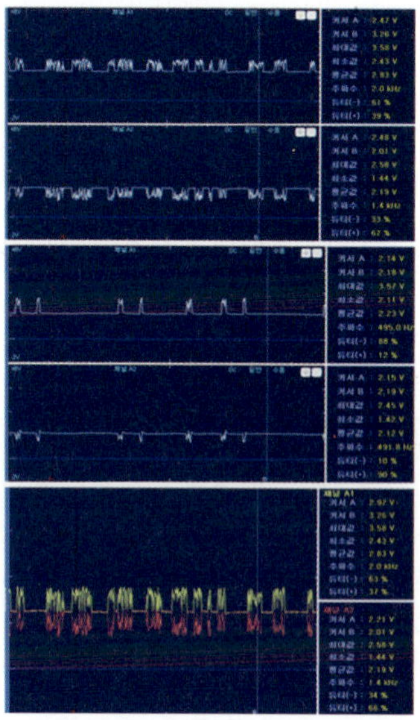

그림 CAN 통신라인 점검

(3) 발생원인

PRA 내부 불량으로 상기현상이 발생함

(4) 조치사항

PRA 재교환 후 정상시동 가능함

[8] DL3 HEV(K5 HEV, 차량년식 : 2020년식)

(1) 고장증상

하이브리드 시스템 점검 표출 주행불가

(2) 점검내용

① 진단장비 점검 인버터 커패시터 프리차징 실패(P1B7700) 경고등 점등

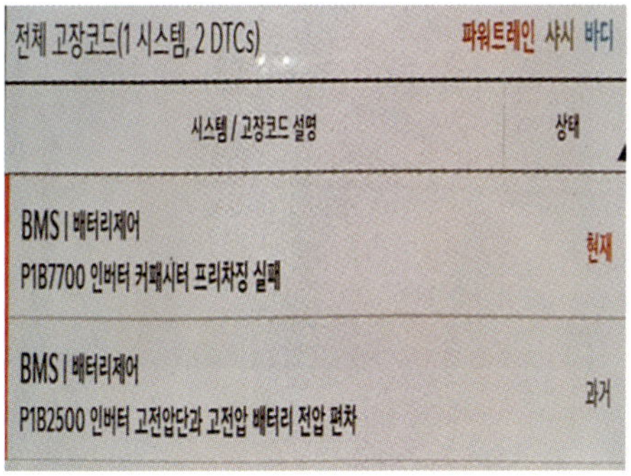

그림 고장코드

② PRA 마이너스 강제 구동 시 정상

③ RPA 플러스 강제 구동 시 정상

④ 프리차지 릴레이 강제구동 시 실패

⑤ PRA 파워 케이블 단자부 스파크 흔적이 있어 PRA 분해 후 커버 탈착

⑥ 점검 시 열화 흔적, 스파크 흔적 확인됨

그림 열화 흔적 및 스파크 흔적

⑦ 파워케이블 +단자 란스 불량 의한 열화 문제로 판단됨

그림 파워케이블 +단자 란스 불량

(3) 발생원인

PRA 파워 컨넥터 단자부 란스 불량

(4) 조치사항

PRA, 인버터 파워 케이블 교환

3.4.3. 기타 전기장치

[1] HG HEV(그랜저 HEV, 차량년식 : 2014년식)

(1) 고장증상

주행 중 클러스터에 경고문구 출력 및 READY 진입 불가

(2) 점검내용

① 자기진단, U0298 CAN 통신회로 DC 컨버터 모듈 응답지연 출력, LDC DTC 점검 안되며, 응답 없음 출력

시스템	상태정보	진단결과
HCU	고장코드 없음	양호
BMS	고장코드 없음	양호
LDC	통신응답없음 / 시스템장착유무, IG KEY, DLC를 확인하십시오.	실패
EPB	고장코드가 있습니다.	불량(01)
VDC	고장코드가 있습니다.	불량(01)
EPS	고장코드 없음	양호

시스템	고장코드	고장코드명	상태
HCU	U0298	CAN 통신 회로 - DC컨버터모듈 응답 지연	과거
EPS	C1102	배터리 전압 낮음	과거

그림 고장코드

② 서비스데이터 점검, 진입 불가

㉮ U0298 DTC 정보

㉯ LDC 이상 혹은 CAN 통신선 문제일 시 U0298 출력됨

㉰ 해당 차량은 LDC 통신 응답이 없음

㉱ U0298 출력 유사 사례로 HPCU 교환 후 동일증상 발생

항 목	내 용	고장예상 부위
진단방법	C-CAN 신호 모니터링	1. CAN 통신선 단선, 단락 2. LDC 시스템 이상
진단조건	IG KEY ON 상태 보조 배터리 전압(9V ~ 16V) 정상 HCU Ready ON 상기 조건 충족상태에서 0.5초이상 유지시 진단진입	
고장판정	C-CAN 라인을 통하여 LDC 로부터 정상적인 데이터를 받지 경우가 0.5초 이상시	
DTC	2 Driving Cycle	
MIL 램프	-	
서비스램프	-	

그림 서비스 진단 가이드

③ LDC 전원 접지 점검, 퓨즈 및 접지 점검 시 정상, E36 커넥터 핀텐션 정상

④ HPCU 교환, LDC 불량 판단으로 HPCU 교환, 교환 후 동일 증상

⑤ 와이어링 점검, E36 커넥터 와이어링 상시전원선 단선 확인

㉮ 인버터 10A, 워터펌프 10A, 모듈1 퓨즈 확인 시 정상, 접지 점검 시 정상

㉯ E36 커넥터 체결상태 및 핀텐션 양호함

㉰ E36 커넥터에서 전원, 접지 점검 시 ON/START 전원, 접지는 정상, 상시전원 출력 안 됨

㉱ E36 커넥터의 3, 6, 7번 3개의 핀에서 모두 전원이 나오지 않음

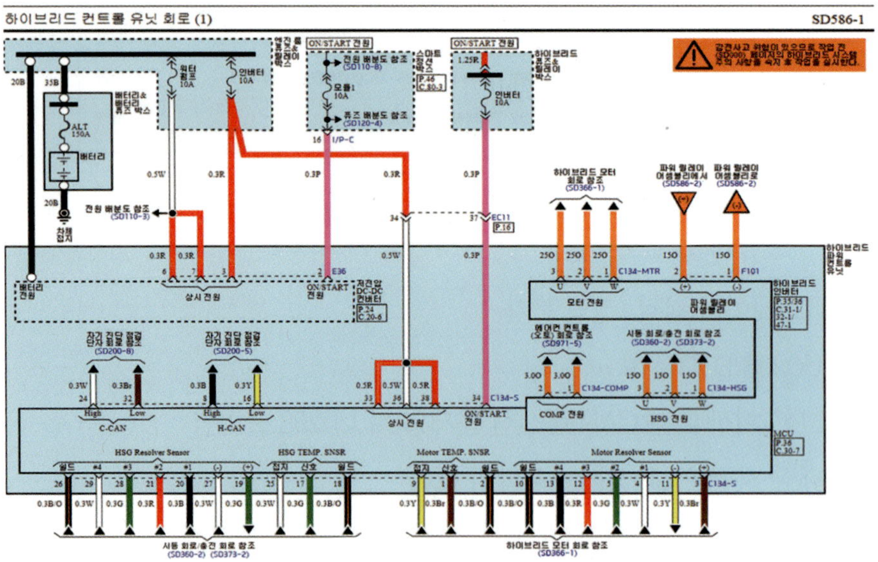

그림 하이브리드 컨트롤 유닛 회로도

(3) 발생원인

E36 커넥터- E/R-A 워터펌프 퓨즈(10A)간 와이어링 단선, 회로도 확인 시 상시전원이 워터펌프, 인버터 퓨즈를 지나 세 개의 배선으로 나뉘어져 있었지만, 실상은 하나의 상시 전원 배선이 LH 헤드램프 뒷단에서 세 가닥으로 나뉘어져 있었음

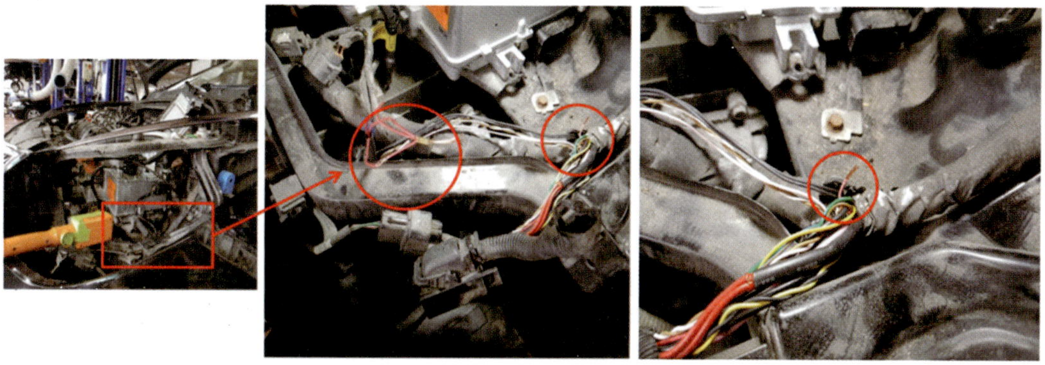

그림 배선 단선

(4) 조치사항

와이어링 수정 후 테스트 시 정상, U0298 사례로 HPCU 교환 사례가 많이 있음. 해당 문제도 다발생 가능성이 있기에 오정비 가능성이 있으니 참고

[2] HG HEV(그랜저 HEV, 차량년식 : 2014년식)

(1) 고장증상

SOC, HEV, 엔진 경고등 점멸 후 꺼짐(주행 중 간헐적 2주에 한 번 발생)

(2) 점검내용

① SOC, HEV, 엔진 경고등 점멸 후 꺼짐으로 입고하여

㉮ 자기진단 시 P1A86 코드(과거고장) 뜸

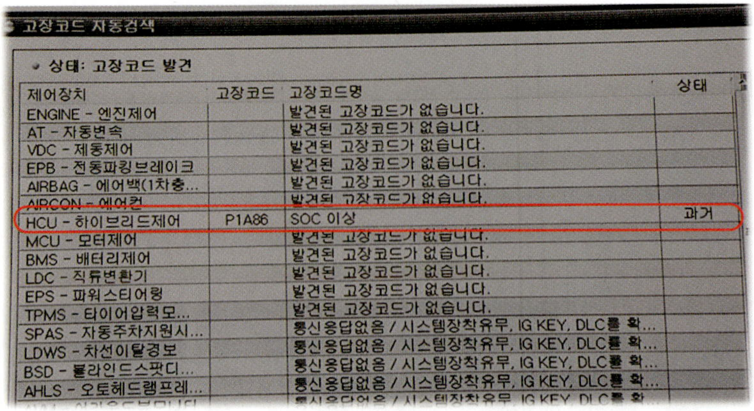

고장코드 자동검색

상태: 고장코드 발견

제어장치	고장코드	고장코드명	상태
ENGINE - 엔진제어		발견된 고장코드가 없습니다.	
AT - 자동변속		발견된 고장코드가 없습니다.	
VDC - 제동제어		발견된 고장코드가 없습니다.	
EPB - 전동파킹브레이크		발견된 고장코드가 없습니다.	
AIRBAG - 에어백(1차충...		발견된 고장코드가 없습니다.	
AIRCON - 에어컨		발견된 고장코드가 없습니다.	
HCU - 하이브리드제어	P1A86	SOC 이상	과거
MCU - 모터제어		발견된 고장코드가 없습니다.	
BMS - 배터리제어		발견된 고장코드가 없습니다.	
LDC - 직류변환기		발견된 고장코드가 없습니다.	
EPS - 파워스티어링		발견된 고장코드가 없습니다.	
TPMS - 타이어압력모...		발견된 고장코드가 없습니다.	
SPAS - 자동주차지원시...		통신응답없음 / 시스템장착유무, IG KEY, DLC를 확...	
LDWS - 차선이탈경보		통신응답없음 / 시스템장착유무, IG KEY, DLC를 확...	
BSD - 블라인드스팟디...		통신응답없음 / 시스템장착유무, IG KEY, DLC를 확...	
AHLS - 오토헤드램프레...		통신응답없음 / 시스템장착유무, IG KEY, DLC를 확...	

그림 고장코드

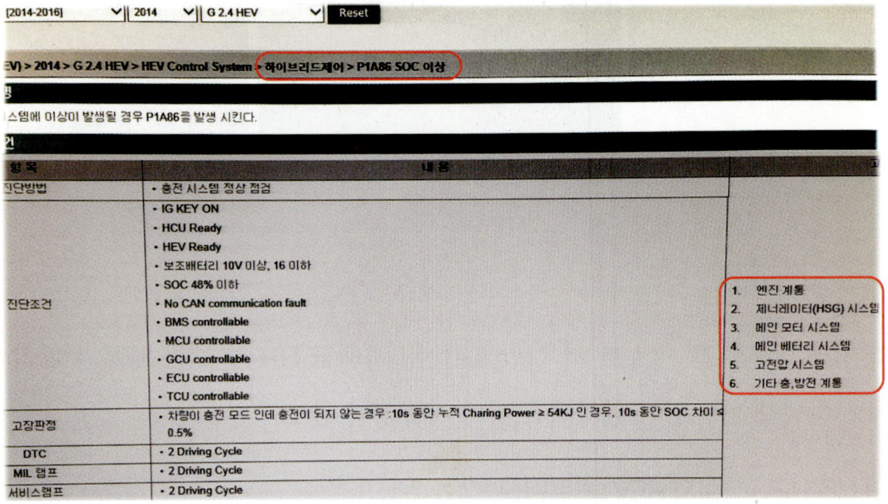

[2014-2016] | 2014 | G 2.4 HEV | Reset

EV) > 2014 > G 2.4 HEV > HEV Control System > 하이브리드제어 > P1A86 SOC 이상

시스템에 이상이 발생될 경우 P1A86를 발생 시킨다.

항목	내용	
진단방법	• 충전 시스템 정상 점검	
진단조건	• IG KEY ON • HCU Ready • HEV Ready • 보조배터리 10V 이상, 16 이하 • SOC 48% 이하 • No CAN communication fault • BMS controllable • MCU controllable • GCU controllable • ECU controllable • TCU controllable	1. 엔진 계통 2. 제너레이터(HSG) 시스템 3. 메인 모터 시스템 4. 메인 배터리 시스템 5. 고전압 시스템 6. 기타 충,방전 계통
고장판정	• 차량이 충전 모드 인데 충전이 되지 않는 경우 :10s 동안 누적 Charing Power ≥ 54KJ 인 경우, 10s 동안 SOC 차이 ≤ 0.5%	
DTC	• 2 Driving Cycle	
MIL 램프	• 2 Driving Cycle	
서비스램프	• 2 Driving Cycle	

그림 진단가이드

㉯ 동일 증상으로 몇 차례 점검내역 있으나 부품교환 없음

㉰ 고전압 배터리 충전량 부족이면 로거 장비 장착 후 출고

② 1차로 변속기 교환 후 출고 2주 만에 재입고 P1A86 및 6속 동기불량 코드 추가되어 입고

③ 2차로 변속기 교환 후 출고 다시 P1A86 SOC 이상으로 재입고

④ 점화 코일 및 MCU 문제로 판단되어 HPCU 교환

⑤ HPCU 교환 출고 직전에 P0A4C 코드로 HSG 위치센서 이상으로 원인 나옴

⑥ MCU측에 P0A4C 제네레이터(HSG) 위치센서 성능이상 고장코드가 남아 있음

⑦ 원인은 HSG 교환으로 끝내고 2주 후 현재 고객 통화 시 이상 없다고 확인됨

(3) 발생원인

HSG 내부 불량

(4) 조치사항

HSG 교환 및 HPCU

[3] HG HEV(그랜저 HEV, 차량년식 : 2022년식)

(1) 고장증상

경고등 점등(P1B74)

(2) 정비이력

BMS 교환

(3) 점검내용

① 고장코드 점검, P1B74 고전압 배터리 전압센싱 라인 단선

그림 고장코드 점검

② 센서데이터 점검, 배터리 팩 전압도 일반적으로 3.88×72=279V 정도가 정상값이나 6553.5V로 비정상 표출, CELL #37, 40은 0V로 오표출하고 나머지 셀은 3.88V로 5번 모듈 불량 의심

BMS (116) 시간 00:00:01

센서명	센서값	단위	링크업
배터리 충전 상태(BMS)	61.0	%	
배터리 팩 전압	6553.5	V	
최대 셀 전압	3.88	V	
최소 셀 전압	3.88	V	
배터리 셀 전압 37	0.00	V	
배터리 셀 전압 40	0.00	V	
배터리 셀 전압 4	3.88	V	
배터리 셀 전압 5	3.88	V	
배터리 셀 전압 6	3.88	V	

셀 번호	셀 모듈 번호
01 ~ 08	배터리 모듈 #1
09 ~ 16	배터리 모듈 #2
17 ~ 24	배터리 모듈 #3
25 ~ 32	배터리 모듈 #4
33 ~ 40	배터리 모듈 #5
41 ~ 48	배터리 모듈 #6
49 ~ 56	배터리 모듈 #7
57 ~ 64	배터리 모듈 #8
65 ~ 72	배터리 모듈 #9

그림 센서데이터 진단

고장코드 판정 조건

항 목	판정 조건	고장 예상 원인
검출 목적	하이브리드 배터리 전압센서 라인 단선으로 인한 잘못된 전압정보 차단 잘못된 전압 정보에 의한 제어오류 차단	1. 하이브리드 배터리 모듈과 BMS간 배선 및 커넥터 접속 불량 또는 단선 2. BMS ECU
검출 방법	최소 셀전압 기준으로 검출조건 이하로 5초간 지속되면 검출	
검출 조건	점화 스위치 "ON" 9V < Aux(보조 배터리)전압 < 16V	
고장코드 발생기준값	셀전압센싱 라인 단선시	
고장코드 해제기준값	셀전압센싱 라인 단선 해제시	
MIL 점등 조건	2DC(드라이빙 사이클: ST ON~IG OFF 2회) 발생 시	
MIL 소등 조건	IG ON/OFF 2회(2DC-2드라이빙 사이클)시 과거 고장으로 진입(과거 고장 및 현재 고장은 진단툴로 소거 가능)	
안전 모드	고전압 정상 공급 : 메인릴레이 ON 정상 유지 BMS 가용 파워 : 고장전 정상값 보다 출력 감소	

그림 고장코드 판정 조건

③ 회로 점검결과 정상(1 : 3.89V, 2 : 3.89V, 3 : 3.90V)

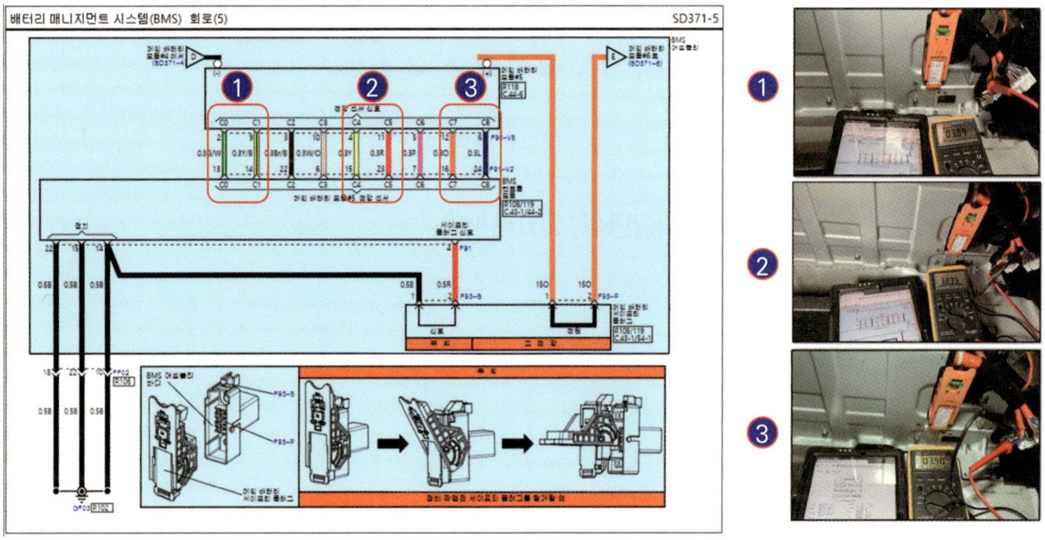

그림 회로도 및 회로 점검

(4) 발생원인

BMU 불량

(5) 조치사항

BMU 교환 후 출력값이 정상을 나옴

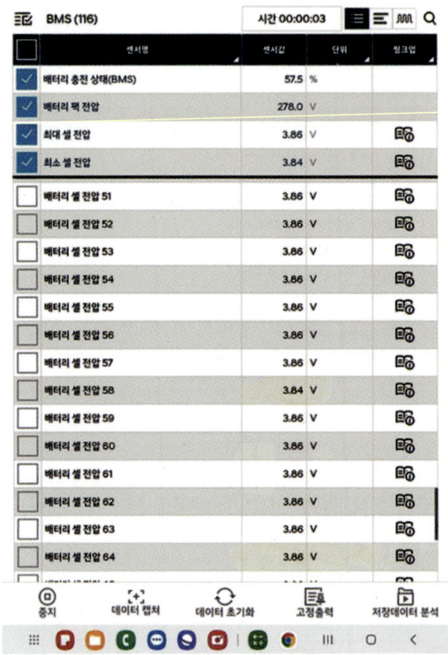

그림 BMU 교환 후 출력값

[4] HG HEV(그랜저 HEV, 차량년식 : 2014년식)

(1) 고장증상

READY 불가

(2) 정비이력

PRA 교환 차량

(3) 점검내용

① 자기진단 실시, P1B77(고전압 배터리 프리차징 실패) 검출

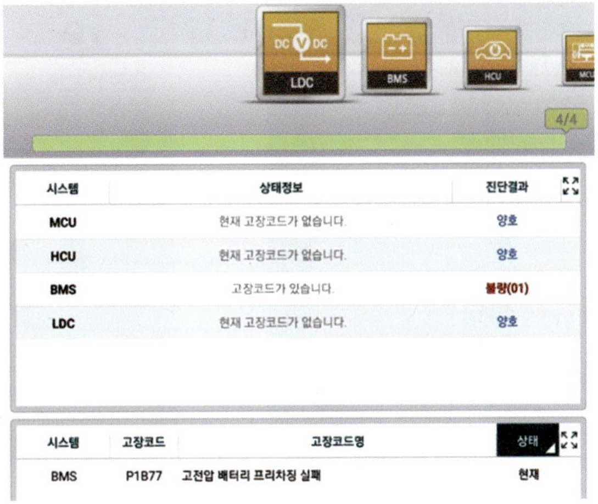

그림 자기진단

② PRA 이미 교환된 차량으로 프리차저 릴레이 문제는 아닌 것으로 판단되어 프리차징 릴레이 및 메인 릴레이 강제구동, 릴레이 작동음 발생(센서데이터 인버터 커패시터 전압값 5V 부동)

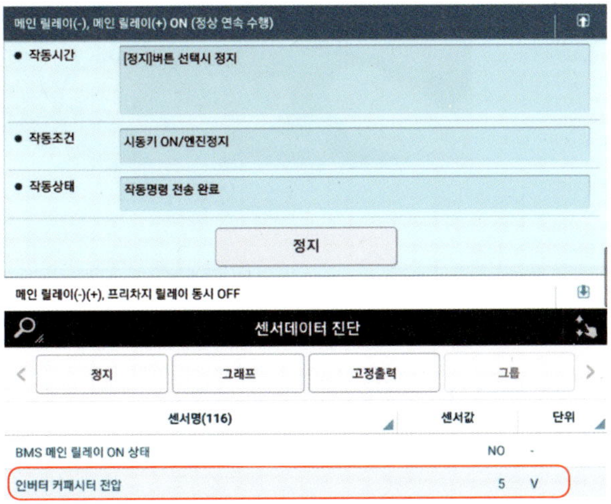

그림 센서데이터

③ 세이프티 플러그 저항 측정 시 무한대 측정(단선), 플러그 분해해서 퓨즈 저항 측정 시 동일하게 무한대 측정, 신품 저항 측정 시 0.1Ω 측정

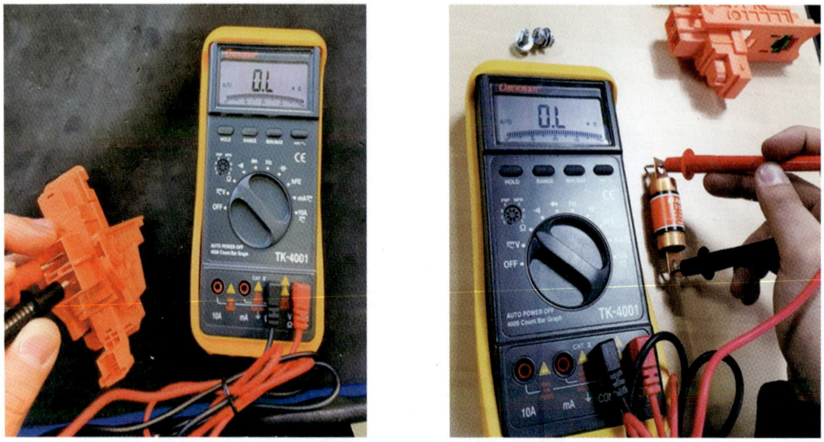

(a) 불량품

(b) 신품 정상

그림 저항 측정

④ 세이프티 플러그 교환 후 정상 상태에서 릴레이 강제구동 실시, 인버터 커패시터 전압 276V 상승(정상값)

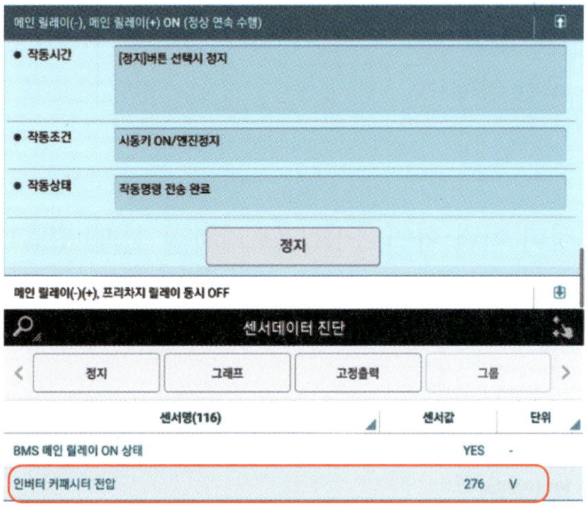

그림 인버터 커패시터 정상값

⑤ 시동 시 READY 가능, 시운전 시 운행 정상

(4) 발생원인

세이프티 플러그 단선

(5) 조치사항

세이프티 플러그 교환

[5] HG HEV(그랜저 HEV, 차량년식 : 2016년식)

(1) 고장증상

"하이브리드 시스템을 점검하시오" 문구 표출되며 READY 불가

그림 문구 표출

(2) 정비이력

PRA, HPCU 기 교환 상태

(3) 점검내용

① 고장코드 및 정비 이력 확인, P1B77(프리차징 실패) 표출(고전압 공급 실패 상황이 검출되면 상기 DTC를 표출)

시스템 / 고장코드 설명	상태
BMS | 배터리제어 **P1B77 고전압 배터리 프리차징 실패**	현재

그림 고장코드

참고 하이브리드 제어도

① 하이브리드 제어도 확인하며 고장 예상부위 점검
② PRA 릴레이 및 HPCU는 기교환된 상태라 예상부위에서 배제함
③ 그 외에 고전압 배터리, BMS, 절연파괴 등이 주요 고장범위로 확인됨
④ 우선 고장코드 및 센서데이터 확인 실시

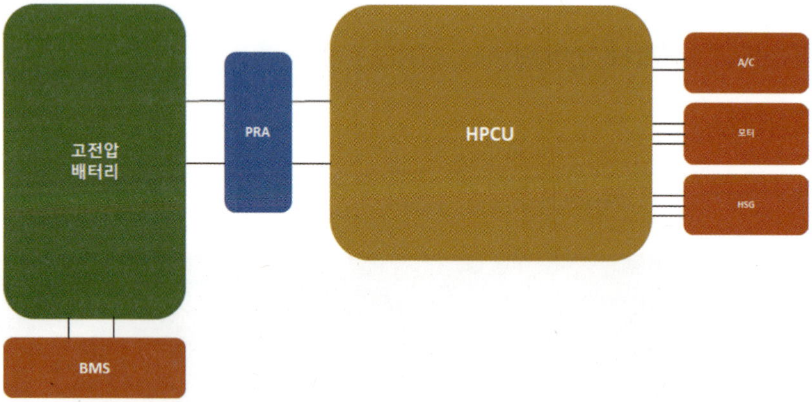

그림 하이브리드 제어도

② 현상 및 센서데이터 확인, READY 불가되며 센서데이터 확인 시 배터리팩 전압은 273V로 정상이나 인버터 캐퍼시터 전압 4V 나와 인버터 캐퍼시터에 고전압이 인가되지 않음

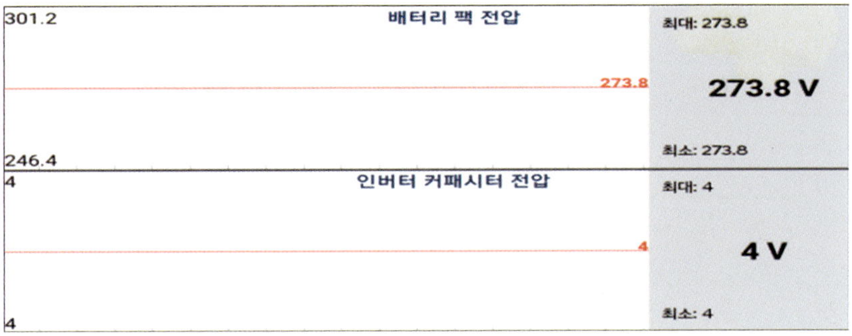

그림 센서데이터

③ PRA 강제구동 실시, 메인 릴레이(−), 프리차지 메인 릴레이(+) ON 강제구동 시에도 인버터 캐퍼시터 전압 변동없고 계속 4V 표출됨

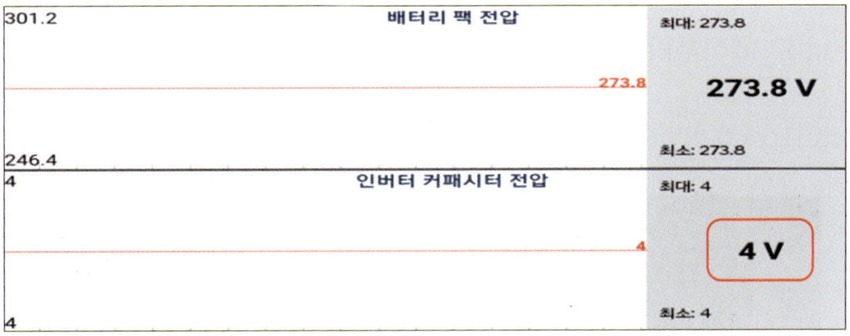

그림 강제구동 시

④ 절연파괴 의심되어 점검 실시, HPCU 절연저항 측정했을 때 333MΩ으로 정상 확인됨, 다른 고전압 부품(HPCU, A/C, HSG) 절연저항 점검했지만 모두 정상치로 HPCU 이후의 문제는 아닌 것으로 판단하고 실제 고전압 배터리 전압 확인

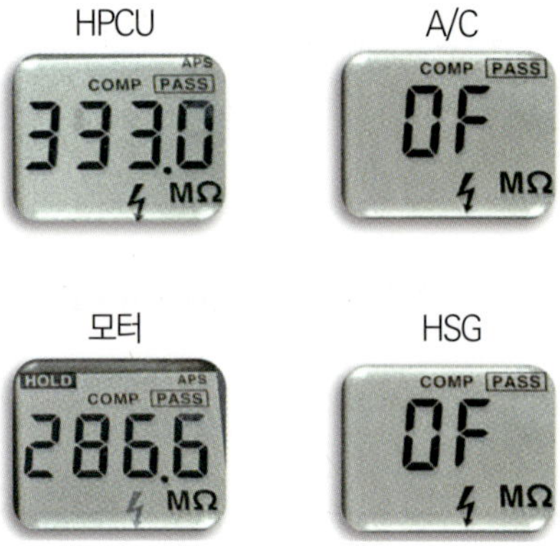

그림 절연저항

⑤ 배터리 앞단에서 직접 배터리 전압 측정, 176mV 측정되나 센서데이터 상으로는 정상 팩 전압 273V 측정됨, 센서데이터 상에 팩 전압은 BMS가 각 셀을 개별적으로 센싱하여 더한 값이라 270V 정상 출력되었고, 배터리 팩에서 직접 측정했던 부분은 직렬로 연결된 배터리를 측정하다 보니 0V로 측정되었음

⑥ 세이프티 플러그가 정상 장착된 상태에서 176mV가 측정되며 전압이 아예 안 나오는 것을 확인함, 세이프티 플러그 탈거하고 차이 확인했지만 79mV 측정되며 똑같이 전압 안 나옴, 세이프티 플러그 이상으로 판단하여 세이프티 플러그 저항 측정 시 단선 확인됨

(a) 장착　　(b) 미장착

그림 세이프티 플러그 제거 전후로 전압

⑦ 신품 세이프티 플러그 저항측정 결과 통전되는 것을 확인할 수 있음, 고전압에서 나오는 전압 측정했을 때, 정상적으로 275V 측정됨, 센서데이터도 커패시터 전압이 정상적으로 상승되는 것을 확인할 수 있음

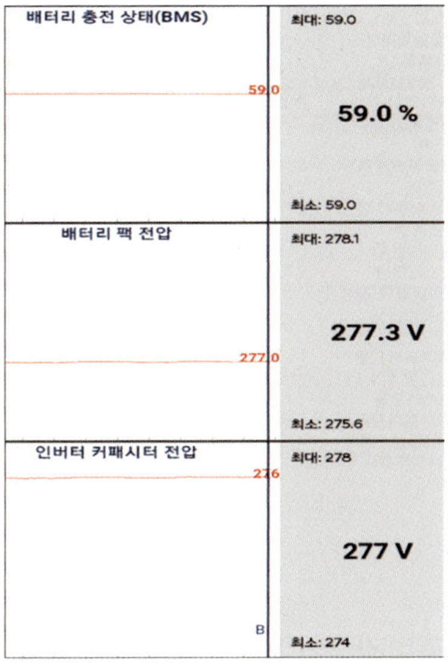

그림 정상센서데이터

(4) 발생원인

세이프티 플러그 단선

(5) 조치사항

세이프티 플러그 교환

[6] HG HEV(그랜저 HEV, 차량년식 : 2017년식)

(1) 고장증상

주행 중 및 정차 시 시동 꺼짐

(2) 정비이력

고전압 배터리 교환

(3) 점검내용

① 자기진단 시, P1B70 고전압 배터리 저전압

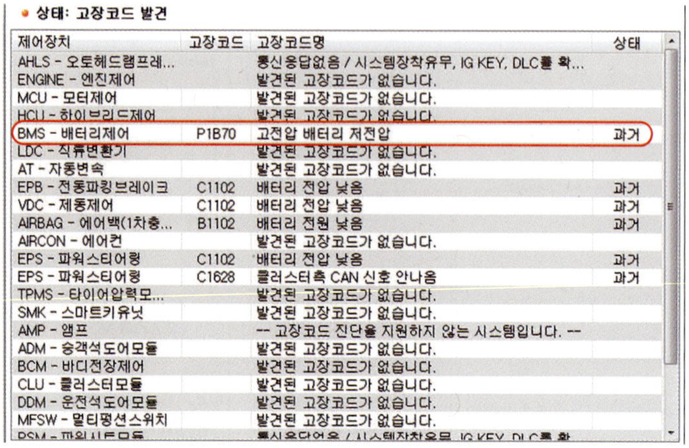

● 상태: 고장코드 발견

제어장치	고장코드	고장코드명	상태
AHLS - 오토헤드램프레...		통신응답없음 / 시스템장착유무, IG KEY, DLC를 확...	
ENGINE - 엔진제어		발견된 고장코드가 없습니다.	
MCU - 모터제어		발견된 고장코드가 없습니다.	
HCU - 하이브리드제어		발견된 고장코드가 없습니다.	
BMS - 배터리제어	P1B70	고전압 배터리 저전압	과거
LDC - 직류변환기		발견된 고장코드가 없습니다.	
AT - 자동변속		발견된 고장코드가 없습니다.	
EPB - 전동파킹브레이크	C1102	배터리 전압 낮음	과거
VDC - 제동제어	C1102	배터리 전압 낮음	과거
AIRBAG - 에어백(1차충...	B1102	배터리 전원 낮음	과거
AIRCON - 에어컨		발견된 고장코드가 없습니다.	
EPS - 파워스티어링	C1102	배터리 전압 낮음	과거
EPS - 파워스티어링	C1628	클러스터측 CAN 신호 안나옴	과거
TPMS - 타이어압력모...		발견된 고장코드가 없습니다.	
SMK - 스마트키유닛		발견된 고장코드가 없습니다.	
AMP - 앰프		-- 고장코드 진단을 지원하지 않는 시스템입니다. --	
ADM - 승객석도어모듈		발견된 고장코드가 없습니다.	
BCM - 바디전장제어		발견된 고장코드가 없습니다.	
CLU - 클러스터모듈		발견된 고장코드가 없습니다.	
DDM - 운전석도어모듈		발견된 고장코드가 없습니다.	
MFSW - 멀티펑션스위치		발견된 고장코드가 없습니다.	

그림 고장코드

② 고전압 배터리 센서출력값 확인 시, 60번 셀 0V로 출력되고, 59번 셀은 3.12V로 다른 셀 전압보다 낮음

③ 고전압 배터리 교환이력 있음, 점검 시도 60번 셀 0V로 출력

④ 센서데이터 확인 시도 최소 셀과 최대 셀 전압은 정상

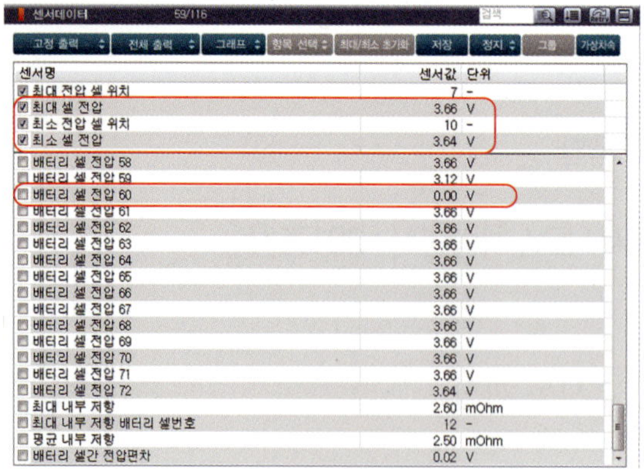

센서데이터 59/116

센서명	센서값	단위
최대 전압 셀 위치	7	-
최대 셀 전압	3.66	V
최소 전압 셀 위치	10	-
최소 셀 전압	3.64	V
배터리 셀 전압 58	3.66	V
배터리 셀 전압 59	3.12	V
배터리 셀 전압 60	0.00	V
배터리 셀 전압 61	3.66	V
배터리 셀 전압 62	3.66	V
배터리 셀 전압 63	3.66	V
배터리 셀 전압 64	3.66	V
배터리 셀 전압 65	3.66	V
배터리 셀 전압 66	3.66	V
배터리 셀 전압 67	3.66	V
배터리 셀 전압 68	3.66	V
배터리 셀 전압 69	3.66	V
배터리 셀 전압 70	3.66	V
배터리 셀 전압 71	3.66	V
배터리 셀 전압 72	3.64	V
최대 내부 저항	2.60	mOhm
최대 내부 저항 배터리 셀번호	12	-
평균 내부 저항	2.50	mOhm
배터리 셀간 전압편차	0.02	V

그림 센서데이터

⑤ 고장상황 데이터 확인 시 최소 셀과 최대 셀 전압값 확인 시 정상

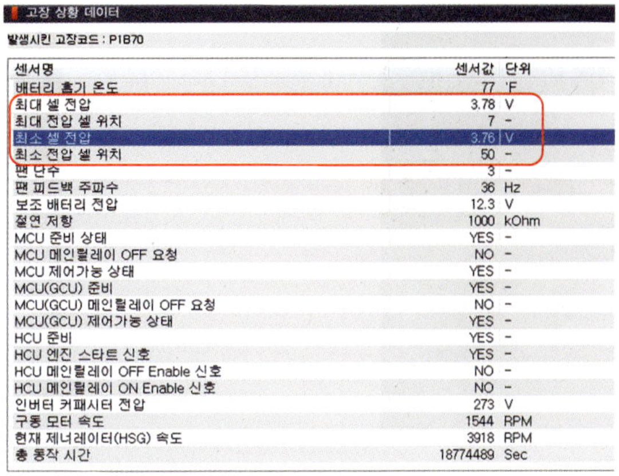

고장 상황 데이터

발생시킨 고장코드 : P1B70

센서명	센서값	단위
배터리 흡기 온도	77	'F
최대 셀 전압	3.78	V
최대 전압 셀 위치	7	-
최소 셀 전압	3.76	V
최소 전압 셀 위치	50	-
팬 단수	3	-
팬 피드백 주파수	36	Hz
보조 배터리 전압	12.3	V
절연 저항	1000	kOhm
MCU 준비 상태	YES	-
MCU 메인릴레이 OFF 요청	NO	-
MCU 제어가능 상태	YES	-
MCU(GCU) 준비	YES	-
MCU(GCU) 메인릴레이 OFF 요청	NO	-
MCU(GCU) 제어가능 상태	YES	-
HCU 준비	YES	-
HCU 엔진 스타트 신호	YES	-
HCU 메인릴레이 OFF Enable 신호	NO	-
HCU 메인릴레이 ON Enable 신호	NO	-
인버터 커패시터 전압	273	V
구동 모터 속도	1544	RPM
현재 제너레이터(HSG) 속도	3918	RPM
총 동작 시간	18774489	Sec

그림 고장상황 데이터

⑥ BMS F91-V4 커넥트 체결상태 및 핀텐션 확인 시 정상

⑦ 고전압 배터리 모듈 8번 F95-V8 체결상태 및 핀텐션 확인 시 정상

⑧ 고전압 배터리 셀 전압 측정 시 3.69V~3.70V 정상

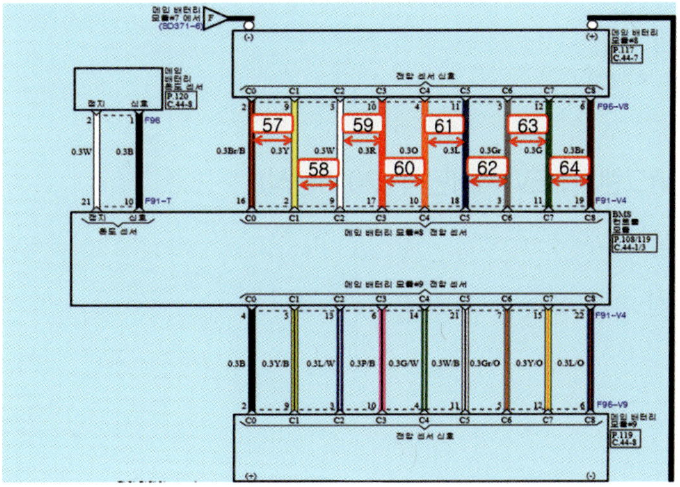

그림 회로도 및 셀 전압측정 부위

⑨ 59번 셀 전압 측정 시 3.70V로 정상 60번 셀 전압측정 시 3.69V로 정상

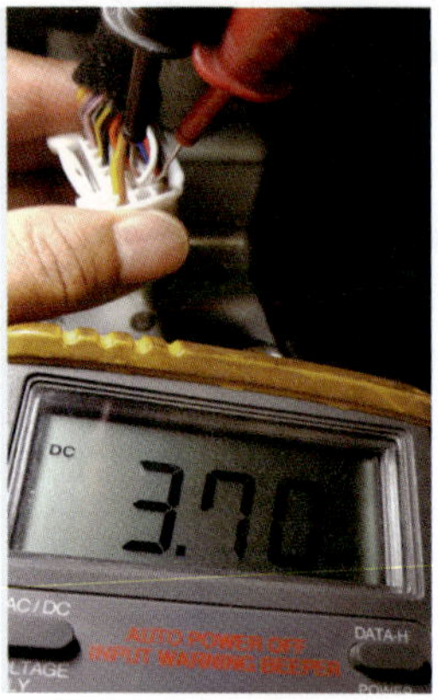

(a) 59번 셀 전압 F91-V4(9-17번)

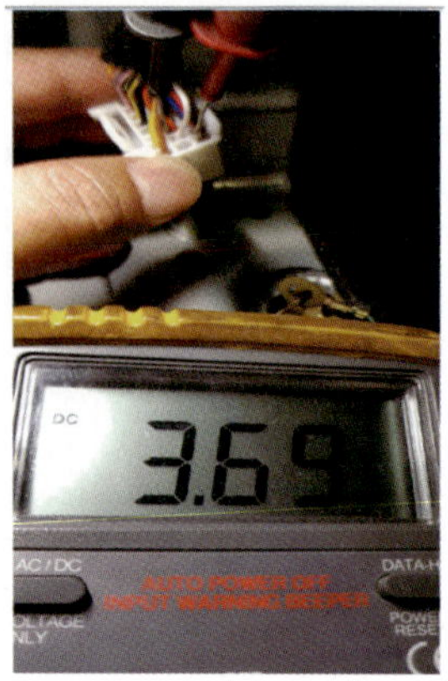

(b) 60번 셀 전압 F91-V4(17-10번)

그림 셀 전압 측정

⑩ BMS 내부 불량으로 판단되어 BMS 교환 후 정상

(4) 발생원인

BMS 내부 불량

(5) 조치사항

BMS 교환

[7] HG HEV(그랜저 HEV, 차량년식 : 2015년식)

(1) 고장증상

HEV 시스템 점검 경고 문구 출력

그림 경고 문구

(2) 점검내용

① G-SCAN 진단, DTC_P1B74 고전압 배터리 전압 센싱 라인 단선(현재)

그림 고장코드

② 센서데이터_배터리 셀 전압 1~40 3.66V, 41~72 0V 출력

그림 센서데이터

③ BMS 파라미터 업그레이드 있으나 셀 변경 시이므로 적용 대상 아님

④ BMS 사양정보에 YF HEV BMS로 출력

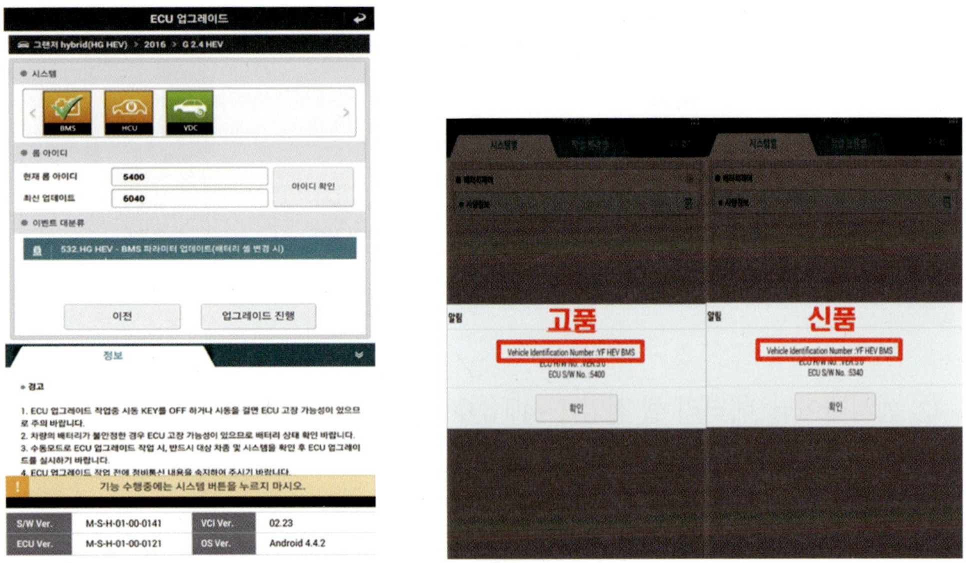

그림 BMS 파라미터 업그레이드

⑤ BMS 단품 고장으로 추정

(3) 발생원인

BMS 불량

(4) 조치사항

BMS 교환 후 센서데이터 정상 출력 HEV 경고 문구 미출력 정상 출고

[8] IG HEV(그랜저 HEV, 차량년식 : 2020년식)

(1) 고장증상

방전 과다 발생, 상기차량 방전으로 정비소 다회 입고하였으나 현상 재발생됨, 입고 당시 현상 재현 안되어 정비소에서 테일게이트 아웃사이드 핸들 교환하였으나 현상 재발생되어 재입고됨

(2) 정비이력

테일게이트 아웃사이드 핸들 교환

(3) 점검내용

① 피코스코프로 CAN 점검, 현상 재현 당시 B-CAN이 가장 먼저 깨어남

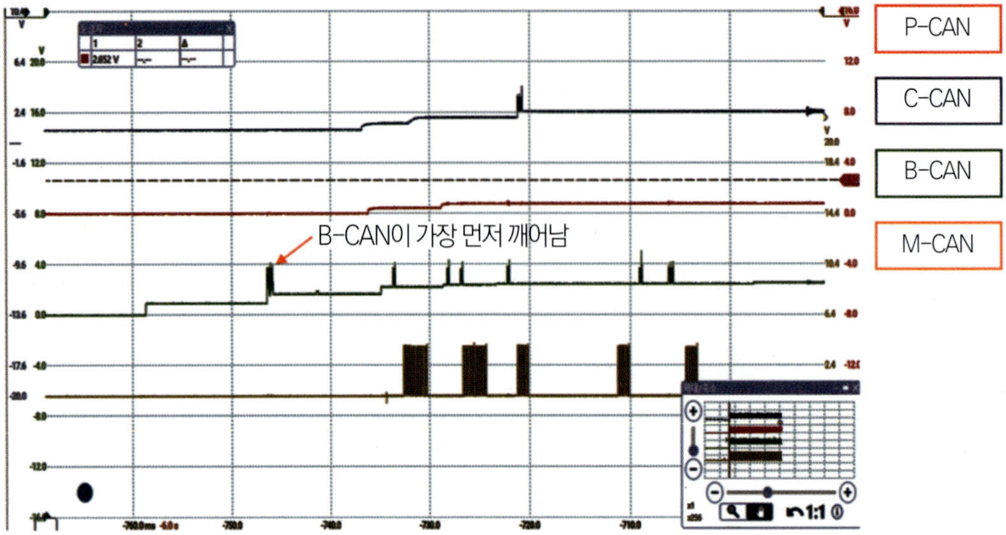

그림 피코스코프로 CAN 점검

② CAN 데이터 측정 시 PTGM이 가장 먼저 깨어났으며 커넥터 탈거 시 현상발생 안됨, PTGM이 깨어나 현상 발생되므로 모듈에 들어가는 신호 점검 요망됨

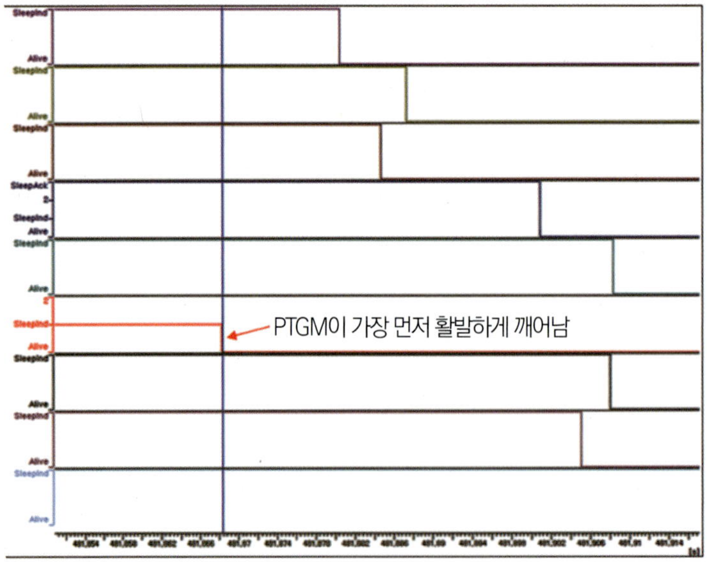

그림 CAN 데이터 점검

③ 현상 발생 당시 파워트렁크 모듈 내, 외부 스위치 배선 단선하였으나 지속적으로 방전 발생됨

④ 모듈 자체 불량으로 확인되어 모듈 교환 실시

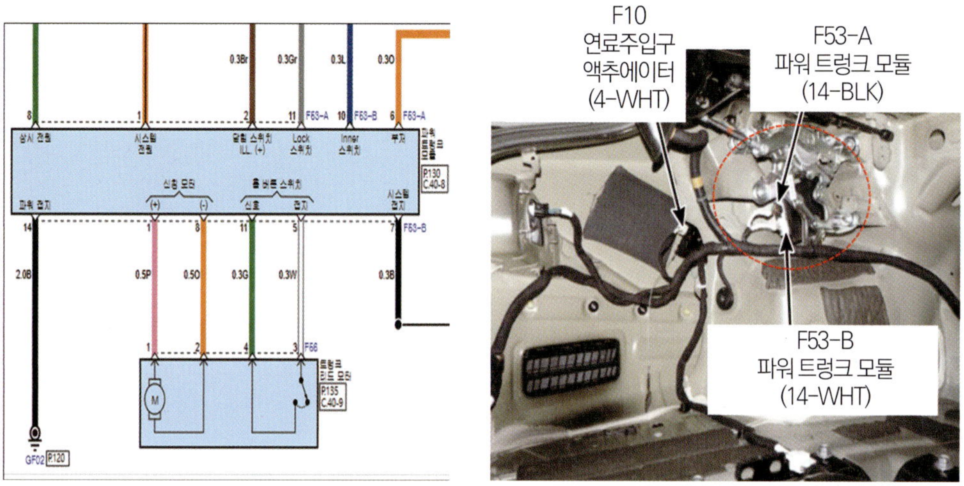

그림 회로도 및 부품위치

(4) 발생원인

상기차량은 파워트렁크 모듈 이상으로 간헐적 방전 발생 차량으로 지속적으로 입고하였으나 현상 재현이 잘 안되어 시간이 많이 발생됨, 현상 발생 당시 피코스코프 활용하여 문제 CAN 확인 후 문제 모듈 확인함

(5) 조치사항

모듈 교환 후 지속적으로 모니터링하였으나 현상 발생 안됨

[9] IG HEV(그랜저 HEV, 차량년식 : 2023년식)

(1) 고장증상

"하이브리드 시스템 점검하십시오." 경고등 점등 및 시동 및 READY 불가

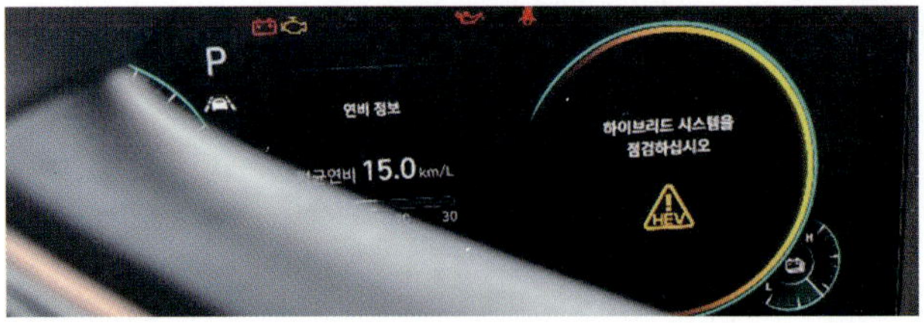

그림 경고등 점등

(2) 점검내용

① 시동 시 각종 경고등 확인, 시동 및 READY 불가, 시동 시 경고등 점등, READY 불가, 엔진 시동 불가

② GDS 스캔 점검, BMS P1BA7– 배터리 과충전 보호회로 활성화, P1B77– 인버터 커패시터 프리차징 실패

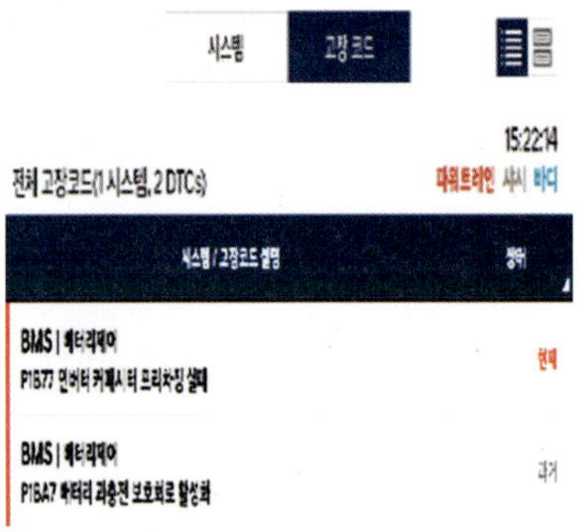

고장예상원인
1. 메인 릴레이 결함 2. 하이브리드 배터리 모듈과 BMS간 배선 및 커넥터 접속 불량 또는 단선 3. BMS ECU 4. MCU

고장예상원인
1. VPD 스위치 불량 2. VPD 스위치 눌림 3. 배터리팩 과충전 4. 하이브리드 배터리 모듈과 BMS간 배선 및 커넥터 접속 불량 5. BMS

그림 고장코드 및 고장예상 원인

③ 고전압 배터리 점검, 고전압 배터리 전압 편차 및 온도 확인 시 이상 없음

㉮ 배터리 최대 온도 38℃

㉯ 배터리 전압 편차 0V

㉰ 절연 저항 1000kΩ

㉱ 세이프티 플러그 퓨즈 정상

④ BMS 커넥터 및 핀텐션(B01-S 1, 2, 3, 23, 24, 31), BMS 전원 및 접지 확인 시 이상 없음, 전원 접지 점검, 고전압 배터리 퓨즈 점검, BMS 핀텐션 및 전원 접지, 퓨즈 점검 시 이상 없음

⑤ PRA 강제 구동 시 PRA 코일 전원부(B03-C 1, 3, 4) 전압 측정 시 12V, PRA 강제 구동 시 릴레이 미작동으로 강제 구동 불가

⑥ PRA 코일 접지 부 확인 시 접지 불량 확인(B03-C2)

⑦ VPD 커넥터 및 배선 점검, VPD 커넥터 핀 텐션 및 통전 테스트 시 이상 없음

⑧ VPD 스위치 점검, VPD 스위치 및 VPD 점검 시 작동 불량 확인

(3) 발생원인

VPD, VPD 스위치 불량

(4) 조치사항

스위치 단품 교환

[10] IG HEV(그랜저 HEV, 차량년식 : 2017년식)

(1) 고장증상

주행 중 서비스램프 점등 및 점검 문구 출력

(2) 점검내용

① 위 현상으로 정비소 입고 이력 확인, 정비소 입고 기억소거 후 동일 현상으로 입고

② 시스템진단, MCU : P0A39 HSG 온도센서 전압 높음(과거)

그림 고장코드

③ 서비스데이터 점검, 입고 시 HSG 온도 36도 정상 출력 확인

그림 서비스데이터

④ 현상 재현 시운전 및 데이터 점검, 간헐적 HSG 온도 −40도 출력 확인

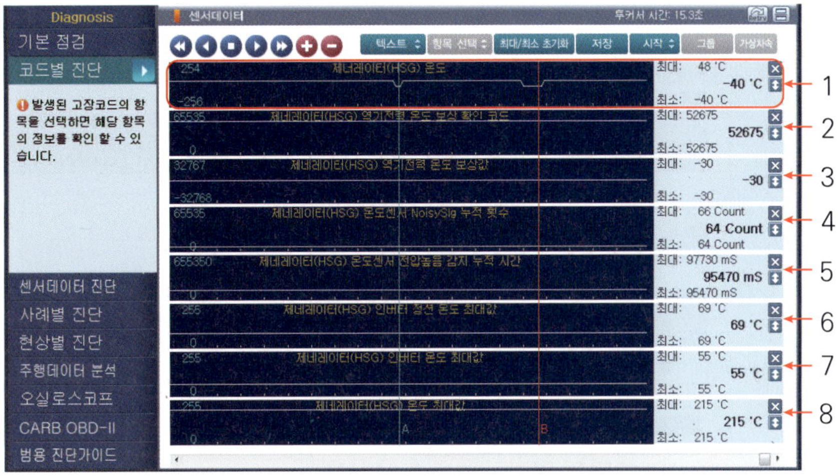

그림 시운전 시 데이터

참고 파형 설명

1. HSG 온도 센싱값
2. 역기전력 : 모터 자석 회전 시 모터 쪽으로 들어가는 전류. 개발 과정 필요한 변수로 무의미
3. 역기전력 : 모터 자석 회전 시 모터 쪽으로 들어가는 전류 관련 온도 계산값 개발 과정 필요한 변수로 무의미함
4. 10ms당 한 번 카운트인데. 연속관계 없이 count 값, 연속일 때는 50이면 DTC 띄우나 연속이 아니므로 64번이어도 안띄움
5. 연속시간
6. 모터 전류, 냉각수량 가지고 계산된 온도값(GCU 이중 보호를 위함)
7. GCU 온도 센싱값
8. HSG 코일 온도값

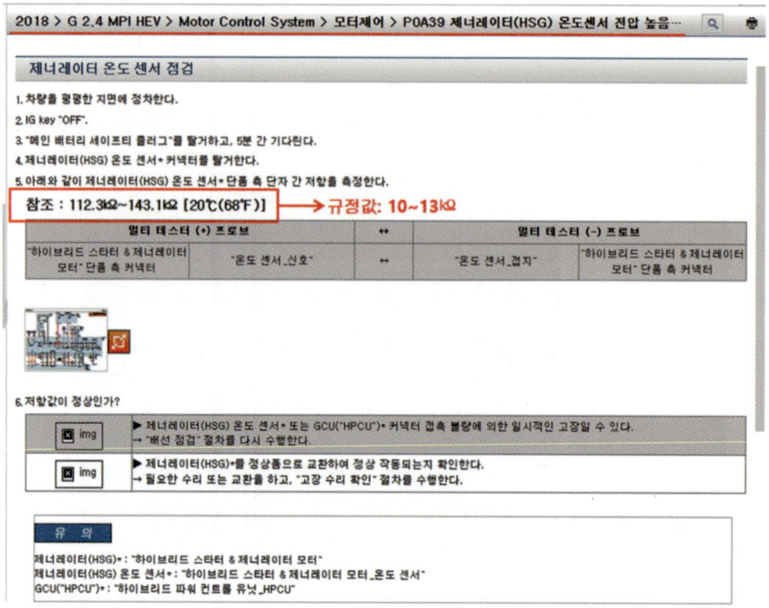

2018 > G 2.4 MPI HEV > Motor Control System > 모터제어 > P0A39 제너레이터(HSG) 온도센서 전압 높음…

제너레이터 온도 센서 점검

1. 차량을 평평한 지면에 정차한다.
2. IG key "OFF".
3. "메인 배터리 세이프티 플러그"를 탈거하고, 5분 간 기다린다.
4. 제너레이터(HSG) 온도 센서* 커넥터를 탈거한다.
5. 아래와 같이 제너레이터(HSG) 온도 센서* 단품 측 단자 간 저항을 측정한다.

참조 : 112.3kΩ~143.1kΩ [20℃(68℉)] → 규정값: 10~13kΩ

멀티 테스터 (+) 프로브		↔	멀티 테스터 (-) 프로브	
"하이브리드 스타터 & 제너레이터 모터" 단품 측 커넥터	"온도 센서_신호"	↔	"온도 센서_접지"	"하이브리드 스타터 & 제너레이터 모터" 단품 측 커넥터

6. 저항값이 정상인가?

img	▶ 제너레이터(HSG) 온도 센서* 또는 GCU("HPCU")* 커넥터 접촉 불량에 의한 일시적인 고장일 수 있다. → "배선 점검" 절차를 다시 수행한다.
img	▶ 제너레이터(HSG)*를 정상품으로 교환하여 정상 작동되는지 확인한다. → 필요한 수리 또는 교환을 하고, "고장 수리 확인" 절차를 수행한다.

유 의

제너레이터(HSG)* : "하이브리드 스타터 & 제너레이터 모터"
제너레이터(HSG) 온도 센서* : "하이브리드 스타터 & 제너레이터 모터_온도 센서"
GCU("HPCU")* : "하이브리드 파워 컨트롤 유닛_HPCU"

그림 진단가이드

⑤ 온도센서 배선 및 커넥터 점검, 배선 및 커넥터 체결 상태 정상

⑥ HSG 단품 점검, 온도센서 저항 이상 확인

(a) 장착 상태 저항 : 3.39kΩ

(b) 탈거 상태 저항 : 3.52kΩ

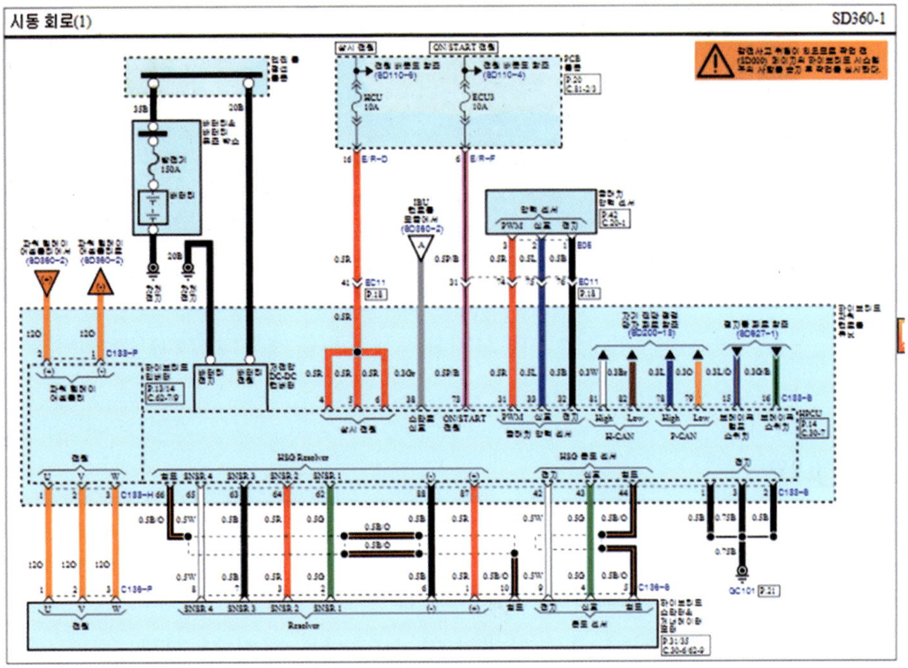

(c) 회로도

그림 HSG 단품 점검 및 회로도

(3) 발생원인

HSG 온도센서 단품 불량

(4) 조치사항

HSG 교환

[11] IG HEV(그랜저 HEV, 차량년식 : 2021년식)

(1) 고장증상

주행 중 시동 꺼짐 이후 READY 불가, 동일현상으로 정비업체 여러 차례 입고 정비 진행 후 동일

그림 브레이크 밟고 READY 버튼을 눌러도 KEY ON/OFF 외 변화없음

(2) 점검내용

① 입고 당시 현상 관련 점검 시 정상

② 자기진단 시 P0A4D HSG 위치센서 전압 낮음

③ HSG 레졸버 전원 접지 배선 핀텐션 및 쇼트 여부 점검 시 정상

그림 배선 점검 시 정상

④ CAN 로거 장착 후 현상 발생 시 분석 후 HSG 레졸버 쪽 점검

⑤ 시운전 중 현상 발생 견인 입고 점검 진행 시 HSG 전원/접지/쉴드/레졸버센서간 도통(저항) 점검 시 전원부와 쉴드 도통 확인됨(저항값 18.3Ω, 전압값 6.7V)

⑥ HSG +전원부와 HSG 레졸버센서 쉴드 선과 열간 시에만 쇼트 발생 확인

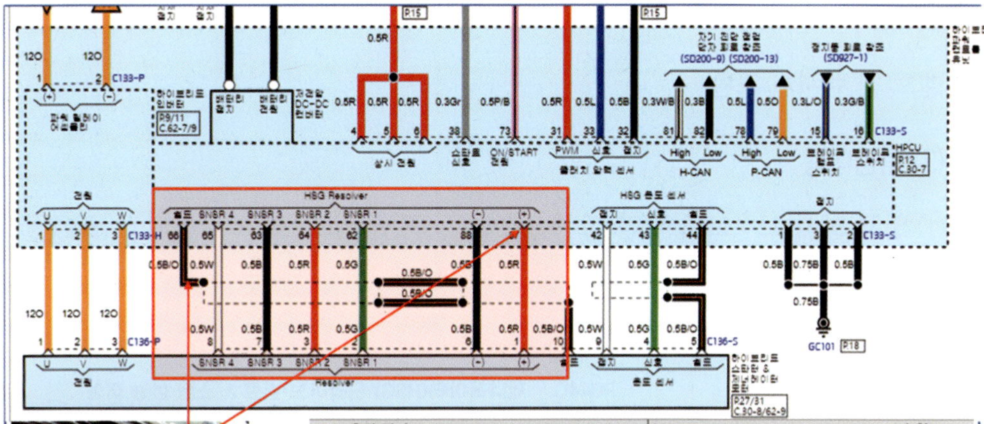

측정 단자	저 항
(+) ↔ (-)	13.8Ω~17.8Ω
"SNSR 1" ↔ "SNSR 3"	31.5Ω~38.5Ω
"SNSR 2" ↔ "SNSR 4"	27Ω~33Ω
(+) ↔ 쉴드	10MΩ 이상
(+) ↔ 접지	10MΩ 이상
(-) ↔ 쉴드	10MΩ 이상
(-) ↔ 접지	10MΩ 이상

그림 열간 시에만 쇼트 발생

(3) 발생원인

컨트롤 배선 내부 열간 시 쇼트

(4) 조치사항

현상 발생 시 빠른 점검하였을 때 컨트롤 화이어링 HPCU - C133-S 커넥터 저항 점검 시 66번 쉴드 단자와 87번 +단자간 저항값 19.3Ω 도통 확인됨 냉각 후 재측정 시 OL로 도통되지 않음. 열간 시에만 도통되어 고장발생으로 확인됨. 컨트롤 와이어링 교환 후 2시간 시운전 시 현상 미발생

[12] IG HEV(그랜저 HEV, 차량년식 : 2020년식)

(1) 고장증상

간헐적 주행 중 이상 소음과 하이브리드 시스템 점검 문구 표출

(2) 정비이력

벨트 및 텐셔너 교환

(3) 점검내용

① 입고 당시 고장코드 확인 실시, P0A4C, P1A77 고장코드 확인되고 HSG 벨트 슬립 여부 확인 요망됨

MCU - 모터제어	P0A4C	제너레이터(HSG) 드라이브 벨트 시스템 성능 이상	과거
HCULDC - 하이브리드...	P1A77	하이브리드 스타트 제네레이터(HSG) 벨트 이상	과거

항 목		판정 조건	고장 예상 원인
진단 방법		제너레이터(HSG)* 속도와 변속기 속도 확인	1. 제너레이터(HSG)* 벨트 미끌림 2. 제너레이터(HSG) 위치 센서* 고장 3. 엔진 속도 센서 고장 4. "HPCU" 고장
경우1	진단 조건	IG key "ON" 보조 배터리 전원 전압 9V~16V 스타트 키 "OFF" 고전압 프리차징 이전 기어 P단 또는 N단	
	고장판정	제너레이터(HSG)* 속도 5000rpm 이상 구동 모터* 속도 100rpm 이하	
	진단 시간	100ms	
경우2	진단 조건	IG key "ON" 보조 배터리 전원 전압 9V~16V 고장코드 P0A4D, P0A4E 없음 엔진속도 900rpm 이상	
	고장판정	HSG* 속도와 엔진 속도 차이 200rpm 이상 HSG* 속도 = HSG 속도 / 풀리비	
	진단 시간	1초	
MIL 램프		2회째 운전 사이클	
서비스램프		점등	

그림 고장코드 및 고장코드 판정 조건

② HSG 풀리 확인 시 풀림 확인되고 탈거 후 확인 시 풀림 발생 확인

(4) 발생원인

HSG 풀리 풀림

(5) 조치사항

HSG 교환

[13] IG HEV(그랜저 HEV, 차량년식 : 2018년식)

(1) 고장증상

Ready 진입불가

(2) 점검내용

① IBU에서는 정상적으로 전원이동 및 start 출력 및 HCU로 스타팅 신호가 약 15초 정상 입력

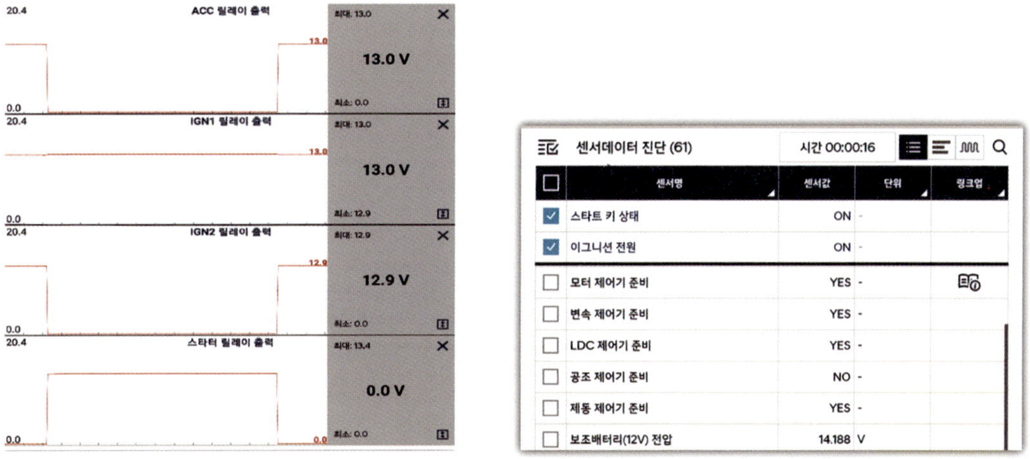

그림 전원 제어 상태 양호

② 전체 시스템 진단 시 관련 DTC 확인, P1690 스마트라 무응답 확인

그림 고장코드

고장 코드 설명

이 고장코드는 엔진 ECM이 작동시작 신호(Wake-up Signal)를 IBU(SMK + BCM + TPMS)로 전송하였으나 IBU(SMK + BCM + TPMS)로 부터 시동 신호 또는 시동 불가능 신호를 전혀 수신하지 못할 경우 이 고장코드를 표출한다.

고장 판정 조건

항 목	판정 조건	고장 예상 원인
검출 조건	IG ON	1. 회로 단선/단락 2. IBU(SMK + BCM + TPMS) 이상
검출 시간	1.5초	
판정 값	IBU(SMK + BCM + TPMS)로부터 응답이 없을 때 (통신선 라인 이상 - 단선 또는 쇼트)	

그림 고장코드 설명

③ Immo 데이터 라인 점검 중 특이사항 확인, wake up 요청신호에 따른 응답 없음

㉮ IBU에서 12V는 정상적으로 출력되고 ECU에서 Wake up 신호 정상 출력

㉯ IBU측 응답 없음으로 Ready 불가 및 ECU에서 Wake up 신호 추가 요청(13회)

㉰ Immo 회로상의 단선, 단락은 아니며 IBU에서 응답 없음으로 판단, IBU 입력전압 상태 재점검 시 특이사항 없음, IBU 교환 진행

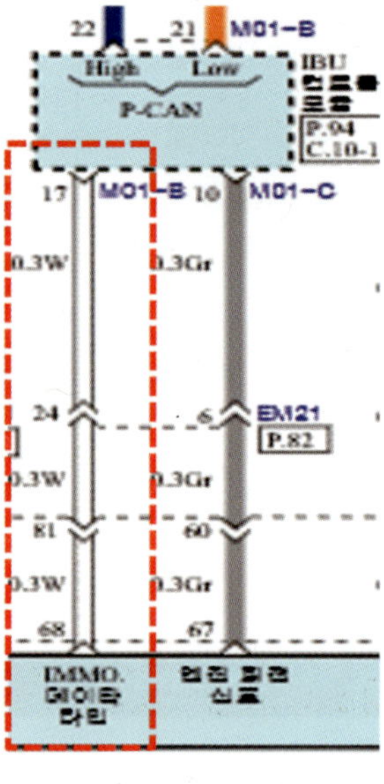

그림 Immo 데이터 라인 점검

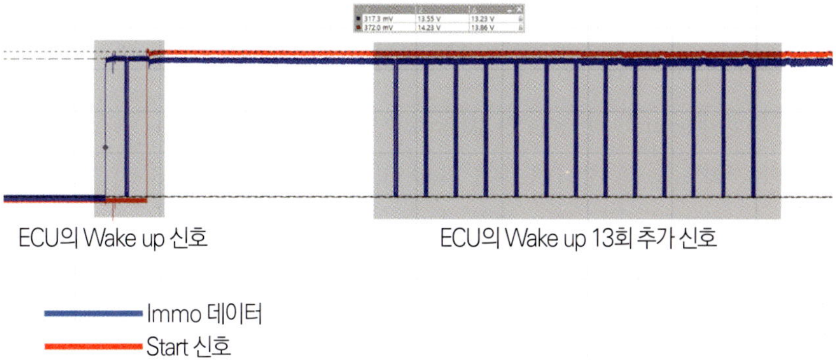

그림 현상 발생 시 immo 데이터 파형

참고 Immo 데이터라인 신호 전송 프로세스

① Key on 또는 시동 시 IBU가 데이터라인에 12V 전압 출력
② 12V 전압 신호 감지 후 ECU에서 wake up 신호 출력
③ IBU는 wake up 수신 후 시동 신호 or 시동 불가능 신호 출력
④ ECU는 IBU의 신호를 수신 후 CAN 라인 통하여 엔진 시동 승인
⑤ HCU가 승인신호를 수신 후 Ready

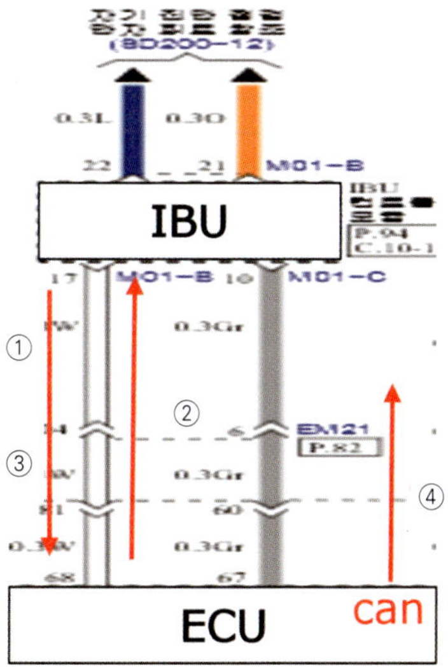

그림 IBU SMK ↔ ECU Immo 데이터라인

④ IBU 교환 후 데이터 비교

㉮ IBU 교환 후 정상시동 확인

㉯ 교환 전에는 IBU의 응답이 없음을 확인

㉰ 교환 전후 immo 데이터라인 파형 비교하여 추후 참고하여 점검 진행

㉠ immo 데이터라인은 타 차종 동일한 통신파형으로 확인

㉡ immo 데이터라인의 전압은 전원전압보다 낮음 확인

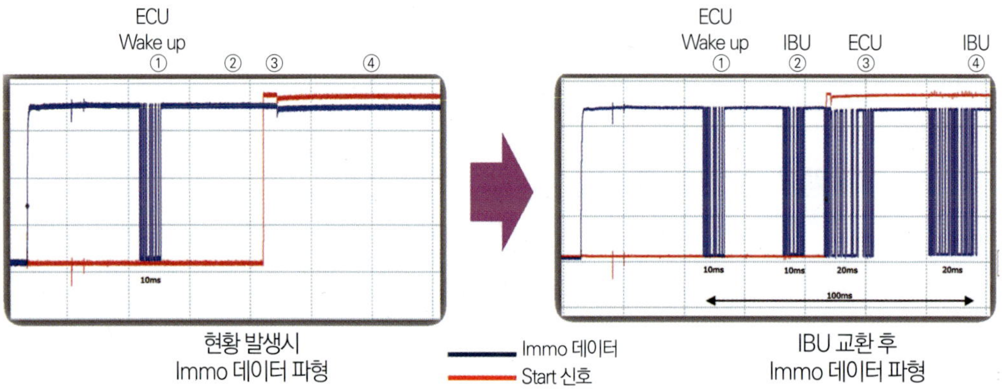

그림 IBU 교환 후 데이터 비교

⑤ Key on/시동 시 항상 모든 데이터를 주고받음을 확인

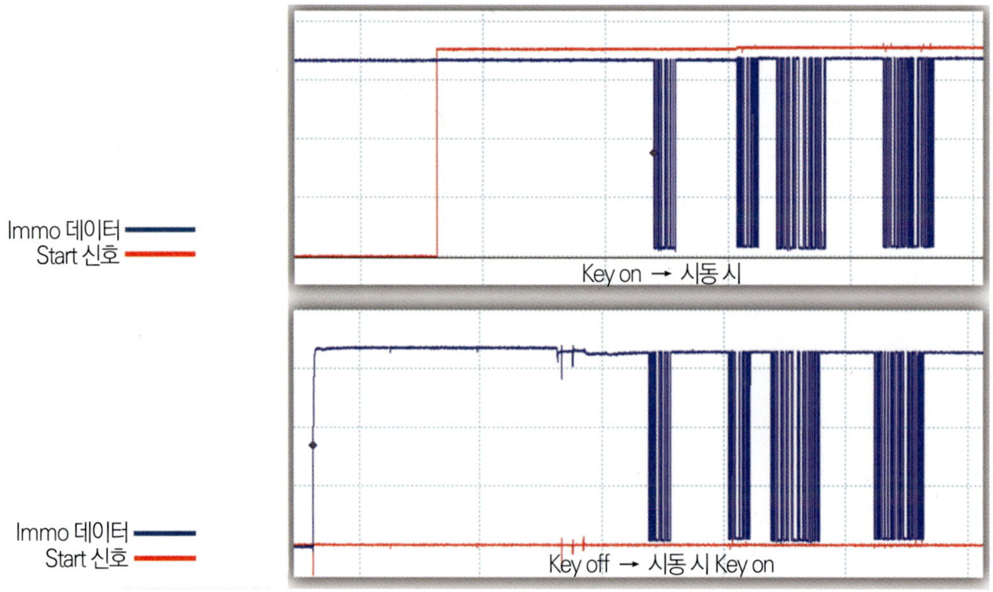

그림 데이터 주고받음

(3) 발생원인

IBU의 immo 데이터 신호 출력 없음

(4) 조치사항

IBU 교환

[14] IG HEV(그랜저 HEV, 차량년식 : 2018년식)

(1) 고장증상

차량 READY 불가

(2) 정비이력

사고 차량

(3) 점검내용

① 진단 점검, 고장코드 P199000(OPU 입력 고전압 회로 단선)

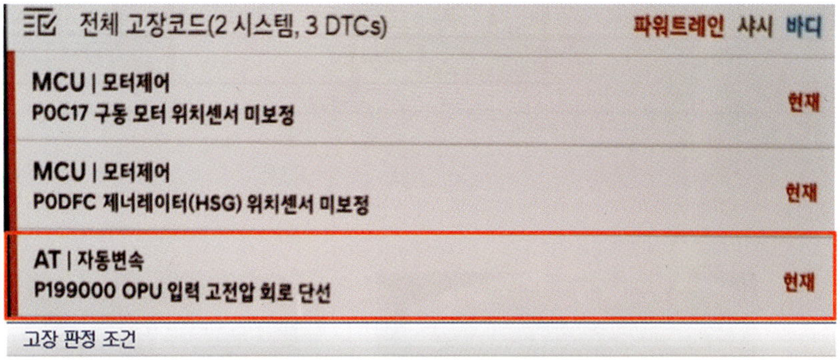

항목	판정 조건	고장 예상 원인
진단 방법	전압 모니터링	1. OPU 고전압 전원(DC IN), 파워 릴레이 어셈블리(PRA) DC 커넥터 접촉 불량 및 터미널 밀림, 와이어 단선시 2. EV Fuse 이상시 3. OPU 단품이상
진단 조건	저전압 배터리 전압이 9V 이상 16V 이하일 때 OPU 드라이빙 제한 해제 상태 BMS 배터리 전압 150V 초과 BMS 메인릴레이 ON 상태	
고장코드 발생 기준값	OPU 입력 고전압 50V 이하시	
진단 시간	2초	
MIL ON 조건	첫번째 운행 사이클	

그림 고장코드 및 고장판정 조건

② 사고 차량으로 OPU, 배선 교환해도 증상 동일

③ OPU 고장 관련 고전압 부품들 절연저항 측정 결과 이상 없음

④ 회로도 점검 결과 PRA 내부 OPU 퓨즈 있음 확인 후 PRA 내부 OPU 30A 퓨즈 저항 측정 결과 단선 확인

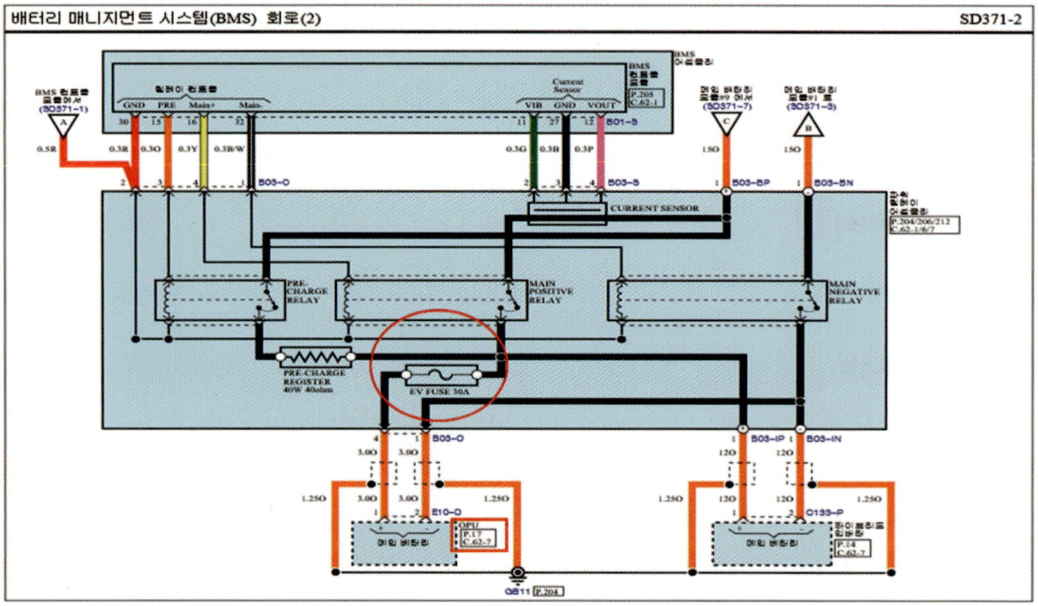

그림 퓨즈 위치

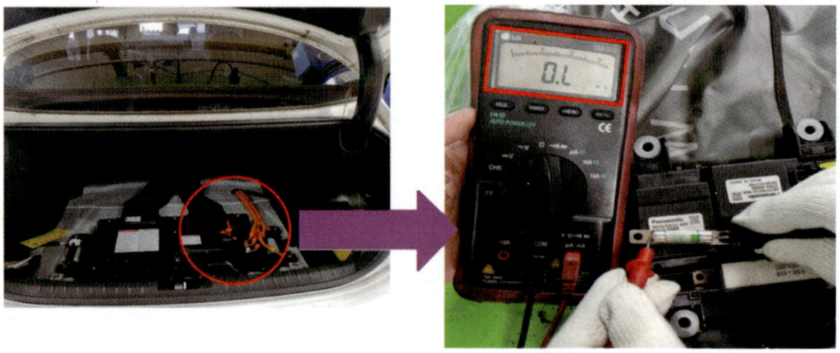

그림 퓨즈 점검

(4) 발생원인

OPU 퓨즈 단선

(5) 조치사항

PRA 교환(내부에 OPU 30A 퓨즈 있음)

[15] IG HEV(그랜저 HEV, 차량년식 : 2018년식)

(1) 고장증상

주차 후 시동을 껐지만 꺼지지 않는 차량. READY OFF 불가 차량

(2) 점검내용

① GDS 이용 진단실시, 특이한 고장코드 없음. P0230, 연료펌프 1차 회로 이상(임시)은 견인업체에서 시동이 꺼지지 않아, 저압펌프 릴레이를 탈거해두어서 뜬 코드로, DTC 상에서는 견인으로 인한 고장코드 및 저전압으로 인한 고장코드만 남아있는 상황

그림 고장코드

② READY OFF 안되며, 계속 시동 걸려있는 상태 확인. 견인업체에서 저압펌프 릴레이 탈거했지만, 고전압으로 밤새도록 RDADY 유지됨

③ IBU-SMK 센서데이터 진단. IGN1 입력신호 및 IGN1 입력단자 전원 단락 확인. 키를 OFF했지만, IGN1 입력신호가 계속 들어가고 있음을 확인

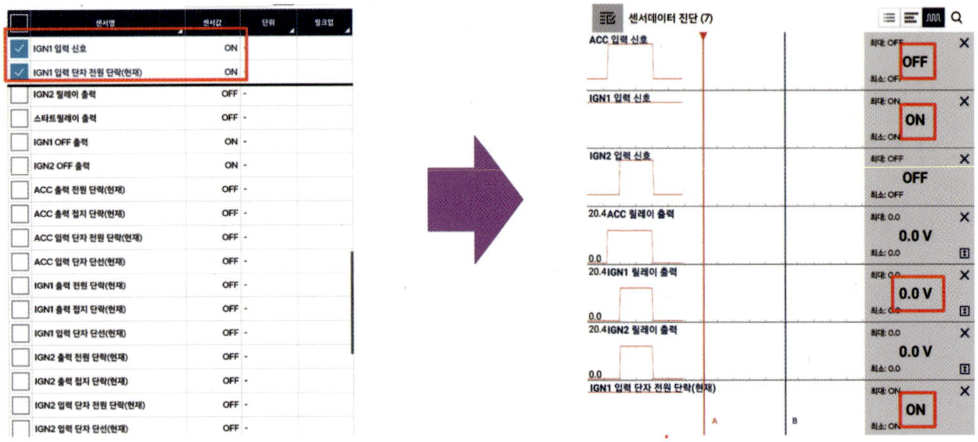

그림 센서데이터 진단

④ IGN1 입력신호 ON, IGN1 입력 단자 전원 단락 확인

⑤ 블랙박스 상시라인, ACC 라인 상호 단락으로, IGN1에 계속 상시전원이 인가되어 RDADY OFF 불가. 탈거 후 정상

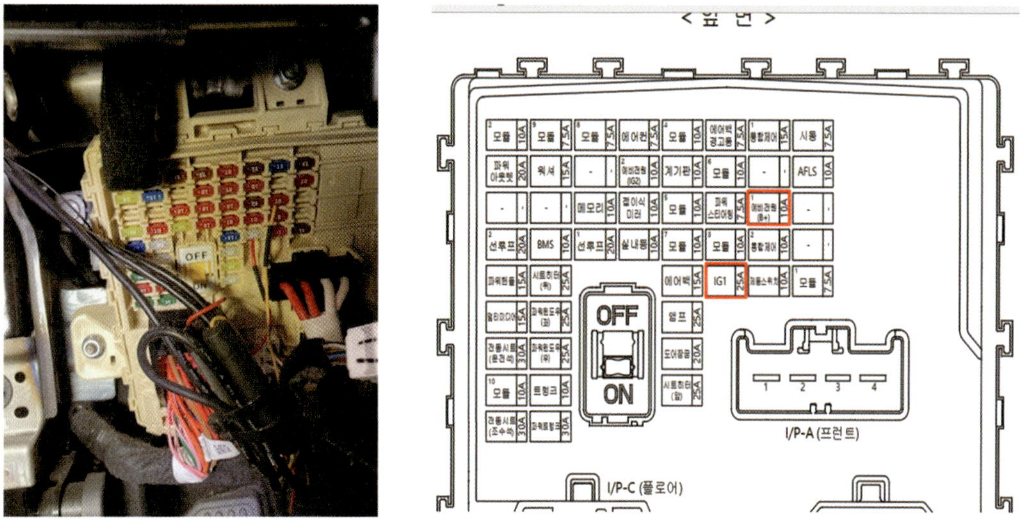

그림 ICU 퓨즈 위치

⑥ IG1(25A) 퓨즈 탈거 시, 센서데이터 보면 정상 OFF로 떨어짐. 즉, 블랙박스 상시 배선과 ACC 배선 상호 단락으로, B+ 전원이 ACC 배선으로 타고 들어가 IG1에 계속 전원을 공급해준 상황

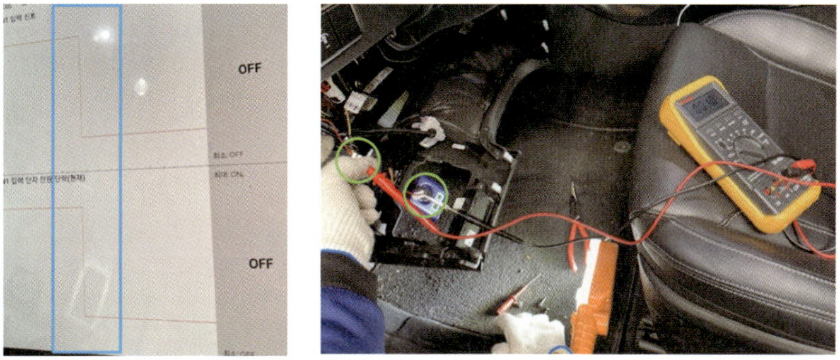

그림 퓨즈 탈거 시 센서데이터

(3) 발생원인

블랙박스 상시전원 배선과 ACC 전원 배선의 상호 단락. B+(10A) 퓨즈에 연결되어 있던 상시전원 배선이 ACC 배선을 타고 들어가 IG1(25A) 퓨즈로 인가되어서 IGN1에 계속 상시전원이 인가된 상황

(4) 조치사항

블랙박스 배선 제거. 견인업체에서 시동이 꺼지지 않아 저압펌프 릴레이를 탈거해두어 저압펌프 릴레이 장착

[16] IG HEV(그랜저 HEV, 차량년식 : 2020년식)

(1) 고장증상

주행 중 EPS 경고등 점멸 및 가속 불량으로 입고

(2) 점검내용

① 현상 재현 안 되어 250km 주행 후 정차 시 각종 경고등 점멸 및 방전 확인

② DTC_C135B08 HCU 토크 제어 불가, _C136081 EPS 토크 제어 안 됨, _C110216 배터리 전원 낮음, _C110201 배터리 전압 낮음

③ 고장코드 관련하여 SCC, IBAU C-CAN 배선 단선, 단락 검사 시 E64, E06, EF11간 배선 정상 확인, 종단 저항 정상

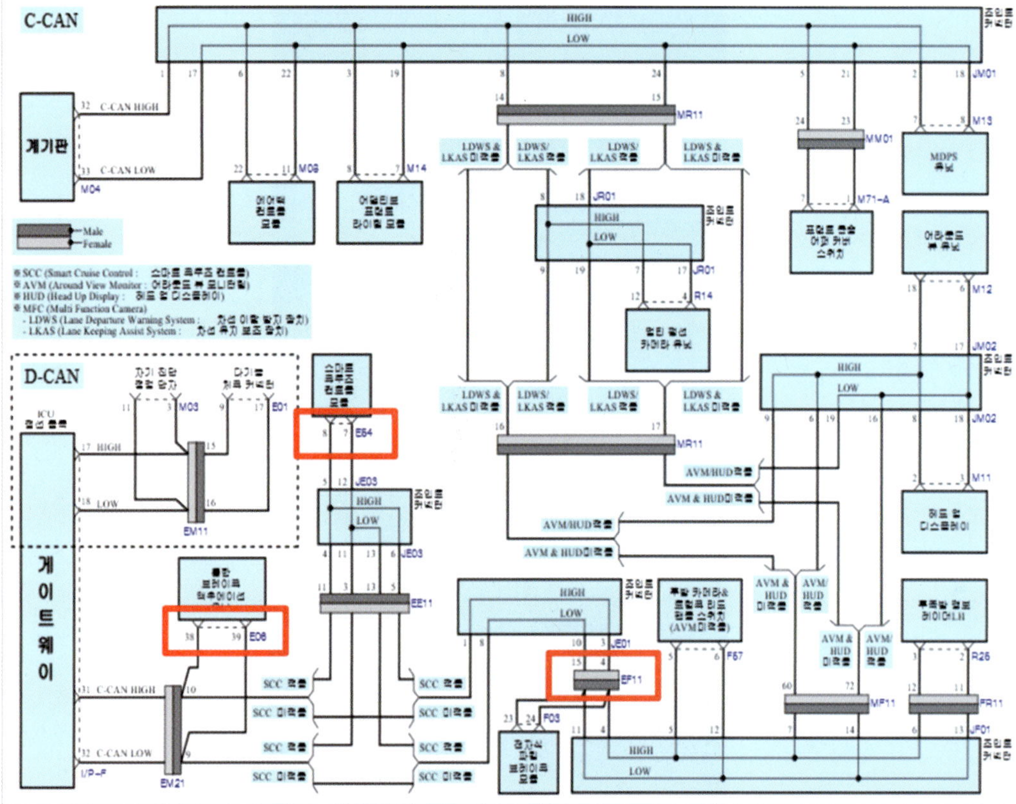

그림 배선 검사

④ LDC 활성화 테스트 및 현상 발생 시 센서데이터 분석, 현상 발생 시 LDC 출력 전압 떨어지며, 방전 현상 발생하는 것 확인, LDC 활성화 테스트 시 전압 불안정 확인, HPCU 교환 후 정상 출고

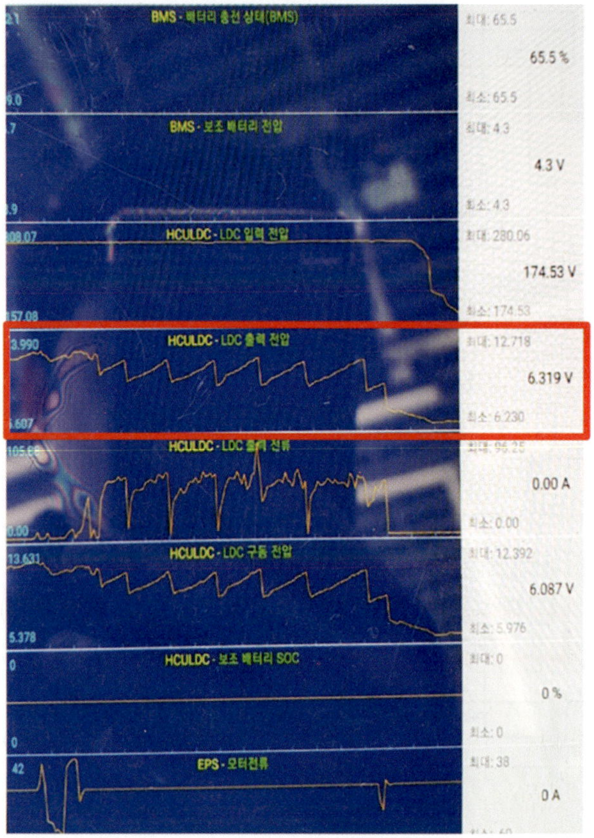

그림 센서데이터 분석

(3) 발생원인

LDC 불량

(4) 조치사항

LDC 불량으로 HPCU 교환 후 출고

[17] LF HEV(쏘나타 HEV, 차량년식 : 2015년식)

(1) 고장증상

엔진 경고등 및 서비스 램프 점등 및 소음 발생

(2) 점검내용

① 자기진단 결과 P0A4B HSG 위치센서 이상 출력

② HSG 상태 확인 결과 풀리 주변 녹 발생

그림 풀리 주변 녹 발생

③ HSG 풀리 내부 불량으로 판단되어 HSG 교환 후 정상

(3) 발생원인

HSG 풀리 내부 불량

(4) 조치사항

HSG 및 드라이브 벨트 교환

[18] LF HEV(쏘나타 HEV, 차량년식 : 2014년식)

(1) 고장증상

READY 불가 발생

(2) 정비이력

정비소에서 P1990으로 OPU 교환하였으나 동일현상 발생으로 견인 입고

(3) 점검내용

① 입고 당시 P1990 동일 코드 점등됨

시스템	고장코드	고장코드명	상태
AT	P1990	OPU 입력 고전압 와이어 단선	과거
VDCAHB	C161208	TCU측 CAN 신호 안나옴	과거
VDCAHB	C164308	요-레이트 & G(가속도) 센서측 CAN 신호 수신 이상	과거
VDCAHB	C162308	조향각 센서측 CAN 신호 안나옴	과거
MCU	P0C17	구동 모터 위치센서 미보정	과거
MCU	P0DFC	제너레이터(HSG) 위치센서 미보정	과거

그림 고장코드

고장 코드 설명

OPU는 입력 고전압이 50V이하시 감지하면 이 코드를 PCM으로 전송하고 PCM이 이 고장코드를 표출한다.

고장 판정 조건

항목	판정 조건	고장 예상 원인
진단 방법	• 전압 범위 점검(단선, 단락 점검)	1. OPU 고전압 전원(DC IN) 커넥터 접촉 불량 2. OPU 고전압 전원(DC IN) 회로 이상
진단 조건	• 배터리 전압이 9V 이상 16V 이하일 때 • BMS 배터리 전압 150V이상 • BMS 메인릴레이 ON시	
고장 판정	• OPU입력 고전압 50V이하시	
진단 시간	• 2초	
MIL ON 조건	• 첫번째 운행 사이클	

그림 고장코드 설명

센서명(47)	센서값	단위	링크업
오일펌프 회전수	0	RPM	
오일펌프 제어상태	ON	-	
TM 제어 상태 신호	OFF	-	
변속중	OFF	-	
기어중립 신호	OFF	-	
E/C 학습 상태	None	-	
서비스 램프	OFF	-	
OPU 제어 가능 상태	Not Controllable	-	

그림 센서 출력

② 점검 시 OPU 고전압 커넥터 파손된 상태임

③ 고전압 파워 릴레이에서 전압 점검 시 270V 정상 출력됨

그림 고전압 파워 릴레이 전압 점검

④ OPU 입력단 전압 점검 시 270V 정상(고전압 와이어 정상)

그림 OPU 입력단 전압 점검

⑤ OPU 입력 및 출력 커넥터 파손되어 락킹 안되어 커넥터 분배하였으나 동일 현상

그림 락킹 부 파손

⑥ 파워 릴레이 점검 시 타는 냄새 확인됨

(4) 발생원인

파워 릴레이 단품 불량

(5) 조치사항

BMS 및 파워 릴레이 교환

[19] LF HEV(쏘나타 HEV, 차량년식 : 2016년식)

(1) 고장증상

주행 중 엔진 정지 및 재 시동 후 시동 꺼짐으로 견인 입고됨

(2) 점검내용

① 입고 당시 현상 재현 가능하며 엔진 시동 후 바로 하이브리드 경고 문구 표출되며 엔진 정지됨

② GDS 진단 시 MCU 측 P0C04(HSG 과전류 이상) 출력됨

③ 고전압 관련 케이블 및 HSG 절연 상태 점검 시 정상임

④ 관련 점검 중 HSG 풀리 부위 변색 확인되고 바깥벨트 탈거 후 확인 결과 HSG 풀리 소착 확인됨

그림 풀리 소착

(3) 발생원인

풀리 안쪽면 녹 발생 및 고착

(4) 조치사항

HSG 교환 후 정상

[20] LF HEV(쏘나타 HEV, 차량년식 : 2015년식)

(1) 고장증상

주행 중 "하이브리드 시스템 점검하시오" 클러스터 출력됨, 가속 시 출력 부족

(2) 점검내용

① 스캐너 진단 시 P0A0D 고전압 시스템 인터록 회로 미체결 출력됨(과거)

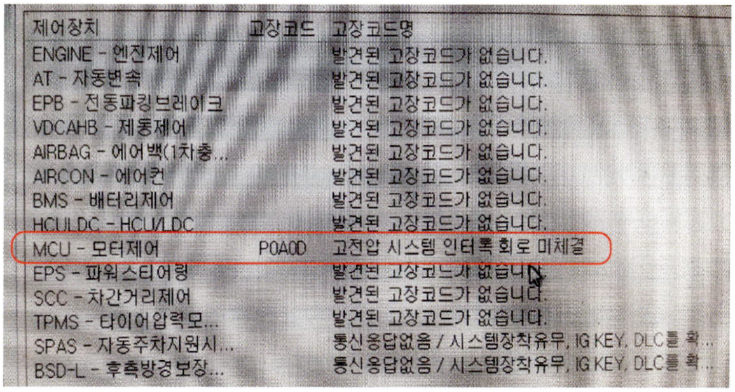

제어장치	고장코드	고장코드명
ENGINE - 엔진제어		발견된 고장코드가 없습니다.
AT - 자동변속		발견된 고장코드가 없습니다.
EPB - 전동파킹브레이크		발견된 고장코드가 없습니다.
VDCAHB - 제동제어		발견된 고장코드가 없습니다.
AIRBAG - 에어백(1차충...		발견된 고장코드가 없습니다.
AIRCON - 에어컨		발견된 고장코드가 없습니다.
BMS - 배터리제어		발견된 고장코드가 없습니다.
HCULDC - HCU/LDC		발견된 고장코드가 없습니다.
MCU - 모터제어	P0A0D	고전압 시스템 인터록 회로 미체결
EPS - 파워스티어링		발견된 고장코드가 없습니다.
SCC - 차간거리제어		발견된 고장코드가 없습니다.
TPMS - 타이어압력모...		발견된 고장코드가 없습니다.
SPAS - 자동주차지원시...		통신응답없음 / 시스템장착유무, IG KEY, DLC를 확...
BSD-L - 후측방경보장...		통신응답없음 / 시스템장착유무, IG KEY, DLC를 확...

그림 고장코드

② 고장코드 삭제 시 바로 삭제됨

③ 진단가이드 참고하여 점검 시 MCU 쪽 고전압 케이블 인터록 배선 전압 점검 시 정상(0V)

쏘나타 hybrid(LF HEV) > 2015 > G 2.0 HEV > Motor Control System > 모터제어 > P0A0D 고전압 시스템

고장 코드 설명

P0A0D는 "하이브리드 파워 컨트롤 유닛_하이브리드 인버터(MCU/GCU)_전원" 회로 단선 또는 접촉불량이 발생

고장 판정 조건

항 목	판정 조건
검출 방법	• 전압 감지
검출 조건	• IG key "ON" • 보조 배터리 전원 전압 9V~16V
고장 판정	• 인터 락 출력 전압 3.5V 이상
검출 시간	• 100ms
MIL 램프	• 즉시
서비스 램프	• 점등

그림 진단가이드

④ 인터록 배선 핀텐션 점검 시 이상 없음

⑤ MCU 쪽 채결부위 점검 시 핀 휘어짐 확인

그림 핀 휘어짐

(3) 발생원인

MCU 쪽 채결부위 점검 시 핀 휘어짐

(4) 조치사항

핀 수정

[21] LF HEV(쏘나타 HEV, 차량년식 : 2018년식)

(1) 고장증상

아이들 가속 시 및 주행 시 하이브리드 경고등 및 엔진 체크램프 점등 후 가속 불량 "하이브리드 시스템을 점검하십시오" 문구 출력

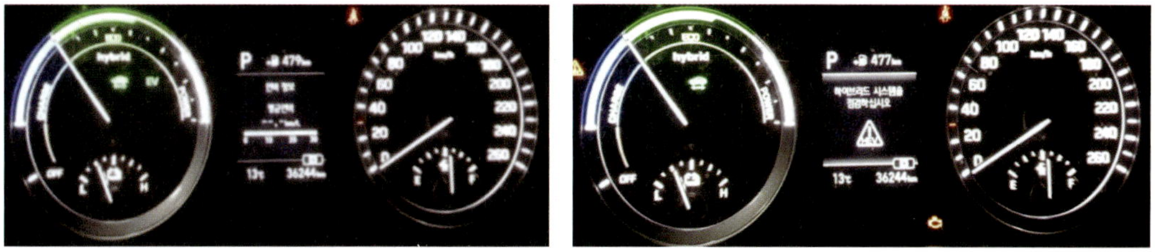

(a) 시동 시　　(b) 가속 시 경고등 및 문구 출력

그림 고장 시 증상

(2) 정비이력

정비업체에서 프론트 사고로 인한 작업 수리 후 입고 점검

(3) 점검내용

① PRA 교환 후 동일 현상 발생

② P0AA6 고전압 절연파괴 출력

시스템	고장코드	고장코드명	상태
BMS	P0AA6	고전압 부품 절연파괴	과거

그림 고장코드

2019 > G 2.0 GDI HEV > Battery Management System > 배터리제어 > P0AA6 고전압 부품 절연파괴 > DTC 정보

고장 코드 설명

절연파괴 검출회로는 BMS-ECU의 내부에 회로로 이루어져 있다. 절연저항 측정값은 정상 시 약 1MΩ 이상으로 유지되며, 고전압 부품 절연파괴 진단은 고전압 라인과 차체의 절연의 정도가 임계값(약 300kΩ) 미만으로 낮아질 때 고장으로 판단된다. 즉, 배터리 고전압 라인과 GND간 단락에 의한 고전압 절연파괴를 검출하면 상기 DTC를 표출한다. 고장코드는 IG OFF 시 해제된다. 다만 릴레이 전단 고장 경우에 한하여 측정된 절연저항이 기준값 이상 회복 시에도 고장해제 된다.
해당 DTC 발생 시 고장 발생 부위를 찾기 위하여 '고장상황데이터의 고장추가정보'와 '절연파괴 고장부위 예측 부가기능'을 활용하도록 한다.

고장 판정 조건

항목	판정 조건			고장예상 원인
검출목적	절연파괴에 의한 안전사고 방지			1. 하이브리드 배터리 팩 2. 절연 저항 센싱 회로 이상 3. BMS ECU 4. 고전압 부품(Motor, HSG, FATC 등) 및 고전압 케이블
진입조건	점화스위치 "ON" 보조배터리 정상전압(9-16V)			
안전 모드	고전압 릴레이 제어		OFF	
	서비스 램프	ON 조건	1회 주행 사이클	
		OFF 조건	점화스위치 "OFF"	
	DTC 확정		1회 주행사이클	
	경고등(MIL)		ON	

그림 고장코드 설명

③ HPCU 교환했으나 동일 현상 발생

④ 절연파괴 검사. 고전압 입력부(고전압 배터리 출력~고전압 부품 입력단) 출력

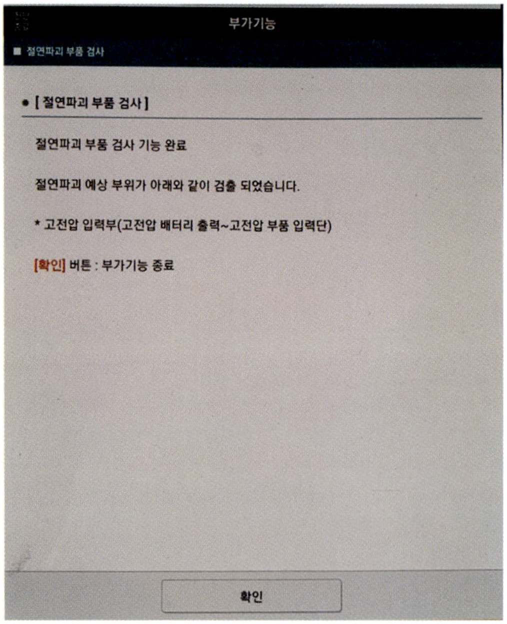

그림 절연파괴 검사

참고 절연파괴 부품 검사 진행 순서

고전압 배터리(릴레이 전단) → 고전압 입력부(릴레이 후단) → MOTOR → HSG → EOP

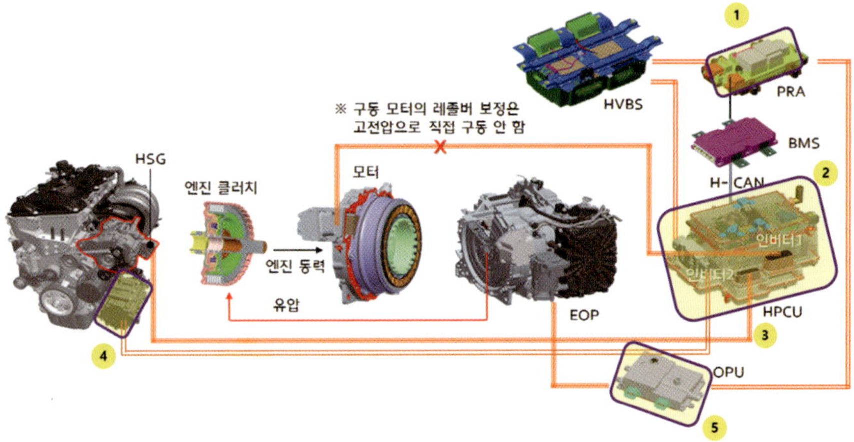

그림 절연파괴 부품 점검 품목

⑤ 고전압 입력부(PRA, 에어컨 컴프레서, OPU, HPCU) 절연파괴 예상됨

⑥ 고전압 케이블 점검 시 정상

⑦ OPU 단품 절연저항 점검. OPU 바디와 고전압 입력 단자간 통전 확인(불량), 신품에서와 같이 OPU 고전압 입력단 저항이 O.L로 출력되어야 하나 OPU 유닛 회로와 바디간 쇼트 확인됨

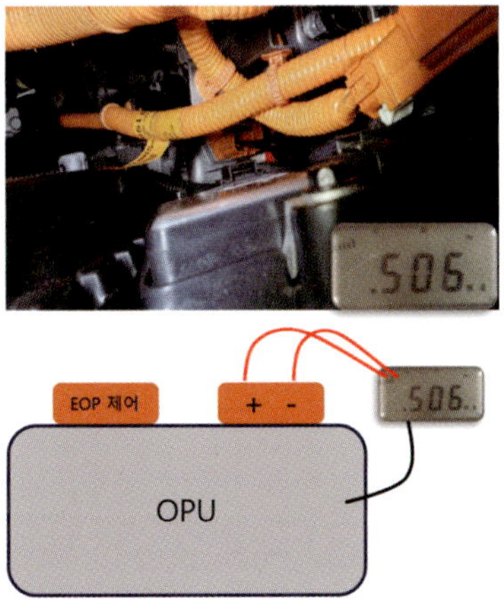

신품 OPU 고전압 단자와 바디간 O.L 정상

그림 OPU 단품 절연저항 점검

⑧ OPU 교환 후 정상, 문제 현상 발생 시 절연파괴 부품 검사시간(1분)과 수리 후 절연파괴 부품 검사 진행(5분) 시간이 상당한 차이를 보임

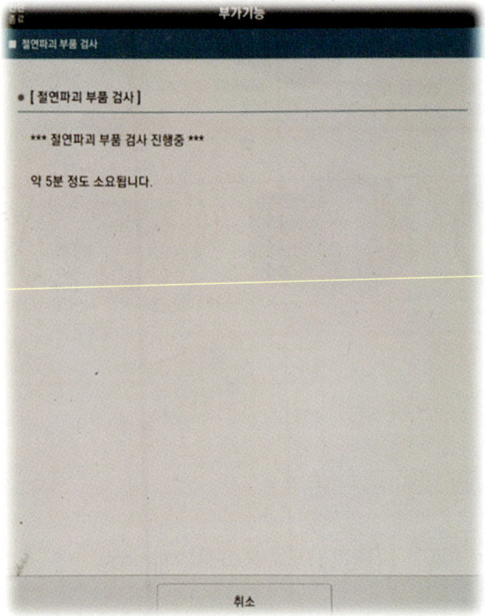

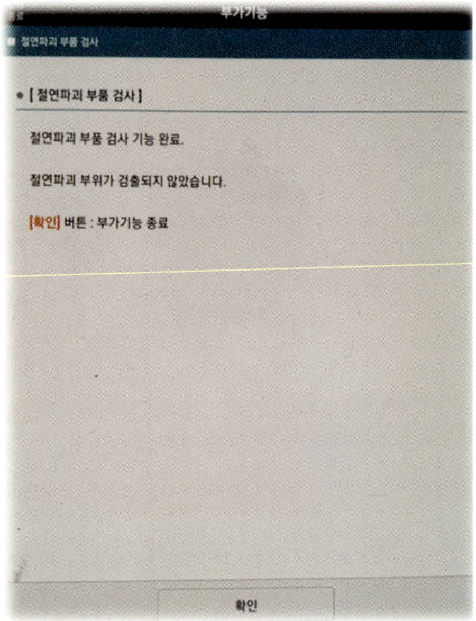

그림 정상 시 절연파괴 검사

(4) 발생원인

OPU 외부 충격으로 인한 절연파괴로 고전압 부품 점검 중 프론트 범퍼 및 라디에이터, 냉각 휀, 전조등 교환 확인되며, OPU 바디와 고전압 단자간 통전 TEST 시 절연파괴가 확인되어 OPU 단품 육안 점검 시 고정 브라켓 충격으로 인한 휨 및 OPU 라벨 훼손 흔적 확인으로 냉각수 라인 파손으로 인한 수분유입으로 판단 냉각수 라인 육안 점검 시 특이사항 확인되지 않음. OPU 내부 회로와 바디 사고로 인한 내부 쇼트로 판단됨

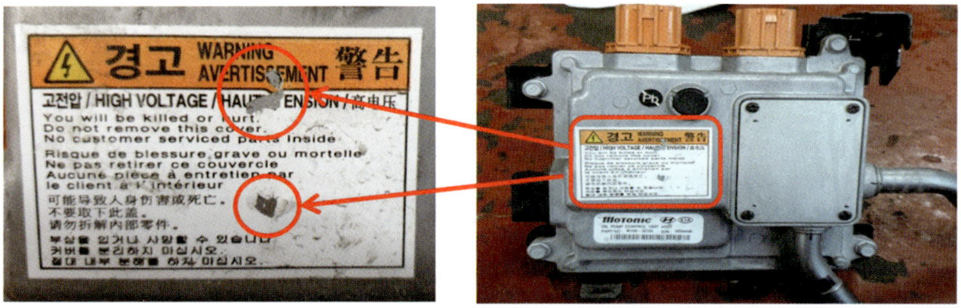

그림 라벨 훼손(사고흔적)

(5) 조치사항

OPU 교환

[22] LF HEV(쏘나타 HEV, 차량년식 : 2016년식)

(1) 고장증상

"하이브리드 시스템을 점검하십시오" 경고문구 점등 및 READY 불가

(2) 점검내용

① 자기 진단 점검, 고장코드 P0AA6, P1B77, P0B54, P0B5E, P0B63 검출

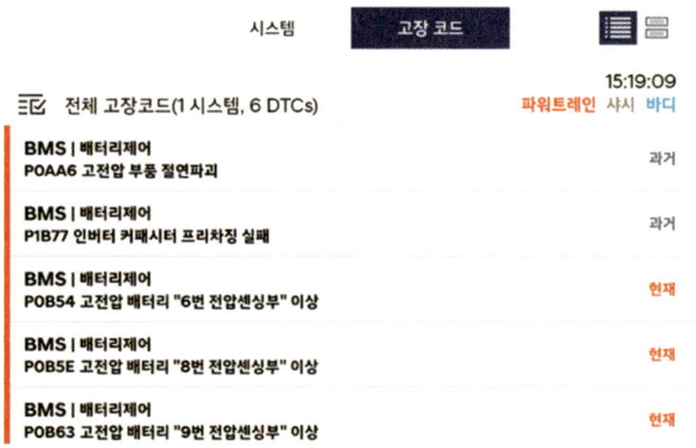

그림 고장코드

② 센서데이터 점검, 절연저항(0㏀), 배터리 셀 전압(57번~72번) 0V, BMS 고장(YES), 배터리 팩 전압(6553.5V) 확인

센서데이터 진단 (127) 시간 00:00:03

센서명	센서값	단위	링크업
절연 저항	0	kOhm	
배터리 팩 전압	6553.5	V	
BMS 고장	YES	-	
배터리 셀 전압 57	0.00	V	
배터리 셀 전압 58	0.00	V	
배터리 셀 전압 59	0.00	V	
배터리 셀 전압 60	0.00	V	
배터리 셀 전압 61	0.00	V	
배터리 셀 전압 62	0.00	V	
배터리 셀 전압 63	0.00	V	
배터리 셀 전압 64	0.00	V	
배터리 셀 전압 65	0.00	V	
배터리 셀 전압 66	0.00	V	
배터리 셀 전압 67	0.00	V	
배터리 셀 전압 68	0.00	V	
배터리 셀 전압 69	0.00	V	
배터리 셀 전압 70	0.00	V	
배터리 셀 전압 71	0.00	V	
배터리 셀 전압 72	0.00	V	

그림 센서데이터

③ 고전압 절연파괴 부품검사 실행하였으나 고전압 절연파괴 부품검사 검사 실패, 실제 고전압 부품 절연저항 측정 시 PASS

④ 배선 점검

⑤ 고전압 배터리 탈거 후 모듈전압 측정, 모듈 전압 측정 시 8번 모듈만 전압 6.29V 측정. 6, 9번 모듈 전압 측정 시 30V(정상값) 확인. 실측 전압과 센서데이터 전압 차이가 난다. MASTER BMS 장착 후 센서데이터 분석 시 셀 전압 57~64번(8번 모듈) 전압만 0V 출력, 기존 BMS에서 57번~72번(8, 9번 모듈) 0V 출력, MASTER BMS에서 57번~64번(8번)만 0V 출력, MASTER BMS에서 문제 있는 8번 모듈만 0V로 정상 출력하는 것으로 확인. 전압 배터리 8번 모듈 불량, BMS 전압 센싱 불량 판단

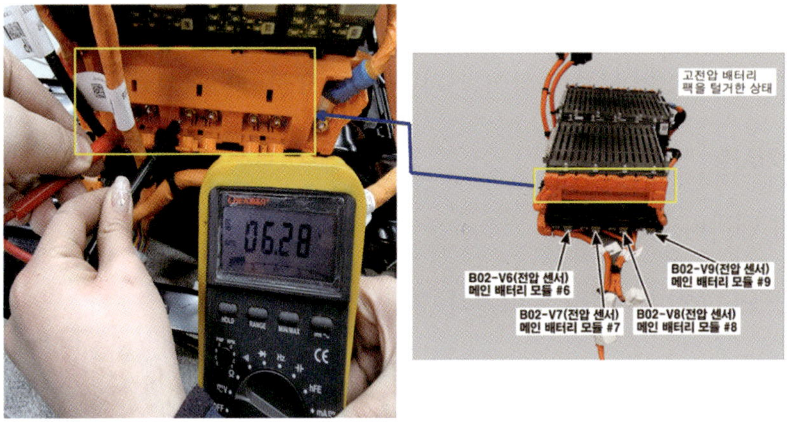

그림 8번 모듈 점검 시

⑥ BMS 기판 저항(8번 모듈 8번 CELL) 터짐. 저항이 터지면서 셀 전압 모니터링에 영향을 미쳤다고 판단

⑦ 고전압 배터리, BMS 교환 후 배터리 팩 전압, 절연저항 모두 정상 데이터

☐	센서명	센서값	단위	링크업
☑	배터리 팩 전압	276.2	V	
☑	절연 저항	1000	kOhm	
☐	배터리 셀 전압 57	3.84	V	
☐	배터리 셀 전압 58	3.82	V	
☐	배터리 셀 전압 59	3.84	V	
☐	배터리 셀 전압 60	3.82	V	
☐	배터리 셀 전압 61	3.84	V	
☐	배터리 셀 전압 62	3.82	V	
☐	배터리 셀 전압 63	3.84	V	
☐	배터리 셀 전압 64	3.82	V	
☐	배터리 셀 전압 65	3.82	V	
☐	배터리 셀 전압 66	3.82	V	
☐	배터리 셀 전압 67	3.82	V	
☐	배터리 셀 전압 68	3.84	V	
☐	배터리 셀 전압 69	3.82	V	
☐	배터리 셀 전압 70	3.82	V	
☐	배터리 셀 전압 71	3.82	V	
☐	배터리 셀 전압 72	3.84	V	

그림 정상 데이터

(3) 발생원인

고전압 배터리 8번 모듈 저항이 터지면서 BMS 불량

(4) 조치사항

고전압 배터리, BMS 교환

[23] LF HEV(쏘나타 HEV, 차량년식 : 2015년식)

(1) 고장증상

고속도로 주행 중 하이브리드 경고문구 및 재시동 불가로 견인 입고

(2) 점검내용

① 최초 긴급출동 후 점검 시 DTC P1B74(고전압 배터리 전압센싱라인 단선), P1B77(인버터 커패시터 프리차징 실패)

② 고장코드 소거 후 재확인 시 P1B77 현재 고장으로 재출력됨

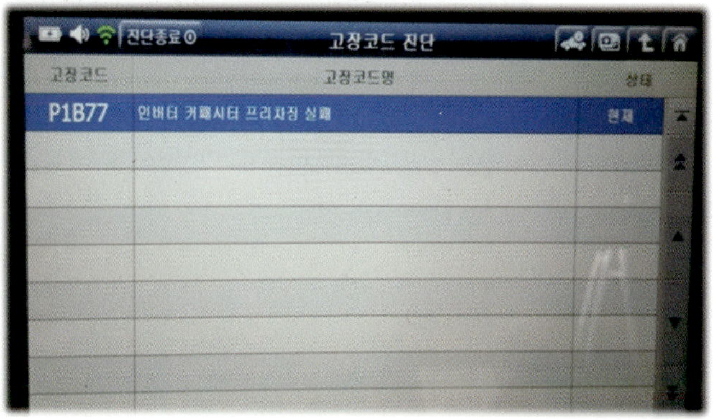

그림 고장코드

③ SVC DATA 확인 시 고전압 배터리 전압상태 양호하나 BMS 고장에서 YES 출력

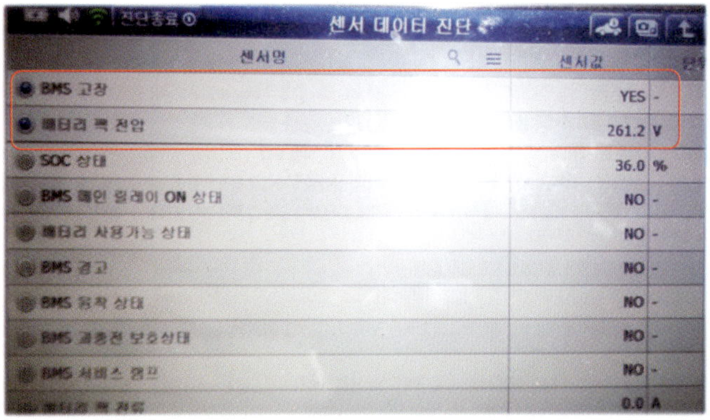

그림 센서데이터

④ BMS측 부가기능 절연파괴 검사 시 실패 확인됨

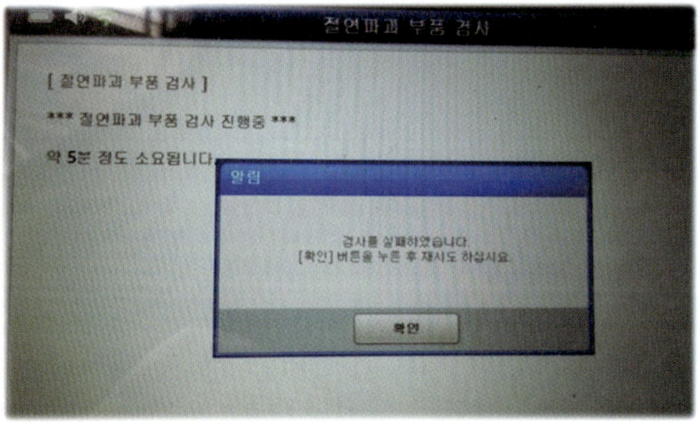

그림 절연파괴 검사 실패

⑤ P1B77 프리차징 실패에 대한 진단 정보 확인

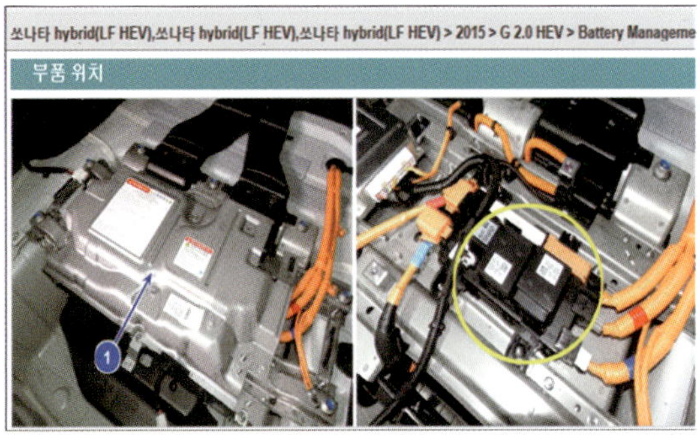

그림 부품 위치

기능 및 역할

* 고전압 배터리시스템이란 ?

고전압 배터리시스템은 고전압 배터리와 BMS ECU, PRA(Power Relay Assembly) 및 냉각 Blower로 구성되어 있으며 각각의 기능 및 역할은 아래와 같다.

- 고전압 배터리 : 차량 가감속시 전기 에너지 공급 및 저장하는 장치.
- BMS ECU : 고전압 배터리를 관리하는 ECU로서 배터리 전압, 전류, 온도를 모니터링 한다.
- PRA : 고전압을 자동으로 연결 및 차단해주는 릴레이류와 고전압 배터리의 전류를 모니터링 하기 위한 전류센서가 일체형으로 구성 되어 있는 장치.
- Safety plug : 안전플러그는 작업자를 보호 하기 위해 고전압을 기계적으로 차단할 수 있는 고전압 차단 스위치의 역할을 하며, 내부에는 과전류 보호용 휴즈가 내장되어 있어 안전사고를 방지하는 역할을 한다.
- 냉각 Blower : 고전압 배터리 시스템을 냉각하기 위한 냉각 장치.

* 배터리 셀의 기능 및 역할

고전압 배터리 셀은 고전압 배터리 팩을 구성하는 배터리의 가장 작은 단위이다. 고전압 배터리 셀은 3.75V를 형상하고 있으며 고전압 배터리 팩은 셀 72개가 직렬 연결되어 270V의 고전압 배터리 팩을 형성한다.

BMS ECU는 배터리시스템을 감시 하기 위해 고전압 배터리 셀 전압 72개 전체와 배터리 온도센서 5개, 외기 온도센서 1개, 배터리에 충방전 되는 전류를 측정하는 전류센서, 그리고 보조배터리 상태를 감시하는 보조배터리 온도센서로 구성 되어 있다.

* 고전압 배터리의 사양은 아래와 같다.

동작 전압 : 팩 200~310V (셀 2.75~4.3)

동작 온도 : -30°C(-22°F)~55°C(131°F)

저장 온도 : -40°C(-40°F)~65°C(149°F)

동작 전류 : 충전시 (-)200A~ 방전시 (+)200A

그림 기능 및 역할

고장 코드 설명

IG ON 후 인버터 커패시터 초기충전 실패로 인한 고전압 공급 실패 상황이 검출되면 상기 DTC를 표출한다. 고전압 배터리 팩 전압(Vpack)과 MCU 에서 측정되는 인버터 커패시터 전압(Vcap)을 모니터링하여 고장을 검출한다. 현재 고장이 발생하면 서비스 램프를 점등시킨다. 만약 정상 상태로 회복되면 현재의 고장코드는 삭제되고 과거고장 코드(DTC 코드 끝부분에 H표시)가 검출 된다. 이때 서비스 램프는 소등되며 과거 고장코드는 GDS을 사용하여 소거시킬수 있다.

고장 판정 조건

항목	판정 조건	고장 예상 원인
검출목적	• 프리차징 실패로 인한 릴레이 제어 오류 방지 • 고전압 인가 불가로 인한 하이브리드기능 상실 검출	1. 메인 릴레이 결함 2. 프리차지 릴레이 결함 3. 하이브리드 배터리 모듈과 BMS간 배선 및 커넥터 접속 불량 또는 단선 4. BMS ECU 5. MCU
검출방법	• 검출조건으로 0.02초간 지속되면 검출	
검출조건	• 점화 스위치 "ON" • 보조배터리 정상	
고장코드발생기준값	• 메인 릴레이 ON후 인버터 커패시터 전압이 특정 수준(배터리 팩 전압의 80%)으로 상승하지 않을 경우	
고장코드해제기준값	• 점화 스위치 "OFF"	
MIL 점등 조건	• 1DC(드라이빙 사이클: ST ON~IG OFF) 동안 고장 발생 시	
MIL 소등 조건	• 3DC(드라이빙 사이클: ST ON~IG OFF) 동안 고장 없을 시	
안전 모드	• 고전압공급차단(HEV기능중단) : 메인릴레이 OFF 유지	

그림 고장코드 설명

⑥ 고전압 배터리 메인 릴레이 전원단 확인 중 고전압 라인 0V 확인

⑦ 안전 플러그 퓨즈 점검 시 안전 플러그 텐션부 열화 및 퓨즈 열화되어 퓨즈 터져 단선 확인

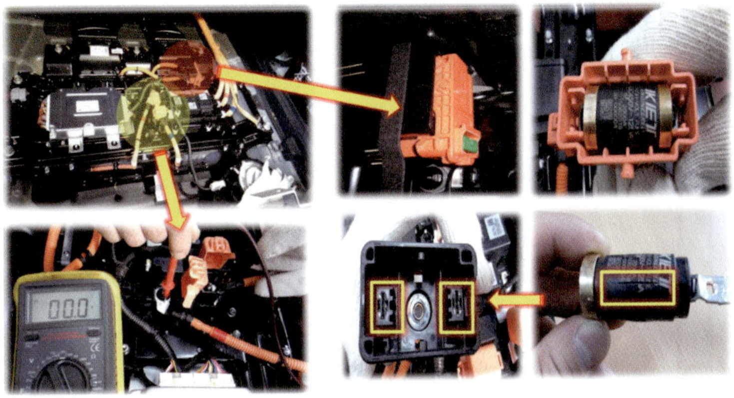

그림 고전압 배터리 라인 및 메인 릴레이 점검

⑧ 안전 플러그 퓨즈 텐션력 이상이 없었고 과부하에 의한 열화인데 고전압 배터리 케이블 단자 조립상태 및 메인 및 프리차저 릴레이 단자 텐션 확인 시 특이사항 없음

그림 안전 플러그 열화 관련 고전압 케이블 라인 전체 점검

⑨ 안전 플러그 및 고전압 케이블 교환

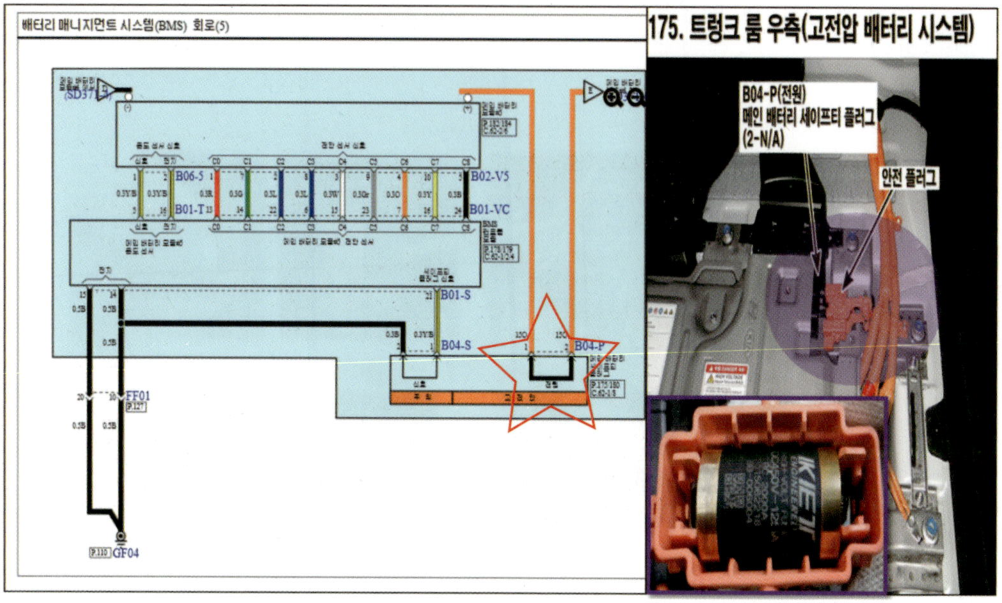

그림 안전 플러그 퓨즈 관련 회로

(3) 발생원인

안전 플러그(Safety Plug) 퓨즈 발열로 단선

(4) 조치사항

안전 플러그 및 고전압 케이블 교환

[24] LF HEV(쏘나타 HEV, 차량년식 : 2018년식)

(1) 고장증상

간헐적으로 시동이 걸리지 않고 하이브리드 경고등 점등. 주행 중 소음이 발생하기도 하였다고 함

(2) 정비이력

해당 증상으로 HSG 교환 이력

(3) 점검내용

① 고장코드 점검, P0E0C 제네레이터 케이블 단선, P0DFC 제네레이터 위치센서 미보정, P0C17 구동모터 위치센서 미보정

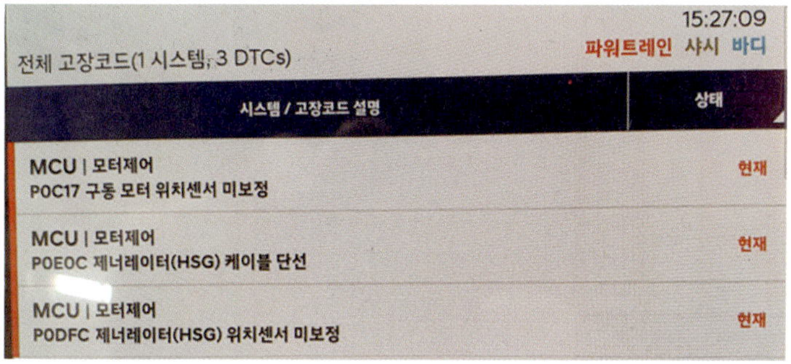

그림 고장코드

② 해당 증상으로 HSG도 교환이력 확인하고 HSG 케이블 단선이 주원인이라고 판단하고, 고전압 케이블 점검부터 실시, 고전압 케이블 점검 시 부식 확인됨

㉮ HSG 고전압 케이블 HPCU측에 연결 커넥터 탈거 시 약간의 수분이 확인됨(HSG측 수분 없음)

㉯ HPCU측과 커넥터 확인 시 다른 수분 흔적이나 핀 부식 흔적은 없음

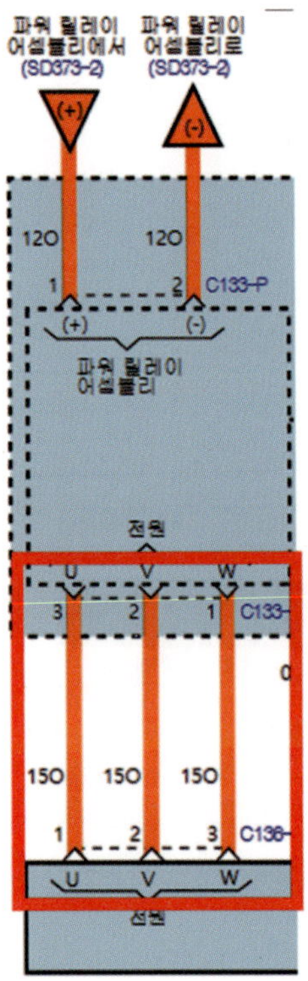

그림 커넥터 확인

㉰ HSG 고전압 커넥터 탈거 후 U, V, W 배선 선간 저항 측정 시 0.2~0.3Ω으로 정상 확인

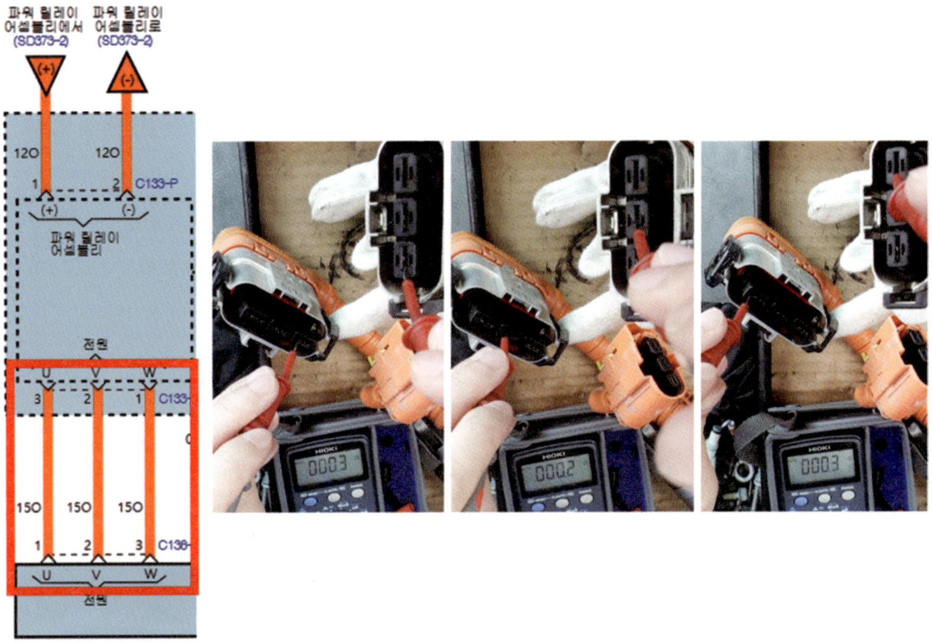

그림 배선 선간 저항 측정

㉣ 간헐적으로 W 선간저항 측정 시 OL로 측정이 될 때가 있어서 다시 커넥터 핀 확인

㉤ 처음에 살짝 봤을 때는 부식을 확인하지 못하였으나 재확인 시 HSG측 고전압 케이블 3번 핀 부식 확인

그림 3번 핀 부식 확인

㉥ HSG 단품 핀 확인 시 부식 없음

(4) 발생원인

HSG 교환되어 HSG 내부 불량으로 냉각수가 유입되어 부식이 된 것인지 정확한 판단불가 하지만, HSG에서 냉각수가 누수되어 HSG 고전압 케이블 부식된 것으로 예상됨

(5) 조치사항

고전압 케이블 교환

[25] LF HEV(쏘나타 HEV, 차량년식 : 2015년식)

(1) 고장증상

주행 중 간헐적으로 하이브리드 경고등 점등 이후 시동 꺼짐 발생됨

그림 경고등 점등

(2) 점검내용

① 간헐적 주행 중 현상 발생 확인됨

② 클러스터 하이브리드 점검 문구 디스플레이되나 고장코드 발생 없음

HCULDC - HCU/LDC	발견된 고장코드가 없습니다.
ENGINE - 엔진제어	발견된 고장코드가 없습니다.
MCU - 모터제어	발견된 고장코드가 없습니다.
BMS - 배터리제어	발견된 고장코드가 없습니다.
AT - 자동변속	발견된 고장코드가 없습니다.
VDCAHB - 제동제어	발견된 고장코드가 없습니다.

H-CAN 전체 고장진단 정상

ENGINE - 엔진제어	발견된 고장코드가 없습니다.
AT - 자동변속	발견된 고장코드가 없습니다.
VDCAHB - 제동제어	발견된 고장코드가 없습니다.

P-CAN 전체 고장진단 정상

그림 자기진단

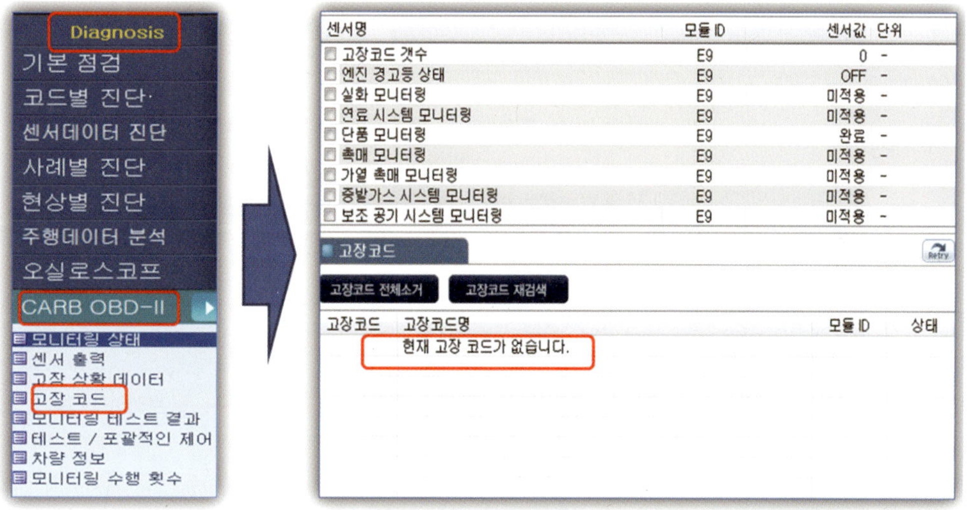

그림 OBD 자기진단

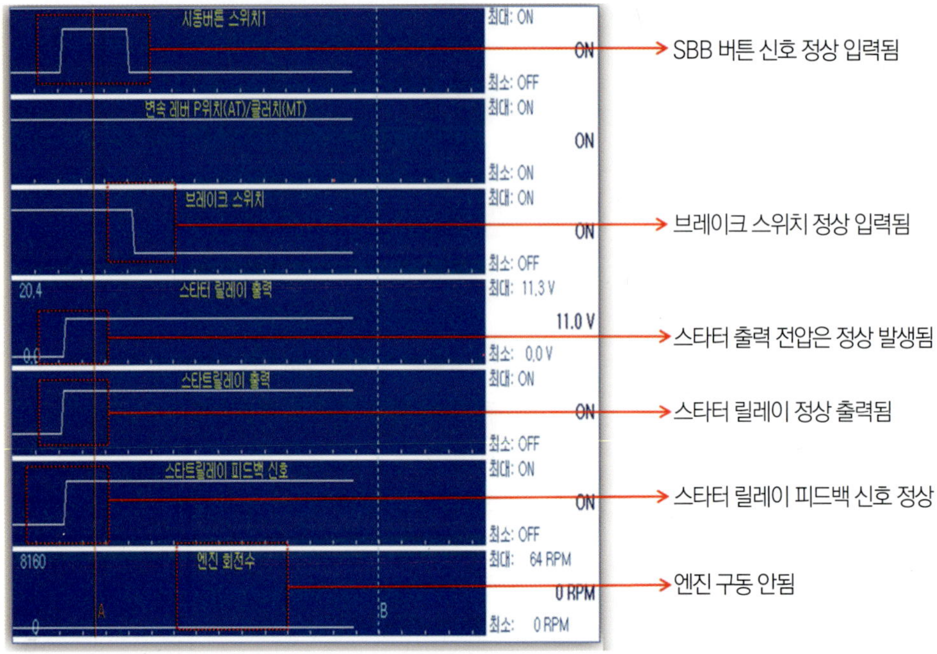

그림 시동 불량 당시 SMK 서비스 데이터 점검

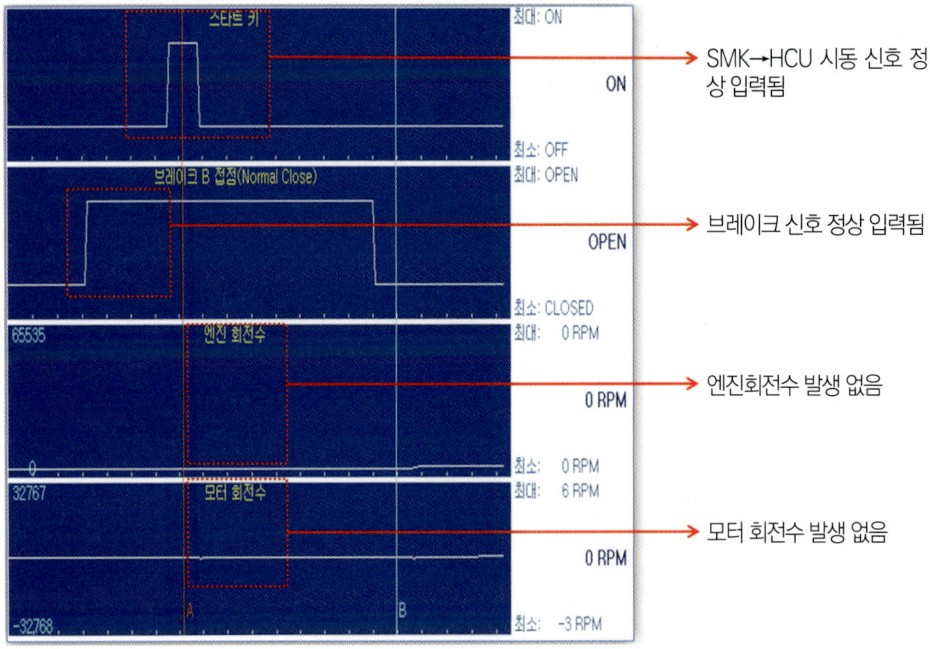

그림 시동 불량 당시 HCU 서비스 데이터 점검

③ OBD 자기진단 실시하였으나 OBD 자기진단 결과 정상

이모빌라이져 인증여부	UNLOCK	-
이모빌라이져	Immo.	-
이그니션 전원	ON	-
스타트 키	OFF	-
브레이크 A 접점(Normal Open)	OPEN	-
브레이크 B 접점(Normal Close)	CLOSED	-
진단기에 의한 '엔진클러치 유압 보정'	Ready	-
엔진 제어기 준비	YES	-
배터리 제어기 준비	YES	-
MCU 준비 상태	YES	-
변속 제어기 준비	YES	-
LDC 제어기 준비	YES	-
공조 제어기 준비	YES	-
제동 제어기 준비	YES	-
보조배터리(12V) 전압	14.914	V
엔진클러치 유압	0.204	bar
엔진 클러치 유압 센서 전압	0.523	V
메인배터리 충전용량	57.000	%
TMU 차량 감속 명령	OFF	-
TMU 시동 금지 명령	OFF	-
엔진 클러치 유압 명령	0.000	bar
엔진 회전수	1211	RPM
모터 회전수	0	RPM

엔진 클러치 유압 센서 전압	0.523	V
메인배터리 충전용량	57.000	%
TMU 차량 감속 명령	OFF	-
TMU 시동 금지 명령	OFF	-
엔진 클러치 유압 명령	0.000	bar
엔진 회전수	1204	RPM
모터 회전수	0	RPM
Kisspoint 학습 후 값	1.333	bar
클러치 유압센서 Offset 보정값	-0.032	bar
Kisspoint 보정 학습치	0.033	bar
전달토크 학습치 1	1.000	Nm
전달토크 학습치 2	1.474	Nm
Launch Class 진입횟수	6	Coun
전달토크 학습 횟수	58	Coun
LDC 작동 준비 가능 상태	ON	-
LDC PWM 출력 상태	ON	-
LDC에 의한 서비스램프 점등 요구	OFF	-
LDC 고장 상태	NO	-
LDC 출력 제한 상태	OFF	-
LDC 출력 전압	15.0	V
LDC 출력 전류	46	A
LDC 입력 전압	278	V
LDC 파워모듈 온도	43	'C

그림 HCU 전체 서비스 데이터 점검(문제발생 없음)

④ HPCU, 엔진 ECU, EEWP 등 교환 이후 동일 현상 발생됨

⑤ 차량 정차 상태 강제 시동 20분 이후 문제 현상 발생 재현됨

⑥ FATC 고전압 케이블 인터락 관련 고장 확인 회신되어 관련 배선 접촉 및 핀 텐션 정상

⑦ FATC 고전압 인터락 관련 1, 2번 케이블 확인 시 정상이고 컴프레서 관련 고전압 케이블 교환 이후 현상 발생 없음

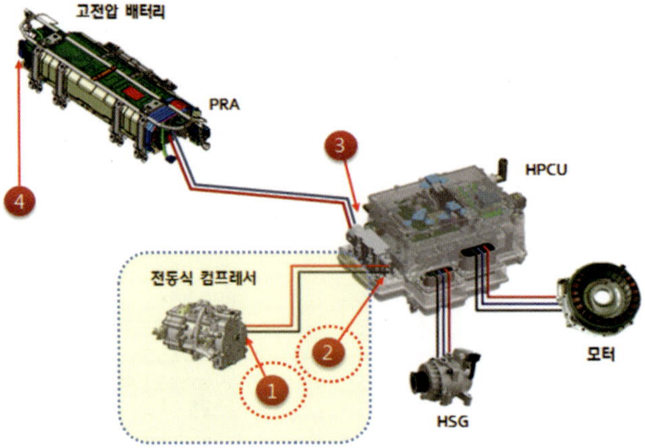

그림 FATC 고전압 인터락 점검

(3) 발생원인

FATC 고전압 케이블 인터락 불량으로 문제 발생됨

(4) 조치사항

FATC 고전압 케이블 인터락 신호 불량으로 문제 현상 발생 확인되고 교환 후 정상 확인됨

그림 FATC 고전압 케이블

[26] LF HEV(쏘나타 HEV, 차량년식 : 2016년식)

(1) 고장증상

IG ON 가능하나 시동 불가(HEV 경고등 점등)

(2) 점검내용

① MCU-고장 상세코드 107 확인

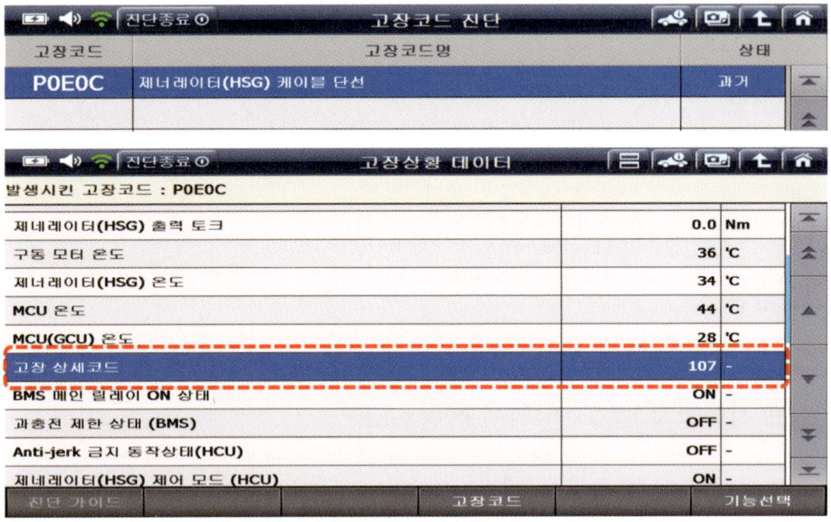

그림 고장코드 및 상세코드

② HSG 통합 케이블 조립성 점검

③ HSG 통합 케이블 U, V, W 저항 점검

④ 통합 케이블 점검 시 C133-H #3번 핀 밀려 조립됨

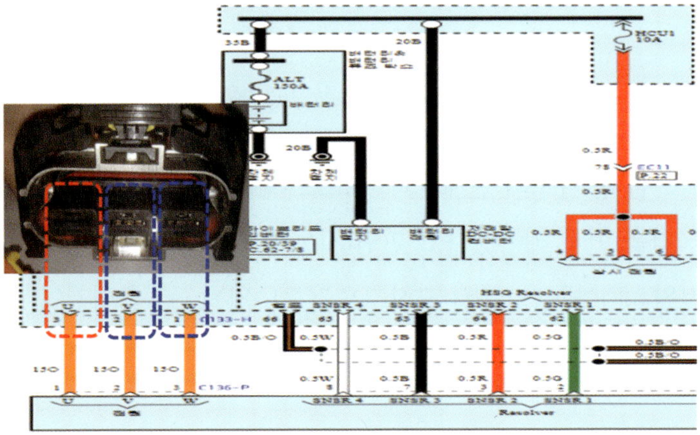

그림 통합 케이블 점검

⑤ 통합 케이블 교환

(3) 발생원인

통합 케이블 C133-H #3번 U상 핀 밀림(커넥터 분해 불가)

(4) 조치사항

단품 쉴드선으로 감싸여 분해수정 불가하여 통합 케이블 교환

[27] OS HEV(코나 HEV, 차량년식 : 2020년식)

(1) 고장증상

READY 불가 및 점프 시동 시 클러스터에 각종 경고등 점등(엔진체크등, FCA, EPB, ABS 등), 점프 시동한지 1분도 안 되서 전원 OFF

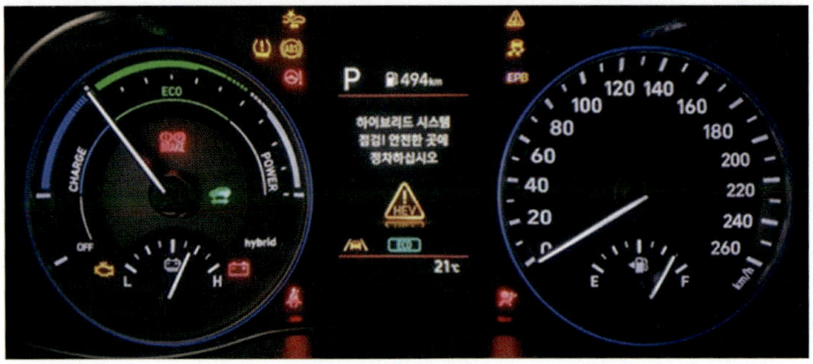

그림 각종 경고등

(2) 점검내용

① 고장코드 검색, 다수의 현재 · 과거 코드 확인, 고장코드를 보고 CAN 통신 문제 이전에 LDC 점검을 먼저 해야겠다고 판단(시동이 걸리지 않고 점프 시동 후 1분도 못 버티고 바로 전원 OFF 발생), 주된 고장코드는 P1A8D LDC 출력전압 센싱 고장

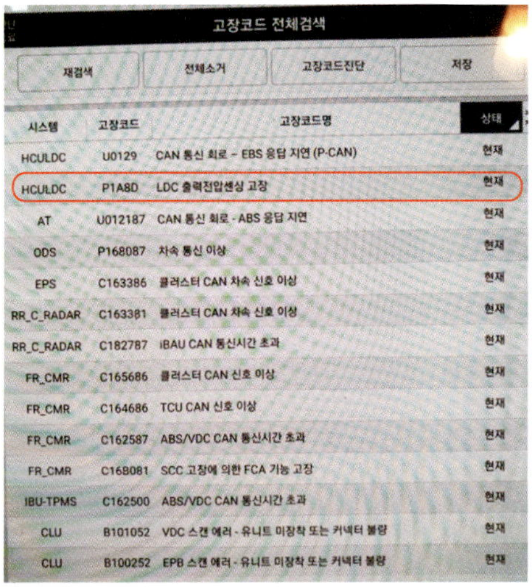

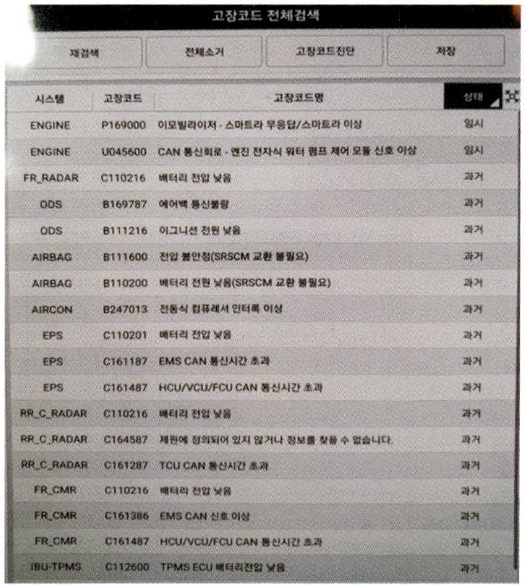

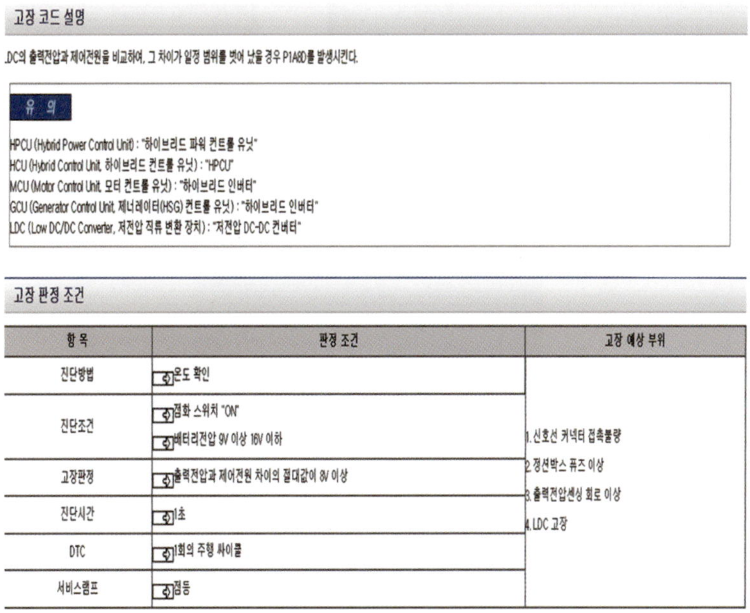

고장 코드 설명

LDC의 출력전압과 제어전원을 비교하여, 그 차이가 일정 범위를 벗어 났을 경우 P1A8D를 발생시킨다.

유 의

HPCU (Hybrid Power Control Unit) : "하이브리드 파워 컨트롤 유닛"
HCU (Hybrid Control Unit, 하이브리드 컨트롤 유닛) : "HPCU"
MCU (Motor Control Unit, 모터 컨트롤 유닛) : "하이브리드 인버터"
GCU (Generator Control Unit, 제너레이터(HSG) 컨트롤 유닛) : "하이브리드 인버터"
LDC (Low DC/DC Converter, 저전압 직류 변환 장치) : "저전압 DC-DC 컨버터"

고장 판정 조건

항 목	판정 조건	고장 예상 부위
진단방법	온도 확인	1. 신호선 커넥터 접촉불량 2. 정션박스 퓨즈 이상 3. 출력전압센싱 회로 이상 4. LDC 고장
진단조건	점화 스위치 "ON" 배터리전압 9V 이상 16V 이하	
고장판정	출력전압과 제어전원 차이의 절대값이 8V 이상	
진단시간	1초	
DTC	1회의 주행 싸이클	
서비스램프	점등	

그림 고장코드 및 고장코드 설명

② LDC 및 12V 배터리 점검

㉮ LDC 출력 전압 0.344V

㉯ LDC 출력 전류 0.00A

㉰ LDC 입력 전압 244.71V, LDC 고장 상태 확인

㉱ 12V 배터리 SOC 상태 0%, 전압 10V

㉲ 멀티 퓨즈 전, 후단 전압 측정 시 13.19V 및 1.3mV 측정됨

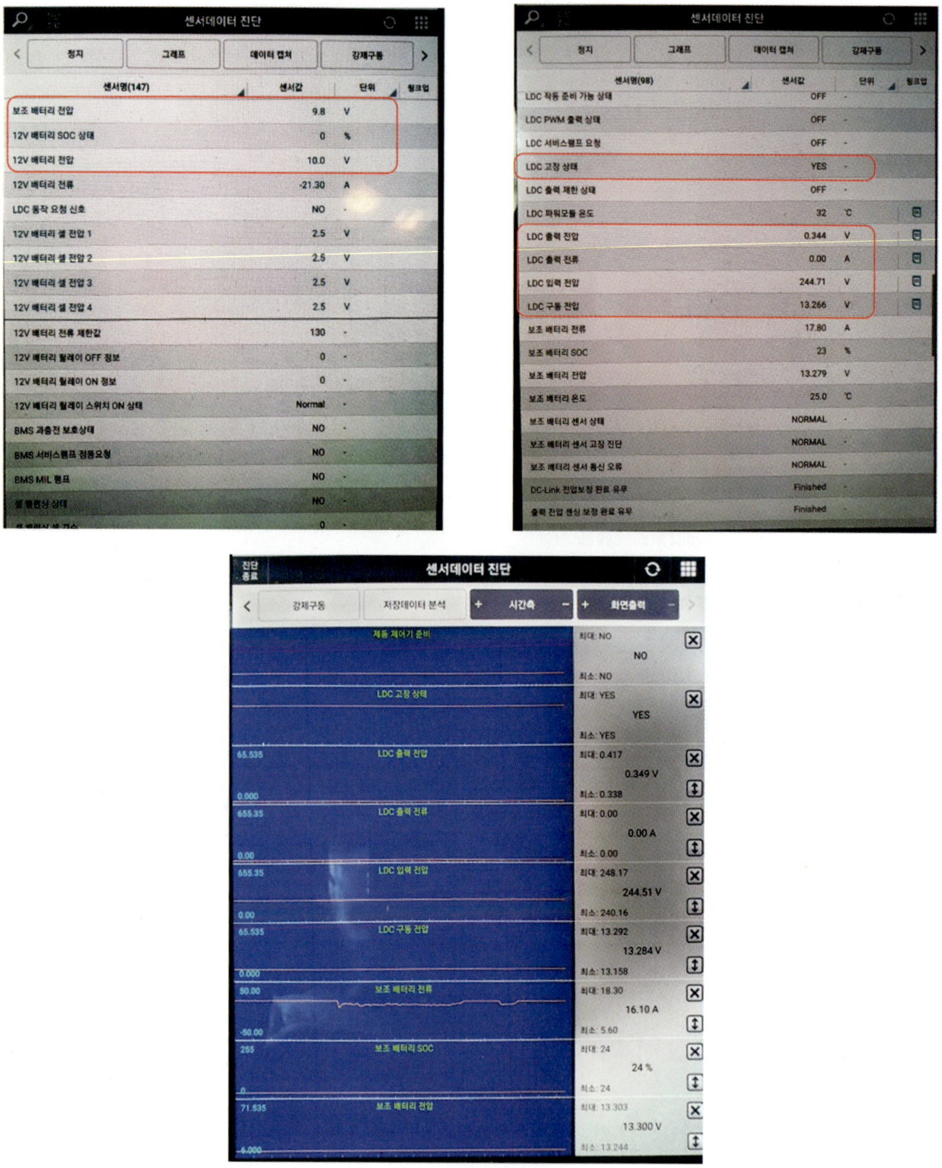

그림 LDC 센서데이터 진단

③ LDC 회로 분석 및 신호선 커넥터 체결 상태 점검

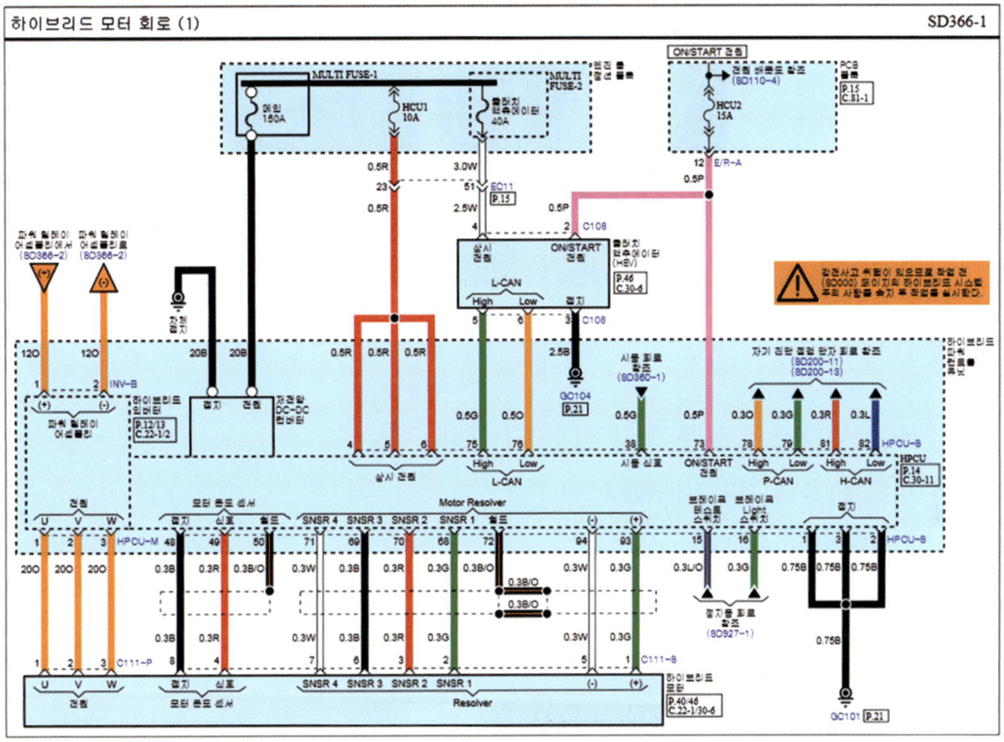

그림 회로도

④ 엔진룸 정션 블록 150A 퓨즈 점검

㉮ 150A 멀티 퓨즈 앞단(LDC에서 멀티 퓨즈 사이) 전압 측정 시 13.19V

㉯ 150A 멀티 퓨즈 뒷단(멀티 퓨즈 이후) 전압 측정 시 1.3mV

㉰ 150A 멀티 퓨즈 탈거 후 단품 저항 측정 시 O.L 무한대로 단선 확인

그림 150A 멀티 퓨즈 점검

⑤ 150A 멀티 퓨즈 교환 후 센서데이터 확인

㉮ LDC 출력 전압 13.766V

㉯ LDC 출력 전류 44.03A

㉰ LDC 고장 상태 NO

㉱ 12V 배터리 SOC 83%, 배터리 전압 13.54V

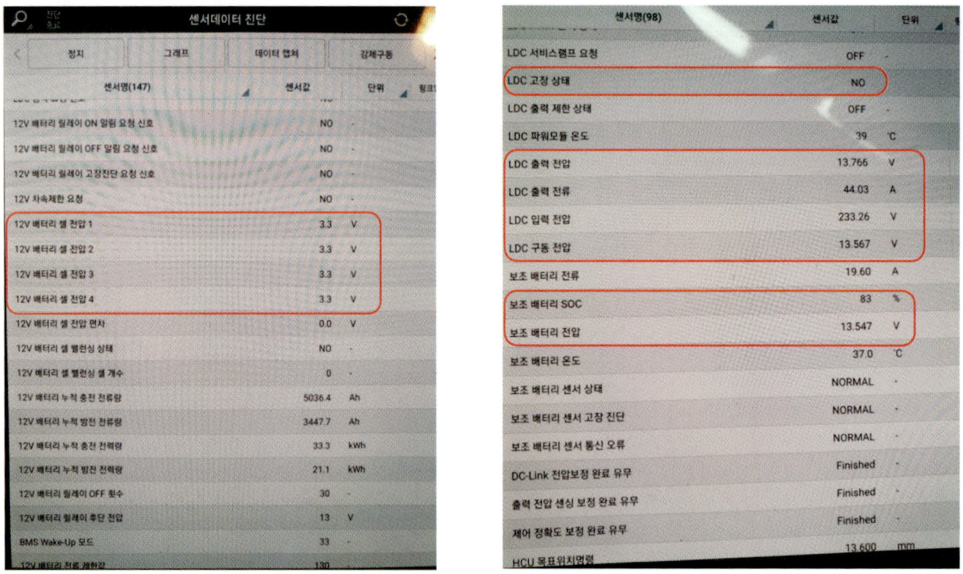

그림 퓨즈 교환 후 센서데이터

(3) 발생원인

긴급 출동 당시 차박을 하는 상태였고, 차량 방전이 되었음. 12V 래치 릴레이 버튼 작동법 몰랐고, 점프 시동 후 증상 발생, 점프로 인한 150A 멀티 퓨즈 단선으로 보여짐

(4) 조치사항

150A 멀티 퓨즈 교환

[28] AE HEV(아이오닉 HEV, 차량년식 : 2019년식)

(1) 고장증상

① 주행불가 상황

② 견인 차량에서 내린 후 시동을 걸자 강력한 진동과 소음이 동반하며 경고등 점등

③ KEY ON 시 클러스터에 "하이브리드 시스템 점검! 정차 후 시동을 끄십시오" 점등

그림 경고등 점등

④ 시동을 걸 경우 전방 엔진룸에서 심한 소음과 진동 발생

(2) 점검내용

① 자기진단 실시한 결과 다음과 같은 DTC P0A4C, P1A77 점등되어 HSG가 의심

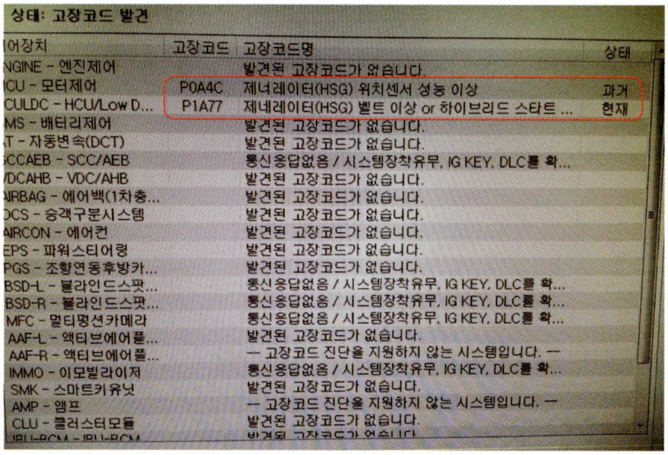

상태: 고장코드 발견

제어장치	고장코드	고장코드명	상태
NGINE - 엔진제어		발견된 고장코드가 없습니다.	
ICU - 모터제어	P0A4C	제너레이터(HSG) 위치센서 성능 이상	과거
CULDC - HCU/Low D...	P1A77	제네레이터(HSG) 벨트 이상 or 하이브리드 스타트 ...	현재
MS - 배터리제어		발견된 고장코드가 없습니다.	
T - 자동변속(DCT)		발견된 고장코드가 없습니다.	
SCCAEB - SCC/AEB		통신응답없음 / 시스템장착유무, IG KEY, DLC를 확...	
VDCAHB - VDC/AHB		발견된 고장코드가 없습니다.	
AIRBAG - 에어백(1차충...		발견된 고장코드가 없습니다.	
OCS - 승객구분시스템		발견된 고장코드가 없습니다.	
AIRCON - 에어컨		발견된 고장코드가 없습니다.	
EPS - 파워스티어링		발견된 고장코드가 없습니다.	
PGS - 조향연동후방카...		발견된 고장코드가 없습니다.	
BSD-L - 블라인드스팟...		통신응답없음 / 시스템장착유무, IG KEY, DLC를 확...	
BSD-R - 블라인드스팟...		통신응답없음 / 시스템장착유무, IG KEY, DLC를 확...	
MFC - 멀티펑션카메라		통신응답없음 / 시스템장착유무, IG KEY, DLC를 확...	
AAF-L - 액티브에어플...		발견된 고장코드가 없습니다.	
AAF-R - 액티브에어플...		-- 고장코드 진단을 지원하지 않는 시스템입니다. --	
IMMO - 이모빌라이저		통신응답없음 / 시스템장착유무, IG KEY, DLC를 확...	
SMK - 스마트키유닛		발견된 고장코드가 없습니다.	
AMP - 앰프		-- 고장코드 진단을 지원하지 않는 시스템입니다. --	
CLU - 클러스터모듈		발견된 고장코드가 없습니다.	

그림 고장코드

② 상기현상과 DTC P0A4C 점등 조건 분석

고장 코드 설명

P0A4C는 제너레이터(HSG)* 속도에 이상이 발생된 경우 표출된다.

고장 판정 조건

항목		판정 조건	고장 예상 원인
검출 방법		• 제너레이터(HSG)* 속도와 변속기 속도 확인	1. HSG* 벨트 미끌림 2. HSG 위치 센서* 고장 3. 엔진 속도 센서 고장 4. "HPCU" 고장
경우1	검출조건	• IG key "ON" • 보조 배터리 전원 전압 9V~16V • 스타트 키 "OFF" • 고전압 프리차징 이전 • 기어 P단 또는 N단	
	고장판정	• 제너레이터(HSG)* 속도 5000rpm 이상 • 구동 모터* 속도 100rpm 이하	
	검출시간	• 100ms	
경우2	검출조건	• IG key "ON" • 보조 배터리 전원 전압 9V~16V • 고장코드 P0A4D, P0A4E 없음 • 엔진속도 900rpm 이상	
	고장판정	• HSG* 속도와 엔진 속도 차이 200rpm 이상 • HSG* 속도 = HSG 속도 / 풀리비	
	검출시간	• 1초	
MIL 램프		• 2회째 운전 사이클	
서비스램프		• 점등	

그림 DTC P0A4C 고장코드 설명

③ 상기현상과 DTC P1A77 점등 조건 분석

고장 코드 설명

HCU는 제너레이터(HSG) Belt가 과도하게 슬립 한다고 판단 될 경우 P1A77 을 발생 시킨다.

고장 판정 조건

항목	내 용	고장예상
진단방법	• 제너레이터(HSG) Rpm과 엔진 Rpm 비교	1. Belt 절단. 2. Belt 장력 미달. 3. Belt 비정상 장착. 4. Belt 물,이물질 흡착. 5. Faulty Belt 6. 제너레이터(HSG)
진단조건	• IG KEY ON • 보조 배터리 전압(10V ~ 16V) 정상 • CAN 통신 정상 • MCU/HSG 정상	
고장판정	• 제너레이터(HSG) Belt가 과도하게 슬립 한다고 판단 될 경우	
DTC	• 2 Driving Cycle	
서비스램프	• 2 Driving Cycle	

그림 DTC P1A77 고장코드 설명

④ HSG 의심되어 점검 시 드라이브 벨트 정렬 확인 시 HSG 드라이브 벨트의 정렬이 맞지 않음

그림 벨트 정렬 확인

⑤ HSG 근처 금속성 가루가 검출됨

그림 금속성 가루가 검출

⑥ HSG 탈거 후 점검 시 조임토크 불량으로 풀리 고정너트 풀려 손상 확인

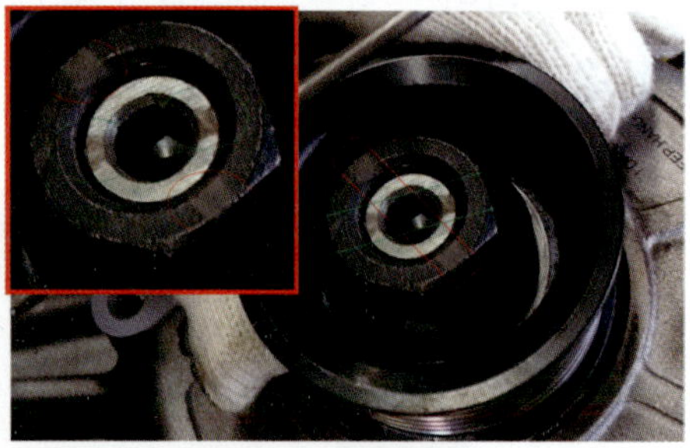

그림 고정너트 풀림

(3) 발생원인

HSG 풀리 너트 풀림으로 HSG 소손

(4) 조치사항

HSG 풀리 소손 확인되어 교환 후 출고

[29] OS HEV(코나 HEV, 차량년식 : 2020년식)

(1) 고장증상

하이브리드 경고등 점등

(2) 점검내용

① 자기진단 시 POAC511 고전압 배터리 모듈 2번 온도센서 이상

② 센서데이터 확인 시 120℃ 표출 확인

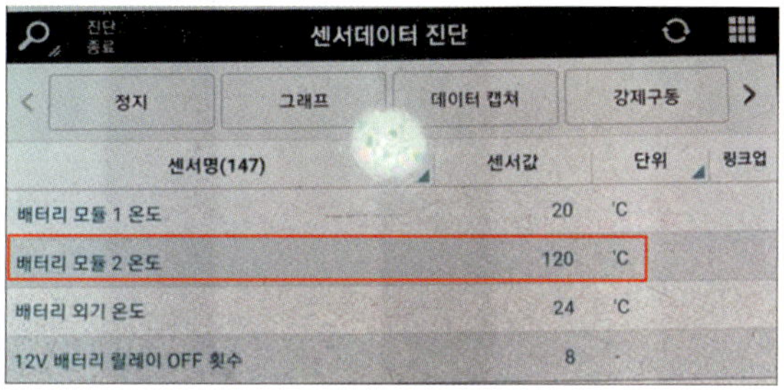

그림 센서데이터

③ 온도센서 단품저항 측정

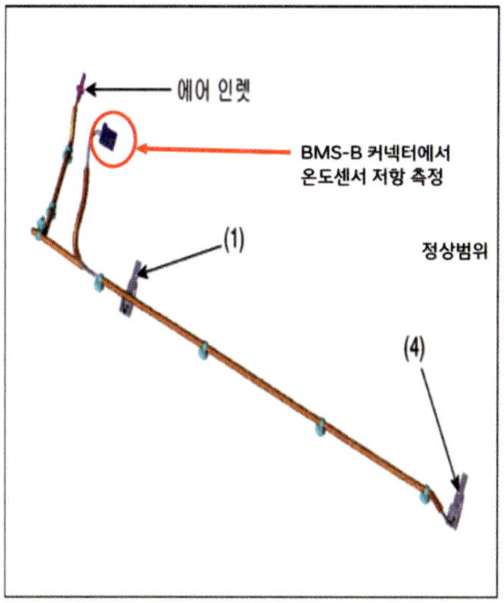

온도(℃)	저항(kΩ)
-50	314.9 ~ 344.6
-40	181.1 ~ 196.0
-30	107.5 ~ 115.2
-20	65.82 ~ 69.77
-10	41.43 ~ 43.52
0	26.74 ~ 27.83
10	17.67 ~ 18.25
20	11.94 ~ 12.24
30	8.214 ~ 8.411
40	5.738 ~ 5.918
50	4.082 ~ 4.239
60	2.954 ~ 3.087
70	2.172 ~ 2.284
80	1.621 ~ 1.715
90	1.227 ~ 1.305
100	0.941 ~ 1.006
110	0.731 ~ 0.785

그림 온도센서 저항

㉮ 메인 배터리 모듈 온도센서 1번(R) & 2번(B) 측정 시 10kΩ(정상)

그림 온도센서 1번(R) & 2번(B) 측정

㉯ 메인 배터리 모듈 온도센서 4번(Y) 측정 시 364.1Ω(불량)

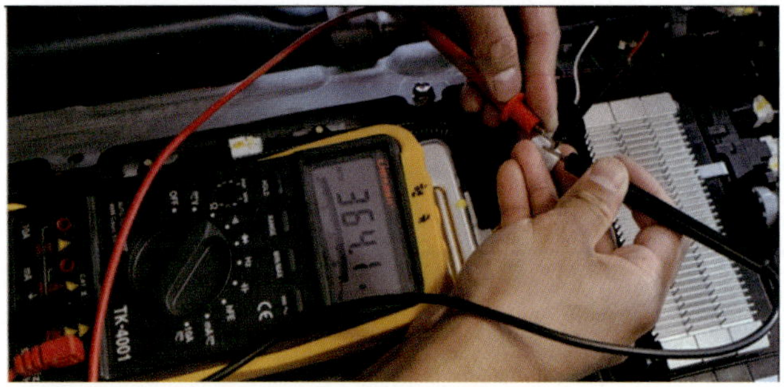

그림 온도센서 4번(Y) 측정

④ 온도센서 와이어링 교환

X 온도

	센서명	센서값	단위	링크업
☑	배터리 최대 온도	31	℃	
☑	배터리 최소 온도	31	℃	
☑	배터리 모듈 1 온도	31	℃	
☑	배터리 모듈 2 온도	31	℃	
☑	배터리 외기 온도	27	℃	
☑	배터리 PRA 버스바 온도	28	℃	
☑	12V 배터리 온도	33	℃	

그림 온도센서 교환 후 센서 출력값

(3) 발생원인

온도센서 단품 불량

(4) 조치사항

온도센서 와이어링 교환(전장회로도 내 온도센서 번호와 센서데이터 온도센서 번호 상이함)

[30] OS HEV(코나 HEV, 차량년식 : 2020년식)

(1) 고장증상

하이브리드 시스템 점검 문구 표출 및 주행 불가 상태

(2) 점검내용

① 고장코드 진단 시 P0DE600 고전압 배터리 저전압, P1B9600 고전압 배터리 셀전압 편차, P0B5400 고전압 배터리 전압센싱부 이상

시스템	상태정보	진단결과
AHLS	현재 고장코드가 없습니다.	양호
AAF	현재 고장코드가 없습니다.	양호
CLU	현재 고장코드가 없습니다.	양호
IBU-BCM	현재 고장코드가 없습니다.	양호
IGPM	현재 고장코드가 없습니다.	양호
VESS	현재 고장코드가 없습니다.	양호

시스템	고장코드	고장코드명	상태
BMS	P0DE600	고전압 배터리 저전압	과거
BMS	P1B9600	고전압 배터리 셀 전압 편차	과거
BMS	P0B5400	고전압 배터리 "6번 전압센싱부" 이상	임시

그림 고장코드

② 센서데이터 확인 시 64번 셀 0V 표출 확인

센서명(147)	센서값	단위	링크업
배터리 셀 전압 51	3.64	V	
배터리 셀 전압 52	3.64	V	
배터리 셀 전압 53	3.64	V	
배터리 셀 전압 54	3.64	V	
배터리 셀 전압 55	3.64	V	
배터리 셀 전압 56	3.64	V	
배터리 셀 전압 57	3.64	V	
배터리 셀 전압 58	3.64	V	
배터리 셀 전압 59	3.64	V	
배터리 셀 전압 60	3.64	V	
배터리 셀 전압 61	3.64	V	
배터리 셀 전압 62	3.64	V	
배터리 셀 전압 63	3.64	V	
배터리 셀 전압 64	0.00	V	
최대 내부 저항	1.21	mOhm	
최대 내부 저항 배터리 셀번호	49	-	
평균 내부 저항	1.11	mOhm	
최대 충전 가능 파워	39.00	kW	
최대 방전 가능 파워	42.00	kW	
배터리 셀간 전압편차	0.00	V	

S/W Ver.	M-S-H-01-00-0173	VCI Ver.	02.37
ECU Ver.	M-S-H-01-00-0164	OS Ver.	Android 4.4.2

그림 센서데이터

③ 배터리 전압 직접 확인 시 64번 셀 3.64V 출력 확인, 배선 점검 시 정상

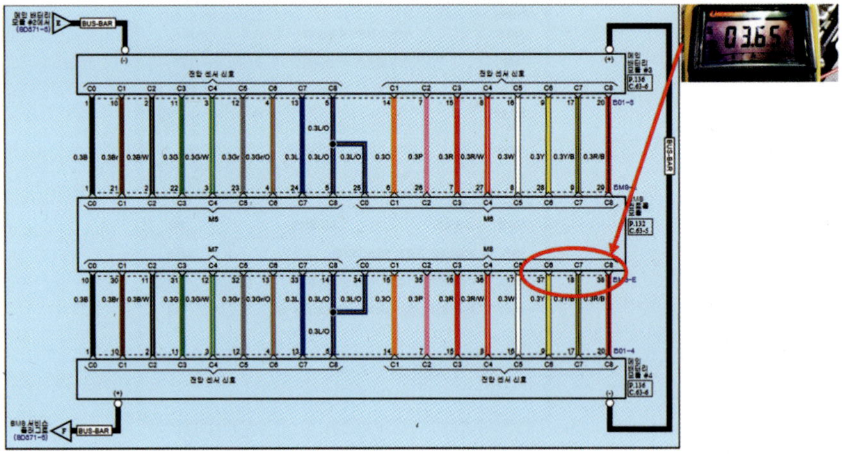

그림 배터리 64번 셀 전압 점검

④ BMS 불량 판단

⑤ BMS 교환 후 64번 셀 센서데이터 정상값 표출 확인 후 출고 조치

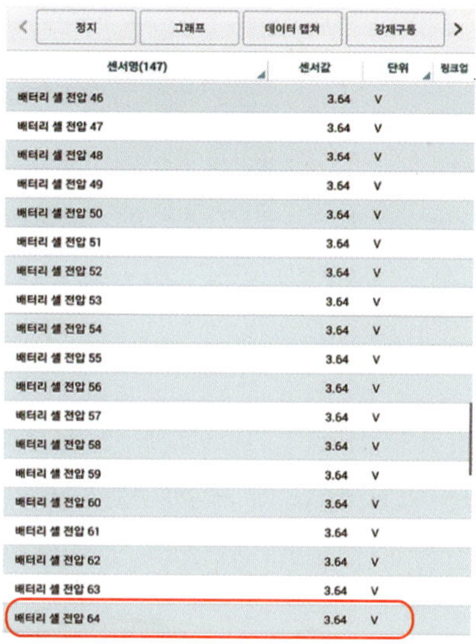

그림 BMS 교환 후 64번 셀 센서데이터

(3) 발생원인

BMS 불량

(4) 조치사항

BMS 교환

[31] YF HEV(쏘나타 HEV, 차량년식 : 2014년식)

(1) 고장증상

시동불량

(2) 정비이력

고전압 릴레이 어셈블리 교체

(3) 점검내용

① 고장코드 점검 시 P1B77-고전압 배터리 프리차징 실패

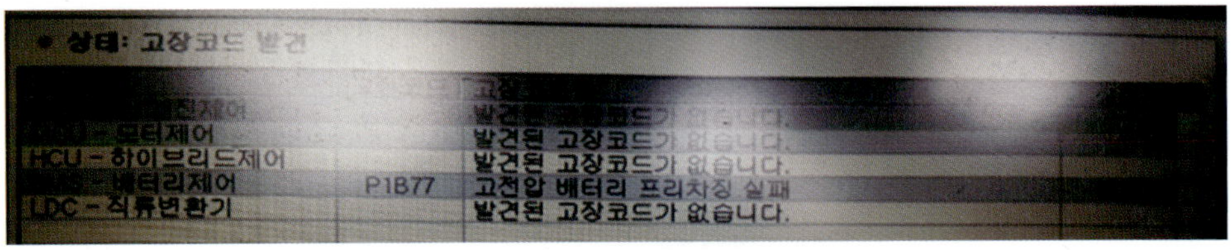

그림 고장코드

② 정비이력 확인 시 동일 고장으로 고전압 릴레이 어셈블리를 교체 후 동일현상 발생

③ 고전압 릴레이측 입력전압 확인 시 약 9V 측정되므로 고전압 퓨즈 의심

그림 고전압 릴레이측 입력전압 측정

④ 세이프티 플러그 탈거 후 저항 측정 시 통전 안되 퓨즈 점검 시 단선 확인

그림 퓨즈 점검

(4) 발생원인

고전압 플러그 내부 퓨즈 단선

(5) 조치사항

퓨즈 교환

[32] YF HEV(쏘나타 HEV, 차량년식 : 2013년식)

(1) 고장증상

① 시동 OFF 시 리어 제동등 LH, RH 점등(IN, OUT)으로 방전 발생

그림 제동등 점등

② IG ON, 시동 ON 시 소등됨

③ 클러스터에 경고등이나 경고문구는 없음

(2) 점검내용

① 정지등 관련 브레이크 스위치, 페달 점검

② 정지등 관련 회로도 점검

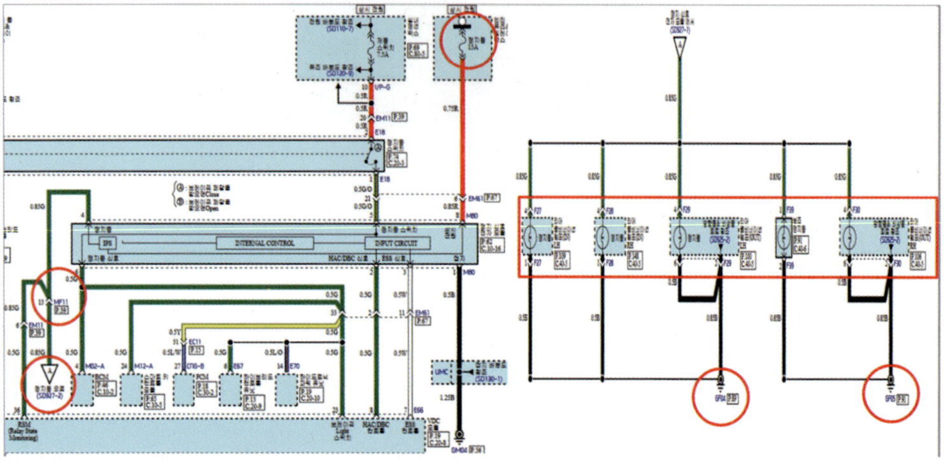

그림 회로도 점검

③ DTC 점검결과 VDC, AIRBAG에서 고장코드 표출됨

시스템	고장코드	고장코드명	상태
VDC	C2131	ESS 브레이크램프 릴레이 이상	과거
AIRBAG	B1334	조수석 정면 충돌센서 통신이상	현재
AIRBAG	B1333	조수석 정면 충돌센서 고장	현재

그림 고장코드

④ DTC 관련 공통부위 확인 및 회로도 점검

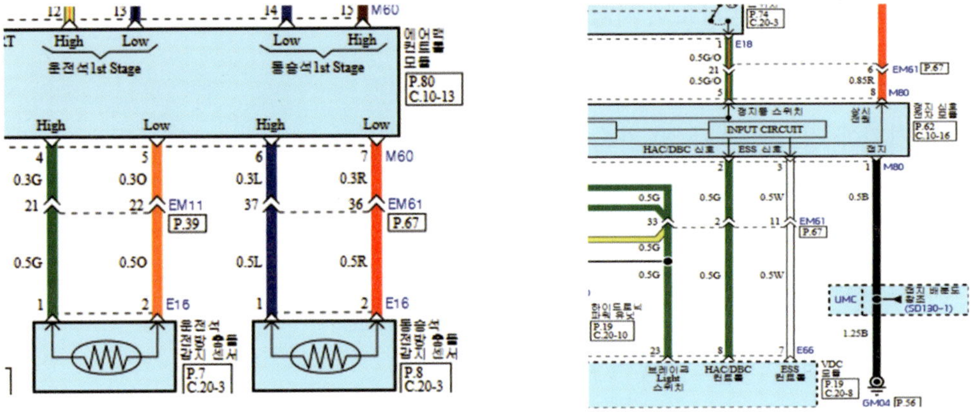

그림 회로도

⑤ 배선 확인 시 EM61 커넥터 공통부위 확인되어 EM61 커넥터 점검

⑥ EM61 커넥터 점검 시 수분유입 흔적 확인됨

⑦ 정비이력에는 없으나 고객 문진 시 차량사고 이력 확인됨

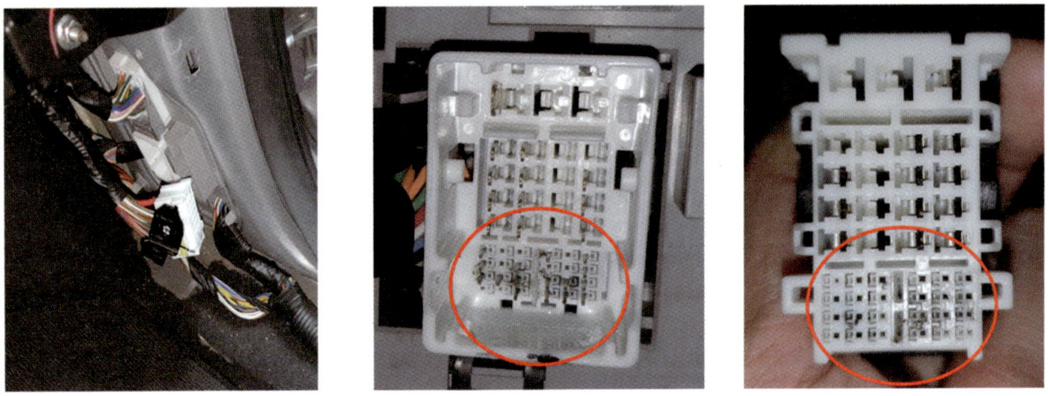

그림 수분유입 흔적

(3) 발생원인

EM61 커넥터 수분유입으로 인한 시동 OFF 시 정지등 점등

(4) 조치사항

EM61 커넥터 세척 및 점검 후 정상

[33] YF HEV(쏘나타 HEV, 차량년식 : 2013년식)

(1) 고장증상

계기판에 경고등 점등 및 가속불량 재시동 불가

(2) 정비이력

동일현상으로 PRA 교환

(3) 점검내용

① 자기진단 시 BMS측 P1B77 고전압 배터리 프리차징 실패 출력 확인됨

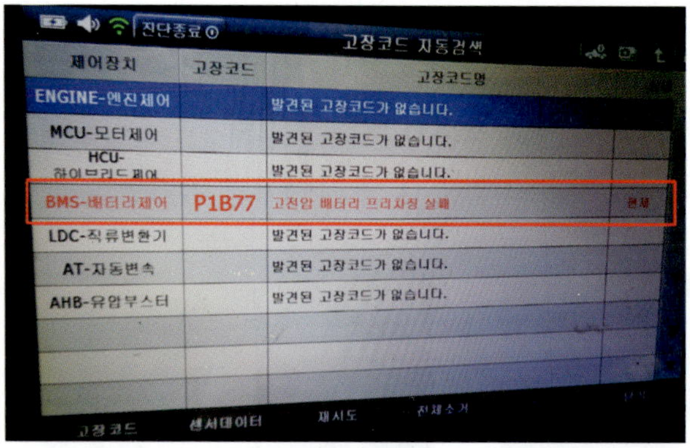

그림 고장코드

쏘나타 hybrid(YF HEV) > 2013 > G 2.0 HEV > Battery Management System > 배터리제어 > P1B77 고전압 배터리 프리차징 실패

15% 이하		On	-	-	- MIL/SVL 항목 수리 - 필요시 배터리 팩 교환 - 필요시 연료주입
		On	On	-	
		-	On	-	
		On	On	On	

고장코드 설명

IG ON 후 인버터 캡 초기충전 실패로 인한 고전압 공급 실패 상황이 검출되면 상기 DTC를 표출한다. 현재 고장이 발생하면 서비스 램프를 점등시킨다. 만약 정상 상태로 회복되면 현재의 고장코드는 삭제되고 과거고장 코드(DTC 코드 끝부분에 H표시)가 검출 된다. 이때 서비스 램프는 소등되며 과거 고장코드는 GDS을 사용하여 소거시킬수 있다.

고장코드 판정 조건

항목	판정 조건	고장예상 부위
검출 목적	• 프리차징 실패로 인한 릴레이 제어 오류 방지 • 고전압 인가 불가로 인한 하이브리드기능 상실 검출	1. (-) 메인릴레이 2. (+) 메인릴레이 3. 프리차지릴레이 4. 하이브리드 배터리 모듈 과 BMS간 와이어 하네스 및 커넥터 단자 접속 불량 및 단선 5. 하이브리드 배터리 Safety Plug 메인 휴즈 6. BMS ECU 7. MCU
검출 방법	• 검출조건으로 100ms간 지속되면 검출	
검출 조건	• IG ON 상태일 경우	
고장코드 발생기준값	• 고전압 릴레이 ON 신호 Vcap(인버터 캡-MCU Capacitor 전압) < Vpack(하이브리드 배터리 팩 전압) x 0.8	
고장코드 해제기준값	• IG OFF	
서비스 램프 점등 조건	• 1DC(드라이빙 사이클: ST ON~IG OFF 1회) 발생 시	
서비스 램프 소등 조건	• IG OFF시 과거 고장으로 진입(과거 고장 및 현재 고장은 진단툴로 소거 가능)	
안전 모드	• 고전압공급차단(HEV기능중단) : 메인릴레이 OFF 유지 • BMS 가용 파워 : 0kW	

제원

측정 조건	고전압 배터리의 작동 허용 전류	고전압 배터리의 작동 전압
충/방전시	-200A ~ +200A	200 ~ 310V

그림 고장코드 설명

② 하이브리드 계통 BMS, 고전압 배터리, 절연저항 점검 시 정상 확인됨

③ 차량 내외관 점검 시 실내 개조 및 고장 관련 부위 사고흔적 없음

④ 정비이력 확인 시 동일현상으로 PRA 교환이력 확인되며 교환 후에도 동일현상 발생됨

⑤ P1B77 DTC 정보 활용하여 고장예상 부위 목록 위주로 점검 결과 모두 정상 확인됨

⑥ 점검결과 P1B77 DTC 고장예상 부위에는 없는 세이프티 플러그 단선(저항측정 시 무한대) 확인됨

(4) 발생원인

세이프티 플러그 단선됨

(5) 조치사항

세이프티 플러그 교환

[34] YF HEV(쏘나타 HEV, 차량년식 : 2011년식)

(1) 고장증상

주행 중 경고등 점등 및 주행불가

(2) 정비이력

① 1차 정비이력 : 고전압 배터리 교환(7번 셀 이상)

② 2차 정비이력 : 고전압 배터리 재교환(7번 셀 이상)

(3) 점검내용

① GDS 이용 자기진단 및 서비스 데이터 분석

㉮ 1차 정비이력 고장코드 진단 가이드(P1B70 고전압 배터리 저전압)

2011 > G 2.0 HEV > Battery Management System > 배터리제어 > P1B70 고전압 배터리 저전압 > 일반정보

고장코드 설명

이고장은 하이브리드 배터리 셀 전압이 1.5V 이하의 저전압이 검출 될 경우 발생하는 DTC 입니다. 현재 고장이 발생하면 서비스 램프를 점등시킨다. 만약 정상 상태로 회복되면 현재의 고장코드는 삭제되고 과거고장 코드(DTC 코드 끝부분에 H 표시)가 검출 된다. 이때 서비스 램프는 소등되며 과거 고장코드는 GDS를 사용하여 소거시킬수 있다.

고장코드 판정 조건

항 목	판정 조건	고장예상 부위
검출 목적	과방전에 의한 배터리 열화방지 과방전에 의한 안전사고 방지	1. 하이브리드 배터리 팩 2. 하이브리드 배터리 모듈과 BMS간 와이어 하네스 및 커넥터 단자 접속 불량 및 단선 3. MCU 4. BMS ECU
검출 방법	저전압 검출조건 고장이 5sec간 지속되면 검출	
검출 조건	IG ON IG ON 상태에서 9V < Aux(보조 배터리)전압 < 16V 일 경우 P1B74가 발생한 상태에서는 DTC검출 안함	
고장코드 발생기준값	Cell voltage input <1.5V MCU Cap Volt. < 144V	
고장코드 해제기준값	IG OFF	
서비스 램프 점등 조건	1DC(드라이빙 사이클: ST ON~IG OFF 1회) 발생 시	
서비스 램프 소등 조건	IG OFF시 과거 고장으로 진입(과거 고장 및 현재 고장은 진단툴로 소거 가능)	
안전 모드	고전압공급차단(HEV기능중단) : 메인릴레이 OFF 유지 BMS 가용 파워 : 0kw	

제원

전압	1개의 배터리 셀 전압 값(V)	배터리 Pack 전압 값(V)
공칭전압	3.75V(방전시 2.75V, 충전시 4.3V)	270V(방전시 198V, 충전시 309V)

그림 1차 정비이력 고장코드 진단 가이드

㉯ 2차 정비이력 고장코드 진단 가이드(P1B96 고전압 배터리 전압 센싱 이상)

2011 > G 2.0 HEV > Battery Management System > 배터리제어 > P1B96 고전압 배터리 전압센싱 이상 > 일반정보

고장코드 설명

이 고장은 하이브리드 배터리 셀간 전압편차가 과다하여 기능수행이 불가한 경우, 즉 하이브리드 배터리 각각의 셀간 전압 1.0V 이상 과다하게 차이가 날 경우 발생하는 DTC 입니다. 현재 고장이 발생하면 서비스 램프를 점등시킨다. 만약 정상 상태로 회복되면 현재의 고장코드는 삭제되고 과거고장 코드(DTC 코드 끝부분에 H 표시)가 검출 된다. 이때 서비스 램프는 소등되며 과거 고장코드는 GDS를 사용하여 소거시킬수 있다.

고장코드 판정 조건

항 목	판정 조건	고장예상 부위
검출 목적	하이브리드 배터리 전압센서 라인 단선으로 인한 잘못된 전압정보 차단 잘못된 전압 정보에 의한 제어오류 차단	1. 하이브리드 배터리 셀간 전압편차가 과다 2. 하이브리드 배터리 팩 3. 하이브리드 배터리 모듈과 BMS간 와이어 하네스 및 커넥터 단자 접속 불량 및 단선 4. BMS ECU
검출 방법	최소 셀전압 기준으로 검출조건 이하로 5초간 지속되면 검출	
검출 조건	IG ON 상태에서 9V < Aux(보조 배터리)전압 <16V 일 경우 전압센싱 정상일 경우	
고장코드 발생기준값	하이브리드 배터리셀 간 최대 전압편차(CellV delta) > 1.0V 일 경우	
고장코드 해제기준값	하이브리드 배터리셀 간 최대 전압편차(CellV delta) < 0.2V 일 경우	
서비스 램프 점등 조건	2DC(드라이빙 사이클: ST ON~IG OFF 2회) 발생 시	
서비스 램프 소등 조건	IG ON/OFF 2회(2DC-2드라이빙 사이클)시 과거 고장으로 진입(과거 고장 및 현재 고장은 진단툴로 소거 가능)	
안전 모드	고전압 정상 공급 : 메인릴레이 ON 정상 유지 BMS 가용 파워 : 고장전 정상값 보다 출력 감소	

제원

전압	1개의 배터리 셀 전압 값(V)	배터리 Pack 전압 값(V)
공칭전압	3.75V(방전시 2.75V, 충전시 4.3V)	270V(방전시 198V, 충전시 309V)

그림 2차 정비이력 고장코드 진단 가이드

㉰ 1,2차 입고 상태 동일 현상으로 재입고, 3차 입고 시 고전압 배터리 상태(7번 셀 저전압 2.7V)

센서데이터 51/119

센서명	센서값	단위
SOC 상태	47.0	%
배터리 팩 전압	267.2	V
최대 셀 전압	3.72	V
최소 셀 전압	2.78	V
최대 전압 셀 위치	33	-
최소 전압 셀 위치	7	-
배터리 셀 전압 2	3.72	V
배터리 셀 전압 3	3.72	V
배터리 셀 전압 4	3.72	V
배터리 셀 전압 5	3.72	V
배터리 셀 전압 6	3.72	V
배터리 셀 전압 7	2.78	V
배터리 셀 전압 8	3.72	V
배터리 셀 전압 9	3.72	V
배터리 셀 전압 10	3.72	V
배터리 셀 전압 11	3.72	V
배터리 셀 전압 12	3.72	V
배터리 셀 전압 13	3.72	V
배터리 셀 전원 14	3.72	V
배터리 셀 전원 15	3.72	V
배터리 셀 전원 16	3.72	V
배터리 셀 전원 17	3.72	V
배터리 셀 전원 18	3.72	V

그림 3차 입고 시 서비스데이터

② 고전압 배터리 단품 및 와이어링 점검. 단품 전압 측정 시 2.7V 측정

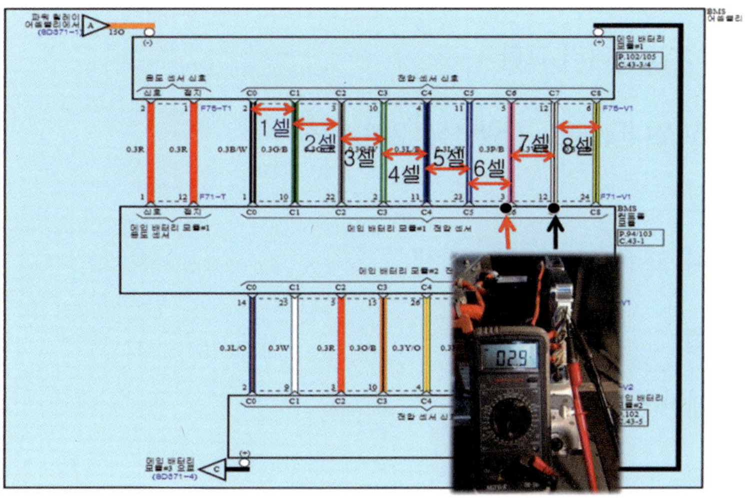

그림 회로 분석 및 단품 점검

③ BMS 셀 밸런싱 이상으로 고전압 배터리 특정 셀 전압 이상(문제 발생 시 고전압 배터리와 BMS 단품 구분 어려움)

④ BMS 및 고전압 배터리 동시 교환 후 정상

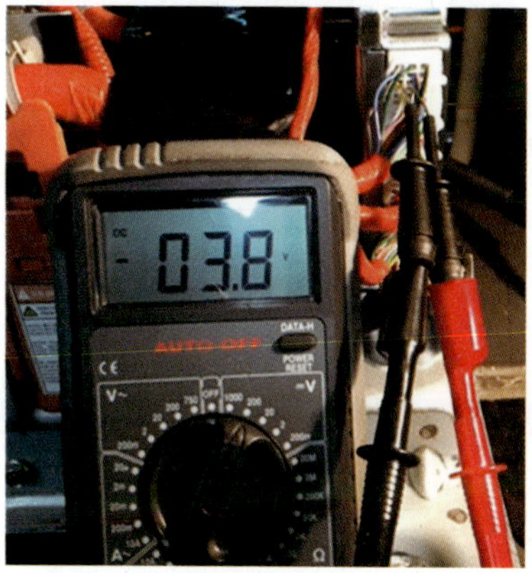

그림 부품 교환 후 정상

(4) 발생원인

BMS 내부 불량

(5) 조치사항

BMS 및 고전압 배터리 교환

[35] YF HEV(쏘나타 HEV, 차량년식 : 2012년식)

(1) 고장증상

제동 시 실내 고주파 소음 윙~ 발생

(2) 정비이력

실내 내비게이션 튜닝

(3) 점검내용

① 자기진단은 정상임

② 제동 시 소음 점검 시 실내에서 고주파 소음 발생 확인됨

③ 고객은 엔진룸 쪽 HEV 부품 노이즈로 실내 유입된다고 전체 교환 요구함

④ 실내 내비게이션 튜닝한 차량이라 내비게이션 스피커 탈거 시 고주파음 안남

(4) 발생원인

내비게이션 스피커에 의한 고주파음 발생

(5) 조치사항

고객 설명: 내비게이션 스피커에 의한 고주파음

[36] YF HEV(쏘나타 HEV, 차량년식 : 2012년식)

(1) 고장증상

시동 불량으로 견인 입고됨

(2) 점검내용

① 입고 당시 고장코드 점검, CAN 관련 고장코드 표출되고 BMS 통신 불량 발생됨

㉮ 고장코드 확인 결과 ENG, MCU, HCU, LDC에서 CAN 통신 응답지연 발생됨

㉯ BMS에서 통신 불량 발생되며 다른 제어기에서 BMS를 지목하고 있음

㉰ 우선 BMS 통신 불량 관련 점검 필요(전원 〉 접지 〉 통신선 순으로 점검)

시스템	고장코드	고장코드명	상태
ENGINE	U0111	CAN통신 회로 - BMS 응답지연(C-CAN)	현재
MCU	U0111	CAN통신 회로 - BMS 응답지연(C-CAN)	현재
MCU	U1006	CAN통신 회로 - BMS 응답지연(H-CAN)	현재
MCU	P0C17	구동 모터 위치센서 미보정	현재
MCU	P1C76	제너레이터(HSG) 위치센서 미보정	현재
HCU	U0111	CAN통신 회로 - BMS 응답지연(C-CAN)	현재
HCU	U1006	CAN통신 회로 - BMS 응답지연(H-CAN)	현재
LDC	U0111	CAN통신 회로 - BMS 응답지연(C-CAN)	현재
AIRCON	U0111	CAN통신 회로 - BMS 응답지연(C-CAN)	현재

CAN 통신
응답지연 발생

시스템	상태정보	진단결과
BMS	통신응답없음 / 시스템장착유무, IG KEY, DLC를 확인하십시오	실패

그림 고장코드

② 통신 불량 모듈(BMS) BMS 10A 퓨즈 정상이며 전원, 접지 확인, 전원, 접지 확인 시 12V, 접지 확인 시 9.4Ω으로 정상 확인됨, 핀텐션 점검 시 정상으로 확인됨

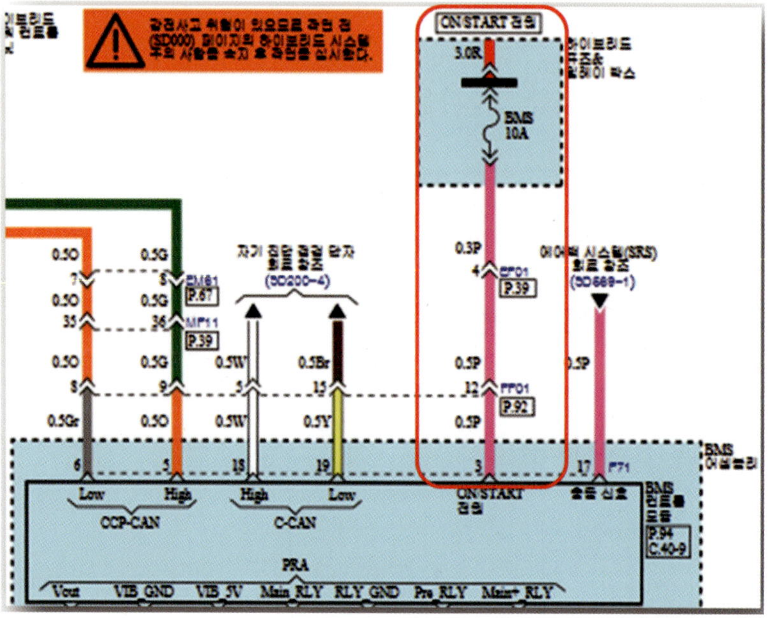

(a) 전원 점검

(b) BMS 전원

(c) BMS 접지

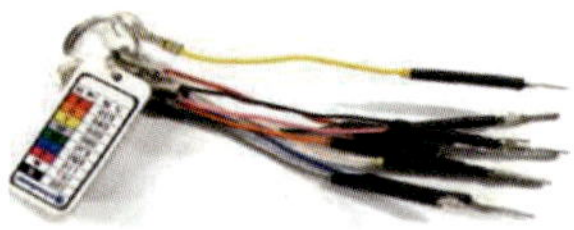

(d) BMS 핀텐션

그림 BMS 모듈 전원 & 접지 점검

③ 고장코드 분석결과 BMS측 C-CAN 통신 회로 구성도 이상 확인 실시. 각각의 제어기들이 BMS와 통신 불량 발생되고, BMS 자체도 통신 불량 발생됨, C-CAN 라인 확인 시 BMS 앞측 고장예상 부위로 파형 측정 후 점검 요망됨

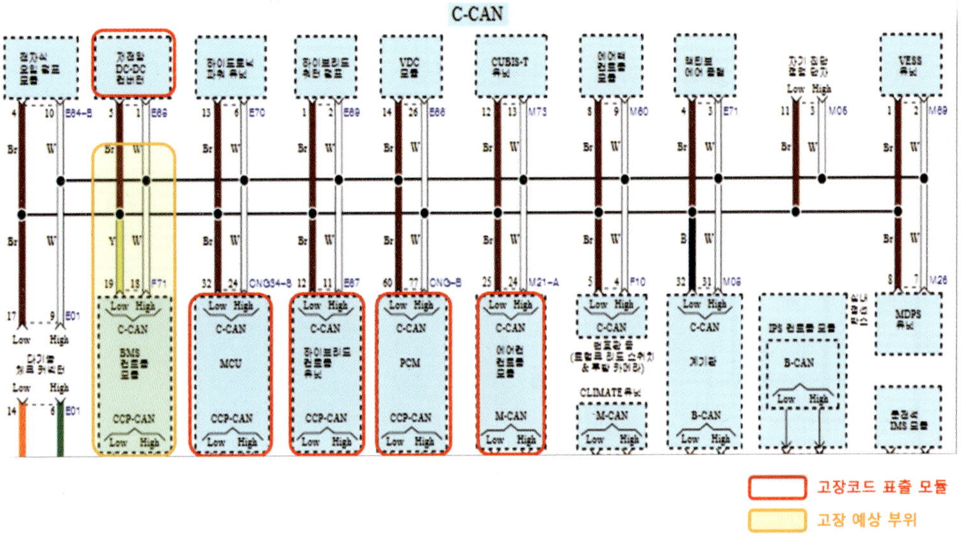

그림 YF C-CAN 회로 구성도

④ BMS 앞측 F71 커넥터에서 C-CAN 파형 점검. CAN 파형 측정 시 HIGH, LOW파형 이상 확인됨 파형 분석 시 이상 파형 확인되고 고장 예상 부위 점검 요망됨

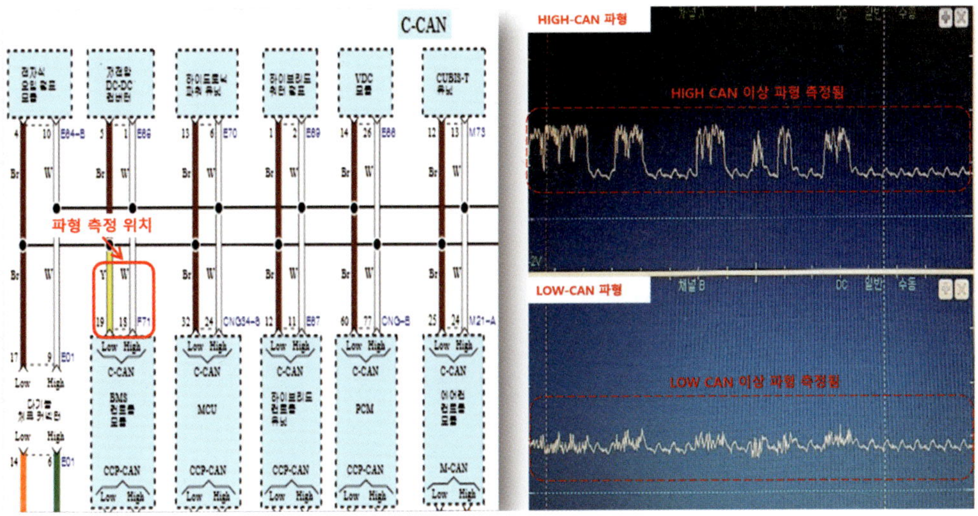

그림 BMS 앞측 C-CAN 파형 측정

⑤ BMS 컨트롤 모듈 커넥터(F71) 탈거할 시 CAN 파형 정상으로 돌아옴, 배선 불량인지 점검하기 위해 핀텐션 점검 결과 이상 없음

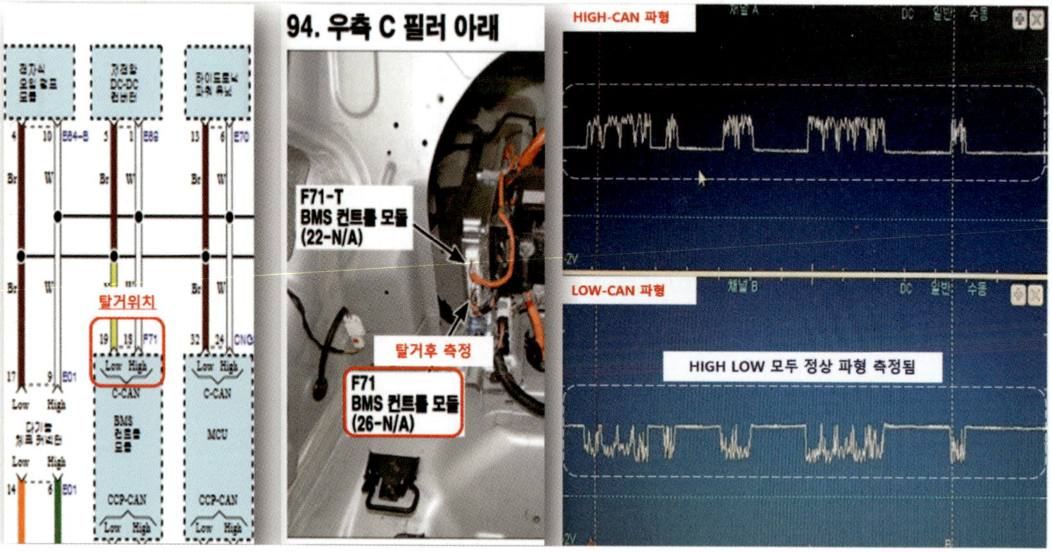

그림 CAN 정상 파형

⑥ BMS 내 CAN 통신 라인 문제 확인되고 BMS 교환 후 정상 확인됨

(3) 발생원인

BMS 단품 불량

(4) 조치사항

BMS 교환 후 정상 시동 확인됨

[37] YF HEV(쏘나타 HEV, 차량년식 : 2012년식)

(1) 고장증상

시동 시 READY 램프 점멸 및 BAT 경고등 + 주차브레이크 경고등 점등됨(P단 악셀링 시 엔진구동은 가능), 주행 중 "정차 후 시동을 꺼 주십시오" 멘트 출력되어 입고

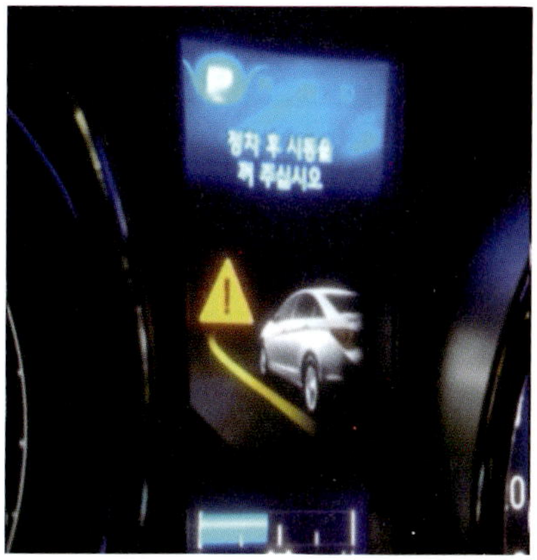

그림 "정차 후 시동을 꺼 주십시오" 멘트

(2) 정비이력

입고 시 P0A78, B1801, B2467 진단되어 HPCU 교환 후 지속적 변속기 레졸버 보정 안 되어 견인 입고됨

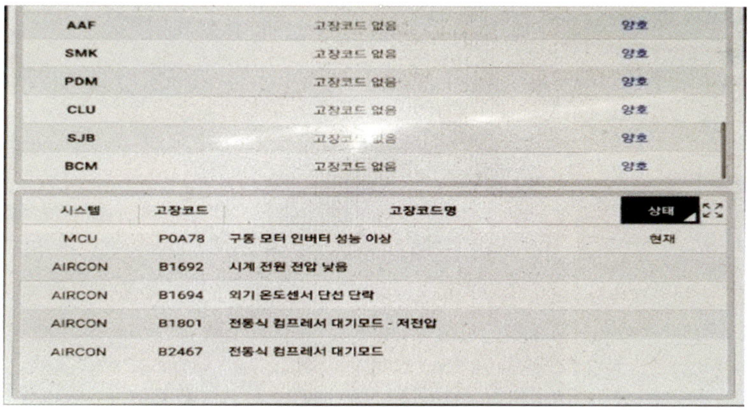

AAF	고장코드 없음	양호
SMK	고장코드 없음	양호
PDM	고장코드 없음	양호
CLU	고장코드 없음	양호
SJB	고장코드 없음	양호
BCM	고장코드 없음	양호

시스템	고장코드	고장코드명	상태
MCU	P0A78	구동 모터 인버터 성능 이상	현재
AIRCON	B1692	시계 전원 전압 낮음	
AIRCON	B1694	외기 온도센서 단선 단락	
AIRCON	B1801	전동식 컴프레서 대기모드 - 저전압	
AIRCON	B2467	전동식 컴프레서 대기모드	

그림 입고 시 진단 데이터

(3) 점검내용

① 입고 진단 시 진단 코드 없으며, 레졸버 보정 안되어 변속기 교환

그림 입고 진단 시 진단 코드

② 엔진 클러치 문제 예상으로 #271, #273번 업그레이드 실시

③ HEV 계통 진단 데이터 점검

④ BAT 경고등 점등되어 있으므로 BMS 진단 데이터 재확인

⑤ LDC 지령 전압(14.3V)값 대비 보조 BAT 전압(11.7V)값 낮음 재확인됨

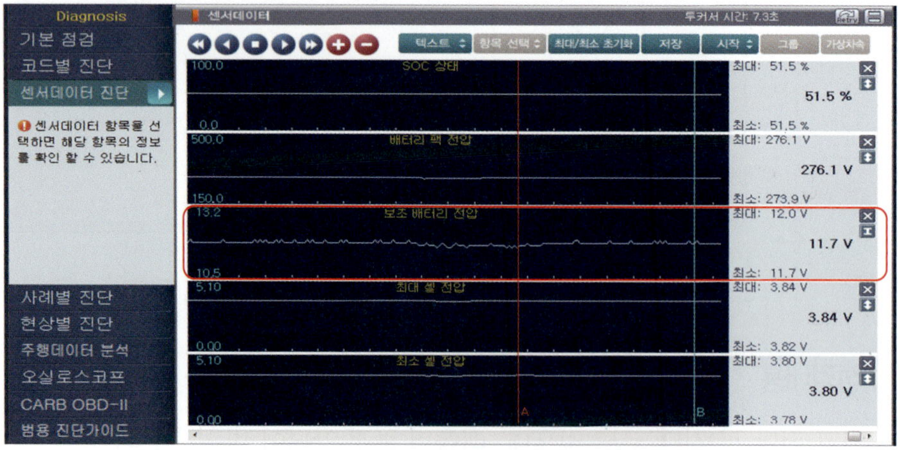

그림 보조 BAT 전압값 낮음

⑥ 저전압 직류 변환기 "+ 케이블" 조립 누락 확인됨

그림 "+ 케이블" 조립 누락

⑦ 저전압 직류 변환기 "+ 케이블" 정상 조립

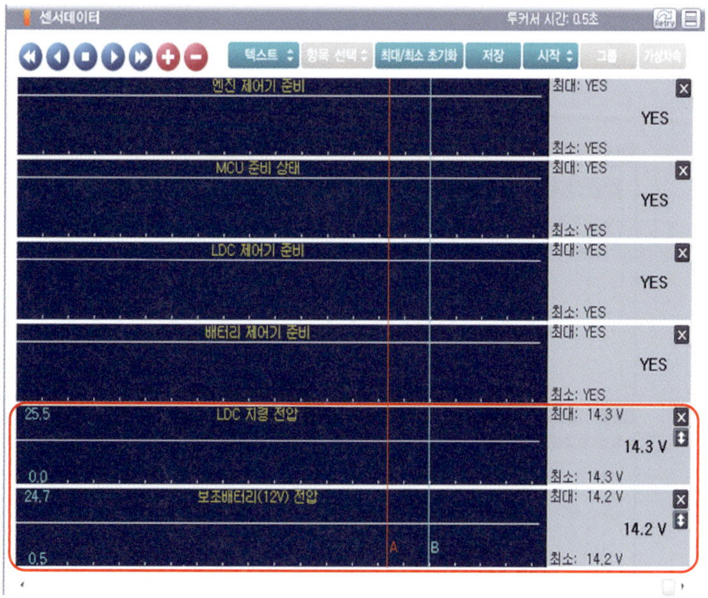

그림 정상값 데이터

(4) 발생원인

① 저전압 직류 변환기 "+ 케이블" 조립 누락

② 1차 고장은 변속기 HEV 모터였으므로 레졸버 보정실패됨

③ 2차 고장은 변속기 교환 작업 중 "+ 케이블" 조립 누락 발생됨

(5) 조치사항

"+ 케이블" 정상 조립

[38] YF HEV(쏘나타 HEV, 차량년식 : 2013년식)

(1) 고장증상

시동불가(시동 시 레디 점멸)

(2) 점검내용

① 시동불가(시동 시 레디 점멸) 현상으로 HPCU 교환 후 동일

② 고장코드 점검

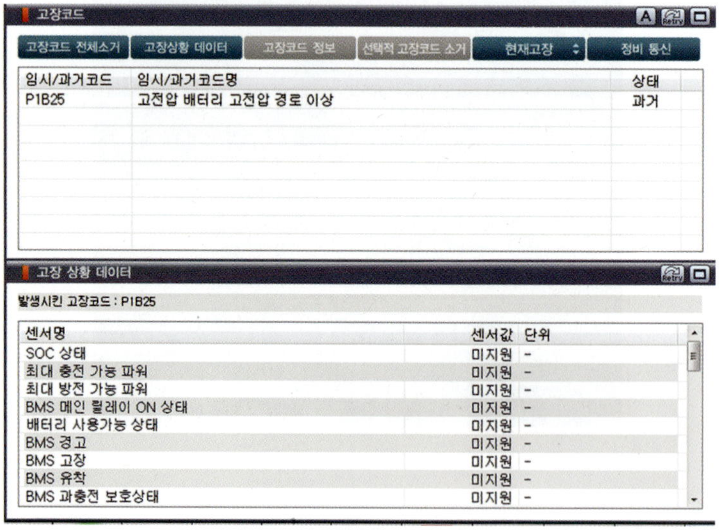

그림 고장코드

③ 센서출력 확인 시 배터리팩 전압과 인버터 커패시터 전압 차이 발생

NO	고장 코드	고장 명칭	판정 조건
20	P0AAD	고전압 배터리 흡기온도 센서 이상	온도편차 30℃ 이상 시
21	P0AC1	고전압 배터리 전류 센서 단선 또는 접지 단락	(+)200A로 인식
22	P0AC2	고전압 배터리 전류 센서 전원선 단락	(-)200A로 인식
23	P1B67	고전압 배터리 전류 센서 이상	초반 OFF SET 값 이상
24	P0AA6	고전압 배터리 절연 파괴 (고전압릴레이OFF)	절연 저항 300㏀ 이하 18초 지속 시
25	P1B76	고전압 배터리 릴레이 융착	메인 릴레이 +,- 고장
26	P1B77	고전압 배터리 프리차징 실패 (고전압릴레이OFF)	HPCU 내부 콘덴서 불량
27	P1B25	고전압 배터리 고전압 경로 이상 (고전압릴레이OFF)	콘덴서 전압과 고전압 차이 발생 30V
28	P0A0D	고전압 배터리 안전 플러그 개방	고전압릴레이OFF
29	P1BA1	고전압 배터리 팬 모듈 고장	고전압 배터리 냉각 팬 작동 불량 시
30	U0001	CAN통신 이상 (C-CAN)	0.5 ~ 2초 동안 응답 지연 시
31	U1001	CAN통신 이상 (H-CAN)	
32	U0293	CAN 통신 회로 - HCU 응답 지연 (C-CAN)	
33	U1004	CAN 통신 회로 - HCU 응답 지연 (H-CAN)	
34	U0110	CAN 통신 회로 - MCU 응답 지연 (C-CAN)	
35	U1005	CAN 통신 회로 - MCU 응답 지연 (H-CAN)	
36	P1B03	보조 배터리 온도센서 회로 이상	단선, 단락

그림 고장코드

④ 전압 차이발생 시 프리차저 릴레이 ON 시 고전압 배터리 전압이 나오고 프리차저 릴레이 OFF 시점에서 인버터 커패시터 전압은 떨어지므로 고전압 릴레이 교환

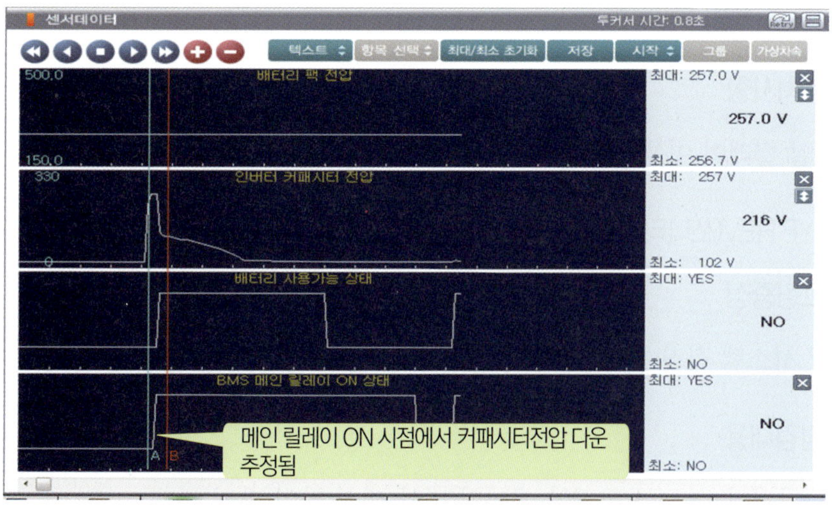

그림 인버터 커패시터 전압 떨어짐

⑤ 교환 후 정상

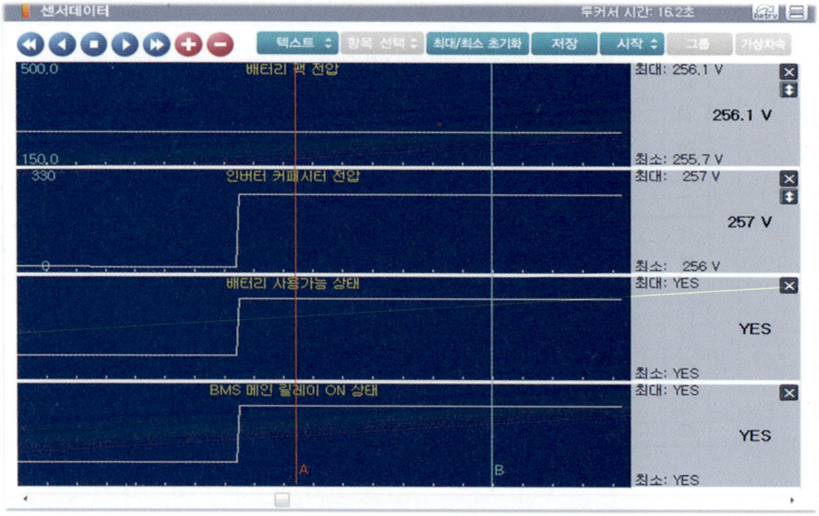

그림 정상값 데이터

(3) 발생원인

고전압 릴레이 어셈블리

(4) 조치사항

고전압 릴레이 어셈블리 교환

[39] YF HEV(쏘나타 HEV, 차량년식 : 2011년식)

(1) 고장증상

HEV 시스템 점검 문구 출력 및 엔진 시동 불량 발생으로 견인 입고

(2) 점검내용

① 자기진단, P1B74 고전압 배터리 전압 센싱 라인 단선(현재)

고장 코드 전체 검색 결과

시스템	상태정보	진단결과
ENGINE	현재 고장코드가 없습니다.	양호
MCU	현재 고장코드가 없습니다.	양호
HCU	현재 고장코드가 없습니다.	양호
BMS	현재 고장코드가 없습니다.	양호
LDC	현재 고장코드가 없습니다.	양호
AT	현재 고장코드가 없습니다.	양호

세부 고장 코드

시스템	고장코드	고장코드명	상태
BMS	P1B74	고전압 배터리 전압센싱 라인 단선	임시

보조배터리(12V) 전압	12.5	V
엔진 클러치 유압	0.000	bar
LDC 지령 전압	14.3	V
메인배터리 충전용량	16.0	%

엔진 강제 시동 실시 후 충전용량 보충됨

보조배터리(12V) 전압	12.1	V
엔진 클러치 유압	0.000	bar
LDC 지령 전압	14.3	V
메인배터리 충전용량	23.5	%

그림 센서데이터

② 배터리 셀간 전압 편차 확인

센서명(116)	센서값	단위	링크업
배터리 충전 상태(BMS)	47.0	%	
최대 셀 전압	3.82	V	
최소 셀 전압	3.78	V	
최대 전압 셀 위치	34	-	
최소 전압 셀 위치	3	-	
배터리 셀 전압 70	3.80	V	
배터리 셀 전압 71	3.80	V	
배터리 셀 전압 72	3.80	V	
배터리 셀간 전압편차	0.04	V	

그림 셀간 전압 편차

③ 관련 회로 단선/단락 상태 점검 시 정상

④ 주행 시운전 실시 및 주행 데이터 확인

⑤ BMS 모듈 관련 배선 점검 시 특이사항 없음

(3) 발생원인

BMS 단품

(4) 조치사항

BMS 교환

[40] YF HEV(쏘나타 HEV, 차량년식 : 2014년식)

(1) 고장증상

① 주행 중 READY 램프 점멸 및 EV 모드 진입불가 & 가속불량

② 일정 시간 진행 후 시동 시 재시동 가능

(2) 정비이력

PRA/고전압 배터리 팩 교환

(3) 점검내용

① 상기 고장증상 현상으로 PRA 및 고전압 배터리 팩 교환을 진행한 것을 확인함, 외부 충격 및 사고여부 정상

진단종료 고장코드 진단

고장코드	고장코드명	상태
P1B74	고전압 배터리 전압센싱 라인 단선	임시
P1B96	고전압 배터리 전압센싱 이상	과거

쏘나타 hybrid(YF HEV) > 2013 > G 2.0 HEV > Battery Management System > 배터리제어 > P1B74 고전압 배터리 전압센싱 라인 단선

고장 코드 설명

이고장은 하이브리드 배터리 셀 전압이 0.5V 이하인 하이브리드 배터리셀 전압센싱 라인의 단선 또는 단락이 검출 될 경우 발생하는 DTC 입니다. 현재 고장이 발생하면 서비스 램프를 점등시킨다. 만약 정상 상태로 회복되면 현재의 고장코드는 삭제되고 과거고장 코드(DTC 코드 끝부분에 H 표시)가 검출 된다. 이때 서비스 램프는 소등되며 과거 고장코드는 GDS을 사용하여 소거시킬수 있다.

고장코드 판정 조건

항 목	판정 조건	고장예상 부위
검출 목적	• 하이브리드 배터리 전압센서 라인 단선으로 인한 잘못된 전압정보 차단 • 잘못된 전압 정보에 의한 제어오류 차단	1. 하이브리드 배터리 팩 2. 하이브리드 배터리 모듈과 BMS간 와이어 하네스 및 커넥터 단자 접속 불량 및 단선 3. BMS ECU
검출 방법	• 최소 셀전압 기준으로 검출조건 이하로 5초간 지속되면 검출	
검출 조건	• IG ON 상태에서 9V < Aux(보조 배터리)전압 < 16V 일 경우	
고장코드 발생기준값	• 하이브리드 배터리 셀 전압(cell voltage input) < 0.5V 일 경우	
고장코드 해제기준값	• 하이브리드 배터리 셀 전압(cell voltage input) > 2V 일 경우	
서비스 램프 점등 조건	• 2DC(드라이빙 사이클: ST ON~IG OFF 2회) 발생 시	
서비스 램프 소등 조건	• IG ON/OFF 2회(2DC-2드라이빙 사이클)시 과거 고장으로 진입(과거 고장 및 현재 고장은 진단툴로 소거 가능)	
안전 모드	• 고전압 정상 공급 : 메인릴레이 ON 정상 유지 • BMS 가용 파워 : 고장전 정상값 보다 출력 감소	

제원

전압	1개의 배터리 셀 전압 값(V)	배터리 Pack 전압 값(V)
공칭전압	3.75V(방전시 2.75V, 충전시 4.3V)	270V(방전시 198V, 충전시 309V)

그림 배터리 팩 교환 시 고장코드 및 고장코드 설명

② 고장코드 및 서비스 데이터 점검 시 BMS를 의심함, 기타 외부 변형에 의한 이상여부 없음

③ BMS 센서출력값 점검 시 #8 셀 전압이 낮음 확인 – 2.90V 출력, 셀간 전압편차가 1V 이상 발생 시 P1B96 고장코드 확정이나 0.96V로 출력되어 1V 미만이므로 과거 코드 점등됨

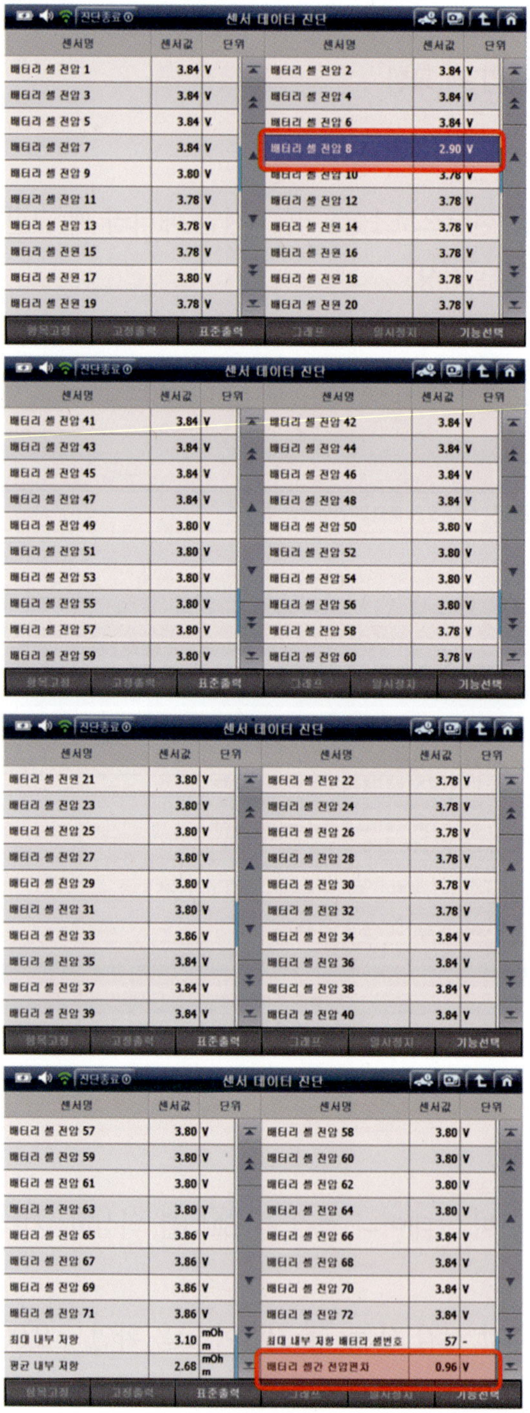
센서 데이터 진단
센서명 센서값 단위
배터리 셀 전압 1 3.84 V
배터리 셀 전압 2 3.84 V
배터리 셀 전압 3 3.84 V
배터리 셀 전압 4 3.84 V
배터리 셀 전압 5 3.84 V
배터리 셀 전압 6 3.84 V
배터리 셀 전압 7 3.84 V
배터리 셀 전압 8 2.90 V
배터리 셀 전압 9 3.80 V
배터리 셀 전압 10 3.78 V
배터리 셀 전압 11 3.78 V
배터리 셀 전압 12 3.78 V
배터리 셀 전압 13 3.78 V
배터리 셀 전원 14 3.78 V
배터리 셀 전원 15 3.78 V
배터리 셀 전원 16 3.78 V
배터리 셀 전원 17 3.80 V
배터리 셀 전원 18 3.78 V
배터리 셀 전원 19 3.78 V
배터리 셀 전원 20 3.78 V
항목고정 고정출력 표준출력 그래프 일시정지 기능선택
센서 데이터 진단
센서명 센서값 단위
배터리 셀 전압 41 3.84 V
배터리 셀 전압 42 3.84 V
배터리 셀 전압 43 3.84 V
배터리 셀 전압 44 3.84 V
배터리 셀 전압 45 3.84 V
배터리 셀 전압 46 3.84 V
배터리 셀 전압 47 3.84 V
배터리 셀 전압 48 3.84 V
배터리 셀 전압 49 3.80 V
배터리 셀 전압 50 3.80 V
배터리 셀 전압 51 3.80 V
배터리 셀 전압 52 3.80 V
배터리 셀 전압 53 3.80 V
배터리 셀 전압 54 3.80 V
배터리 셀 전압 55 3.80 V
배터리 셀 전압 56 3.80 V
배터리 셀 전압 57 3.80 V
배터리 셀 전압 58 3.78 V
배터리 셀 전압 59 3.80 V
배터리 셀 전압 60 3.78 V
항목고정 고정출력 표준출력 그래프 일시정지 기능선택
센서 데이터 진단
센서명 센서값 단위
배터리 셀 전원 21 3.80 V
배터리 셀 전압 22 3.78 V
배터리 셀 전압 23 3.80 V
배터리 셀 전압 24 3.78 V
배터리 셀 전압 25 3.80 V
배터리 셀 전압 26 3.78 V
배터리 셀 전압 27 3.80 V
배터리 셀 전압 28 3.78 V
배터리 셀 전압 29 3.80 V
배터리 셀 전압 30 3.78 V
배터리 셀 전압 31 3.80 V
배터리 셀 전압 32 3.78 V
배터리 셀 전압 33 3.86 V
배터리 셀 전압 34 3.84 V
배터리 셀 전압 35 3.84 V
배터리 셀 전압 36 3.84 V
배터리 셀 전압 37 3.84 V
배터리 셀 전압 38 3.84 V
배터리 셀 전압 39 3.84 V
배터리 셀 전압 40 3.84 V
항목고정 고정출력 표준출력 그래프 일시정지 기능선택
센서 데이터 진단
센서명 센서값 단위
배터리 셀 전압 57 3.80 V
배터리 셀 전압 58 3.80 V
배터리 셀 전압 59 3.80 V
배터리 셀 전압 60 3.80 V
배터리 셀 전압 61 3.80 V
배터리 셀 전압 62 3.80 V
배터리 셀 전압 63 3.80 V
배터리 셀 전압 64 3.80 V
배터리 셀 전압 65 3.86 V
배터리 셀 전압 66 3.84 V
배터리 셀 전압 67 3.86 V
배터리 셀 전압 68 3.84 V
배터리 셀 전압 69 3.86 V
배터리 셀 전압 70 3.84 V
배터리 셀 전압 71 3.86 V
배터리 셀 전압 72 3.84 V
최대 내부 저항 3.10 mOhm
최대 내부 저항 배터리 셀번호 57 -
평균 내부 저항 2.68 mOhm
배터리 셀간 전압편차 0.96 V

그림 센서출력값

④ BMS 핀텐션 점검 시 정상, 핀텐션 정상으로 BMS 교환 후 배터리 셀간 전압편차 없이 정상 확인

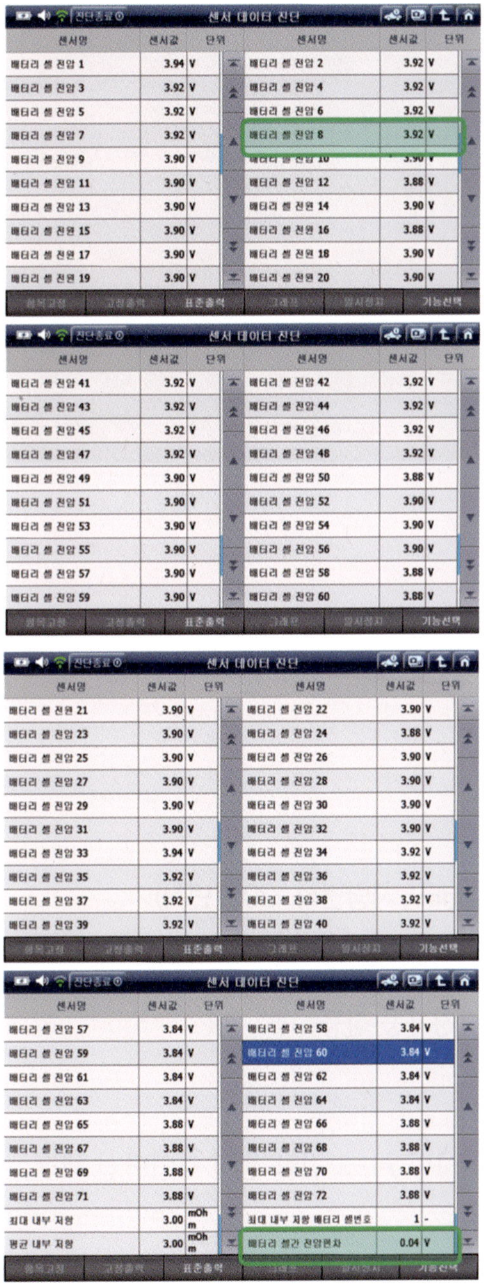

그림 정상 센서 출력값

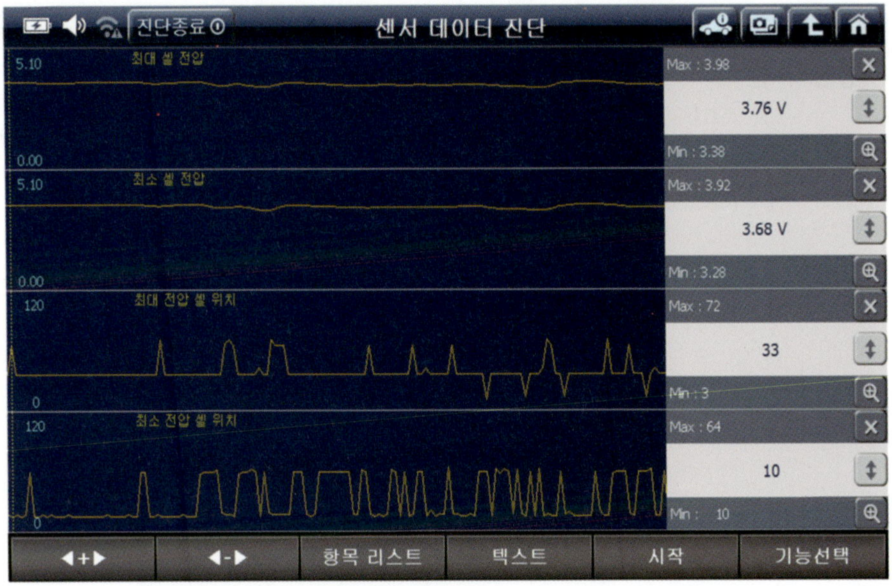

그림 정상 파형

(4) 발생원인

BMS 내부 이상

(5) 조치사항

BMS 교환

[41] YF HEV(쏘나타 HEV, 차량년식 : 2011년식)

(1) 고장증상

간헐적 주행 중 엔진경고등 점등

(2) 점검내용

① 자기진단, BMS측 P1B74, 고전압 센싱 라인단선 체크

그림 상세점검 내용

② 자기진단 삭제 후 시운전 점검, 현상 미발생

③ 점검 과정 중 시동 약 1시간 후 현상 발생

④ 현상 발생 시 센서 출력 값 점검, 3번 배터리 셀 빠져 간헐적 최저전압 0V 떨어짐

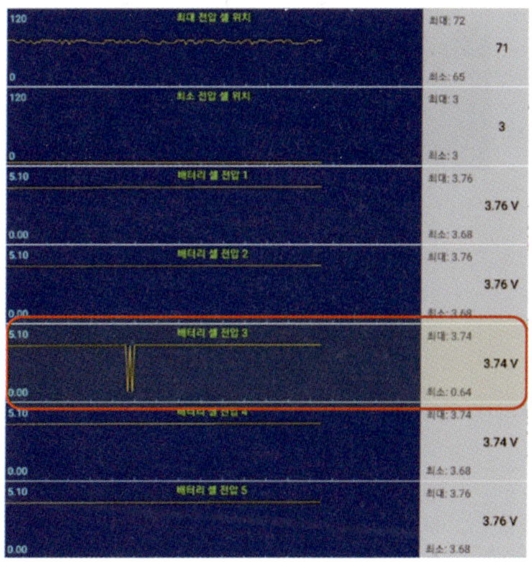

그림 3번 셀 빠짐

⑤ BMS ECU 3번 배터리셀 입력 전압 및 핀텐션 점검 – 특이사항 없음

⑥ BMS ECU 교환

(3) 발생원인

BMS ECU

(4) 조치사항

BMS ECU 교환

[42] YF HEV(쏘나타 HEV, 차량년식 : 2011년식)

(1) 고장증상

HEV 경고등 점등

그림 경고등 점등

(2) 점검내용

① DTC 진단 시 P1B74 고전압 배터리 전압 센싱 라인 단선

시스템	상태정보	진단결과
BMS	고장코드가 있습니다.	불량(01)
LDC	현재 고장코드가 없습니다.	양호
AT	현재 고장코드가 없습니다.	양호
AHB	현재 고장코드가 없습니다.	양호
VDC	현재 고장코드가 없습니다.	양호
AIRBAG	현재 고장코드가 없습니다.	양호

시스템	고장코드	고장코드명	상태
BMS	P1B74	고전압 배터리 전압센싱 라인 단선	현재

그림 고장코드

② 센서데이터 진단 시 65, 67, 69번 셀 전압 빠짐 확인

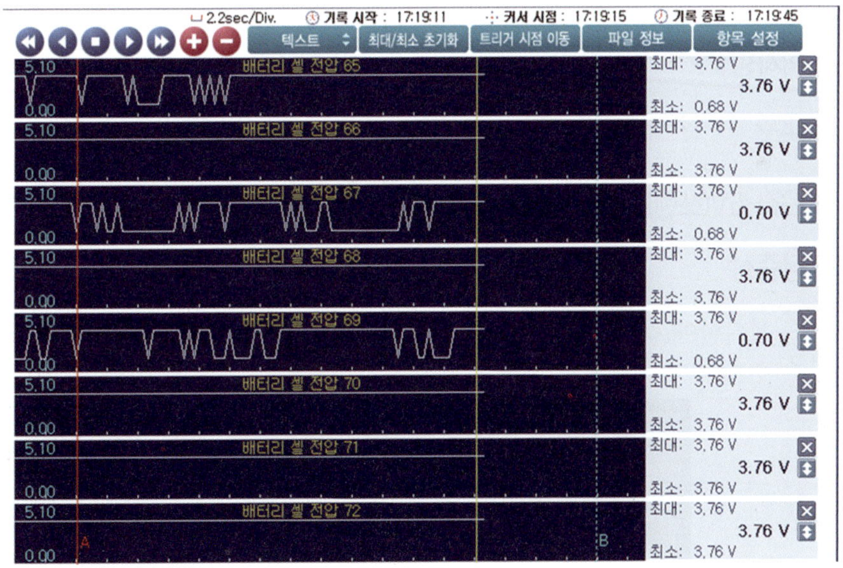

그림 센서데이터

③ YF HEV의 경우 9개의 배터리 모듈로 구성되며 각 모듈은 8개의 셀로 구성됨 3.75V × 72CELL = 270V, 문제 셀이 65, 68, 69번이므로 9번 모듈 점검 필요

그림 배터리 모듈

④ 고전압 배터리 전압 점검결과 정상

⑤ 와이어링 점검결과 정상

(3) 발생원인

BMS 불량

(4) 조치사항

BMS 교환

[43] DL3 HEV(쏘렌토 HEV, 차량년식 : 2022년식)

(1) 고장증상

주행 중 계기판에 각종 경고등 점등 다수. DTC 표출되며 주행불가 현상 발생됨

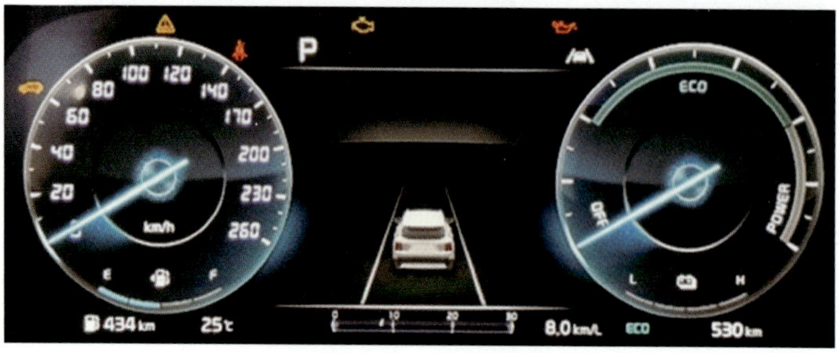

그림 계기판에 경고등

(2) 점검내용

① 진단장비 진단 시 각종 CAN 관련 다수의 고장코드(과거)가 표출됨

② 진단장비 고장항목 중 다량의 유닛이 BMU 관련 CAN 메시지 에러를 표출함

㉮ ECU U-011100 CAN 통신회로 BMS-A응답지연-(과거)

㉯ MCU U100600 CAN 통신회로 BMS 응답지연(H-CAN)-(과거)

㉰ HCU U011187 CAN 통신회로 BMS 응답지연(G-CAN)-(과거)

㉱ 다량의 유닛들이 BMS 에러 고장코드를 표출함

DTC	고장코드명
U011100	CAN 통신 회로 - BMS "A" 응답지연
U011100	CAN 통신 회로 - BMS "A" 응답지연
U100687	CAN 통신 회로 - BMS 응답 지연 (H-CAN)
U041282	CAN 통신데이터 이상 - BMS 제어 모듈 "
U141282	CAN 통신 데이터 이상 - BMS (H-CAN)
U011100	CAN 통신 회로 - BMS "A" 응답지연
U100600	CAN 통신 회로 - BMS 응답 지연 (H-CAN)
U011100	CAN 통신 회로 - BMS "A" 응답지연
U011187	CAN 통신 회로 - BMS "A" 응답지연
U100687	CAN 통신 회로 - BMS 응답 지연 (H-CAN)

그림 고장코드

③ H,G - CAN 관련 전원 및 접지 점검 시 정상

④ H,G - CAN 종단저항 측정 시 60Ω으로 정상

⑤ H,G -CAN 차체 단락 측정 시 도통 없음으로 정상

(3) 발생원인

간헐적 BMS 내부 데이터 H,G-CAN 데이터 송신불량 추정

(4) 조치사항

BMS 교환 후 시운전 시 현상 발생 없으며 정상 작동

HEV 엔진

04

HEV 엔진

CHAPTER 04

하이브리드 시스템에서 엔진은 전기 모터와 함께 작동하여 차량을 구동하고, 연료 효율을 높이는 데 중요한 역할을 한다. 엔진은 주로 큰 출력이 필요한 가속, 오르막길 주행 등에 사용된다.

가솔린엔진 자동차의 내연엔진은 전통적인 오토 사이클을 사용하고 있다. 그러나 하이브리드 자동차에 탑재된 엔진의 특징은 앳킨슨 사이클과 밀러 사이클을 적절하게 혼용 및 변형하여 사용하였다. 일반적으로 오토 사이클 엔진의 4행정(흡입–압축–팽창(폭발)–배기) 순서로 작동을 하게 된다.

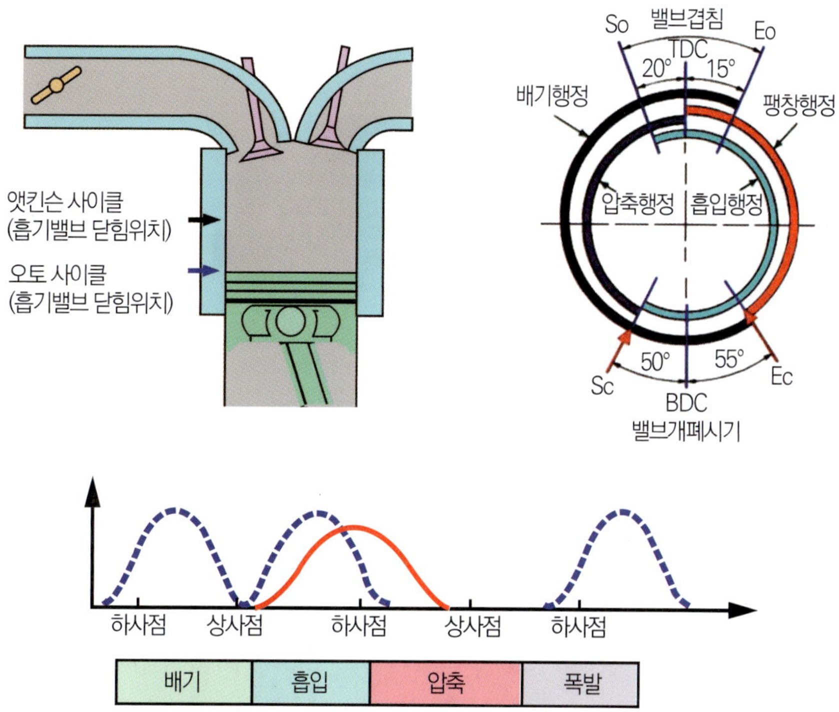

그림 앳킨슨 사이클

4.1 HEV 엔진 역할

① 주행 동력 제공 : 엔진은 차량의 주행에 필요한 동력을 제공하며, 특히 가속, 오르막길 주행 등 큰 출력이 필요한 상황에서 전기 모터와 함께 작동하여 차량을 구동한다.

② 발전기 역할 : 엔진은 전기 모터를 통해 회생제동 시 브레이크 에너지를 회수하여 배터리를 충전하는 역할을 수행한다.

③ 연비 향상 : 엔진과 전기 모터가 효율적으로 작동하면서 연료 소모를 줄이고 연비를 향상시킨다.

4.2 HEV 엔진 구성

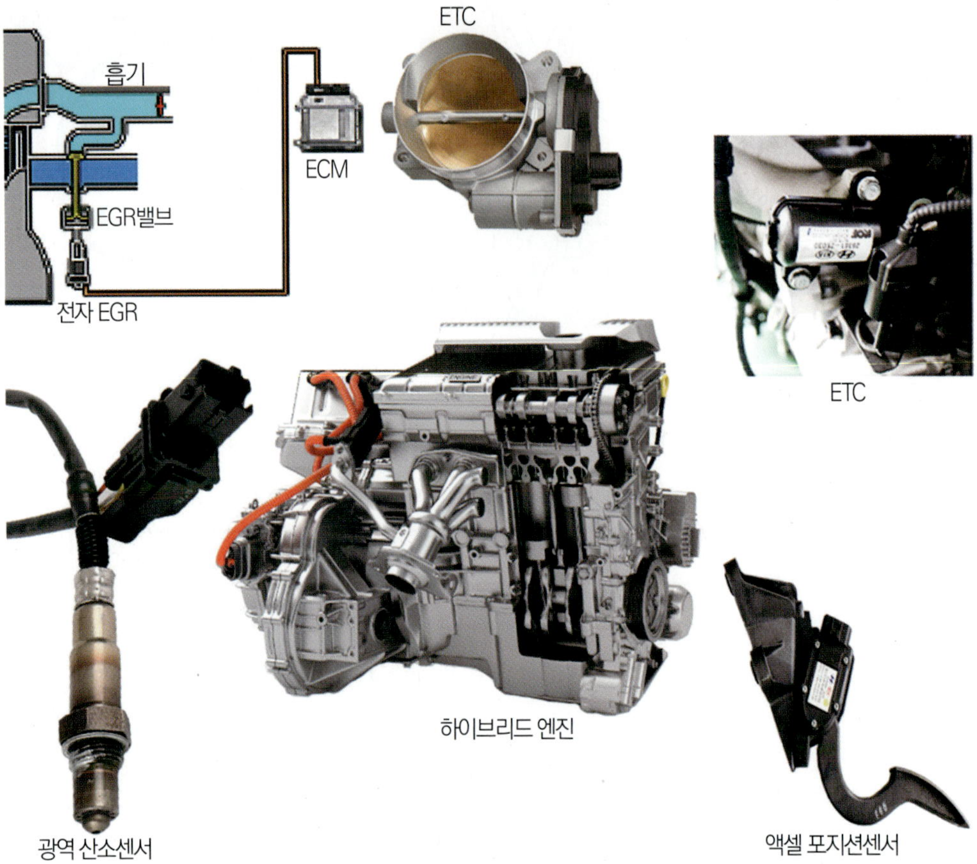

그림 하이브리드 엔진의 구성

4.2.1. 가변 흡기제어장치(VIS : variable intake system)

가변 흡기제어장치(VIS)의 구성은 매니폴드 스로틀밸브에 의해 작동되는데 밸브를 열고 닫기 위한 DC 모터와 모터에 달린 개폐기 위치 검출을 위한 모터 위치센서로 구성되어 있으며, 흡기 매니폴드 2개의 포트 중 한쪽의 포트에 밸브를 장착하여 저속에서 밸브를 닫아 연소실에서의 강력한 스월을 발생하도록 하는 장치이다.

(a) (b)

그림 가변 흡기제어장치 모터

4.2.2. 전자 EGR(exhaust gas recirculation)밸브

전자 EGR밸브는 배출가스 저감과 엔진 연비 향상을 위해 적용한 장치이다. ERG밸브는 배기가스 중 질소산화물을 줄이기 위해 연소실에서 연소된 배기가스를 그대로 내보내지 않고 연소실로 다시 돌려보내는 밸브를 말한다.

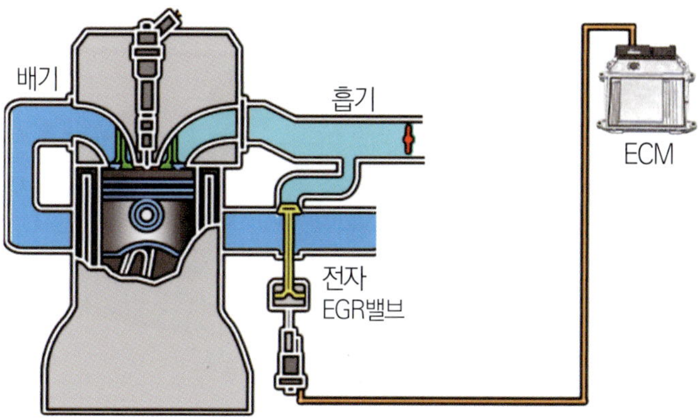

(a) (b)

그림 전자 EGR밸브

4.2.3. 광영역 산소센서

광영역 산소센서는 이론 공연비보다 넓은 범위의 공기연료비를 정량적으로 정확하게 알

아낼 수 있는 산소센서로, 자동차용으로는 희박연소 엔진용(가솔린 린번 엔진이나 GDI 엔진)으로 사용되며 전영역 산소센서라고 부르기도 한다.

그림 전영역 산소센서

4.2.4. ETC(electronic throttle control)

기존의 가속 페달과 스로틀밸브를 케이블에 의해 기계적으로 연결한 것과는 달리 스로틀밸브를 모터에 의해 제어하는 시스템이다.

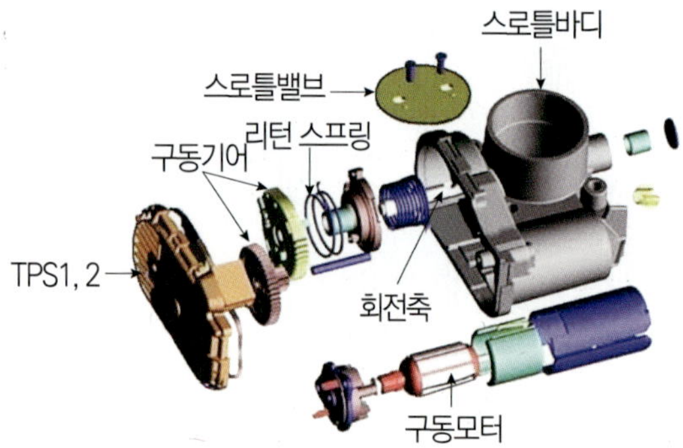

그림 전자제어 스로틀밸브

4.2.5. 액셀러레이터 포지션센서(accelerator position sensor)

운전자의 가속의지를 판단하기 위해 액셀러레이터 페달의 밟은 양을 검출하는 센서로서 APS 1 · 2 센서가 액셀러레이터 페달 상단에 장착되어 있다.

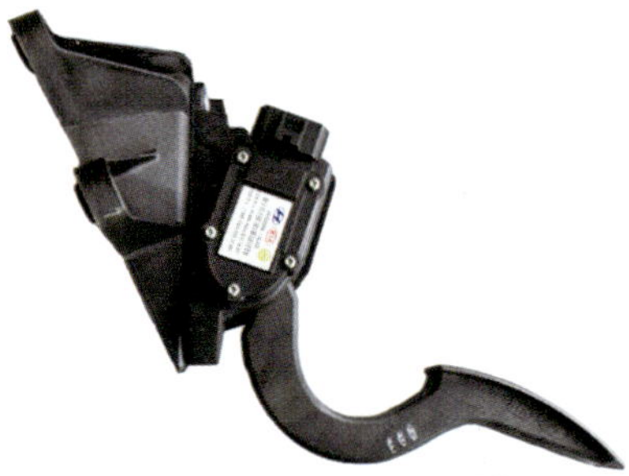

그림 액셀러레이터 포지션센서

4.2.6. 전동식 워터펌프(EWP : Electronic Water Pump)

하이브리드 시스템(HPCU, HSG)에서 냉각 회로의 냉각수를 순환시킨다. MCU(모터컨트롤 유닛)에 의해 제어되며 EWP 고장 유무는 MCU에 전송한다. HPCU(하이브리드 컨트롤 유닛) 온도가 45℃, WTS 온도 35℃ 이상이면 MCU는 EWP를 구동시킨다.

그림 전동식 워터펌프

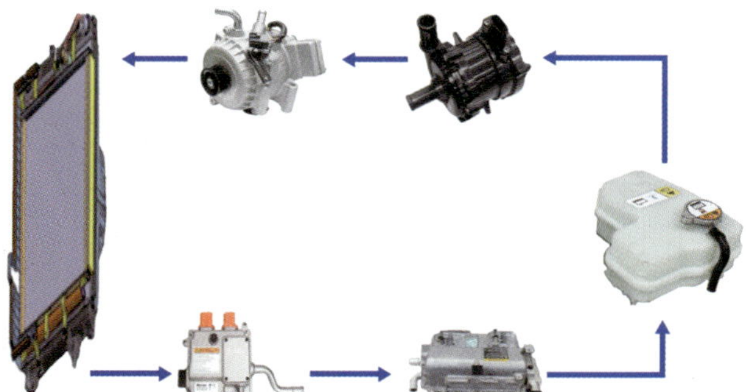

그림 HEV 냉각시스템의 흐름도

4.3 HEV 엔진 기능

① 엔진 보조 : HEV는 전기 모터가 엔진을 보조하여 효율적인 동력 시스템 운영을 돕는다. 전기 모터는 엔진이 힘을 낼 수 없는 저속 구간에서 가속을 돕거나, 엔진의 부하를 줄이는 역할을 한다.

② 연비 향상 : 회생제동 시스템을 통해 제동 시 발생하는 에너지를 회수하여 배터리에 저장하고, 전기 모터가 엔진 대신 사용하는 등 다양한 방식으로 연비를 향상시킨다.

③ 배기가스 저감 : HEV는 엔진과 전기 모터의 동력을 효율적으로 사용하고, 회생제동 시스템을 통해 배기가스를 저감한다.

④ 주행 성능 향상 : 전기 모터는 저속에서 강력한 토크를 제공하여 가속 및 정지 주행 성능을 향상시킨다.

⑤ 친환경적 운행 : HEV는 엔진과 전기 모터를 동시에 사용함으로써 내연기관 차량에 비해 친환경적인 주행이 가능하다.

4.4 고장 시 증상 및 점검방법

4.4.1. C7 HEV(뉴 아반떼 HEV, 차량년식 : 2021년식)

[1] 고장증상

차량방전으로 인하여, 리셋 스위치 누르고 READY 실시. READY 시 "하이브리드 시스템 점검! 안전한 곳에 정차하십시오!" 문구 출력되며. READY 해제되며, 전원 OFF됨

그림 고장 문구 출력

[2] 점검내용

① 하이브리드 시스템 점검 문구 출력

② 저전압 배터리 방전 및 연료부족경고등 출력

③ 방전으로 보조 배터리 완충 후, READY 시 동일 현상 발생됨

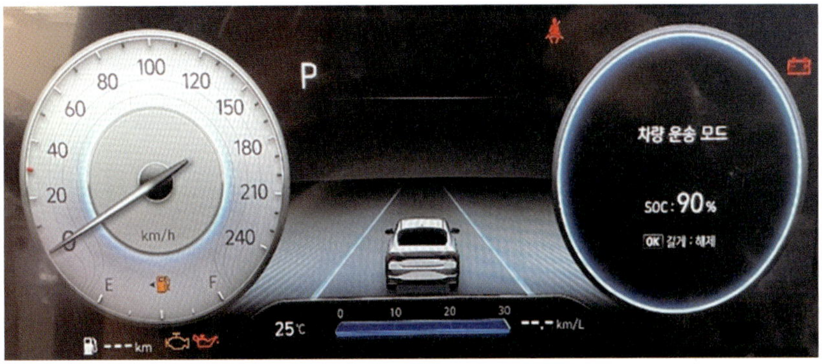

그림 보조 배터리 충전 실시

④ 완충 후 자기진단 전체 점검 시, 배터리 전원 낮음 외 특이사항 없음 확인, B1102, C110216, B111216, C174181, C136081

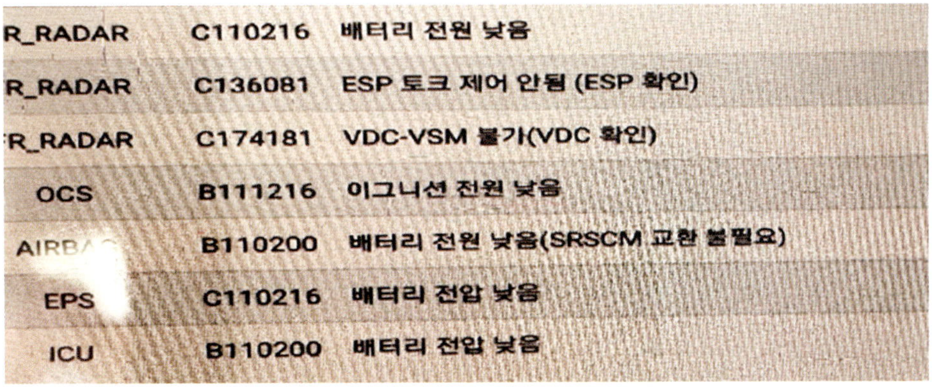

그림 고장코드

⑤ 센서데이터 점검 시 고전압 배터리 SOC 확인 시, SOC 10% 확인

그림 센서데이터

⑥ 연료 잔량 부족으로 인해 연료 충전 시 정상 시동 상태 확인됨

[3] 발생원인

고전압 배터리 SOC 낮음으로 READY 시 엔진 시동 요청하였으나, 연료량 부족으로 시동 불가하여, 하이브리드 시스템 점검 문구 출력된 것으로 확인

[4] 조치사항

연료 주입 후 정상 상태 확인

4.4.2. HG HEV(그랜저 HEV, 차량년식 : 2015년식)

[1] 고장증상

EV 모드 출발 불가 및 엔진시동 불능, 경고문구 출력

그림 경고문구

[2] 점검내용

① 자기진단 시 특이사항 없음

시스템	상태정보	진단결과
MFSW	고장코드 없음	양호
PSM	통신응답없음 / 시스템장착유무, IG KEY, DLC를 확인하십시오.	실패
SCM	통신응답없음 / 시스템장착유무, IG KEY, DLC를 확인하십시오.	실패
SWRC	고장코드 없음	양호
ADM	고장코드 없음	양호
CUBIS	통신응답없음 / 시스템장착유무, IG KEY, DLC를 확인하십시오.	실패

시스템	고장코드	고장코드명	상태
	고장코드 없음		

그림 자기진단

② SOC는 약 18% 정도로 충전량이 부족한 상황, HSG측 풀리 및 벨트 이상 없고, HSG가 약 5초 구동되고 시동 불가능

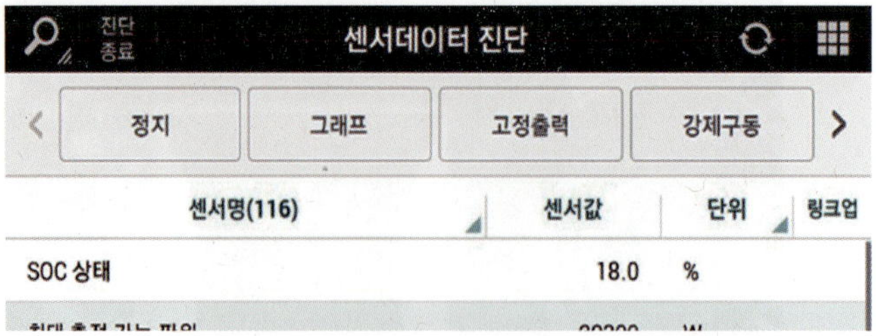

그림 센서데이터

③ 하이브리드 시스템 → 부가기능 → 엔진강제구동 실시해 보았으나 엔진시동 실패

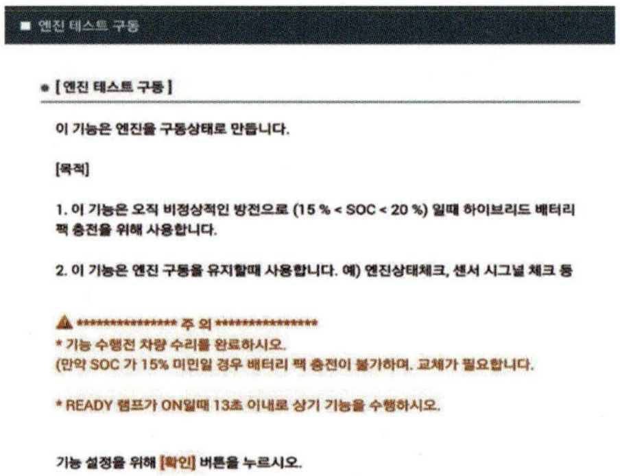

그림 엔진강제구동

④ 연료펌프 구동 시 연료펌프는 정상 구동되어 연료 토출 확인

⑤ 점화플러그 탈거 후 플러그 상태 및 코일 불꽃 시험 시 이상없음

그림 점화플러그 점검

⑥ 크랭크축을 돌려보니 잘 돌아가고 특이사항 없음

⑦ 압축압력 측정해 보고 싶었으나, 엔진구동이 되지 않아 압축압력 측정 불가능

⑧ 연료 압력 정상이고 인젝터 분사 양호하고, 압축압력 테스트 불가하여 기밀테스트 결과 양호

그림 기밀테스트

⑨ 날씨가 추울 때 문제가 발생한 점에 착안하여 혹시나 배기구 막힘이 발생하였을것 같아서 촉매 탈촉매 탈거해보니 수분이 빙결되어 배기구 막힘 확인

그림 촉매 수분 빙결

[3] 발생원인

캐털리틱 컨버터의 응축수 동결

[4] 조치사항

캐털리틱 컨버터 교환

4.4.3. HG HEV(그랜저 HEV, 차량년식 : 2016년식)

[1] 고장증상

주행 중 하이브리드 경고등 점등 및 시동 불능으로 견인 입고

[2] 점검내용

① 엔진 시동 시 클러스터에 "배터리 충전을 위하여 정차하십시오" 문구 점등 후 시동 OFF 후 "하이브리드 시스템 점검 정차 후 시동을 끄십시오." 문구 점등

② 차량 전체 자기진단 시 전체 정상

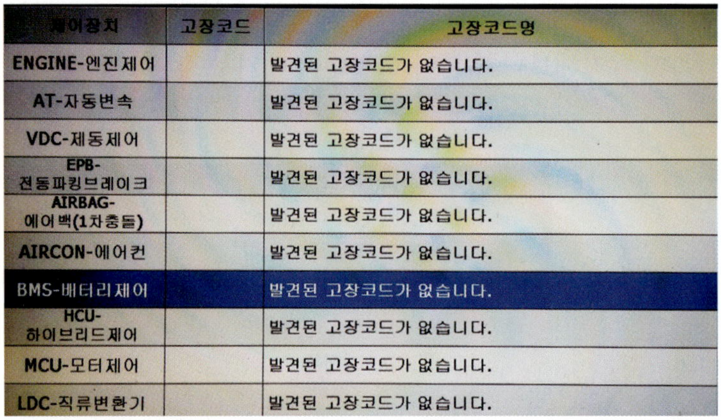

제어장치	고장코드	고장코드명
ENGINE-엔진제어		발견된 고장코드가 없습니다.
AT-자동변속		발견된 고장코드가 없습니다.
VDC-제동제어		발견된 고장코드가 없습니다.
EPB-전동파킹브레이크		발견된 고장코드가 없습니다.
AIRBAG-에어백(1차충돌)		발견된 고장코드가 없습니다.
AIRCON-에어컨		발견된 고장코드가 없습니다.
BMS-배터리제어		발견된 고장코드가 없습니다.
HCU-하이브리드제어		발견된 고장코드가 없습니다.
MCU-모터제어		발견된 고장코드가 없습니다.
LDC-직류변환기		발견된 고장코드가 없습니다.

그림 자기진단

③ 엔진 강제 구동 테스터 시 엔진 강제 구동 불가됨

④ BMS 및 HCU측 고전압 배터리 시스템 SOC 확인 시 SOC 23% 확인

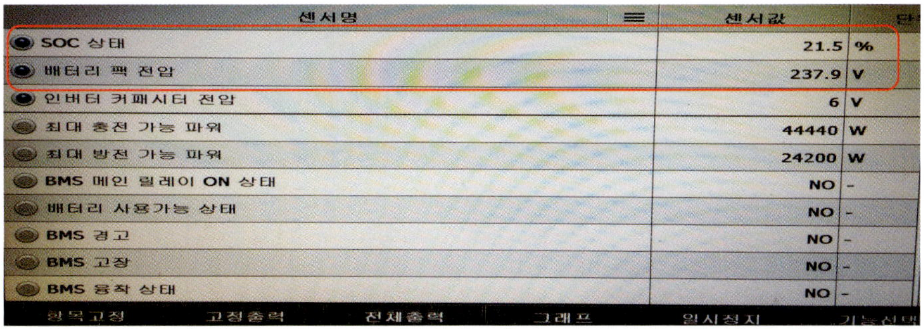

(a) BMS측 SOC 값

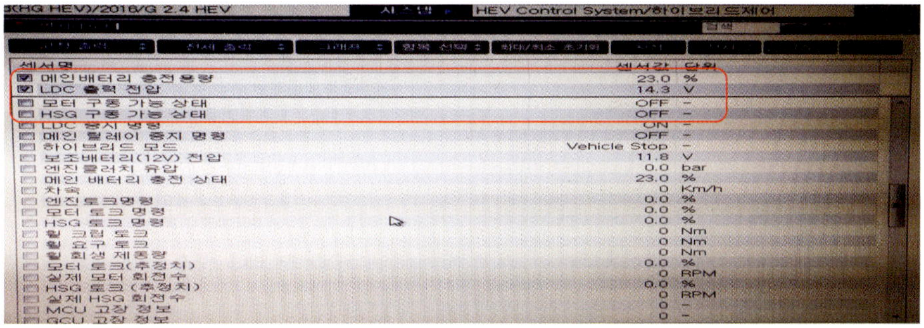

(b) 하이브리드측 SOC 값

그림 센서데이터

⑤ 하이브리드 시스템은 정상이고 엔진 측에서 구동 불가되어 배터리 충전 문제 발생되고 하이브리드 경고등 점등됨 확인

⑥ HCU REC 데이터 측정

⑦ 연료 압력 점검 정상이나 연료가 이상하여 확인 결과 연료 내 수분 유입 확인

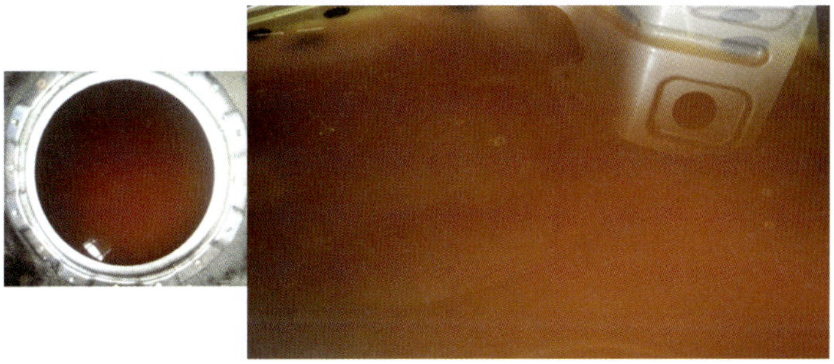

그림 연료 내 수분 유입

[3] 발생원인

연료탱크 물 유입

[4] 조치사항

연료탱크 수분 유입 연료 제거 후 연료탱크 청소 후 연료 주입

4.4.4. HG HEV(그랜저 HEV, 차량년식 : 2014년식)

[1] 고장증상

READY 후 경고등 점등 및 주행불가

[2] 정비이력

연료펌프 기 교환됨

[3] 점검내용

① 자기진단, 서비스 데이터 점검, P3190. P0A0F 발생

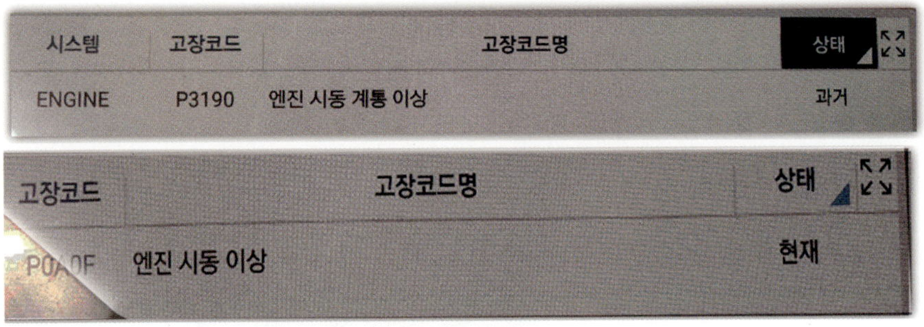

그림 고장코드

② 동일현상으로 연료펌프 기 교환하였으나 교환 후 주행 시 동일 현상 재발생

③ 저압연료펌프 강제구동실시하였으나 저압연료압력 형성 안됨 확인

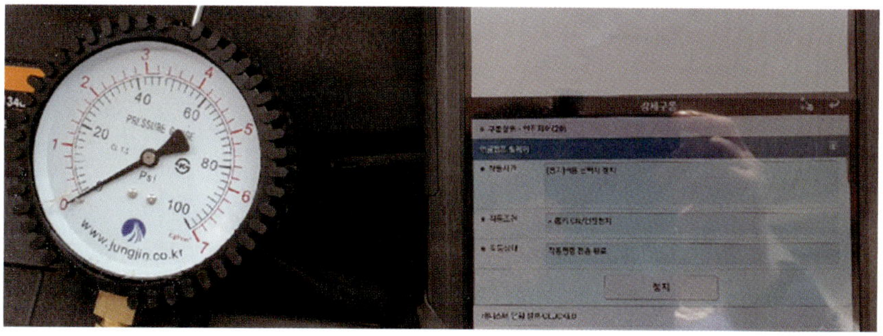

그림 강제구동

④ 전원접지 확인 시 미점등, 강제 접지 후 펌프강제 구동 시 펌프구동 가능

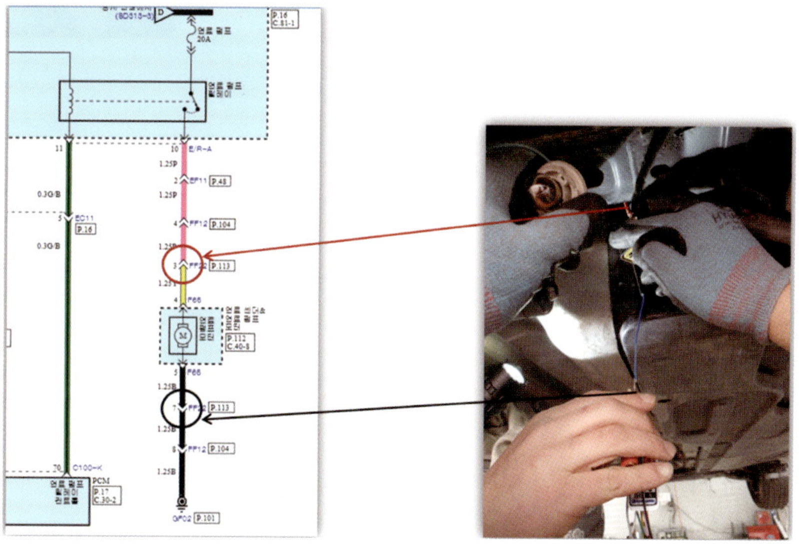

그림 전원접지 확인 시 미점등

⑤ 연료탱크측 FF12측에서 전원 확인 시 정상

⑥ 접지 확인 시 단선 확인 및 강제 접지 후 테스터 시 저압펌프 정상작동

⑦ 커넥터 체결불량으로 누적 이탈됨

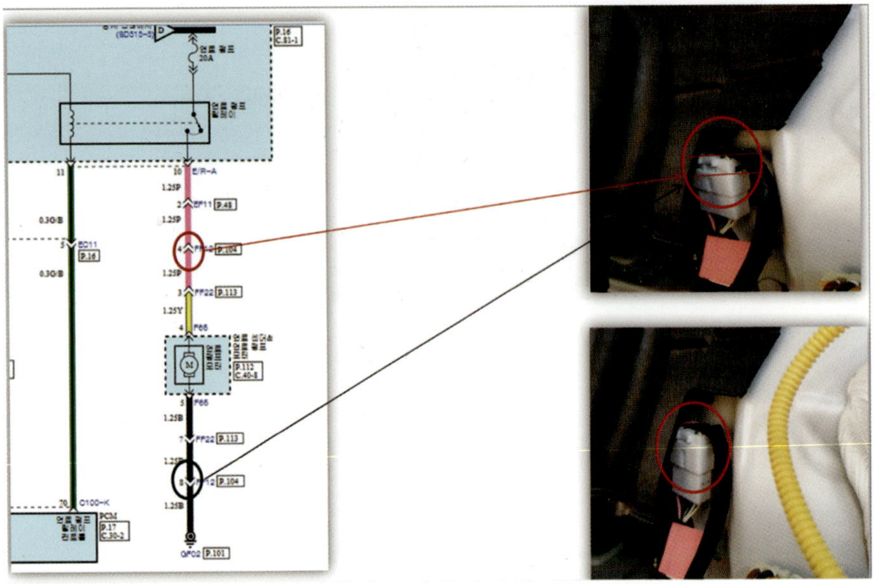

그림 커넥터 체결 불량

[4] 발생원인

FF12 커넥터 장착불량

[5] 조치사항

FF12 커넥터 재장착

4.4.5. HG HEV(그랜저 HEV, 차량년식 : 2004년식)

[1] 고장증상

"주행 중 정차 후 시동을 꺼주세요" 클러스터 문구 출력됨, 고전압 배터리 방전

[2] 점검내용

① 고전압 배터리 SOC 점검 시 약 22%로 방전 상태임

② 배터리 충전 위해 엔진 강제 구동 시 HGS로 회전하다 정상적인 시동이 안됨

③ P0A0F 엔진기동 이상 검출됨

④ 계속적인 강제구동 실시로 인한 SOC가 19%까지 떨어져 포기

⑤ 딜리버리 파이프와 연료공급호스 탈거 시 연료 없음 확인

⑥ 연료펌프 강제 구동 시에도 연료공급 안됨 확인

⑦ 관련 회로 점검 시 정상(핀텐션 및 전원, 접지)

[3] 발생원인

연료펌프 단품 불량으로 연료공급 안되어 계속적인 EV 모드 운행으로 인한 고전압 배터리 방전. 계속적인 강제구동 실시로 인한 SOC가 19%까지 떨어져 포기

[4] 조치사항

연료펌프 교환

4.4.6. IG HEV(그랜저 HEV, 차량년식 : 2021년식)

[1] 고장증상

차량 인도 과정에서 하엔진 시동 시 EV mode Ready 이후 엔진 스타팅 3회 시도 후 경고 문구 출력

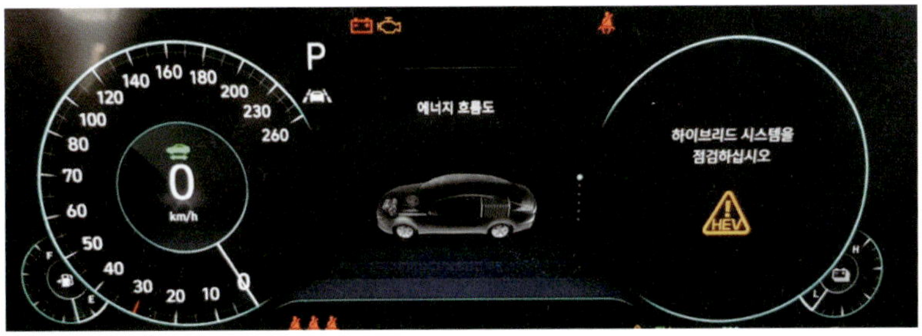

그림 경고문구

[2] 점검내용

① Scan tool 점검 시 HCULDC : P0A0F 엔진 시동 이상_현재, BMS : P1B96 고전압 배터리 셀 전압 편차_과거

그림 고장코드

② 고전압 배터리 SOC 저하로 HSG로 충전을 위해 엔진 시동 시도하나 엔진 시동 불가로 하이브리드 시스템 점검 문구 출력

③ 엔진 시동 후 엔진 시동 관련 연료장치, 점화장치 및 관련 회로 점검

그림 연소실 내시경 점검

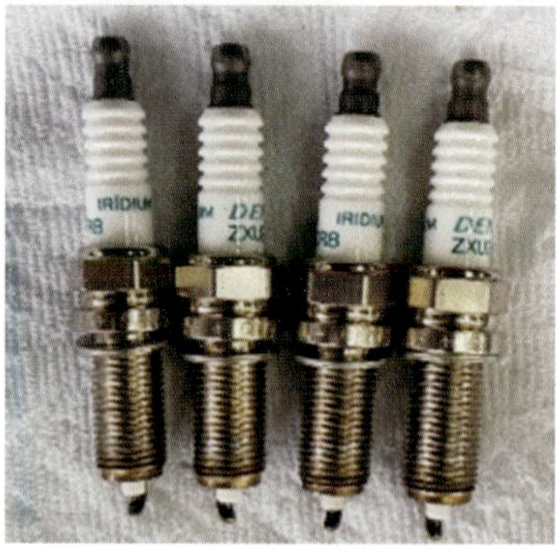

그림 점화 상태 확인

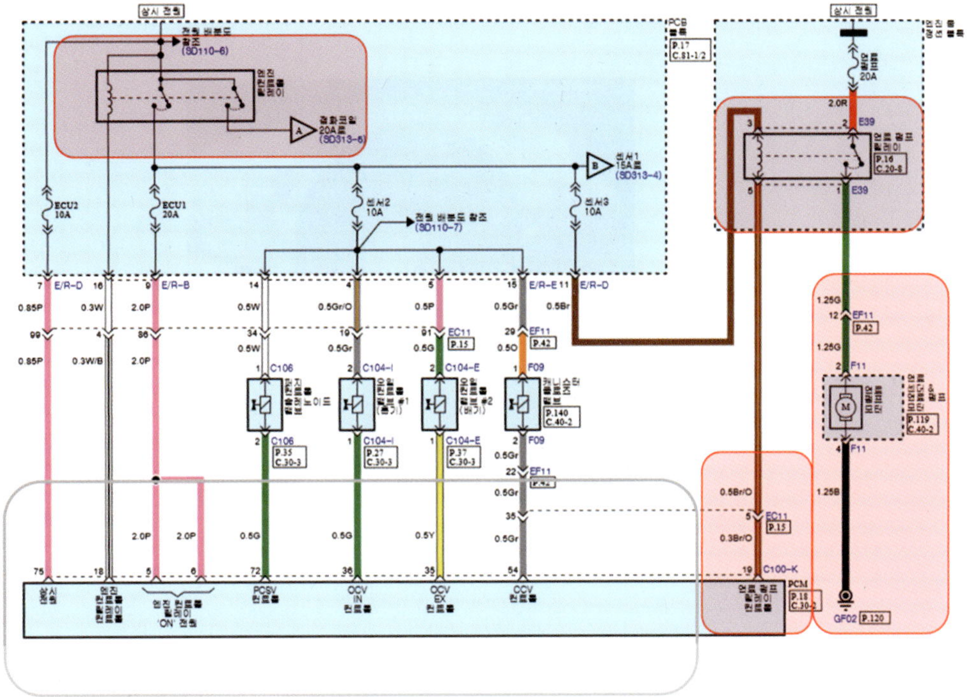

그림 회로도

㉮ PCB 블록 엔진 릴레이 회로 점검

㉯ 연료펌프 릴레이 회로 점검

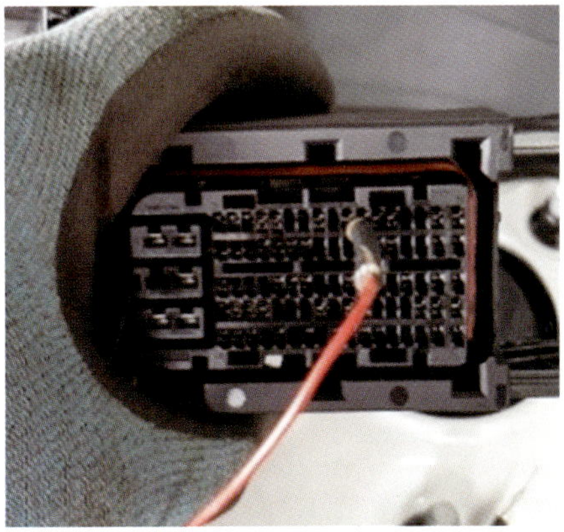

그림 연료펌프 릴레이 회로 점검

㉰ 연료펌프 회로 점검

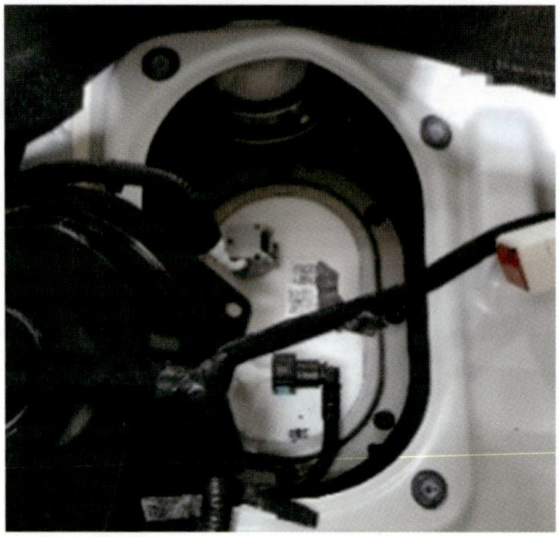

그림 연료펌프 회로 점검

㉱ 엔진 시동 관련 단품 점검

㉲ 연료펌프 릴레이 컨트롤 회로 점검 시 C100-K 19번 핀텐션 불량 확인

④ 연료펌프 릴레이 컨트롤 회로 C100-K 19번 핀텐션 불량으로 엔진 시동 불가하고, BMS : P1B96은 고전압 배터리 셀 전압 편차_과거 DTC는 고전압 배터리 SOC 저하로 발생된 DTC로 정상 시동 후 HSG로 충전되어 정상 충전

[3] 발생원인

연료펌프 릴레이 컨트롤 회로 C100-K 19번 핀텐션 불량

[4] 조치사항

C100-K 19번 핀 수정 후 정상 조치

4.4.7. IG HEV(그랜저 HEV, 차량년식 : 2020년식)

[1] 고장증상

정차 중(EV 상태로 엔진시동 OFF 상태) 히터 바람 차가워짐. 엔진 시동 시에는 뜨거워짐

[2] 점검내용

① DTC 없음

② EV 상태에서 통풍구측 온도 측정 시 약 30℃

③ 엔진시동 시 통풍구측 온도 측정 시 약 55℃

그림 EV 상태에서 통풍구측 온도

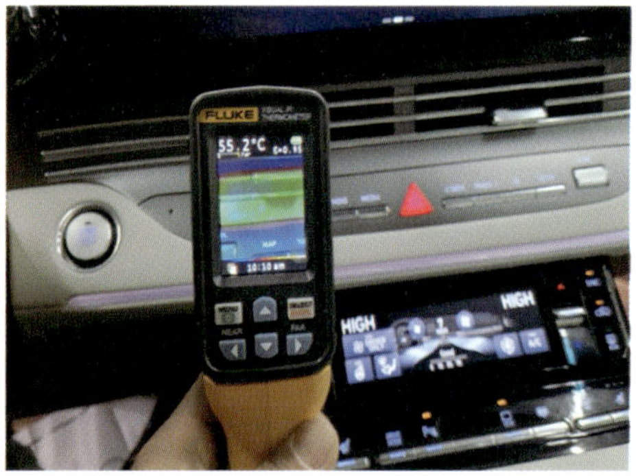

그림 엔진시동 시 통풍구측 온도

④ 엔진시동 OFF 상태에서는 전동식 워터펌프가 냉각수 순환시키므로 전동식 워터펌프 회로 점검

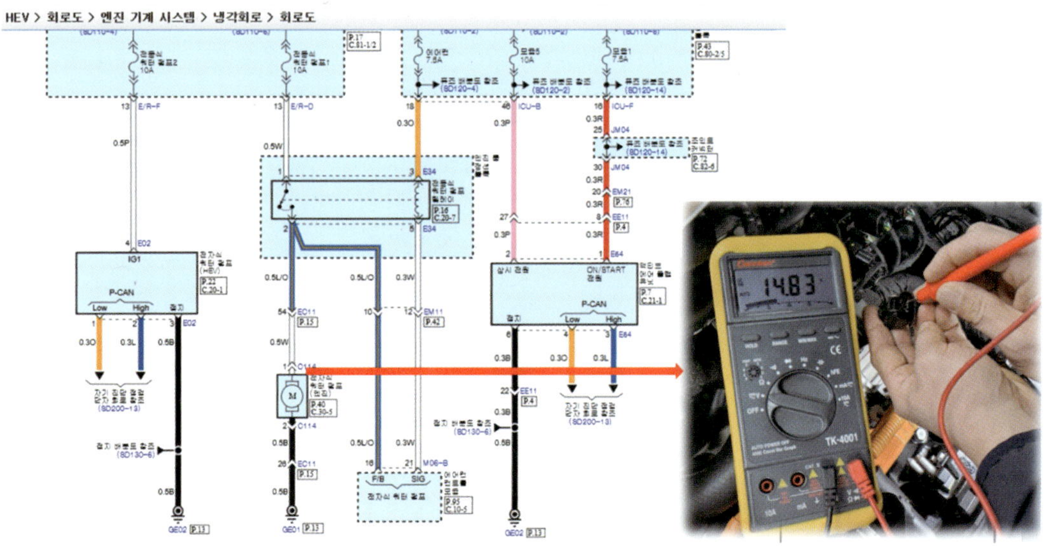

그림 워터펌프 회로 점검

⑤ 엔진시동 OFF 상태에서 전동식워터펌프 전원공급정상, 접지정상

⑥ 전동식 워터펌프 단품 점검시 펌프저항 측정 시 10MΩ, 전동식 워터펌프불량

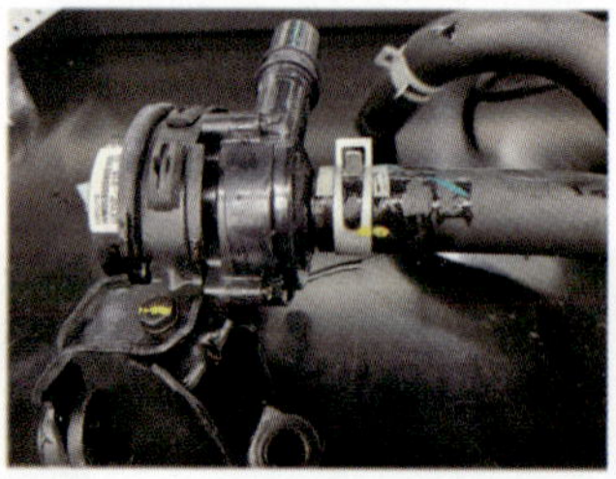

전동식 워터펌프

교품 펌프저항측정 시 10MΩ

신품 펌프저항 O.L

그림 전동식 워터펌프 단품 점검

[3] 발생원인

전동식 워터펌프 불량

[4] 조치사항

전동식 워터펌프 교환

4.4.8. IG HEV(그랜저 HEV, 차량년식 : 2021년식)

[1] 고장증상

고전압 배터리 방전, 레디 불가

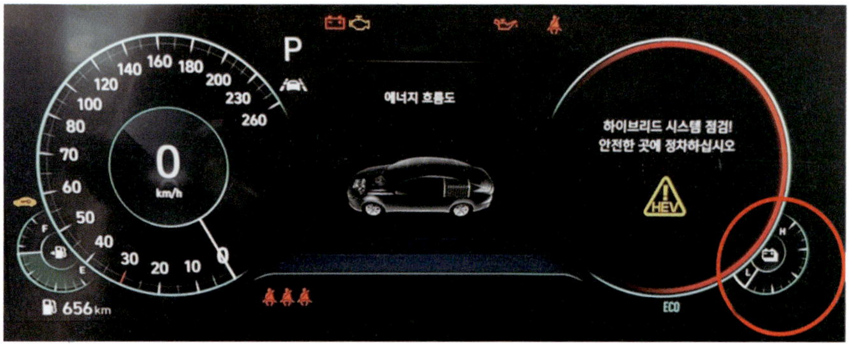

그림 고전압 배터리 방전

[2] 정비이력

사고에 의한 수리

[3] 점검내용

① 현상 확인 및 DTC 점검, 고전압 배터리 방전되어 READY 불가, DTC 없음

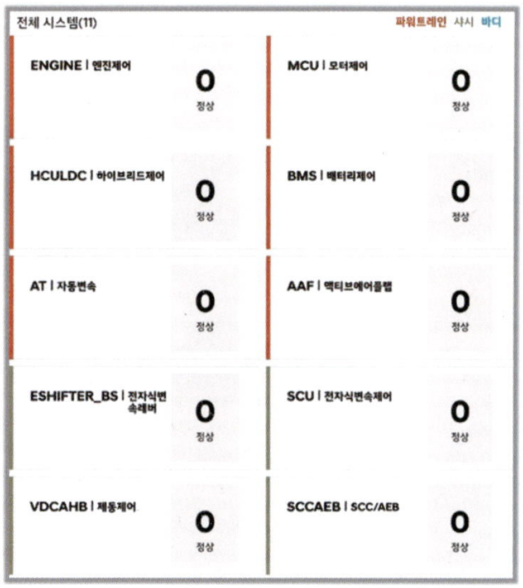

그림 자기진단

② BMS 센서데이터 점검

	센서명	센서값	단위
✓	배터리 충전 상태(BMS)	6.0	%
✓	배터리 팩 전압	234.2	V
✓	배터리 셀간 전압편차	0.06	V
✓	최대 셀 전압	3.26	V
✓	최소 셀 전압	3.20	V
✓	절연 저항	1000	kOhm

그림 센서데이터

③ SOC 6% 확인되어 고전압 배터리 충전(SOC 6% → 36.5%) 후 READY 시 READY 정상 진입하였으나 HSG 스타팅 후 얼마 지나지 않아(5초 정도) 다시 시동이 꺼지며 경고문구 발생되며, 고전압 배터리 전압 떨어지며 HSG가 다시 힘겹게 구동

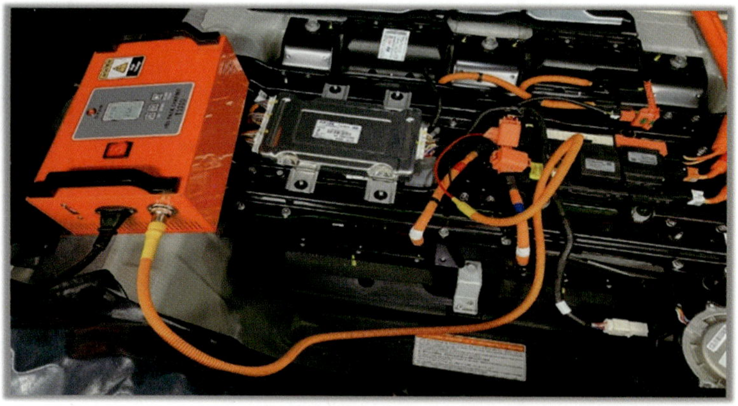

	센서명	센서값	단위
✓	배터리 충전 상태(BMS)	36.5	%
✓	배터리 팩 전압	258.1	V
✓	배터리 셀간 전압편차	0.00	V
✓	최대 셀 전압	3.58	V
✓	최소 셀 전압	3.58	V
✓	절연 저항	1000	kOhm

그림 배터리 충전

④ HSG의 불량인지 확인하기 위해 배터리 재충전 후 레졸버 보정 진행, 레졸버 보정 실패 / P0C17, P0DFC 코드 발생

시스템 / 고장코드 설명	상태
MCU | 모터제어 **P0C17 구동 모터 위치센서 미보정**	현재
MCU | 모터제어 **P0DFC 제너레이터(HSG) 위치센서 미보정**	현재

그림 고장코드

⑤ 상기의 내용으로 보아 엔진에서 시동 유지가 되지 않는 것으로 판단하여 우선으로 엔진 계통 엔진오일, 점화플러그, 점화코일 점검 시 특이사항 없음

⑥ 연료계통 점검 시 저압펌프에서 연료공급 불가, 실질적인 READY 및 KEY ON 상황에서 저압연료펌프에서 연료공급 불가함(엔진 센서데이터 점검 시 연료계통의 경우 MPI 엔진타입으로 압력 관련 데이터 확인 불가)

⑦ 저압라인에서 연료 공급되지 않아 저압 연료펌프 탈거하여 점검 시 저압연료펌프 파손 확인, 연료가 공급되지 않았던 것은 연료펌프의 파손으로 인해 샌더에서 연료가 충분한 상태로 오감지함 따라서 연료 부족에 의해 시동이 걸리지 않았던 것으로 확인

그림 연료펌프 탈거 과정에서 파손 확인

그림 연료펌프 탈거 시 연료 잔량 없음

그림 파손된 저압 연료펌프

[4] 발생원인

후방 사고차량으로 사고에 의한 충격으로 저압 연료펌프 파손

[5] 조치사항

연료펌프 교환

4.4.9. LF HEV(쏘나타 HEV, 차량년식 : 2015년식)

[1] 고장증상

주행 중 엔진 경고등 점등됨

[2] 정비이력

산소센서 교환

[3] 점검내용

① 자기진단 결과 P2297 고장코드 확인됨

연료 컷 시 전방 산소 센서 전류가 1.26mA 이상 또는 12mA이하일 경우 P2297 고장코드 표출한다.

고장 판정 조건

항목	판정 조건	고장예상 원인
진단방법	연료 컷 구간에서의 성능검사	1. 커넥터 접촉불량 2. 전방 산소센서
진단조건	연료 컷 작동 시간 3초 이상 센서의 광범위 Pump Current가 가능한 구간 산소센서 히팅 구간 배기가스온도 300℃ (572℉) 이상 1배터리 전압 11V이상이고 16V 이하인 경우	
고장판정	연료 컷 시 센서 전류 1.26mA 이상 또는 12mA이하	
진단시간	1초	
경고등점등조건	2회째 운전 싸이클	

그림 고장판정 조건

② P2297 관련하여 서비스데이터 확인 실시

㉮ 실제 공연비가 0.9, 순시보정 −32.5%, 전방 산소센서 1.5V으로 전체적으로 농후한 공연비로 확인됨

㉯ 산소센서 및 공연비 순시 보정이 농후하게 표출되는 것으로 확인되고 농후한 혼합기 관련 점검 실시 요구됨

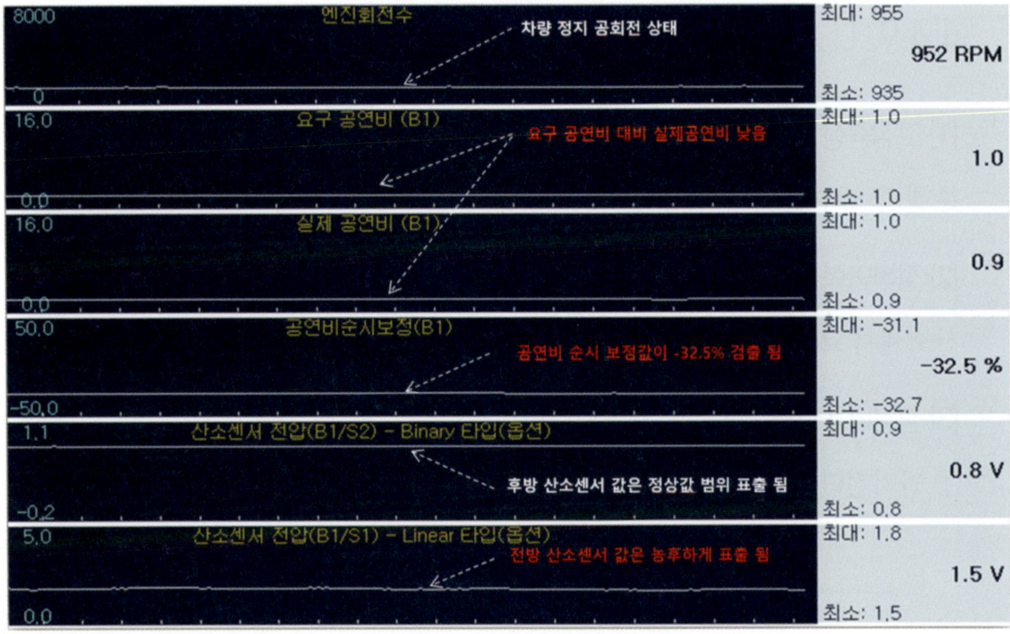

그림 서비스데이터

③ 공연비 관련 산소센서 서비스데이터 확인 실시

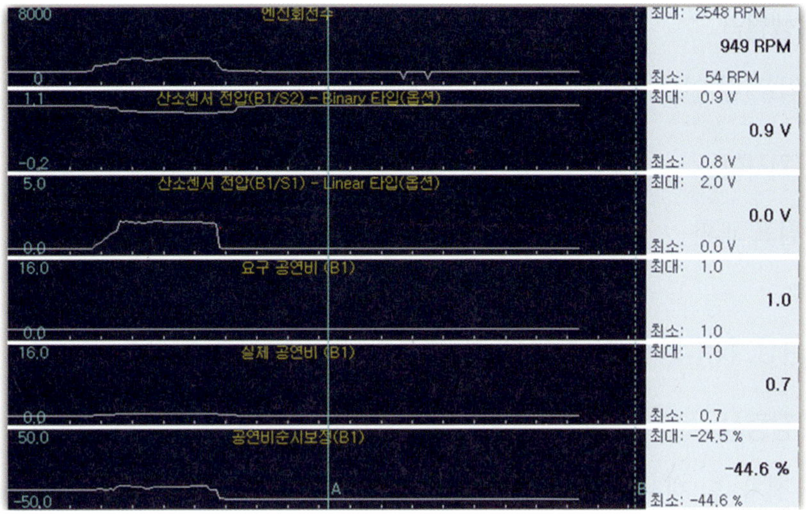

그림 산소센서 서비스데이터

④ 산소센서 교환되었고 외관 이상 없어 배선 점검 실시

⑤ 정비지침서 상 커넥터 탈거 후 점검 실시

⑥ 배선 상태 확인 시 이상 없어 동일차량 비교점검 실시

⑦ 센서, 연료, 흡/배기 계통 단품 교환 및 점검 실시

⑧ 엔진오일 확인 중 오일 내 휘발성 냄새 확인

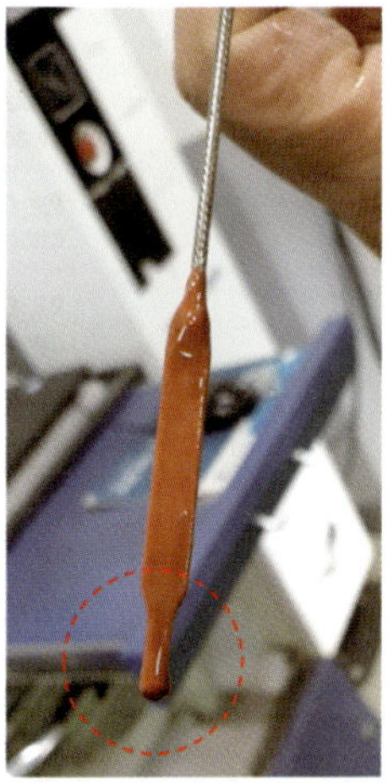

그림 엔진오일 점검

⑨ 고압펌프 내 연료 누설로 인해 현상 발생 확인됨

[4] 발생원인

고압펌프 내 연료 누설로 인해 현상 발생 확인

[5] 조치사항

고압펌프 교환

4.4.10. NX4 HEV(투싼 HEV, 차량년식 : 2022년식)

[1] 고장증상

주행 정차 후 재시동 불가, 시동 불가로 EV 모드로만 주행하다가 배터리 방전으로 멈춤 예상됨

[2] 점검내용

① 고장코드 및 서비스데이터 점검, 저전압 고장코드 검출되고 시동 시 신호가 OFF로 출력됨

그림 고장코드

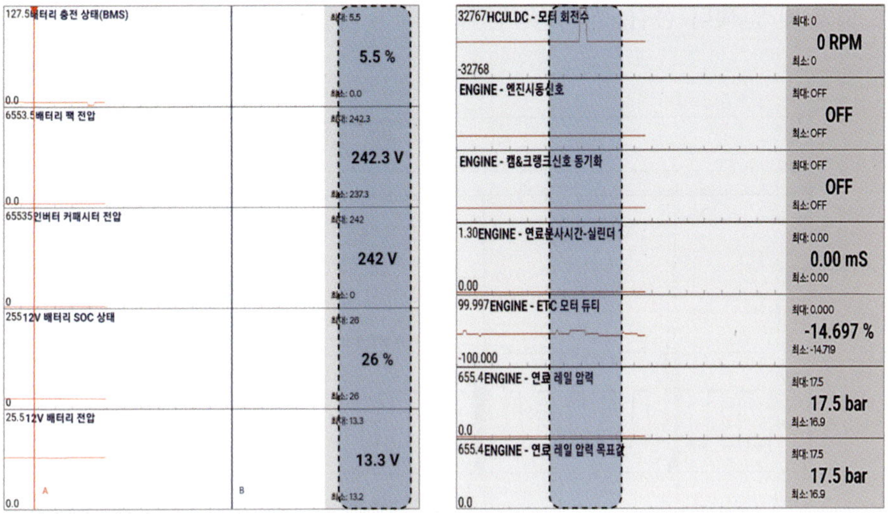

그림 서비스데이터

② 고전압 배터리 충전 후 전체 점검, 고전압 배터리 충전 이후 크랭킹은 되나 시동불가 발생되나 데이터는 정상

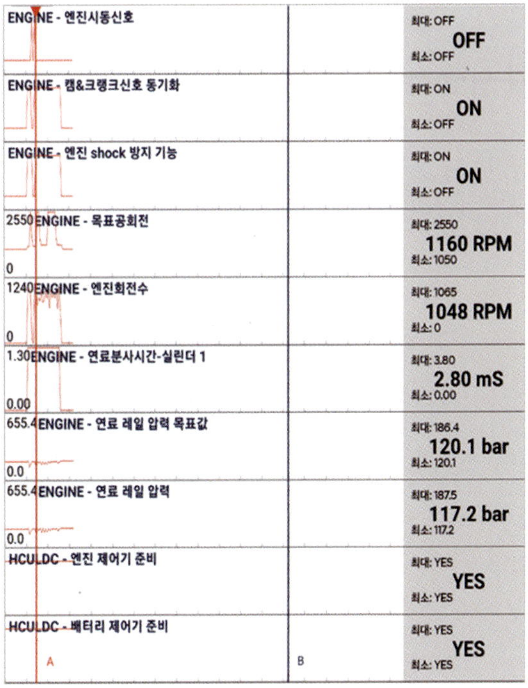

그림 고전압 배터리 충전 이후 데이터

③ 점화 및 인젝터 점검, 점화 및 인젝터 파형 측정 시 정상 출력됨

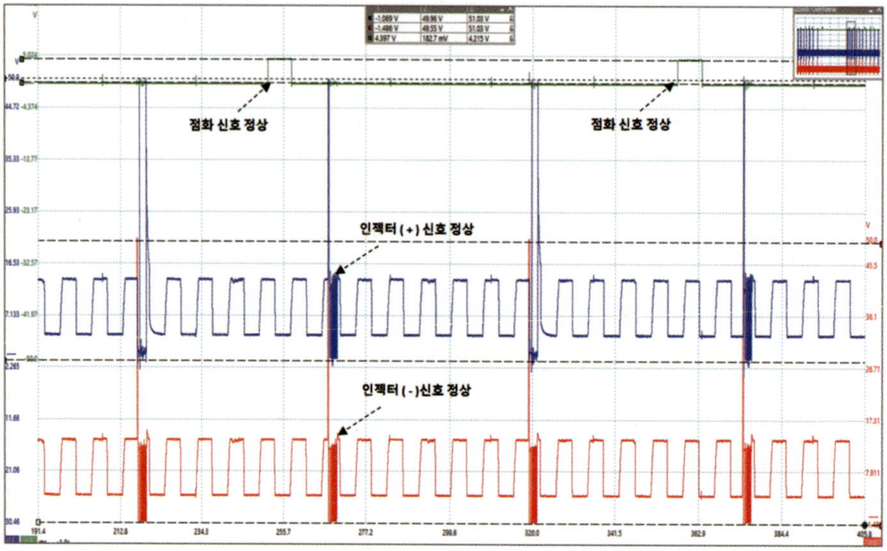

그림 점화, 인젝터 파형으로 제어 상태 확인

④ 기타 시동 불량 발생 부분 점검, 점화플러그 탈거 시 젖어 있고 연료 및 압축압력 점검 시 정상

그림 점화플러그 탈거 시 젖어 있음

그림 연료 소량 받아 냄새, 색깔 확인 시 정상

그림 엔진 압축압력 측정 시 4기통 정상 확인

⑤ 실제 점화 및 인젝터 분사가 되는지 점검, 플그거 탈거 이후 크랭킹 시 연료 분사되고 플러그 불꽃 방전 시 이상 확인됨

그림 인젝터 분사 테스트

그림 점화 불꽃 방전 테스트

⑥ 점화플러그 점검, 불꽃이 애자 바디로 누전되고 저항 측정 시 단락 확인되고 교환 이후 시동됨
⑦ 점화플러그 교환 후 시운전 시 1,400~1,900RPM에서 노킹이 심하게 발생되고 연료 점검을 위해 담아 둔 용기 및 종이에 잔여 유분에서 경유냄새가 나면서 휘발되지 않고 계속 남아있는 것으로 보아 혼유로 판단됨
⑧ 혼유로 인한 각종 손상 부품 전체 교환, 인젝터 · 플러그 · 촉매 · 산소센서 등등 교환 후 정상

[3] 발생원인

혼유에 의한 점화플러그 및 기타 부품 손상

[4] 조치사항

점화플러그 2회, 인젝터, 촉매, 연료탱크 청소, 중간 머플러 입구의 손상된 잔해 제거

4.4.11. YF HEV(쏘나타 HEV, 차량년식 : 2013년식)

[1] 고장증상

고객은 변속기 교환 후에도 6속에서 슬립이 발생하여 rpm이 과다

[2] 정비이력

산소센서 교환

[3] 점검내용

① 상기 차량의 정비 시작은 P2096 DTC 발생으로 산소센서 2개 교환 후 출고한 뒤 재입고

② 이번에는 P0420 촉매장치효율 저하 경고등 점등 및 엔진의 부조 및 떨림 현상으로 입고

③ WCC 촉매 탈거 후 확인 시 촉매가 손상됨을 확인하고 촉매 WCC만 교환

④ 추가로 이그니션 코일 4개 교환(스파크플러그는 미 교환) 후 출고

⑤ 다시 재입고, 차량 무겁고 당기고 6속 슬립이 발생하고 충전이 잘 안되므로 입고

⑥ 시운전 시 80KPH를 유지하고 가면 속도가 서서히 떨어짐. 여기서 가속을 하면 엔진 RPM이 많이 상승하는 소리가 들리며, 이때 변속단을 확인하면 5속으로 되다 보니 고객은 미션 슬립으로 입고

⑦ 자동변속기 신품으로 교환 후 재입고

⑧ 다시 입고하여 HPCU 교환하고 확인 시 후방 촉매 막힘 UCC가 전방 촉매 잔존물에 의해 막힘.

그림 UCC 탈거 시 WCC 촉매 잔존물이 내려와 막힘

[4] 발생원인

중간 촉매 UCC 촉매 막힘

[5] 조치사항

UCC 촉매 교환 후 정상

4.4.12. YF HEV(쏘나타 HEV, 차량년식 : 2012년식)

[1] 고장증상

HSG 구동 안 되어 시동불가

[2] 점검내용

① 입고 당시 SOC 19.5%

② 시동 시 레디 표시등 점멸 및 “정차 후 시동을 끄십시오” 메시지 출력

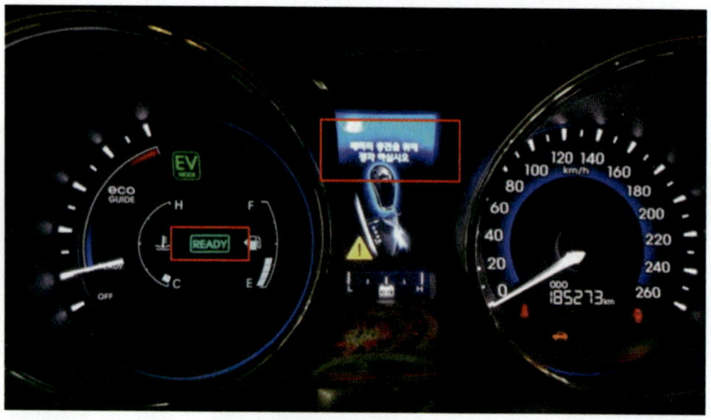

그림 경고 메시지

③ 엔진 테스트 구동실행 “실패”

④ 시동 시 레디 표시등 점등으로 변경 “배터리 충전을 위하여 정차하십시오” 표시변경

⑤ 레디 상태 약 2~3분 방치 시 레디 OFF 및 전원 ON 상태로 변경되며, "충전을 위하여 정차하십시오"에서 "Check Charging system(체크 차징 시스템)으로 변경" 표시됨. 새로운 현상 발생

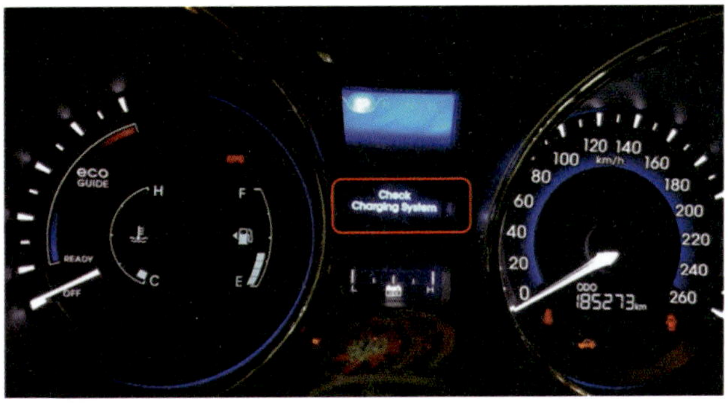

그림 경고 메시지 변경됨

⑥ BMS 서비스데이터 최대 방전 가능 파워 값이 "0"

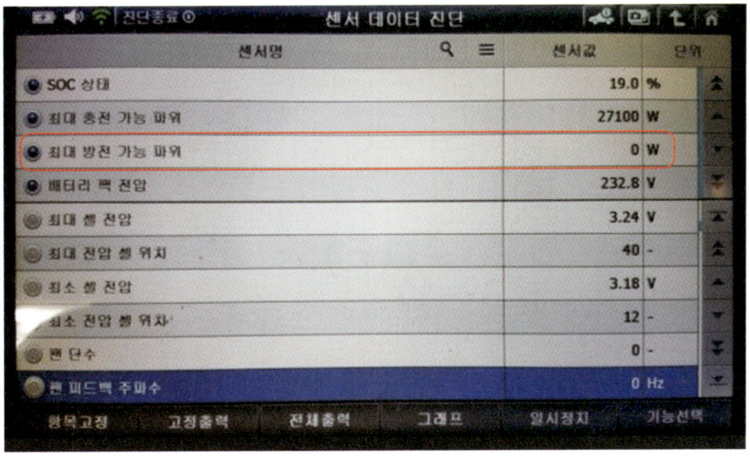

그림 서비스데이터

⑦ 메인 배터리 교환 후 HSG 구동하여 시동 시도함

⑧ 압축압력 및 타이밍 체인 조립상태 확인결과 타이밍 넘음

그림 타이밍 체인 타이밍 불일치

[3] 발생원인

메인 배터리 및 타이밍 체인 타이밍 불일치

[4] 조치사항

메인 배터리 교환 후 타이밍 체인 재조립

4.4.13. YF HEV(쏘나타 HEV, 차량년식 : 2013년식)

[1] 고장증상

주행중 “정차 후 시동을 끄시오” 문구 점등

[2] 점검내용

① 자기진단 결과 정상

② ECU, HCU, MCU 고장코드 확인

③ HCU 점검을 위해 덕트 탈거 시 HEV 냉각탱크 누수 확인됨

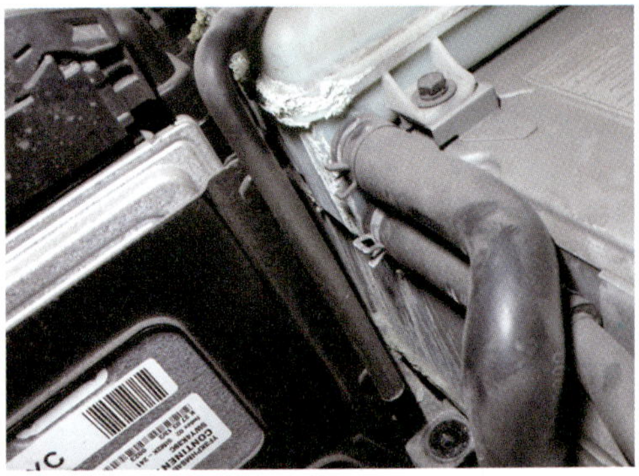

그림 리저버 누수

[3] 발생원인

HEV 리저버 누수로 인한 과열

[4] 조치사항

리저버 교환

4.4.14. YF HEV(쏘나타 HEV, 차량년식 : 2014년식)

[1] 고장증상

주행 중 엔진 경고등 점등됨

그림 엔진 경고등

[2] 정비이력

PCSV, CCV, 캐니스터 교환

[3] 점검내용

① 상기 현상으로 PCSV, CCV, 캐니스터 교환 후 재발생 입고 의뢰

② EVAP 테스트 점검

그림 고장코드

③ 고장상황 데이터 확인

그림 고장상황 데이터

④ 시운전 점검

⑤ PCSV 단품 점검

⑥ PCSV 방향성 오조립 확인됨

그림 PCSV 방향성 오조립

⑦ PCSV 방향성 정조립

그림 PCSV 방향성 정조립

[4] 발생원인

PCSV 방향성 오조립

[5] 조치사항

PCSV 방향성 정조립

변속기 및 모터 정비사례

05

변속기 및 모터 정비사례

05
CHAPTER

5.1 변속기 및 모터 역할

5.1.1. 변속기

그림 HEV 변속기

HEV(Hybrid Electric Vehicle) 변속기는 엔진과 전기 모터의 힘을 효율적으로 조합하여 차량을 구동하는 시스템이다. 변속기는 엔진의 회전력을 차량 바퀴에 전달하고, 필요한 경우 전기 모터의 힘을 추가하여 구동한다.

5.1.2. HEV 모터

그림 HEV 모터

모터는 엔진의 동력을 보조하고, 차량의 시동 및 가속을 돕는 역할을 한다. 또한, 감속이나 제동 시에는 모터가 발전기 역할을 하여 배터리를 충전한다.

① 엔진 보조 : 엔진과 함께 또는 엔진 대신 차량을 구동하여 출력 및 효율을 높인다.

② 시동 : 엔진을 시동하는 역할을 한다.

③ 가속 및 저속 주행 : 가속하거나 저속으로 주행할 때 엔진과 함께 또는 엔진 대신 차량을 구동한다.

④ 발전기 역할 : 감속이나 제동 시 운동 에너지를 전기 에너지로 변환하여 배터리를 충전한다.

⑤ 회생 제동 : 감속 및 제동 시 운동 에너지를 회수하여 배터리를 충전하는 역할을 한다.

⑥ EV 모드 : 배터리만으로 일정 거리를 주행할 수 있는 모드에서 구동력을 제공한다.

⑦ HSG(시동발전기) 기능 : 엔진과 모터를 연결하고 끊는 역할을 한다.

5.2 변속기 및 모터 구성

5.2.1. 변속기

① 토크컨버터(Torque Converter) : 토크컨버터는 엔진의 동력을 변속기로 전달해 주는 유체 동력학적 동력 전달장치이다.

② 오일펌프(Oil Pump) : 오일펌프는 토크컨버터 바로 뒷부분이나 변속기 케이스의 맨 뒤쪽에 설치되며, 오일 팬으로부터 흡입되는 오일은 반드시 오일필터를 거쳐 불순물이 걸러지도록 되어 있고, 배출압력은 유압 제어장치와 연결되어 엔진 회전속도와 관계없이 일정하게 유지된다.

③ 오일필터(Oil Filter) : 변속기 오일의 유입되는 불순물을 걸러내는 역할을 한다.

④ 워머(Warmer) : 워머는 대표적으로 미션오일을 데워준다.

⑤ 전 · 후진장치 : 무단변속기의 변속은 가변 풀리에 의하므로 별도의 변속장치가 필요 없다. 그러나 무단변속기를 설치한 차량도 후진을 하여야 한다. 이를 위해 전 · 후진장치를 두고 있다.

⑥ 가변 풀리 : 무단변속기에서 변속비율이 제어되는 것은 가변 풀리에서이다.

⑦ 전동식 오일펌프(EOP) : 전동식 오일펌프는 하이브리드 모터 어셈블리 외부에 장착되어 있다. 모터와 오일펌프가 결합되어 있는 구조로 모터 회전 시 자동변속기 오일(ATF)이 펌프에 의해 흡입 및 토출되어 정지 · 저속 · 고속 주행 시(시동 후 항상 동작) 오일을 공급하거나 유압을 생성하여 변속기 내 윤활 및 냉각 유량을 공급하며, 모터 회전수를 가변제어하여 최적 유량을 마찰요소(클러치 · 브레이크) 작동, 해제를 위한 제어 유량을 공급한다.

5.2.2. HEV 모터

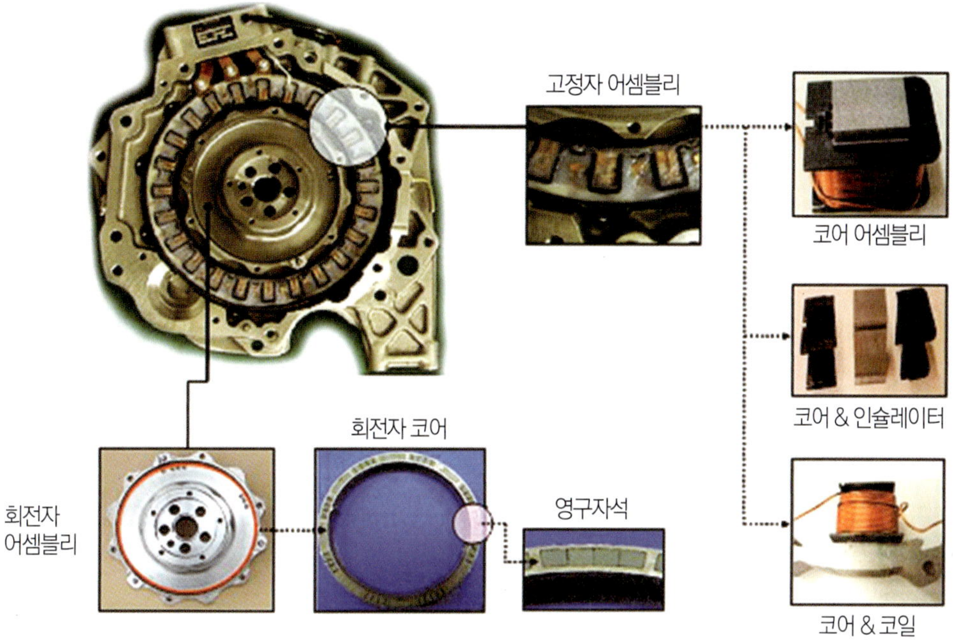

그림 모터 세부구조(엔진측에서 보았을 때)

① 리어 플레이트 : 엔진블록과 모터 하우징 사이에 장착되어 있으며, 모터 회전자(로터)의 위치 및 속도정보를 검출하기 위한 레졸버(resolver)센서가 장착된다.

② 모터 하우징 : 엔진과 무단변속기 사이에 장착되며, 모터 고정자와 회전자 등 모터 구동 관련 부품들이 내장되어 있다.

③ 댐퍼 플레이트 : 모터 회전자(로터)와 무단변속기(CVT) 사이에 장착되며, 변속기 입력축이 연결되는 스플라인 기어가 가공되어 있다. 엔진 또는 모터 회전에 따른 동력을 변속기 입력축에 전달하는 역할을 한다.

④ 스테이터 : 모터 고정자(스테이터)는 엔진과 무단변속기 하우징에 체결되고, 스테이터 코일에 감겨진 권선코일에 인버터를 통해 3상(U, V, W) 교류를 보내주면 회전자계를 형성하여 회전자의 자석과 전자기적 상호작용에 의해 회전 토크가 발생하여 구동한다.

⑤ 스파이더 : 모터 회전자이며, 로터가 내부에 삽입되어 있다.

⑥ 로터 : 회전자(로터)는 크랭크축에 직접 체결되고, 댐퍼플레이트 중심에 변속기(CVT) 입력축이 연결되어 동력을 전달한다.

⑦ 레졸버(resolver) : 위치센서인 레졸버는 변압기 원리를 이용한 1차측 여자코일(Exciting coil)과 2차측 2상의 출력코일(Two-phase output coil)로 구성된 고정자부와 전기 강판으로 적층한 회전자부를 포함하고 있다. 하우징/고정자 어셈블리는 모터를 지지하고 변속기/엔진과 결합하는 하우징부와 전기강판이 적층되어 있고 권선을 포함하고 있는 고정자부 그리고 구동모터과 온도센서를 포함하고 있다. 회전자 어셈블리는 동력전달을 위한 샤프트부와 전기강판을 적층 후 영구자석을 삽입한 회전자부로 구성된다.

⑧ 모터 온도센서 : 모터의 성능 변화에 영향을 주는 요소가 온도이다. 모터가 과열되면 영구자석 및 고정자의 코일 등의 변형 및 성능저하가 발생하므로 모터 온도에 따른 모터의 출력을 제어한다. 모터의 온도가 180℃ 이상이 되면 모터의 출력에 제한을 둔다.

5.3 변속기 및 모터 기능

5.3.1. 변속기

① 엔진과 모터의 동력 통합 : 엔진의 동력과 모터의 동력을 통합하여 주행 상황에 맞춰 효율적으로 활용한다.

② 변속기 내 모터 통합 : 변속기 내부에 모터를 통합하여 엔진과 모터를 연결하고 분리하는 클러치를 통해 동력을 효율적으로 전달한다.

③ 모터 구동 및 회생제동 : 모터는 주행 시 차량을 구동하고, 제동 시에는 운동 에너지를 전기 에너지로 전환하여 배터리를 충전하는 회생제동 기능을 수행한다.

5.3.2. HEV 모터

① 엔진 지원 : 엔진이 필요한 만큼의 힘을 내도록 지원하여 엔진의 효율을 높여준다.

② 회생제동 : 제동 시 모터를 발전기처럼 사용하여 운동 에너지를 전기 에너지로 변환하여 배터리를 충전한다.

③ 저속 주행 : 낮은 속도에서는 전기 모터만으로 주행하여 연비를 향상시키고 배기가스를 줄여준다.

④ 출력 지원 : 가속, 오르막길 등 큰 출력이 필요한 상황에서 엔진과 함께 작동하여 강력한 구동력을 제공한다.

⑤ 에너지 회생 : 감속 또는 제동 시 모터를 발전기처럼 사용하여 운동 에너지를 전기 에너지로 변환하여 배터리를 충전한다.

⑥ EV 모드 주행 : 일정 조건에서 전기 모터만으로 주행이 가능하여 환경친화적인 주행을 할 수 있다.

⑦ 엔진 토크 최적화 : 모터가 엔진을 지원함으로써 엔진의 토크 작동점을 최적화하여 엔진의 효율을 높인다.

5.4 고장 시 증상 및 점검방법

5.4.1. HG HEV(그랜저 HEV, 차량년식 : 2014년식)

[1] 고장증상

간헐적 시동 시(레디) 실내 및 엔진룸 주변에 소음 발생됨

[2] 점검내용

① 차량 입고 당시 간헐적 실내에서 가르륵 소음 발생된다고 주장함

② 고객 동승 후 시운전 시 실내에서는 미세하게 소음 확인됨

③ 첫 시동 시에 소음이 크다고 주장하여 레디 및 키 OFF 반속 시 엔진룸에서 EOP 작동소음 큼 확인됨

④ 주행 중에는 소음 확인 안되며 EV 모두에서 정차 시 소음 발생되며 첫 시동 시 가장 큼 확인됨

⑤ EOP 센서 출력값 확인 시 실제 회전수 및 목표 회전 후 약 230RPM 편차 확인됨

⑥ EOP 작동 시 압력발생 과소로 인한 RPM 상승으로 추정됨

[3] 발생원인

EOP 내부 불량으로 인한 소음 발생됨

[4] 조치사항

A/T 어셈블리 교환작업

5.4.2. HG HEV(그랜저 HEV, 차량년식 : 2017년식)

[1] 고장증상

주행 중 충전상태 확인 문구

[2] 점검내용

① 자기진단 HCU P1744 엔진클러치 성능 이상, HCU측 외 모두 정상

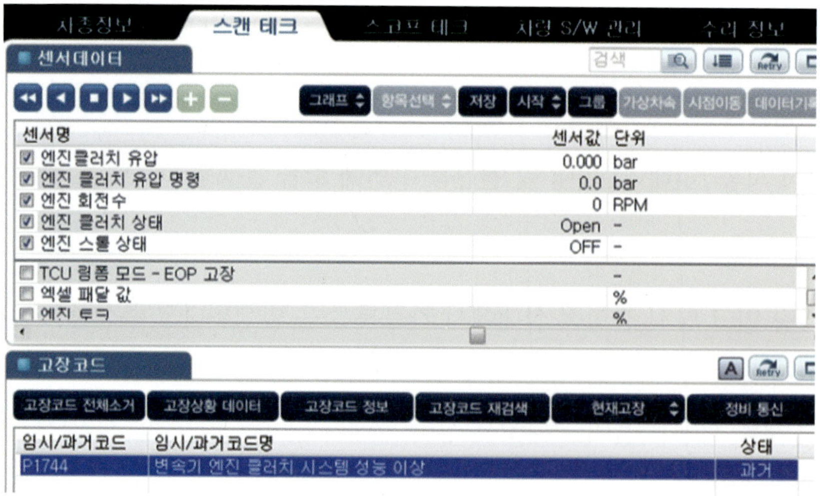

그림 고장코드

② 센서출력 확인 시 목표값과 차이 확인, 최대 5bar로 문제점 확인 안됨

③ 엔진클러치 강제구동 실시

④ AT 교환

[3] 발생원인

엔진클러치 이상

[4] 조치사항

AT 교환

5.4.3. HG HEV(그랜저 HEV, 차량년식 : 2016년식)

[1] 고장증상

READY 시 항상 READY 등 점멸, ABS, VDC 경고등 점등

그림 경고등 점등

[2] 정비이력

ECM, 밸브바디 하니스 교환

[3] 점검내용

① 시동 시 READY 등 점멸 확인 / 페일세이프 모드로 4속 고정 확인

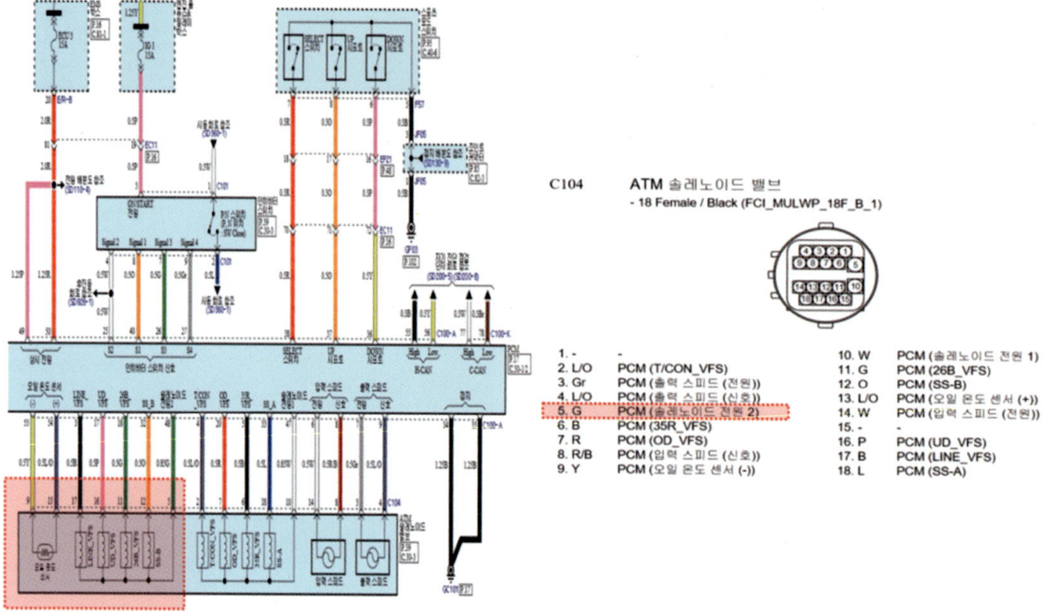

그림 회로도

② PCM 전원 C100-A 49, 50번 핀 정상 확인, 접지 C100-A 34, 35번 핀 정상

③ 단선 테스트 C100-A 47번 핀과 4, 5, 20, 33번 핀 저항 테스트 시 정상 확인

④ 단선 테스트 C100-A 48번 핀과 3, 17, 18, 32번 핀 저항 테스트 시 정상 확인

⑤ ATM 솔레노이드밸브 C104 커넥터 탈거 후 전압 측정 시 5번, 10번 핀 3.4V로 정상 확인 (커넥터 연결 후 5번 핀 0V 확인)

⑥ 단락 테스트 C104 5번 핀과 차체 단락 테스트 시 통전됨 확인. - C104측 5번 핀과 자동변속기 하우징 단락됨 확인

[4] 발생원인

자동변속기 C104 -5번 핀 변속기 하우징 단락

[5] 조치사항

자동변속기 어셈블리 교환

5.4.4. IG HEV(그랜저 HEV, 차량년식 : 2017년식)

[1] 고장증상

고전압 부품 절연파괴에 의한 시스템 이상 발생으로 READY 시 하이브리드 시스템 점검 및 READY 시 전원공급장치 점검 문구 출력, 주행은 불가

[2] 정비이력

변속기 교환 작업

[3] 점검내용

① 자기 진단 점검 결과 P0AA600 / B182188 고장코드 발생

㉮ P0AA600 코드 : 고전압 부품 절연파괴

㉯ B182188 코드 : 전동식 컴프레서 대기모드 전압 낮음

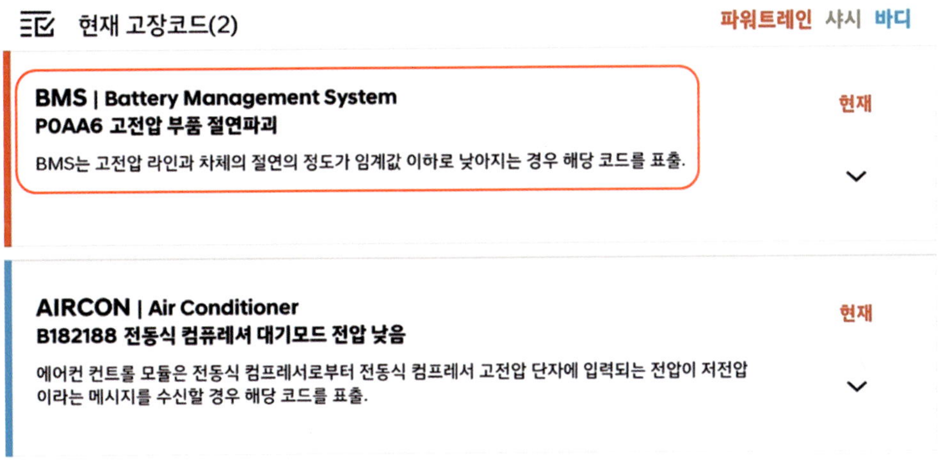

그림 고장코드

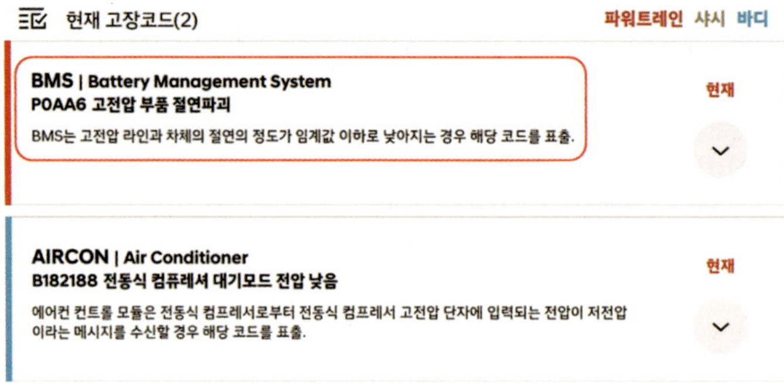

그림 고장 예상 원인

② 절연파괴 부품 검사 결과 모터 3상부 이상 출력

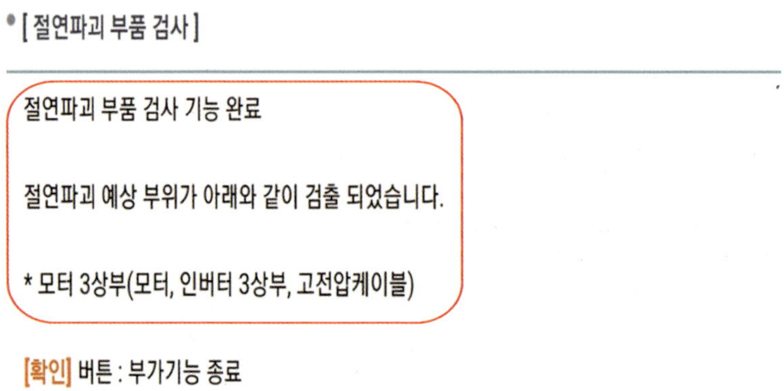

그림 절연파괴 부품 검사

③ 회로도 점검

④ 고전압 부품 절연저항 점검

㉮ 고전압 계통 부품 절연저항 기준값 : 10MΩ

㉯ HSG 케이블 & 차체 간 저항 측정, HSG 절연저항 316.5MΩ으로 정상

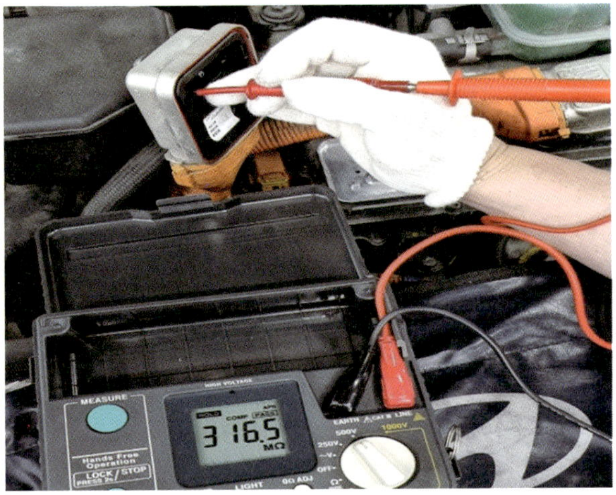

그림 HSG 절연저항

㉰ 모터 케이블 & 차체 간 저항 측정, 모터 절연저항 0.0Ω으로 비정상값 출력. 모터 내부 고장에 의한 문제로 판단

그림 모터 절연저항

⑤ 모터 탈거

그림 모터 및 변속기

㉮ 모터 탈거 지그 장착

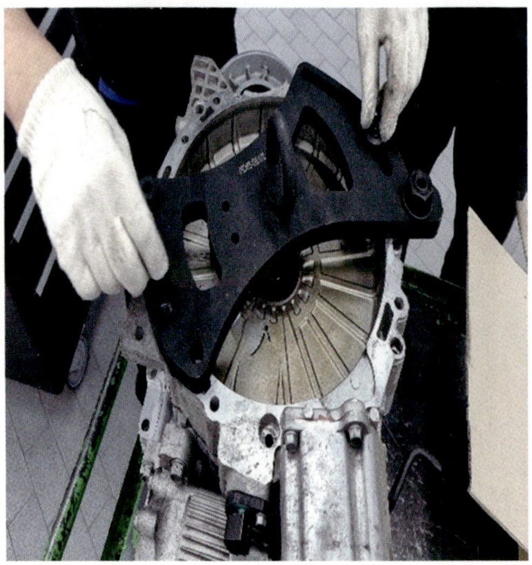

그림 지그 장착

그림 지그 구성품

㉯ 모터 고정 볼트 탈거 후 분리

그림 모터 분리

그림 모터 탈거 후 변속기

그림 모터 단품

⑥ 모터 & 변속기 점검

㉮ 모터 단품 점검 결과 절연저항 0.0Ω 출력

㉯ 모터 코일 열화에 의한 고장 확인(변속기 쇳가루에 의한 고장으로 판단)

그림 모터 점검

㉰ 변속기 점검 결과 다수의 쇳가루 확인

그림 변속기 점검

[4] 발생원인

① 하이브리드 구동 모터 절연파괴에 의한 시스템 이상 발생

② 변속기 교환 작업 후 입고한 내용으로, 오작업에 의한 구동모터 고장 예상됨

그림 모터 코일 열화에 의한 고장

[5] 조치사항

모터 및 변속기 교환

5.4.5. IG HEV(그랜저 HEV, 차량년식 : 2017년식)

[1] 고장증상

냉간 초기 출발 시 EV에서 HEV 모드로 전환 시점에서 충격 과다 발생됨

[2] 점검내용

① 자기진단 시 정상

② 냉간 초기 출발 시 현상 재현 시 1회 충격 발생 후 충격 발생 안됨(엔진 클러치 학습 후 동일현상 발생됨)

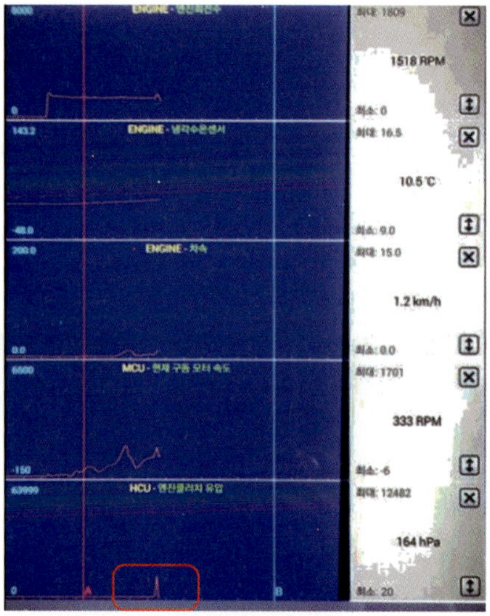

그림 엔진 클러치 작동 시점에서 충격 발생

③ 현상 발생 시 센서데이터 확인 시 EV에서 HEV 모드로 전환 시점 충격 발생

④ 엔진 클러치 학습 실시 후 시운전 시 동일하게 충격 발생됨

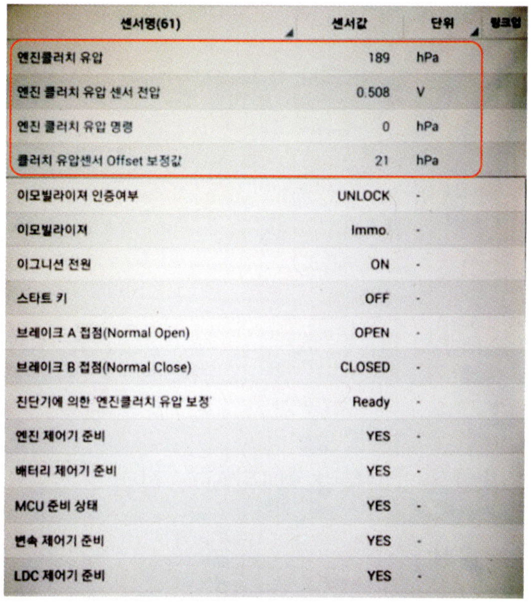

센서명(61)	센서값	단위	링크업
엔진클러치 유압	189	hPa	
엔진 클러치 유압 센서 전압	0.508	V	
엔진 클러치 유압 명령	0	hPa	
클러치 유압센서 Offset 보정값	21	hPa	
이모빌라이저 인증여부	UNLOCK	-	
이모빌라이저	Immo.	-	
이그니션 전원	ON	-	
스타트 키	OFF	-	
브레이크 A 접점(Normal Open)	OPEN	-	
브레이크 B 접점(Normal Close)	CLOSED	-	
진단기에 의한 '엔진클러치 유압 보정'	Ready	-	
엔진 제어기 준비	YES	-	
배터리 제어기 준비	YES	-	
MCU 준비 상태	YES	-	
변속 제어기 준비	YES	-	
LDC 제어기 준비	YES	-	

그림 엔진 클러치 학습 전 데이터

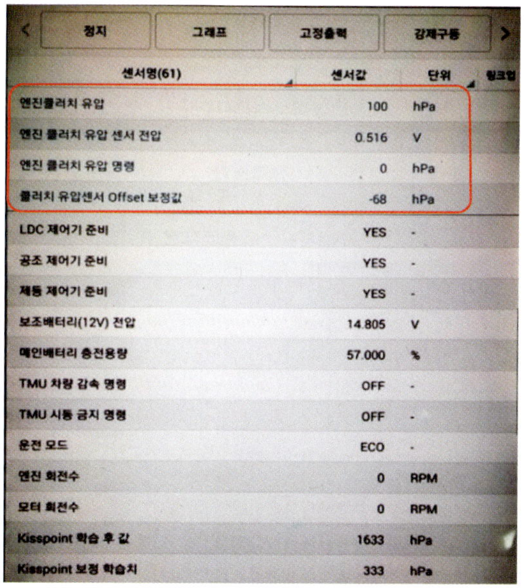

정지 그래프 고정출력 강제구동

센서명(61)	센서값	단위	링크업
엔진클러치 유압	100	hPa	
엔진 클러치 유압 센서 전압	0.516	V	
엔진 클러치 유압 명령	0	hPa	
클러치 유압센서 Offset 보정값	-68	hPa	
LDC 제어기 준비	YES	-	
공조 제어기 준비	YES	-	
제동 제어기 준비	YES	-	
보조배터리(12V) 전압	14.805	V	
메인배터리 충전용량	57.000	%	
TMU 차량 감속 명령	OFF	-	
TMU 시동 금지 명령	OFF	-	
운전 모드	ECO	-	
엔진 회전수	0	RPM	
모터 회전수	0	RPM	
Kisspoint 학습 후 값	1633	hPa	
Kisspoint 보정 학습치	333	hPa	

그림 엔진 클러치 학습 후 데이터

⑤ 자동변속기 교환 후 시운전 시 현상 발생 안됨

[3] 발생원인

자동변속기 내부 엔진클러치 작동부 또는 유압라인 이상으로 상기현상 발생됨

[4] 조치사항

자동변속기 교환

5.4.6. IG HEV(그랜저 HEV, 차량년식 : 2018년식)

[1] 고장증상

주행 중 절연저항 파괴로 가속불량 및 READY 점멸

[2] 점검내용

① 자기진단 실시, P0AA6 : 고전압 부품 절연파괴

그림 고장코드

② 고장상황 데이터 분석

③ 절연파괴 테스트 점검 시 고전압 배터리 출력~고전압 부품 입력단 검출

■ 절연파괴 부품 검사

● [절연파괴 부품 검사]

절연파괴 부품 검사 기능 완료

절연파괴 예상 부위가 아래와 같이 검출 되었습니다.

* 고전압 입력부(고전압 배터리 출력~고전압 부품 입력단)

[확인] 버튼 : 부가기능 종료

그림 절연파괴 테스트

④ 메가옴 테스트기 이용 절연저항 점검, 현상 재현 시 절연저항 79kΩ 출력됨

고장상황 데이터

■ 발생시킨 고장코드 : P0AA6

센서명	센서값	단위
배터리 충전 상태(BMS)	41.5	%
최대 충전 가능 파워	0.00	kW
최대 방전 가능 파워	0.00	kW
BMS 메인 릴레이 ON 상태	YES	-
배터리 사용가능 상태	YES	-
BMS 경고	NO	-
BMS 고장	YES	-
BMS 융착 상태	NO	-
BMS 과충전 보호상태	NO	-
BMS 서비스 램프	YES	-
배터리 팩 전류	1.6	A
보조 배터리 전압	13.7	V
절연 저항	79	kOhm
모터 제어기 준비	YES	-
(고장 추가 정보)절연파괴 부위 - 고전압 배터리 시스템	-	-
(고장 추가 정보)절연파괴 부위 - 그 외 고전압부품	ON	-
(고장 추가 정보)절연파괴 부위 - 확인불가	-	-
고장 추가 정보 2	1	-
고장 추가 정보 3	0	-
고장 추가 정보 4	0	-

그림 고장상황 데이터

⑤ 절연저항 테스트 전체 점검결과 정상

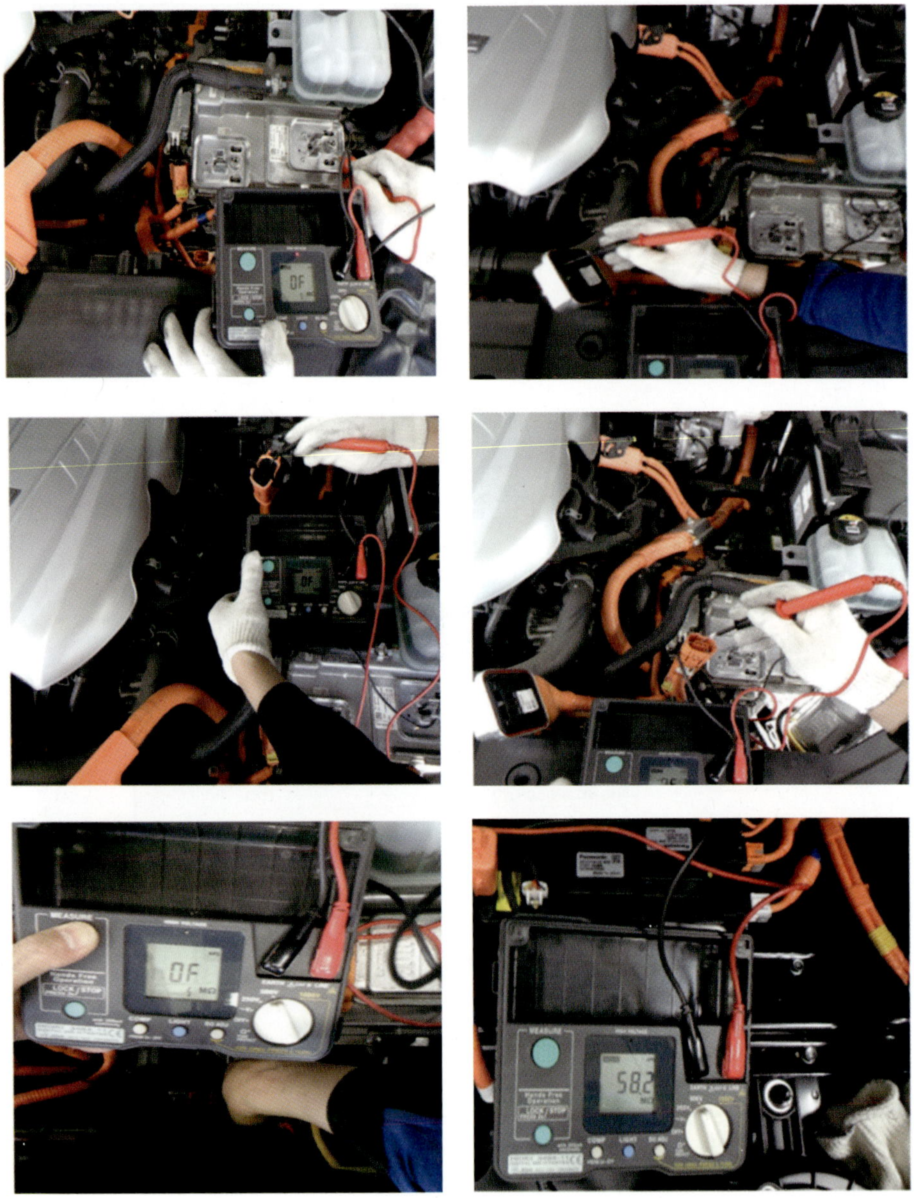

그림 절연저항 테스트

⑥ 시운전 실시, 절연저항값 규정값 이하 출력

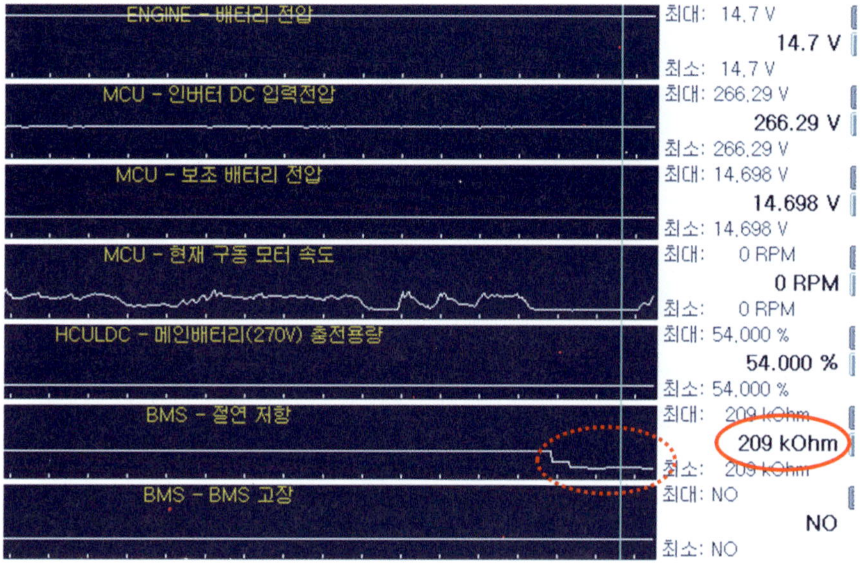

그림 절연저항값

⑦ 절연파괴 테스트 재 실시, EOP 3상부(EOP, OPU, 고전압케이블) 검출

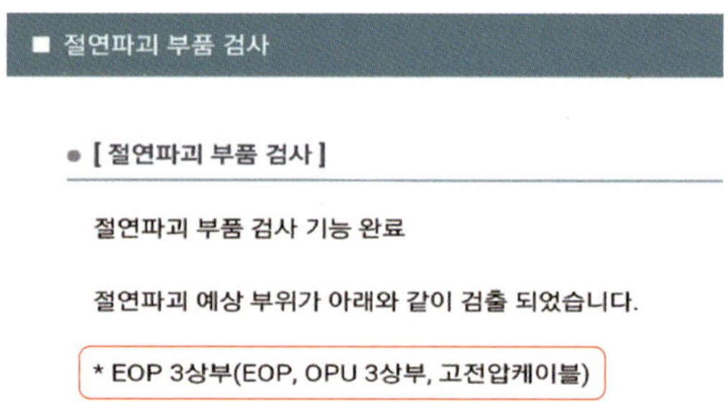

그림 절연파괴 테스트 재 실시

⑧ EOP 단품 점검 시 절연저항 정상 출력

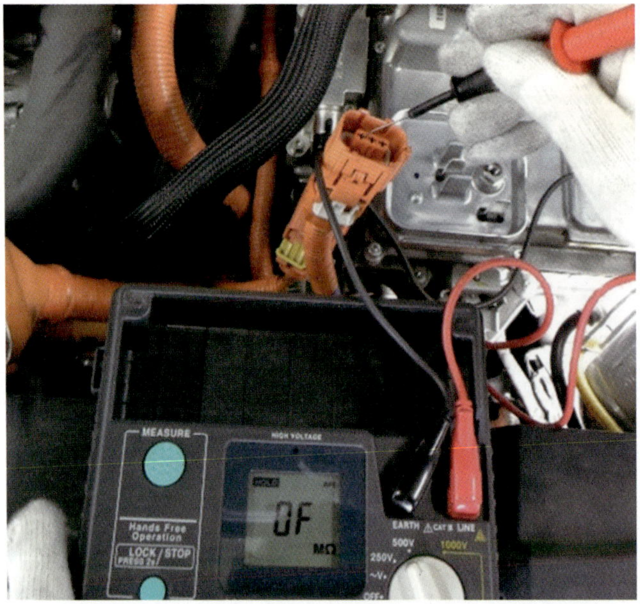

그림 EOP 절연저항 점검

⑨ EOP 교환 후 시운전 장기간 실시(정상)

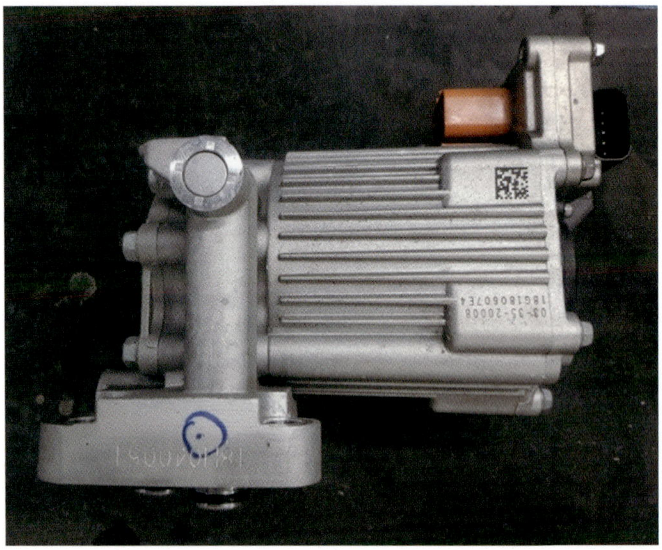

그림 EOP 교환

[3] 발생원인

EOP(전자식 오일펌프) 내부불량

[4] 조치사항

EOP 교환

5.4.7. IG HEV(그랜저 HEV, 차량년식 : 2021년식)

[1] 고장증상

저속 주행 중 울컥거림, 우천 시 3~40KPH 구간 울컥거림

[2] 정비이력

간헐적으로 3~40KPH 구간 울컥거림 발생. 자동변속기 학습하였으나 동일현상 발생으로 변속기 ASSY 교환, EOP 케이블 교환 이력 있음

그림 자동변속기 교환

[3] 점검내용

① 동일현상 발생으로 디로거 분석 의뢰

㉮ 차속 40KPH 구간 터빈 RPM : 유동, 울컥거림 현상 확인

㉯ 엔진 RPM 유동 없으며, TPS, 연료 압력 등 정상 : 자동변속기 문제

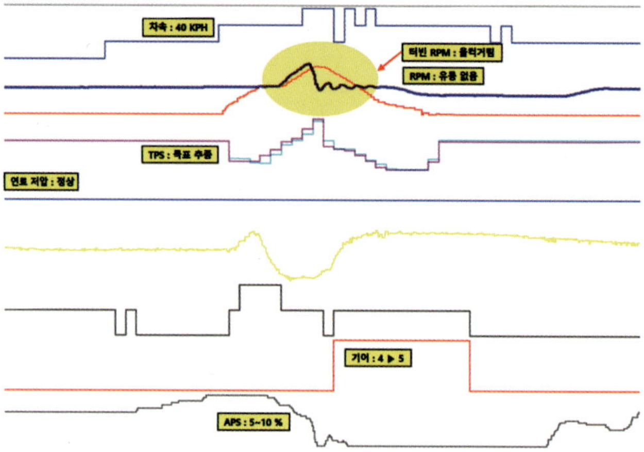

그림 디로거 분석

② 자동변속기, ECU 교환, 터빈 RPM 유동 확인, 울컥거림

③ 주행 중 센서데이터 점검 : EOP 목표 추종 불량 확인

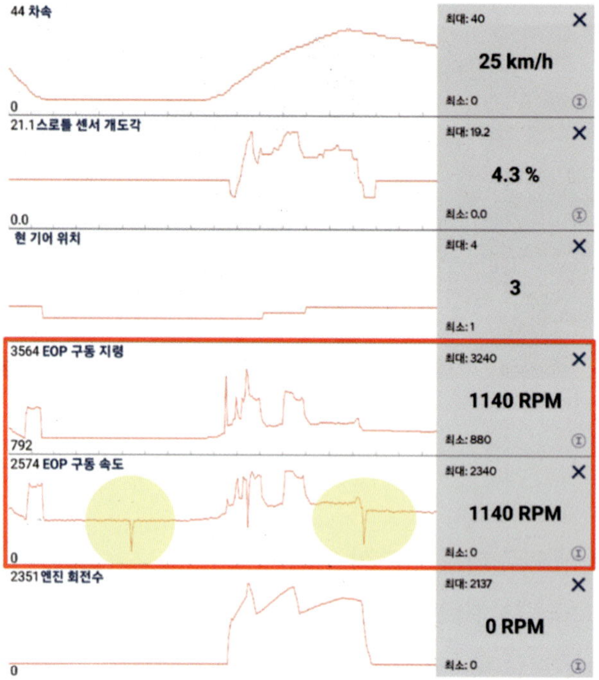

그림 EOP 목표값 추종 불량

④ OPU 교환 후 센서데이터 점검 : EOP 목표값 추종

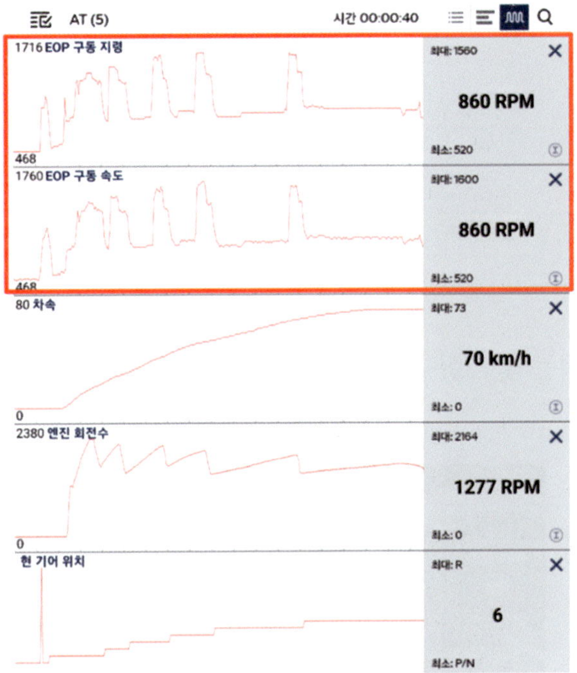

그림 OPU 교환 후 목표값 추종

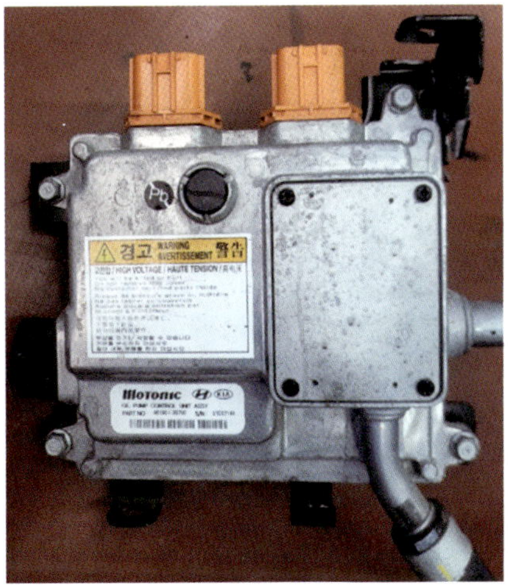

그림 OPU 교환

[4] 발생원인

OPU 내부 불량

[5] 조치사항

OPU 교환

5.4.8. IG HEV(그랜저 HEV, 차량년식 : 2018년식)

[1] 고장증상

HEV 경고등 점등 및 시동불가

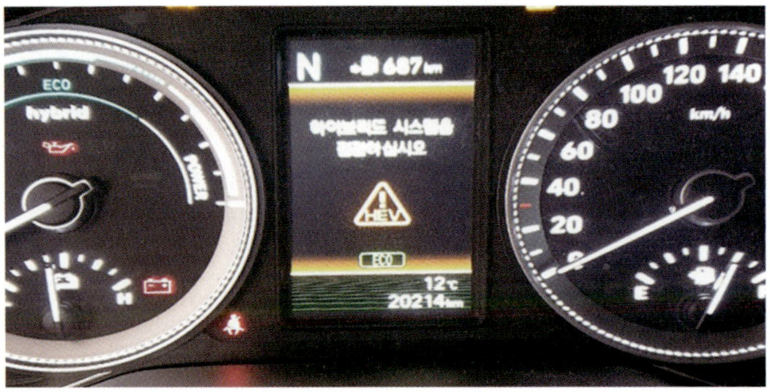

그림 경고등 점등

[2] 점검내용

① 스캔진단 점검 시 P199000 OPU 입력 고전압 회로 단선 출력

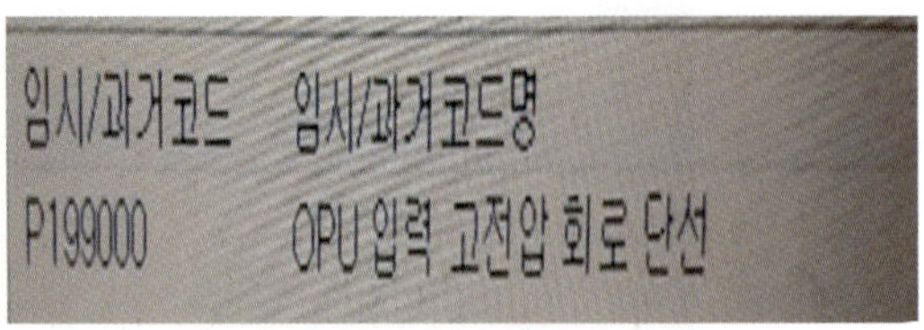

그림 고장코드

② OPU 교환 이후 동일현상, HPCU 교환 이후 동일현상

그림 OPU

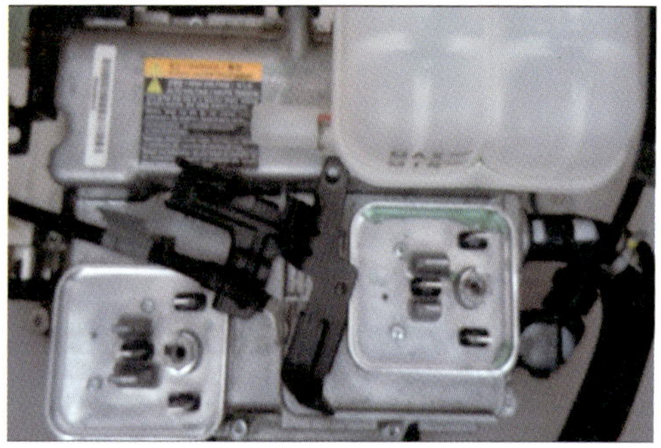

그림 HPCU

③ OPU회로 점검 시 PRA측 OPU 내부 고전압 회로 단락되어 퓨즈(30A) 단선 확인

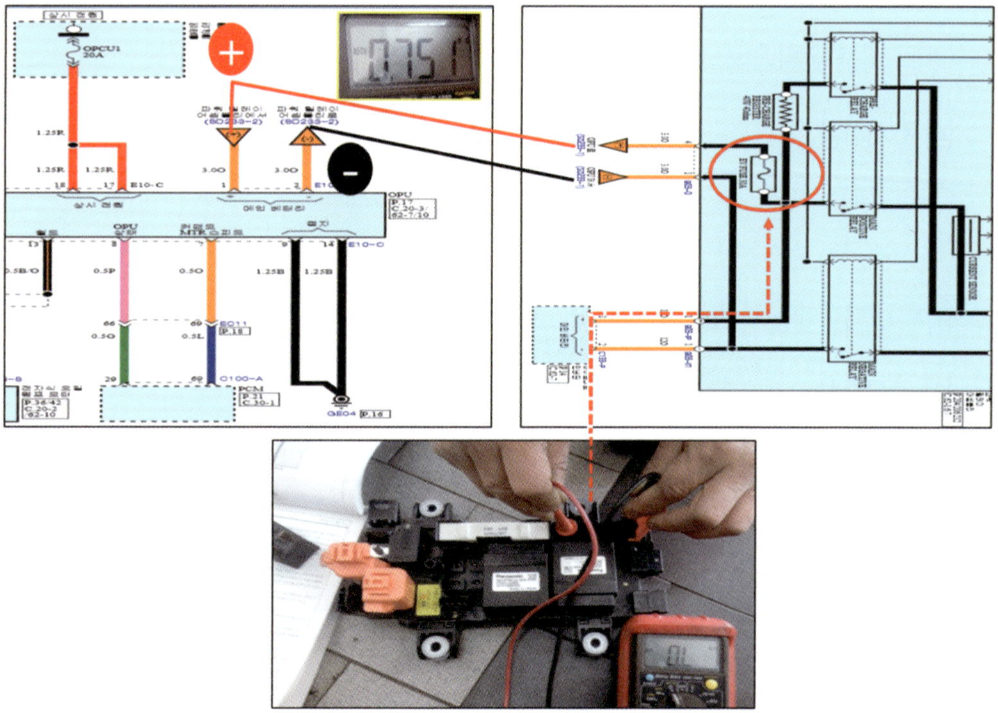

그림 OPU 회로 및 점검부위

(a) 고전압 회로 단락

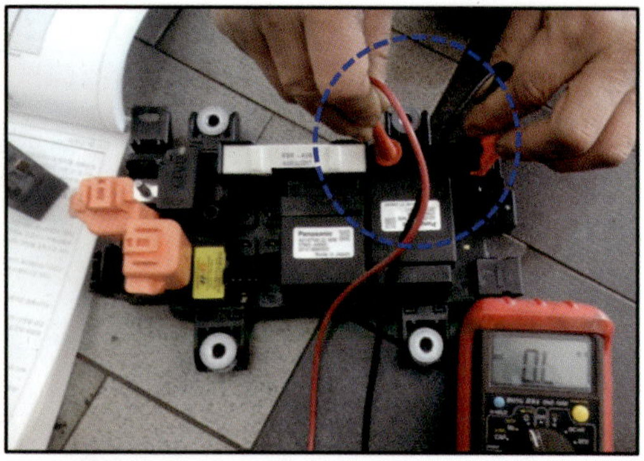

(b) 퓨즈 단선

그림 OPU 내부 고전압 회로 단락 및 퓨즈 단선

④ OPU / HPCU 교환

[3] 발생원인

OPU 내부 단락으로 고전압 퓨즈 단선

[4] 조치사항

OPU, PRA 교환

5.4.9. LF HEV(쏘나타 HEV, 차량년식 : 2018년식)

[1] 고장증상

LF HEV 시동 후 엔진클러치 판정 시 "하이브리드 시스템을 점검하시오" 점등

[2] 점검내용

① 하이브리드 경고등 점등 후 입고

그림 경고등 점등

② 자기진단 시 P1744 엔진클러치 성능 이상(현재)

Diagnosis - DTC Codes						
Type	**System**	**Code**	**Description**	**Freezeframe**	**Status**	
Fault Code Searching	Engine		고장코드 없음			VC
DTC Analysis	Engine	P1744	변속기 엔진 클러치 시스템 성능 이상		현재	VC
Fault Code Searching	Motor Control System		고장코드 없음			VC
Fault Code Searching	HEV Control System	P1744	변속기 엔진 클러치 시스템 성능 이상		현재	VC
Fault Code Searching	Battery Management System		고장코드 없음			VC
Fault Code Searching	Transmission		고장코드 없음			VC
Fault Code Searching	Parking Brake		고장코드 없음			VC
Fault Code Searching	Brake		고장코드 없음			VC
Fault Code Searching	Occupant Classification System	B169787	에어백 통신불량		과거	VC
Fault Code Searching	Air Conditioner		고장코드 없음			VC
Fault Code Searching	Steering		고장코드 없음			VC
Fault Code Searching	Cruise Control					VC

그림 고장코드

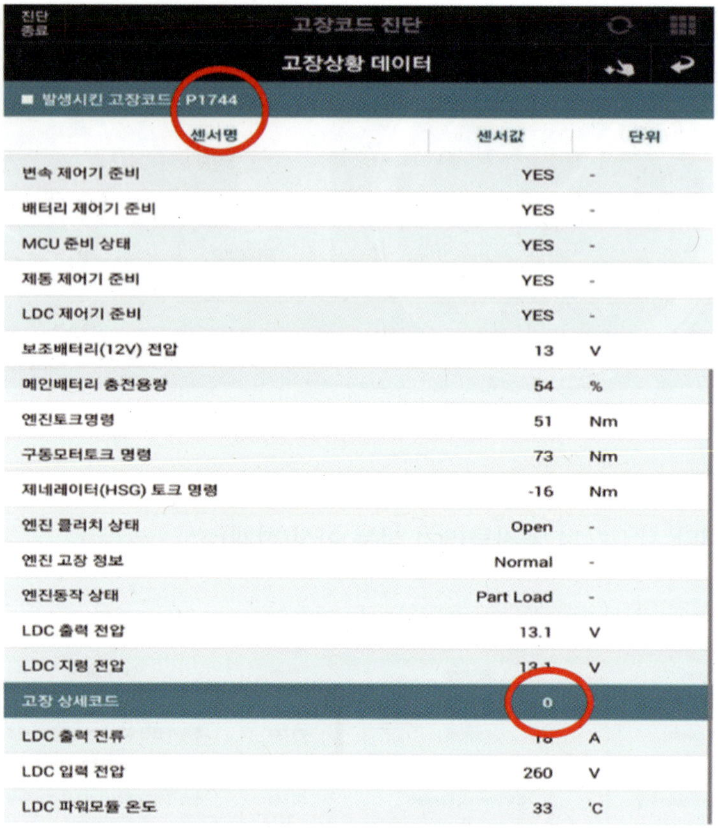

진단 종료 | 고장코드 진단

고장상황 데이터

■ 발생시킨 고장코드 : P1744

센서명	센서값	단위
변속 제어기 준비	YES	-
배터리 제어기 준비	YES	-
MCU 준비 상태	YES	-
제동 제어기 준비	YES	-
LDC 제어기 준비	YES	-
보조배터리(12V) 전압	13	V
메인배터리 충전용량	54	%
엔진토크명령	51	Nm
구동모터토크 명령	73	Nm
제네레이터(HSG) 토크 명령	-16	Nm
엔진 클러치 상태	Open	-
엔진 고장 정보	Normal	-
엔진동작 상태	Part Load	-
LDC 출력 전압	13.1	V
LDC 지령 전압	13.1	V
고장 상세코드	0	
LDC 출력 전류	18	A
LDC 입력 전압	260	V
LDC 파워모듈 온도	33	'C

그림 고장상황 데이터

③ 시동 OFF 후 → READY 진입하여 최초 엔진클러치 학습 시 경고문구 발생

④ 센서 출력 확인 시 목표값 대비 실제값이 약 2초 늦음으로 경고등 체크됨

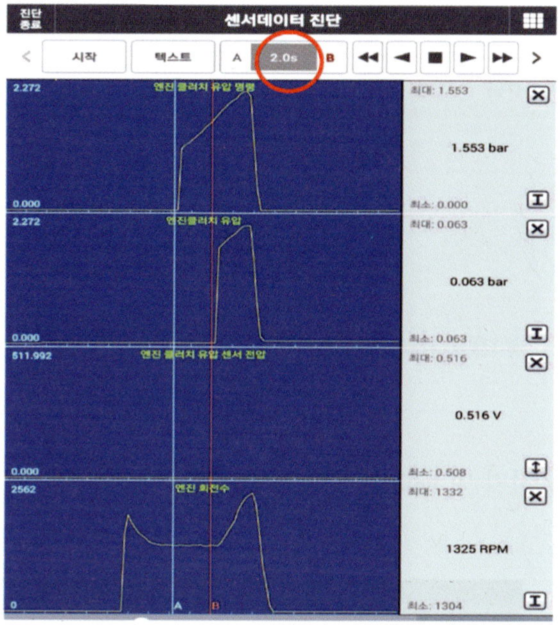

그림 센서데이터 진단

> HEV Control System > HCU/LDC > P1744 변속기 엔진 클러치 시스템 성능 이상 > DTC 정보

고장 코드 설명

HCU는 엔진 클러치 접합이 비정상일 경우 P1744를 발생 시킨다.

고장 판정 조건

항 목		내 용	고장예상 부위
경우1	진단방법	•유압명령값과 유압센서값의 차이	
	진단조건	•IG KEY ON 상태 •보조 배터리 전압(10V ~ 16V) 정상 •HCU Ready ON •HEV Ready ON •CAN 통신 정상 •아래의 고장이 없는경우 1) HCU: P0841, P0842, P0843 2) TCU: 림폼 관련 고장 •ATF 온도 -10℃ 이상	
	고장판정	•유압명령값과 유압센서값의 차이가 0.9 bar 이상 2초간 유지	
경우2	진단방법	•모터속도와 엔진속도의 차이	
	진단조건	•IG KEY ON 상태 •보조 배터리 전압(9V ~ 16V) 정상 •HCU Ready ON •HEV Ready ON •CAN 통신 정상 •아래의 고장이 없는경우 1) TCU: 림폼 관련 고장 2) EMS: 엔진속도 고장 3) MCU: 모터속도 고장 •ATF 온도 -10℃ 이상 •Control Phase = MAX Pres. or Lockup	
	고장판정	•모터속도와 엔진속도의 차이가 250rpm이상 5초 이상 유지	1. 유압 센서 이상
	진단방법	•모터속도와 엔진속도의 차이	2. AT 오일량 및 상태

그림 고장코드 설명

[3] 발생원인

엔진클러치 목표 유압 미 발생

[4] 조치사항

변속기 교환

5.4.10. YF HEV(쏘나타 HEV, 차량년식 : 2012년식)

[1] 고장증상

변속 후 READY 점멸 및 배터리 방전 발생, 저전압 배터리 확인 시 교환 확인됨

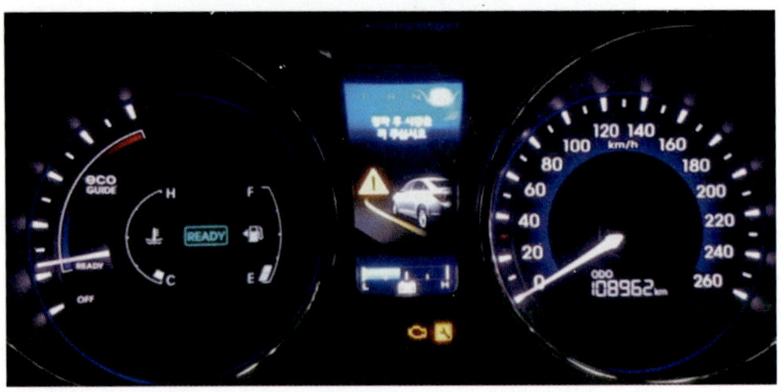

그림 정차 후 시동을 꺼주십시오 멘트와 READY 점멸

그림 이후 저전압 배터리 방전 발생하며 다수의 경고등 점등

[2] 점검내용

① 고장코드 점검 시 P0A78(현재) 외 저전압 배터리 관련 코드 다수 발생

제어장치	고장코드	고장코드명	상태
ENGINE - 엔진제어		발견된 고장코드가 없습니다	
MCU - 모터제어	P0A78	구동 모터 인버터 성능 이상	현재
HCU - 하이브리드제어		발견된 고장코드가 없습니다.	
BMS - 배터리제어		발견된 고장코드가 없습니다.	
LDC - 직류변환기		발견된 고장코드가 없습니다.	
AT - 자동변속		발견된 고장코드가 없습니다.	
AHB - 유압부스터	C1237	압력센서 신호 이상	과거
AHB - 유압부스터	C2112	밸브 릴레이 이상	과거
AHB - 유압부스터	C1102	배터리 전압 낮음	과거
VDC - 제동제어	C1503	TCS/VDC(ESP) 스위치 이상	과거
AIRBAG - 에어백(1차충...	B1102	배터리 전원 낮음	과거
AIRCON - 에어컨	B1801	전동식 컴프레서 대기모드 - 저전압	현재
AIRCON - 에어컨	B2467	전동식 컴프레서 대기모드	현재
EPS - 파워스티어링		발견된 고장코드가 없습니다.	
TPMS - 타이어압력모...		통신응답없음 / 시스템장착유무, IG KEY, DLC를 확...	
AHLS - 오토헤드램프레...		발견된 고장코드가 없습니다.(0)	
AAF - 액티브에어플랩	P0562	시스템전원 낮음	현재
IMMO - 이모빌라이저		-- 고장코드 진단을 지원하지 않는 시스템입니다. --	
PDM - 전원분배모듈		발견된 고장코드가 없습니다.(0)	
SMK - 스마트키유닛		발견된 고장코드가 없습니다.	
SMKCODE - 스마트키		-- 고장코드 진단을 지원하지 않는 시스템입니다. --	

그림 고장코드

② 센서데이터 점검, 센서데이터 점검 시 LDC에서 14.5V 출력 중 변속 시 저전압 7V, 고전압 100V까지 하강됨

센서데이터 41/119 검색

고정 출력 | 전체 출력 | 텍스트 | 항목 선택 | 최대/최소 초기화 | 저장 | 정지 | 그룹 | 가상차속

센서명	센서값	단위
누적 충전 전력량	8214.8	kWh
누적 방전 전력량	7628.6	kWh
총 동작 시간	13659694	Sec
MCU 준비 상태	YES	-
MCU 메인릴레이 OFF 요청	NO	-
MCU 제어가능 상태	NO	-
MCU(GCU) 준비	YES	-
MCU(GCU) 메인릴레이 OFF 요청	NO	-
MCU(GCU) 제어가능 상태	NO	-
HCU 준비	YES	-
HCU 엔진 스타트 신호	NO	-
인버터 커패시터 전압	4	V

그림 센서데이터

③ LDC 센서데이터 확인 시 시동 후 변속레버 (P→R, D단) 이동 시 저전압 : 7.9V, 고전압 98V까지 하강하며 차량 전원 꺼짐

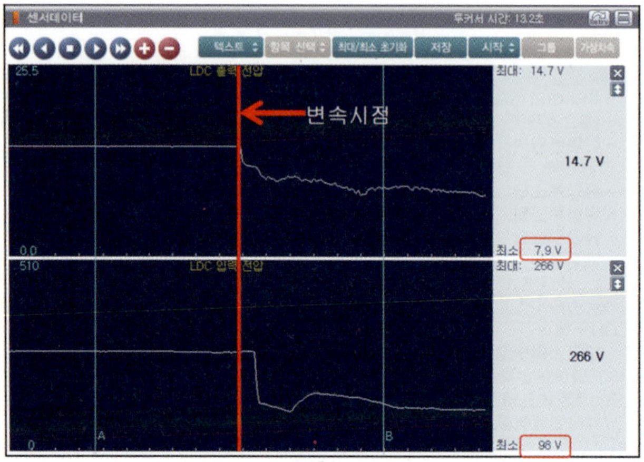

그림 LDC 센서데이터

기능 및 역할

MCU(Motor Control Unit)는 HCU로 부터 구동 모터 제어 명령을 받으면 메인 배터리의 전압(DC)을 3상 AC 전압으로 변환 시킨 다음 구동모터,제네레이터(HSG),E-Comp, 기타에 전압을 공급 한다.

고장 코드 설명

MCU는 3상 케이블 또는 MCU 내부 이상이 있을 경우 P0A78를 발생 시킨다.

고장 판정 조건

항 목	내 용	고장예상
진단방법	3상 전압, 전류, MCU 내부 확인	1. 3상 케이블, 이중 록킹핀 체결 상태 2. 3상 케이블 단선,단락 3. 모터 절연 상태 4. MCU 고장
진단조건	IG KEY ON	
고장판정	IGBT 한상에 흐르는 전류가 2800A 이상일때 파워모듈 전원이 9V 이하일때 센싱된 전류의 형태가 half sine 일때 지령전류와 센싱전류의 차이가 6.5A 이상일때 3상 케이블에 흐르는 전류가 450A 이상일때	
진단시간	10초 동안 7번 5usec 500msec 500msec 10초동안 3번	
DTC	1 Driving Cycle	
MIL램프	1 Driving Cycle	
서비스램프	1 Driving Cycle	

그림 고장판정 조건

④ 구동모터 - 인버터 절연테스트 시 구동모터 U, V, W ↔ 변속기 하우징 간 0Ω 측정되어 절연파괴됨

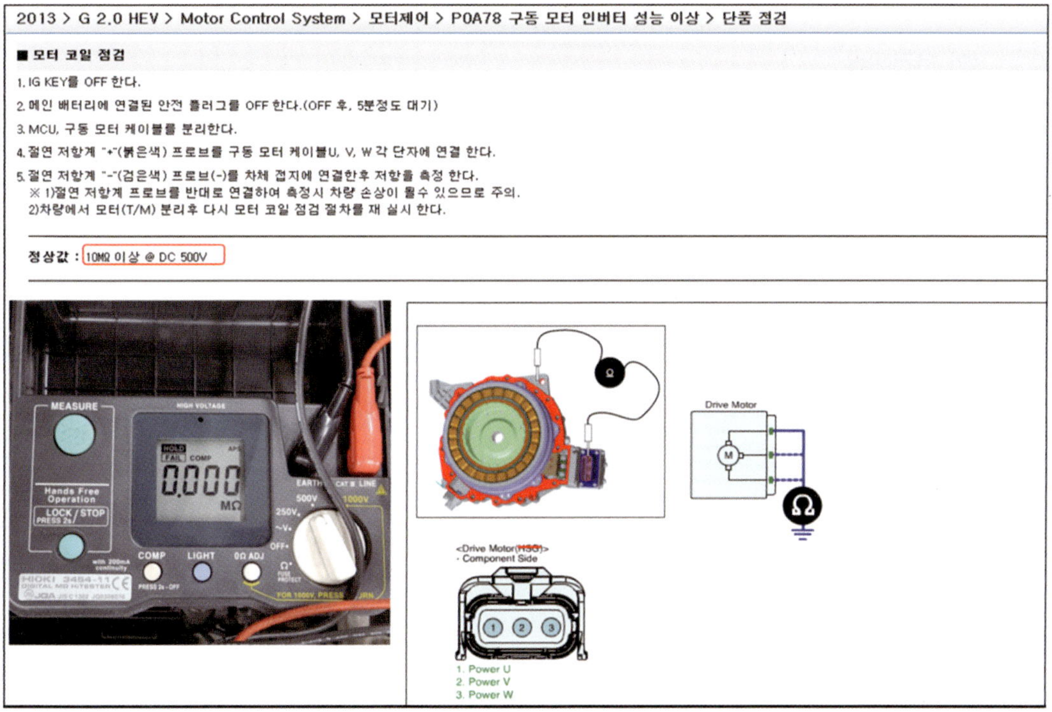

2013 > G 2.0 HEV > Motor Control System > 모터제어 > P0A78 구동 모터 인버터 성능 이상 > 단품 점검

■ 모터 코일 점검

1. IG KEY를 OFF 한다.
2. 메인 배터리에 연결된 안전 플러그를 OFF 한다.(OFF 후, 5분정도 대기)
3. MCU, 구동 모터 케이블를 분리한다.
4. 절연 저항계 "+"(붉은색) 프로브를 구동 모터 케이블U, V, W 각 단자에 연결 한다.
5. 절연 저항계 "-"(검은색) 프로브(-)를 차체 접지에 연결한후 저항을 측정 한다.
※ 1)절연 저항계 프로브를 반대로 연결하여 측정시 차량 손상이 될수 있으므로 주의.
2)차량에서 모터(T/M) 분리후 다시 모터 코일 점검 절차를 재 실시 한다.

정상값 : 10MΩ 이상 @ DC 500V

그림 모터 코일 점검

[3] 발생원인

구동모터 절연파괴

[4] 조치사항

구동모터 교환 후 정상

5.4.11. YF HEV(쏘나타 HEV, 차량년식 : 2011년식)

[1] 고장증상

주행 중 READY 점멸 및 시동꺼짐, 저전압 배터리 확인 시 교환 확인됨

[2] 점검내용

① 고장코드 점검 시 P0A78 구동모터 인버터 성능 이상(현재)

제어장치	고장코드	고장코드명	상태
ENGINE - 엔진제어		발견된 고장코드가 없습니다.	
MCU - 모터제어	P0A78	구동 모터 인버터 성능 이상	현재
HCU - 하이브리드제어		발견된 고장코드가 없습니다.	
BMS - 배터리제어		발견된 고장코드가 없습니다.	
LDC - 직류변환기		발견된 고장코드가 없습니다.	
AT - 자동변속		발견된 고장코드가 없습니다.	

그림 고장코드

고장 코드 설명

MCU는 3상 케이블 또는 MCU 내부 이상이 있을 경우 P0A78를 발생 시킨다.

고장 판정 조건

항 목	내 용	고장예상 부위
진단방법	3상 전압, 전류, MCU 내부 확인	1. 3상 케이블, 이중 록킹핀 체결 상태 2. 3상 케이블 단선,단락 3. 모터 절연 상태 4. MCU 고장
진단조건	IG KEY ON	
고장판정	3상 전압, 전류에 이상이 있을 경우 MCU 내부 이상이 있을 경우	
진단시간	2초, 10초	
DTC	2 Driving Cycle	
MIL램프	2 Driving Cycle	
서비스램프	1 Driving Cycle	

그림 고장코드 설명

② 고전압 3상 케이블 연결 상태 점검 시 이상 부위 없음

③ 구동모터 단품 메가옴 테스터기 사용하여 절연테스트 시 절연파괴되었음을 확인

2011 > G 2.0 HEV > 하이브리드 모터 시스템 > 하이브리드 모터 어셈블리 > 하이브리드 드라이브 모터 어셈블리 > 정비절차

4. 절연 검사를 한다.

항목	점검 부위	점검 기준	비고
절연 (하우징, 커버)	W - U - V	10 MΩ↑	DC500V
		5 mA↓	AC1500V
	포지션 센서	10 MΩ↑	DC500V
	온도 센서	10 MΩ↑	

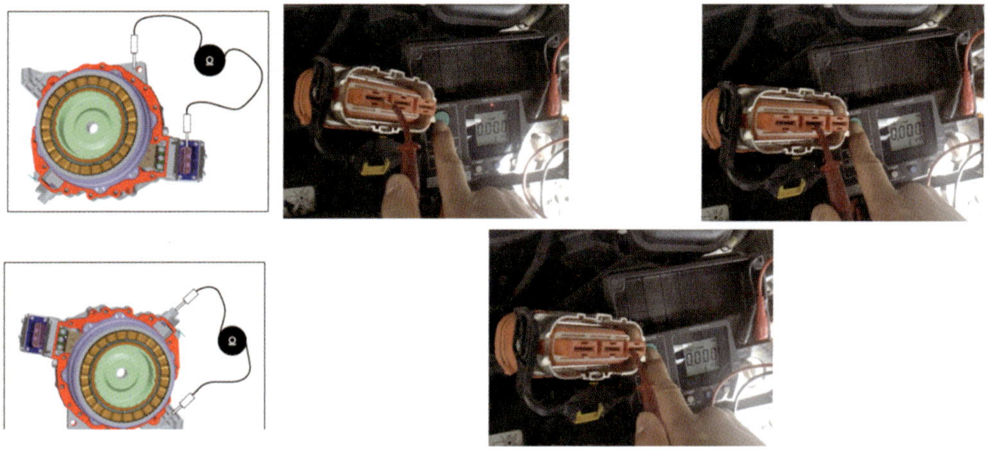

그림 절연테스트

[3] 발생원인

구동모터 절연파괴

[4] 조치사항

자동변속기(구동모터) 어셈블리 교환 후 정상

5.4.12. YF HEV(쏘나타 HEV, 차량년식 : 2011년식)

[1] 고장증상

시동 불량 및 하이브리드 관련 경고등 점등

[2] 점검내용

① 관련 내용으로, HPCU 교환, HPCU 교환 이후에 READY는 되나 READY등 점멸 및 각 종 경고등 점등됨

② HPCU 교환 이후 시동은 걸림

③ 시동은 걸리지만 구동 모터 위치센서 미보정 관련 DTC 출력됨, → P0C17, P1C76, P0A78

시스템	고장코드	고장코드명	상태
MCU	P0C17	구동 모터 위치센서 미보정	임시
MCU	P1C76	제너레이터(HSG) 위치센서 미보정	임시

시스템	고장코드	고장코드명	상태
MCU	P0A78	구동 모터 인버터 성능 이상	현재

그림 고장코드

④ 메가옴 테스터기로 절연저항 테스트 결과 파괴부품 없음

⑤ 레졸버 센서 저항 점검 시 정상인 것으로 보아 모터 이상으로 추정

항목	점검 부위	점검 기준	비고
저항 (레졸버 센서)	핀 1 - 6	10.5 ~ 12.9Ω	20 ~ 30℃
	핀 4 - 9	28.8 ~ 35.2Ω	
	핀 5 - 10	24.3 ~ 29.7Ω	

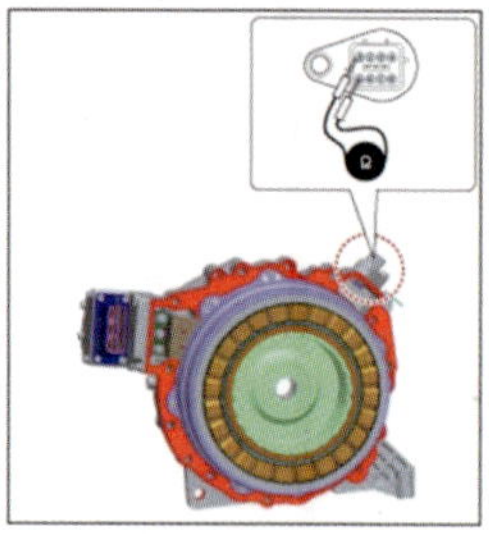

그림 레졸버 센서 점검

⑥ 모터 선간저항 테스트 결과 200mΩ 불량 출력, 정상 저항 20~25mΩ

항목	점검 부위	점검 기준	비고
저항 (라인 - 라인)	U - V	22 ~ 25mΩ	20 ~ 30℃
	V - W		
	W - U		

(a) U-W 선간저항 300mΩ　　(b) V-W 선간저항 200mΩ

그림 모터 선간저항 테스트

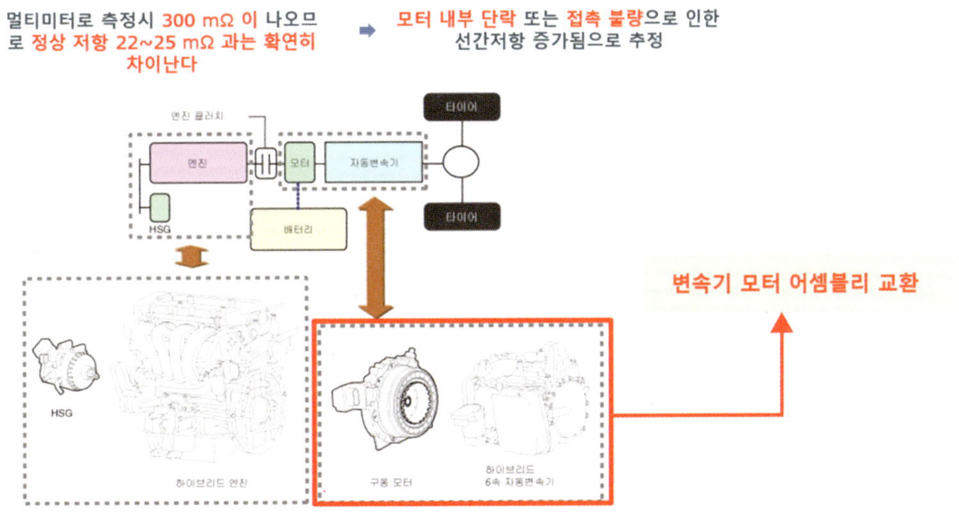

그림 선간저항이 높게 측정되는 이유

[3] 발생원인

모터 선간저항 불량

[4] 조치사항

변속기 모터 어셈블리 교환

5.4.13. YF HEV(쏘나타 HEV, 차량년식 : 2013년식)

[1] 고장증상

시동불량, 충전불량, READY 점멸

[2] 점검내용

① 전체 자기진단 실시, P0A78, C1102, B1102, C1109 등 다수 DTC 출력

재검색 | 전체소거 | 고장코드진단 | 저장

시스템	고장코드	고장코드명	상태
MCU	P0A78	구동 모터 인버터 성능 이상	과거
AHB	C2112	밸브 릴레이 이상	과거
AHB	C1237	압력센서 신호 이상	과거
AHB	C1611	EMS측 CAN 신호 안나옴	과거
AHB	C1612	TCM측 CAN 신호 안나옴	과거
AHB	C1102	배터리 전압 낮음	과거
VDC	C1611	EMS측 CAN 신호 안나옴	과거
VDC	C1612	TCM측 CAN 신호 안나옴	과거
VDC	C1688	VSM2 (MDPS) 신호 이상	과거
AIRBAG	B1102	배터리 전원 낮음	과거
EPS	C1109	이그니션 전압 이상	과거
EPS	C1611	EMS측 CAN 신호 안나옴	과거
TPMS	C1126	TPMS ECU 배터리전압 낮음	과거
SMK	B1689	PDM CAN 통신시간 초과	과거
SJB	B2512	우측전조등 하향등 회로 접지 쪽 단락	과거
SJB	B2519	후방 좌측 방향지시등 회로 단선	과거

그림 고장코드

② 배터리 완전 방전, 보조 배터리 교환

③ 시동 시 READY 점멸 및 충전 안됨, LDC 입력전압이 262V→104V 떨어짐

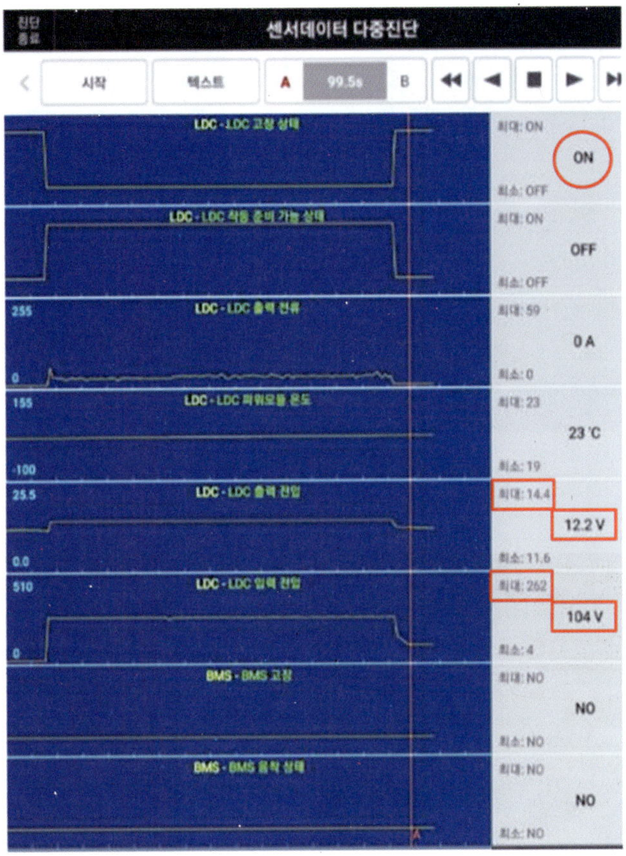

그림 센서데이터

④ 온도센서 30℃ 이상 차이 발생 시 LDC 제어 안함 절연저항 약 1000kΩ으로 정상이나 메인 릴레이가 먼저 끊어지면 절연저항이 정상으로 표출된다 → 메가옴 테스트기로 절연 점검 테스트한 결과 모터 절연저항 불량함

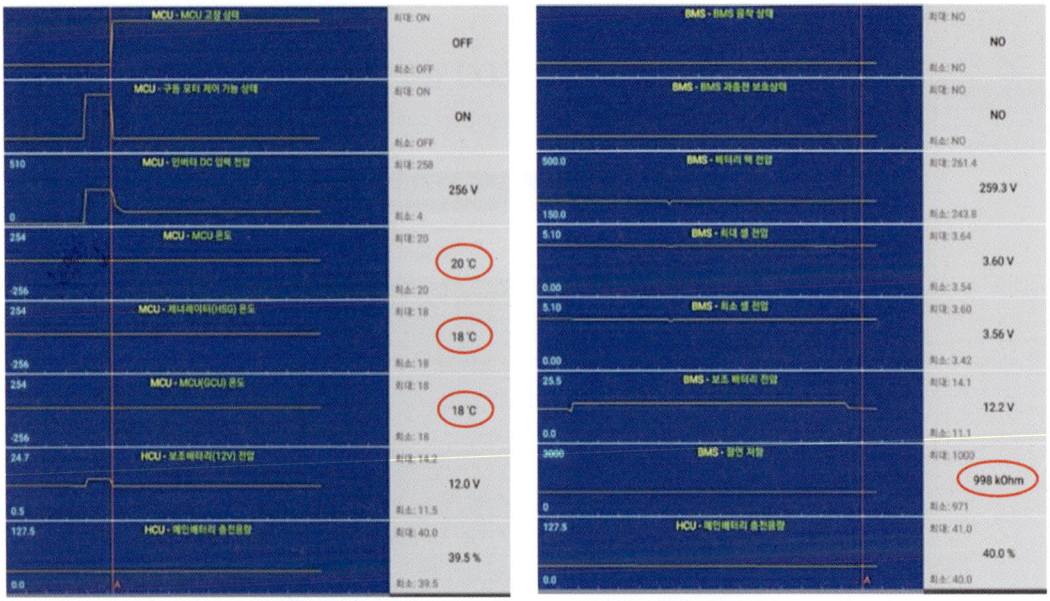

그림 전체 DTC 확인 및 센서데이터 분석

그림 모터 절연저항 파괴

그림 HSG 절연저항 정상

⑤ 변속기(모터포함) 교환 후 센서데이터 분석

[3] 발생원인

모터 불량에 의한 충전금지, 방전, 시동 꺼짐 발생

[4] 조치사항

변속기 교환

5.4.14. K5 HEV(차량년식 : 2013년식)

[1] 고장증상

주행 중 간헐적 주행 불가 및 고전압 배터리 충전 불량 현상

[2] 점검내용

① 상기 현상으로 견인 입고되어 자기진단 시 P0C17 구동모터 위치센서 미보정, P1C76 제너레이터(HSG) 위치센서 미보정 검출
② KDS 활용 부가기능 레졸버 보정 실시하였으나 계속 보정 실패됨(보정 안됨)
③ 상기 관련 배선 및 커넥터 상태 점검 시 특별한 문제가 없으며, 지속 보정 안되 트랙션 모터, 엔진 ECU, 하이브리드 파워컨트롤 유닛 교환을 하였으나 동일하게 보정 안됨
④ A/T 변속기 교환 후 정상 보정됨

[3] 발생원인

오토미션 내부 불량으로 인한 주행 불량현상

[4] 조치사항

오토미션 교환

5.4.15. MQ4 HEV(쏘렌토 HEV, 차량년식 : 2022년식)

[1] 고장증상

하이브리드 경고등 점등 및 주행 불가

그림 클러스터 HEV 경고등

[2] 점검내용

① KDS 고장코드 점검 시 P0C0500 구동모터 케이블 단선 코드 표출

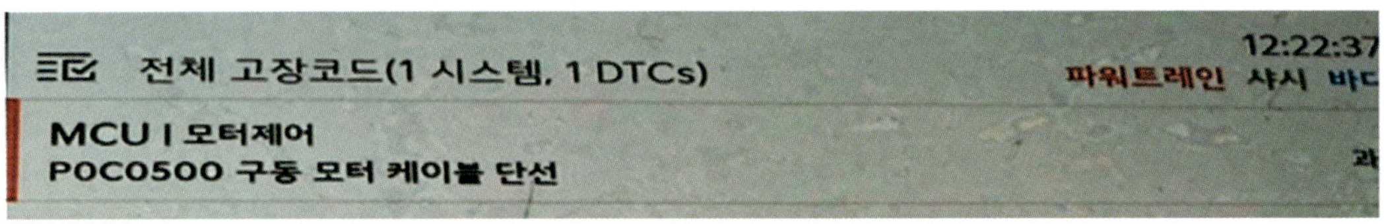

그림 고장코드

② 구동 모터 케이블 점검 시 U상 쪽 커넥터 조립 불량 발견됨

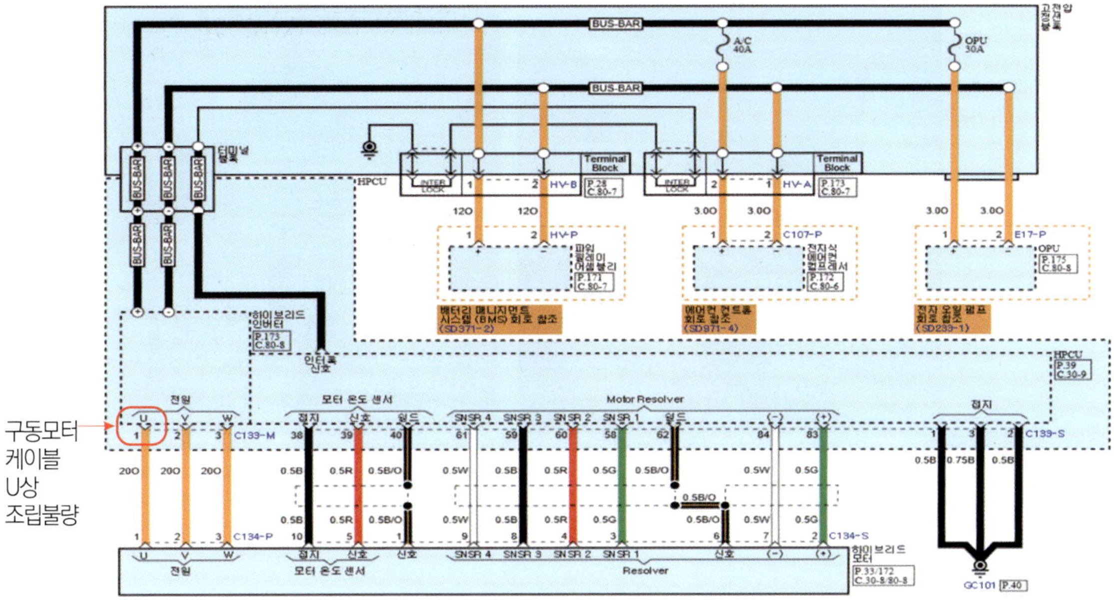

그림 회로도

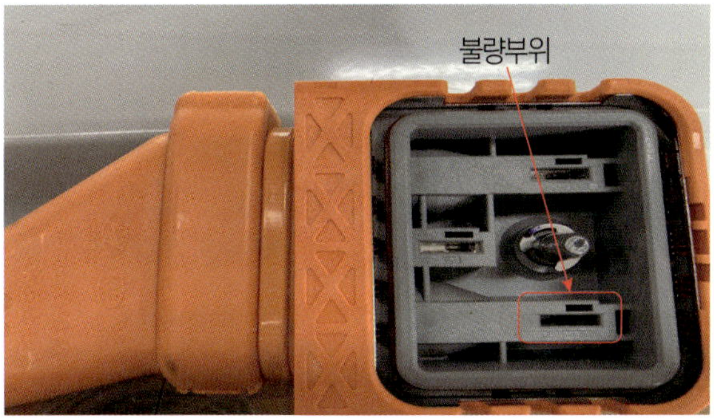

그림 케이블 불량부위

그림 U상 체결부위

[3] 발생원인

구동 모터 케이블 불량(U상)

[4] 조치사항

구동 모터 케이블 교환

5.4.16. NQ HEV(스포티지 HEV, 차량년식 : 2021년식)

[1] 고장증상

주행 중 변속불가 경고문구 점등 및 주행 불가 발생

[2] 정비이력

SBW 액추에이터 교환

[3] 점검내용

① P070514 포지션센서- 오픈/단선(과거고장)

② 센서데이터상 포지션센서 1 & 2 상호 % 정상값 표출됨

③ 포지션센서측 배선 점검 위하여 관련 부품 탈거하며 컨트롤 와이어링 레이아웃 확인 시 변속기 바디와 포지션센서측 신호 2번(녹색배선) 배선이 차체 접지 단락됨을 확인

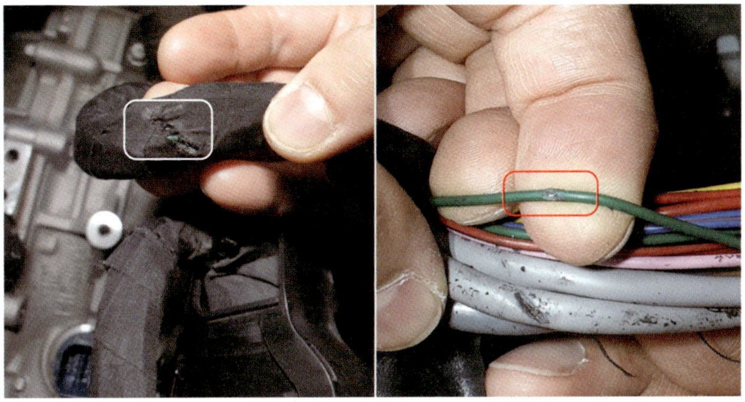

그림 배선 손상부위

[4] 발생원인

엔진 컨트롤 와이어링의 A/T 포지션센서의 신호 2번(녹색배선) 차체 접지 단락됨

[5] 조치사항

엔진 컨트롤 와이어링 접지단락 부위 배선 수정 실시함

그림 배선 수정

에어컨 정비사례

06

에어컨 정비사례

06
CHAPTER

고전압 시스템을 이용하는 친환경 차량은 냉방 시 엔진의 동력을 이용하는 에어컨 컴프레서 대신에 고전압을 사용하는 전동식 에어컨 컴프레서가 적용되었고, 난방 시스템은 친환경차 종류에 따라 다르게 구성되어 있다. HEV, PHEV 차량의 경우 엔진 폐열을 이용하여 냉각수로 실내로 열원을 공급한다.

6.1 에어컨 역할

① 냉각 : HEV 차량의 에어컨은 엔진에 의해 구동되는 에어컨(AC) 컴프레서가 냉매를 압축하여 증발기에서 내보내는 방식으로 냉각을 수행한다.

② 난방 : HEV 차량의 난방 시스템은 엔진에서 발생한 열을 냉각수로 전달하여 실내를 데우는 방식이다.

③ 전력 효율 : HEV 차량은 전기 모터를 사용하여 에어컨을 구동할 수 있으므로, 엔진의 부하를 줄이고 전력 효율을 높일 수 있다.

④ 냉난방 제어 : HVAC(난방, 환기 및 공조) 시스템은 실내 온도를 감지하고 조절하여 운전자의 편안함을 유지한다.

6.2 에어컨 구성

① 브러시리스 DC(BLDC) 모터 : 엔진 대신 AC 컴프레서를 회전시켜 냉방을 작동한다.

② PTC 히터 또는 열 펌프 : 엔진 대신 냉각수를 가열하여 난방을 작동한다.

③ 냉매 흐름 제어 : 전동 밸브를 사용하여 냉매 흐름을 조절한다.

④ 에어컨 컴프레서 : 냉매를 압축하여 냉방 효과를 발생시키며, HEV에서는 BLDC 모터로 구동되어 엔진이 꺼져 있어도 에어컨을 작동시킬 수 있다.

⑤ 콘덴서, 증발기 : 냉매의 상태 변화를 통해 냉방과 난방을 구현한다.

⑥ 확장 밸브 : 냉매의 압력을 낮춰 증발기를 통해 냉방을 효과적으로 수행한다.

⑦ 제어 모듈: 에어컨 시스템의 작동을 제어한다.

⑧ E-Comp 인버터 : 전력 변환 장치로, 차량의 직류 전력을 교류 전력으로 변환하고 전동 컴프레서를 제어한다.

⑨ ISG(Integrated Starter Generator) : 엔진과 모터를 연결하여 에어컨을 구동하는 역할을 한다.

6.3 에어컨 기능

① 냉각 기능 : HEV 에어컨은 엔진이 꺼져 있을 때에도 전동 컴프레서를 통해 냉각 기능을 유지한다. 이는 ISG(Integrated Starter Generator) 또는 E-Comp 인버터를 통해 전력을 공급받아 작동한다.

② 난방 기능 : HEV 에어컨은 PTC 히터 또는 BLDC 모터와 같은 전력 소비가 많은 난방 서브시스템을 활용하여 난방 기능을 제공한다. 엔진에서 발생하는 열을 냉각수로 전달하여 난방하는 방식도 사용된다.

③ 통합 열 관리 시스템 : HEV는 엔진과 전기 시스템의 열을 효율적으로 관리하는 통합 열 관리 시스템을 적용하여 에너지 효율을 높인다.

6.4 고장 시 증상 및 점검방법

6.4.1. HG HEV(그랜저 HEV, 차량년식 : 2014년식)

[1] 고장증상

주행 중 충전경고등 점등 이후 주행 불가 발생됨

그림 충전경고등

[2] 점검내용

① 입고 당시 자기진단 결과 P0AA6 고전압 절연파괴 검출됨

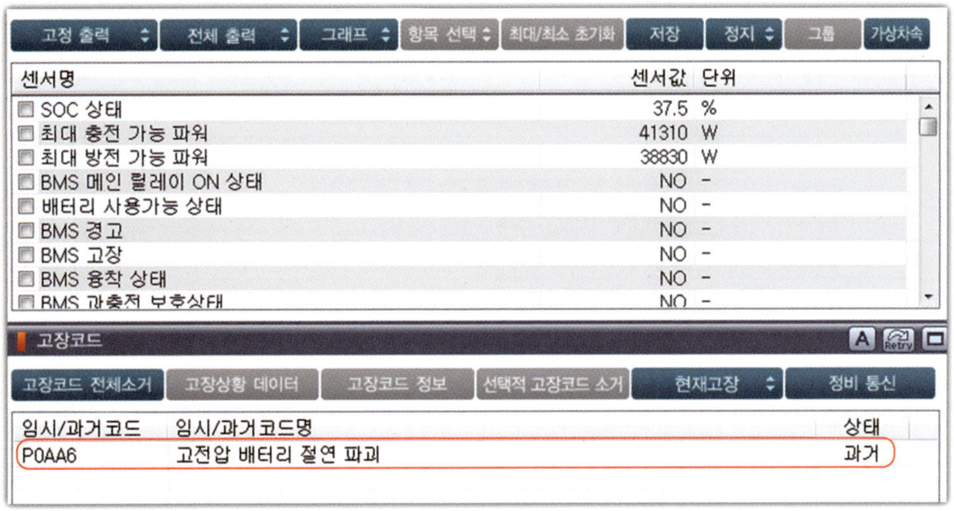

그림 고장코드

② 기억소거 후 시운전 결과 동일 문제 현상 발생됨

③ 절연저항 관련 서비스 데이터 확인 결과 998kΩ 검출됨, 1000kΩ 이상 측정되어야 하나 약간 낮게 확인됨

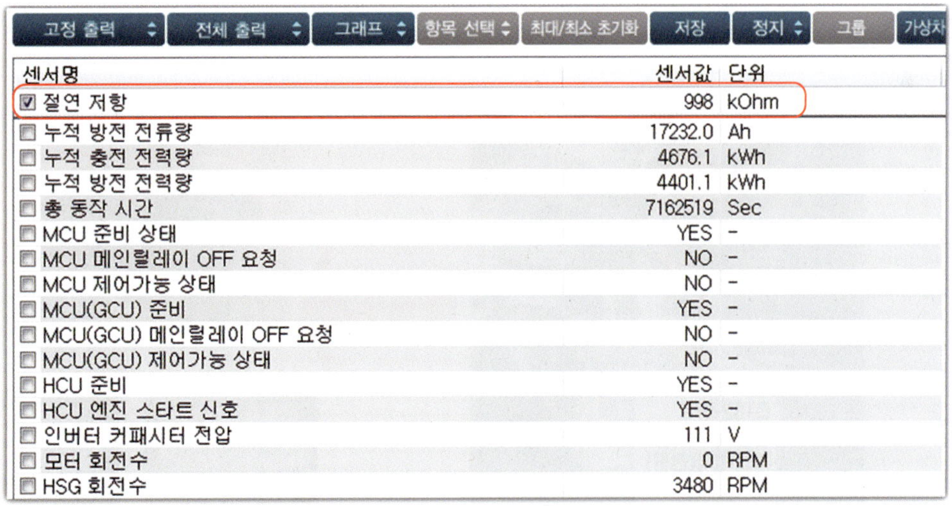

그림 서비스 데이터

고장 코드 설명

절연파괴 검출회로는 BMS-ECU의 내부에 회로로 꾸며져 있으며, 고전압 라인과 차체의 절연의 정도가 300kΩ 이하로 낮아 질때 고장으로 판단함. 즉, 배터리 고전압 라인과 GND 간 단락에 의한 고전압 절연파괴를 검출하면 상기 DTC를 표출한다. 현재 고장이 발생하면 서비스 램프를 점등시킨다. 만약 정상 상태로 회복되면 현재의 고장코드는 삭제되고 과거고장 코드(DTC 코드 끝부분에 H 표시)가 검출 된다. 이때 서비스 램프는 소등되며 과거 고장코드는 GDS를 사용하여 소거시킬수 있다.

고장코드 판정 조건

항 목	판정 조건	고장 예상 원인
검출 목적	절연파괴에 의한 안전사고 방지	
검출 방법	검출조건으로 18초간 지속되면 검출	
검출 조건	점화 스위치 "ON" 9V < Aux(보조 배터리)전압 < 16V	
고장코드 발생기준값	절연저항 < 300kΩ	1. 하이브리드 배터리 팩 2. 절연 저항 센싱 회로 이절 3. BMS ECU
고장코드 해제기준값	절연저항 > 900kΩ	
MIL 점등 조건	1DC(드라이빙 사이클: ST ON~IG OFF 1회) 발생 시	
MIL 소등 조건	IG OFF시 과거 고장으로 진입(과거 고장 및 현재 고장은 진단툴로 소거 가능)	
안전 모드	고전압공급차단(HEV기능중단) : 메인릴레이 OFF 유지 BMS 가용 파워 : 0kW	

그림 고장코드 설명

④ 고전압 관련 전체 부품 연결도 확인 후 단품 절연 저항 하나씩 점검 실시

㉮ A/C 컴프레서측 절연저항 측정

㉯ 절연저항 측정 시 각각 0.043MΩ/0.051MΩ 검출됨

㉰ A/C 컴프레서측 절연저항 문제로 인해 주행 불가 및 경고등 점등됨

그림 A/C 컴프레서 절연저항 측정

⑤ 고전압 절연저항 관련 단품 측정 결과 A/C 컴프레서 불량 확인됨

⑥ 컴프레서 교환 이후 신품 절연저항 측정 시 각각 100MΩ/200MΩ 검출되어 정상 확인됨, 컴프레서 교환 후 정상 작동됨

그림 정상 확인

[3] 발생원인

A/C 컴프레서 절연파괴로 인해 문제 현상 발생

[4] 조치사항

A/C 컴프레서 교환

6.4.2. IG HEV(그랜저 HEV, 차량년식 : 2018년식)

[1] 고장증상

거북이 경고등 점등 및 주행 불가

[2] 점검내용

① 자기진단 점검 시 P0AA6 고전압 부품 절연파괴 현재

② 에어컨 작동 시 굉음 발생 및 에어컨 작동 불량 확인

③ 에어컨 컴프레서 절연저항 점검 시 FAIL

④ 에어컨 컴프레서측 저압 파이프 탈거 후 점검 시 내부 오염 확인

그림 에어컨 컴프레서 내부 오염

⑤ 에어컨 컴프레서 바디측 절연저항 비정상, A/C 인버터측 절연저항 정상

[3] 발생원인

컴프레서 바디 내부 오염으로 인한 절연저항 이상

[4] 조치사항

에어컨 컴프레서 교환

6.4.3. LF HEV(쏘나타 HEV, 차량년식 : 2014년식)

[1] 고장증상

주행 중 HEV 시스템 점검 문구 및 주행 불가

[2] 정비이력

HPCU 교환

[3] 점검내용

① 자기진단 및 시운전, 자기진단 시 P0AA6 고전압 절연파괴 표출

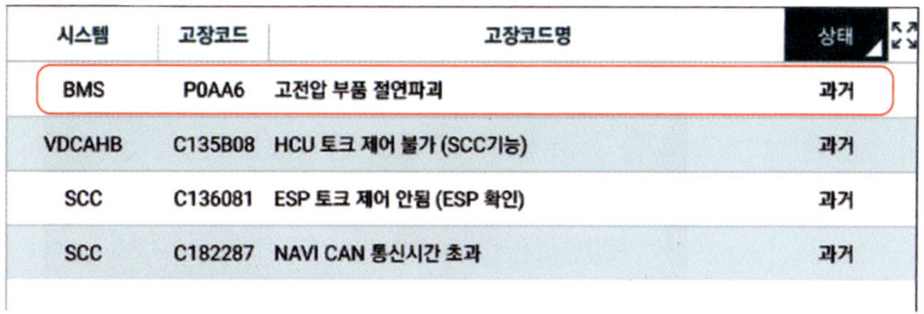

시스템	고장코드	고장코드명	상태
BMS	P0AA6	고전압 부품 절연파괴	과거
VDCAHB	C135B08	HCU 토크 제어 불가 (SCC기능)	과거
SCC	C136081	ESP 토크 제어 안됨 (ESP 확인)	과거
SCC	C182287	NAVI CAN 통신시간 초과	과거

그림 고장코드

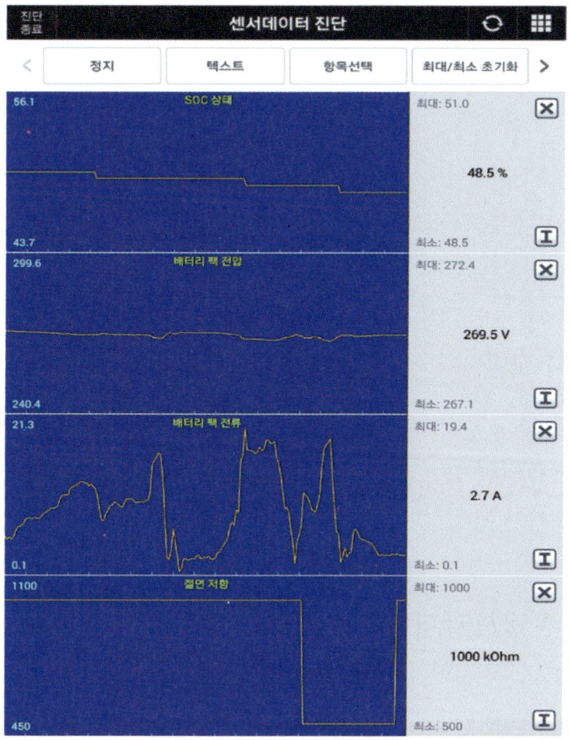

그림 센서데이터 진단

② 센서출력 확인 중 에어컨 작동 시 절연저항 파괴 확인됨

③ 고전압 부품 절연저항 점검

④ 캐패시터 테스터 점검

⑤ 에어컨 컴프레서측 2.9MΩ 확인됨

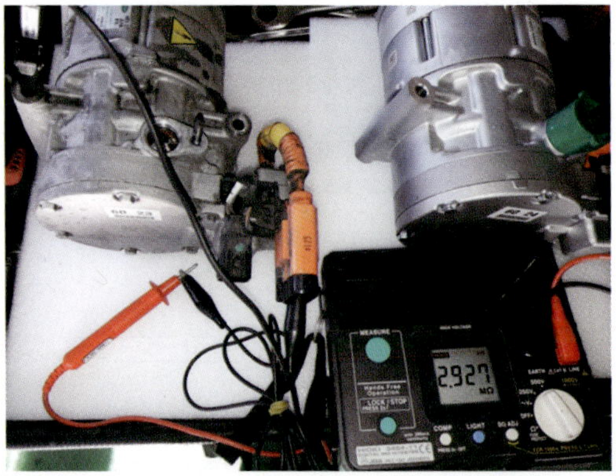

그림 에어컨 절연저항 점검

[4] 발생원인

에어컨 컴프레서 내부 단락

[5] 조치사항

에어컨 컴프레서 교환

6.4.4. LF HEV(쏘나타 HEV, 차량년식 : 2015년식)

[1] 고장증상

EEWP 교환 이후 당시 레디 시 하이브리드 점검 문구 표출되며 레디 불량 발생

그림 레디 시 점검 문구 표출

[2] 정비이력

EEWP 교환

[3] 점검내용

① 고장코드 확인 실시, 고장코드 확인 시 고장코드 없음, 지속적으로 레디 시도하여 P0C17, P0DFC 표출되었으나 고장코드 확인 시 레디 불량과 관련 없음 확인됨

ENGINE - 엔진제어		발견된 고장코드가 없습니다.	
MCU - 모터제어	P0C17	구동 모터 위치센서 미보정	현재
MCU - 모터제어	P0DFC	제너레이터(HSG) 위치센서 미보정	현재
HCULDC - HCU/LDC		발견된 고장코드가 없습니다.	
BMS - 배터리제어		발견된 고장코드가 없습니다.	
AT - 자동변속		발견된 고장코드가 없습니다.	
EPB - 전동파킹브레이크		통신응답없음 / 시스템장착유무, IG KEY, DLC를 확...	
VDCAHB - 제동제어		발견된 고장코드가 없습니다.	
AIRBAG - 에어백(1차충...		발견된 고장코드가 없습니다.	
OCS - 승객구분시스템		통신응답없음 / 시스템장착유무, IG KEY, DLC를 확...	
AIRCON - 에어컨		발견된 고장코드가 없습니다.	
EPS - 파워스티어링		발견된 고장코드가 없습니다.	
SCC - 차간거리제어		통신응답없음 / 시스템장착유무, IG KEY, DLC를 확...	
TPMS - 타이어압력모...		발견된 고장코드가 없습니다.	
SPAS - 자동주차지원시...		통신응답없음 / 시스템장착유무, IG KEY, DLC를 확...	

그림 고장코드

② FATC 인터락 관련 배선 점검 실시, 모듈측 커넥터 탈거 후 확인 시 3Ω, 12V 이상 없음

③ 커넥터 연결하여 전압 변화 확인 실시, 커넥터 연결하였으나 인터락 전원 12V 지속적 표출됨

④ 전자식 에어컨 컴프레서측 인터락 배선 확인 위해 인터락 회로 저항 측정, 회로 저항 측정 시 무한대 옴으로 단선 확인됨

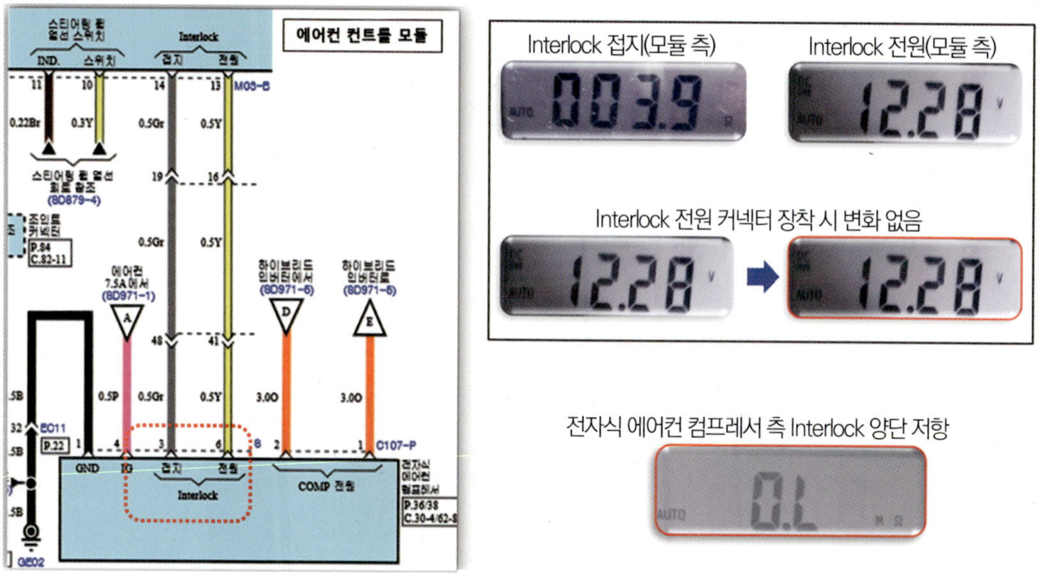

그림 ISG 재시동 시 경고등 점등 관련 데이터 점검

⑤ 컴프레서측 인터락 배선 확인 시 인위적으로 당겨진 흔적 발견됨, 인터락 배선 확인 시 내부 단선 확인됨

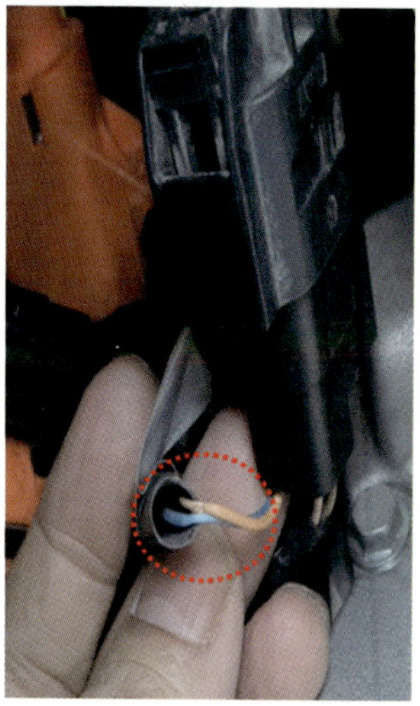

그림 외력에 의해 당겨진 흔적 발견됨

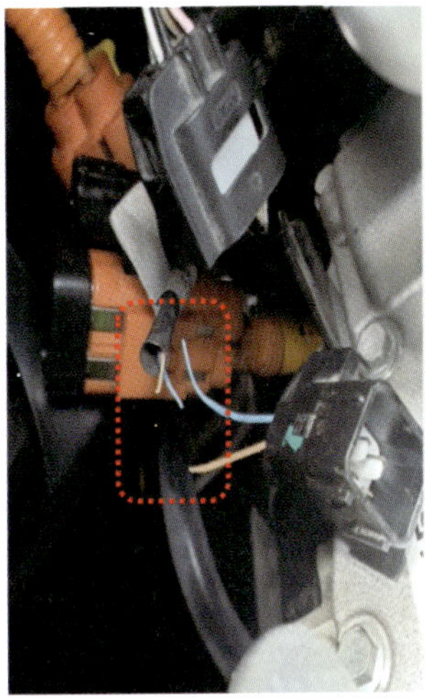

그림 배선 내부 단선

[4] 발생원인

전자식 에어컨 컴프레서 인터락 배선 단선

[5] 조치사항

인터락 배선 수리

6.4.5. LF HEV(쏘나타 HEV, 차량년식 : 2017년식)

[1] 고장증상

시동 시 하이브리드 시스템 점검 문구 및 경고음 발생 및 시동불가, E-comp 및 고전압케이블 교환 후 동일 현상 입고

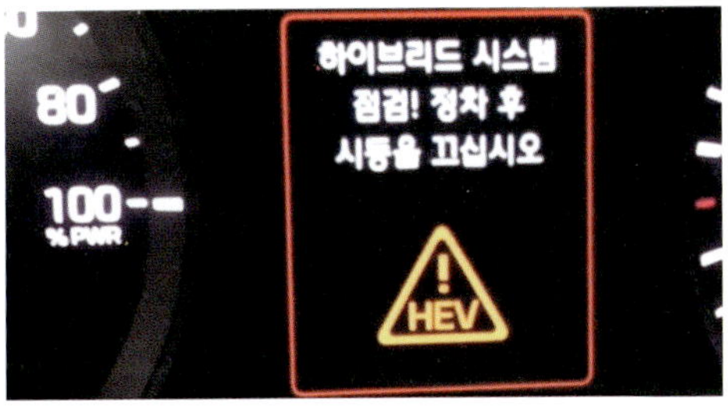

그림 점검 문구

[2] 정비이력

① 배선 개조

② E-comp 및 고전압 케이블 교환

[3] 점검내용

① 시스템 진단 시 에어컨 시스템에서 B2470 E-copm 인터록 이상(현재) DCT 출력. 기억 소거 안됨

그림 고장코드

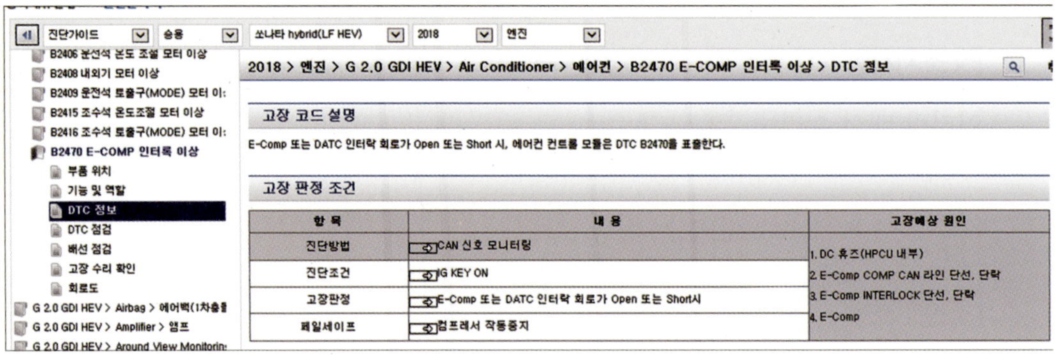

그림 고장판정 조건

② 인터록 회로 점검 시 인터록 접지 전압 0.59V, 인터록 전원 전압 5.67V 불량(정상 : 12V)

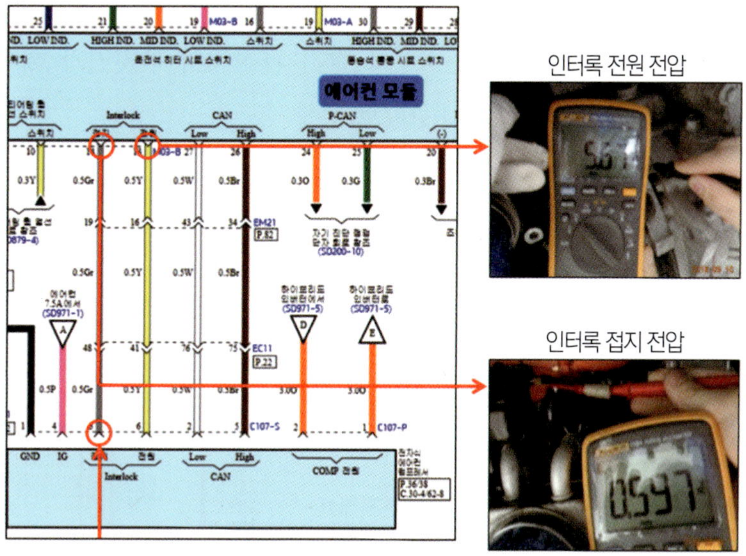

그림 인터록 회로 점검

③ 인터록 전원 전압 강하 점검, EC11/41번(엔진 룸 정션박스) EM21/16번(동승석 A필러 하단) : 인터록 전원 점검 시 5V 측정되어 배선에 의한 전압 강하는 아닌 것으로 판단함

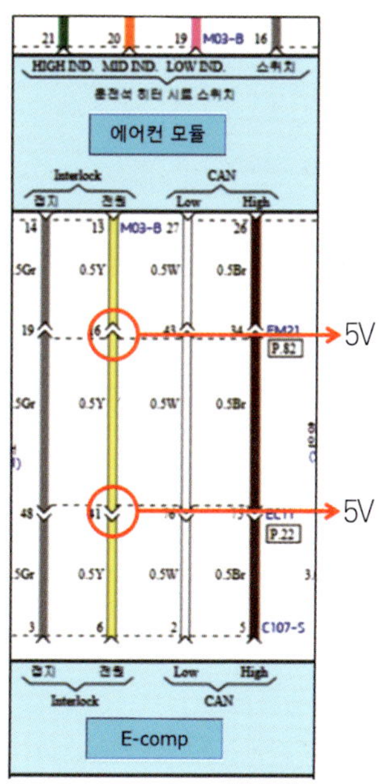

그림 인터록 전원 점검

④ 에어컨 컨트롤 모듈 입력 전원 점검 시 이상 확인, 현 상태에서 인터록 전원 점검 시 0V로 FATC ON/START 전원은 0V로 탈거 과정에서 무엇인가 해제된 것으로 판단함, FATC ON 전원/상시전원은 11.76V로 정상

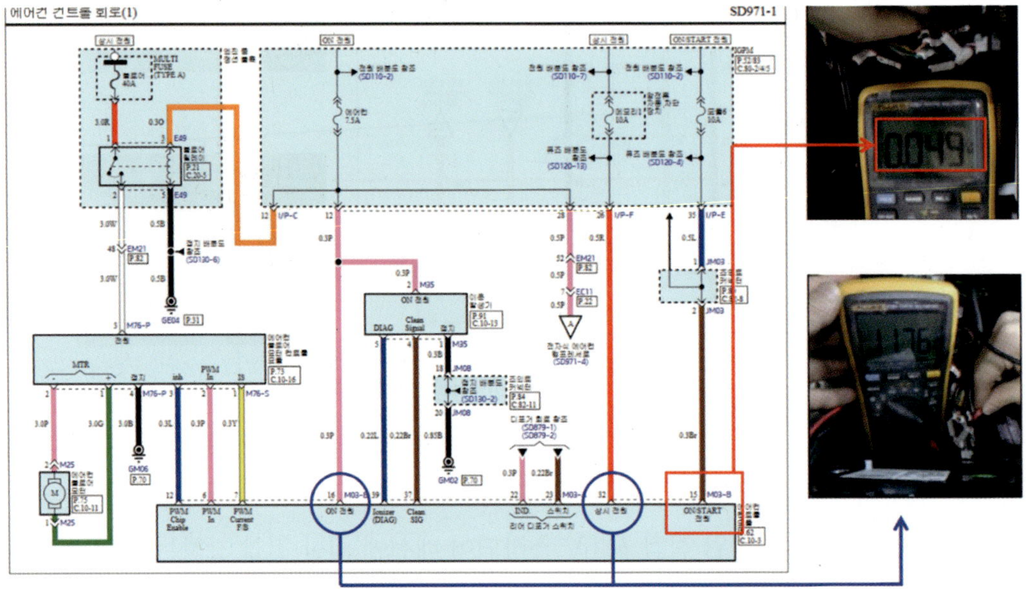

그림 FATC 공급 전원 점검

[4] 발생원인

① 에어컨 컨트롤 모듈 전원 배선 개조로 인한 에어컨 모듈 전원 미인가(애프터 블로워 개조)

② 개조부품(애프터 블로우) : 시동 OFF 시 일정 시간동안 블로워 모터를 동작시켜 에어컨 습기를 제거

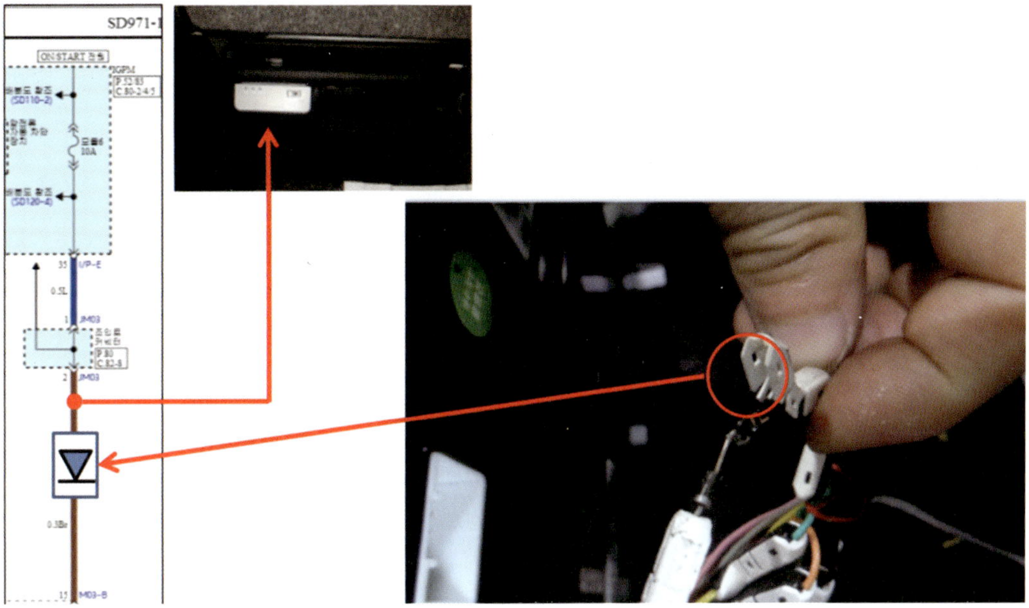

개조로 장착된 다이오드가 단선되어 FATC로 ON/START 전원 미인가로 인한 인터록 전원 불량 발생함

그림 개조한 상황

[5] 조치사항

개조 배선 원위치

6.4.6. YF HEV(쏘나타 HEV, 차량년식 : 2013년식)

[1] 고장증상

에어컨 작동 시 작동불량으로 냉기 토출 불량

[2] 점검내용

① 자기진단 결과 정상 확인됨

② 엔진 서비스 데이터 확인 시 에어컨 신호 입력 및 출력 정상 확인되나 압력 변화 없음

그림 서비스 데이터(에어컨 컴프레서 신호 입/출력 정상 작동되나 압력 변화 없음)

③ FATC측에서 에어컨 컴프레서 작동 상태 확인 시 OFF 상태 확인됨

센서명	센서값	단위
전동식 컴프레서 작동상태	OFF	-
실내 온도 센서1	29.5	'C
외기 온도 센서	31.5	'C
증발기 센서	25.5	'C
운전석 일사량 센서	0.00	V
운전석 온도조절 액추에이터 위치센서	6.3	%
운전석 토출구 위치센서	6.3	%
조수석 일사량 센서	0.00	V
조수석 온도조절 액추에이터 위치센서	5.9	%
내외기 액추에이터 위치센서	93.7	%
차속	0	MPH
냉각수온 센서	84.8	'C

그림 서비스 데이터(FATC 서비스 데이터 확인 시 컴프레서 OFF 상태 확인됨)

④ 에어컨 컴프레서 불량으로 인해 문제현상 발생됨

⑤ 컴프레서 교환 후 정상 확인

[3] 발생원인

에어컨 컴프레서 문제로 인해 작동불량 발생됨

[4] 조치사항

에어컨 컴프레서 교환

6.4.7. YF HEV(쏘나타 HEV, 차량년식 : 2010년식)

[1] 고장증상

READY 불가 또는 READY되면 통신 불능 에어컨 미작동

[2] 정비이력

오디오 개조

[3] 점검내용

① READY되면 캔파형 측정

② READY 불가 시는 레디 불가 원인 규명

③ 피코 파형 분석 시 FATC 지선 접촉 불량 확인

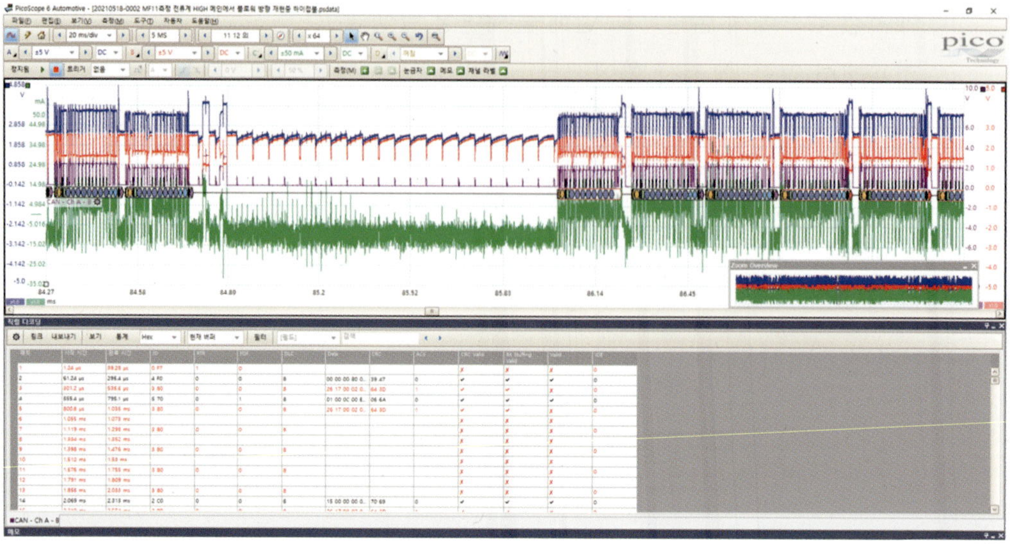

그림 피코파형 분석 시 FATC 지선 접촉불량 파형

④ FATC 커넥터 확인 시 캔통신선 주변에 FATC 액추에이터 피드백 전원선 붙어있음

[4] 발생원인

오디오 개조하며 FATC 커넥터 체결불량으로 판단

[5] 조치사항

FATC 커넥터 재체결

6.4.8. YF HEV(쏘나타 HEV, 차량년식 : 2012년식)

[1] 고장증상

키 ON 및 시동 시 계기판 각종 경고등 점등

그림 계기판 각종 경고등 점등

[2] 정비이력

내비게이션 개조 차량, C-CAN 통신 불량으로 HPCU 2회 교환

[3] 점검내용

① CAN 통신 불량으로 견인 입고

② 고장코드 점검, U0164, U0110, U0122, U0129, U0100, U1010 C-CAN 통신 불량 다수 경고등 점등

그림 고장코드

㉮ 엔진, MCU, BMS, LDC, AT, AAF, AHB, VDC, EPS, AIR CON 통신 불량

㉯ HCU, AIRBAG, CLU CAN 통신가능

㉰ 과거 HPCU 고장과는 다른 CAN 고장 및 현상 발생

㉱ 현재 HPCU 통신가능

③ 2.5 CAN 통신점검

㉮ 1차 자기진단 커넥터 파형측정(불량)

㉯ MF61 커넥터 탈거하였으나 동일함

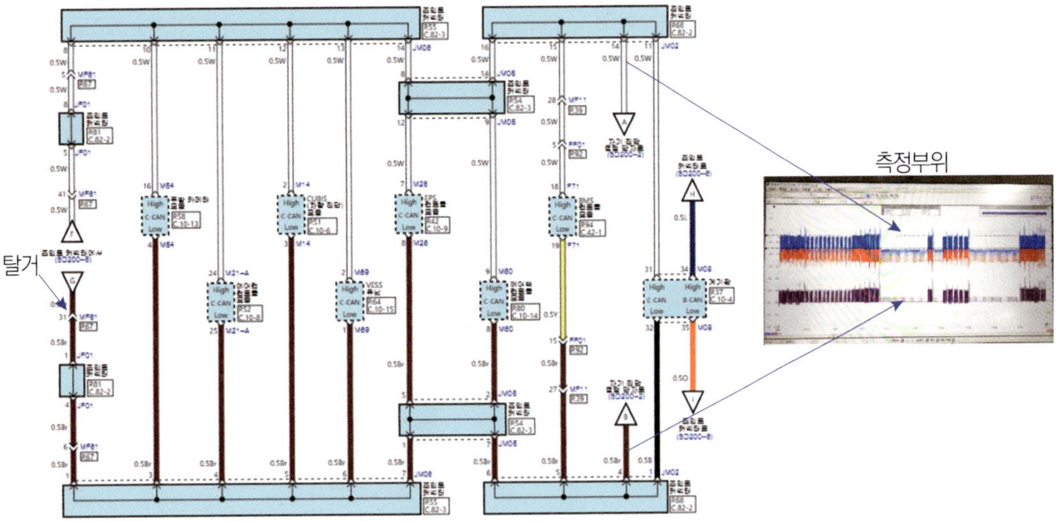

그림 MF61 커넥터 탈거한 후 파형 측정

㉰ 2차 다기능체크 커넥터 파형 측정

㉱ EM61 커넥터 탈거 시 정상파형

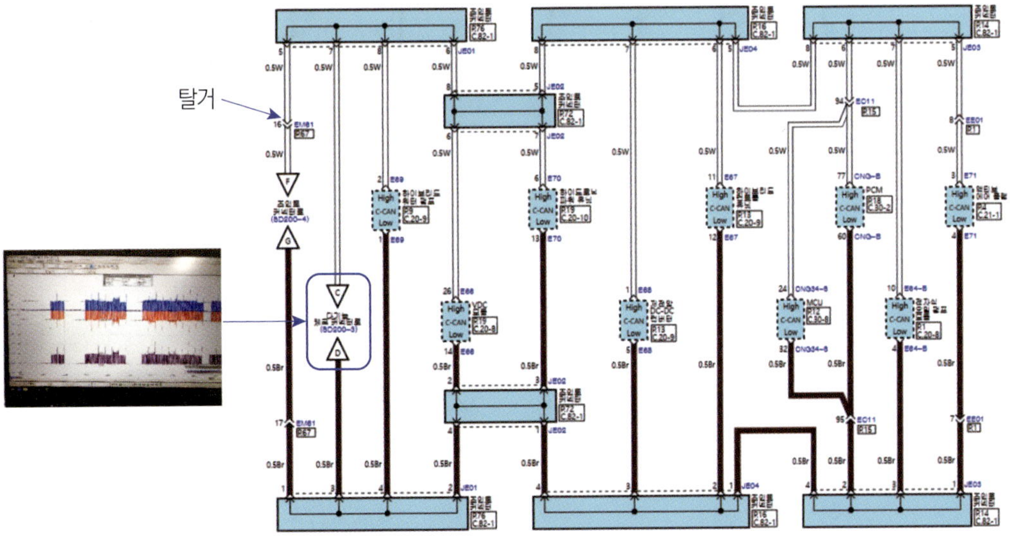

그림 EM61 커넥터 탈거한 후 파형 측정

㉮ 자기진단 점검 회로(5) 정상

㉯ MF11, EPS 컨트롤 모듈(M26) 탈거 시 불량 파형

㉰ 에어컨 컨트롤 모듈 커넥터 탈거 시 정상 파형

㉱ FATC 커넥터 락킹 불량으로 접촉 불량 발생

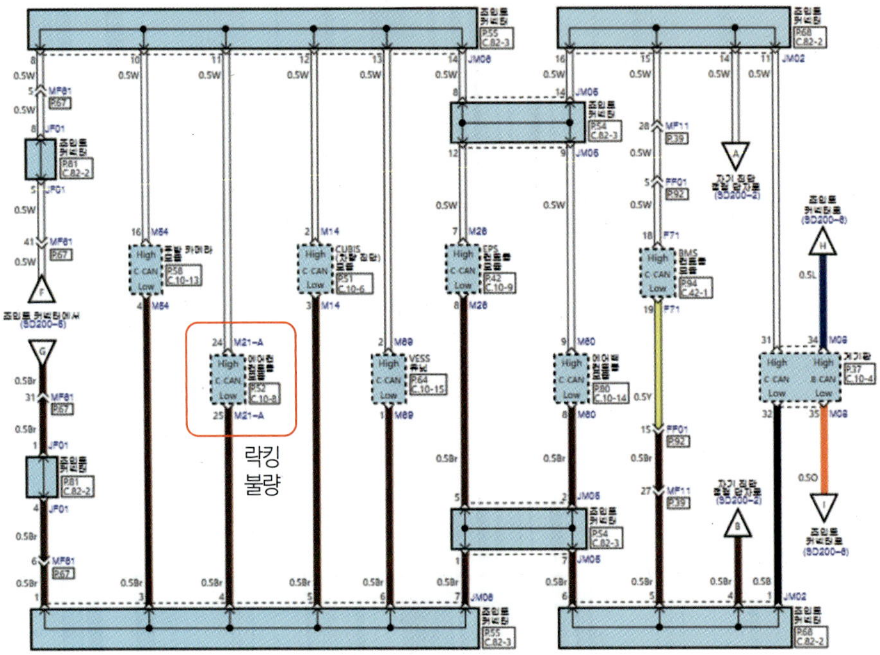

그림 FATC 커넥터 락킹 불량

④ FATC 커넥터 재체결 후 정상

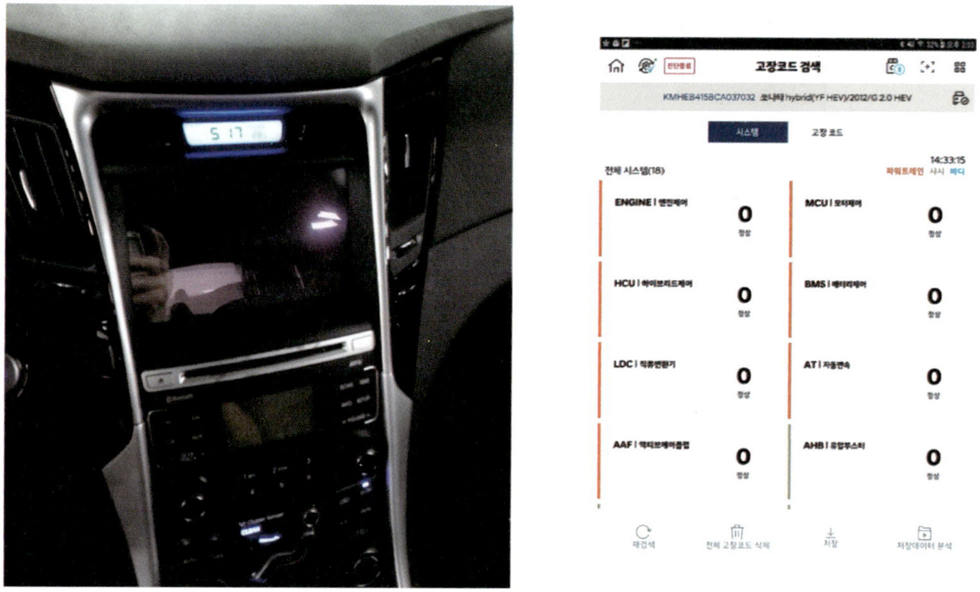

그림 내비게이션, 전체 시스템 정상

[4] 발생원인

FATC 커넥터 체결불량

[5] 조치사항

FATC 커넥터 재체결 및 핀 텐션 점검

6.4.9. YF HEV(쏘나타 HEV, 차량년식 : 2013년식)

[1] 고장증상

주행 중 하이브리드 시스템 점검 문구 표출, 주행 불가로 견인 입고

[2] 점검내용

① 자기 진단 시 P0AA6 과거 코드 확인

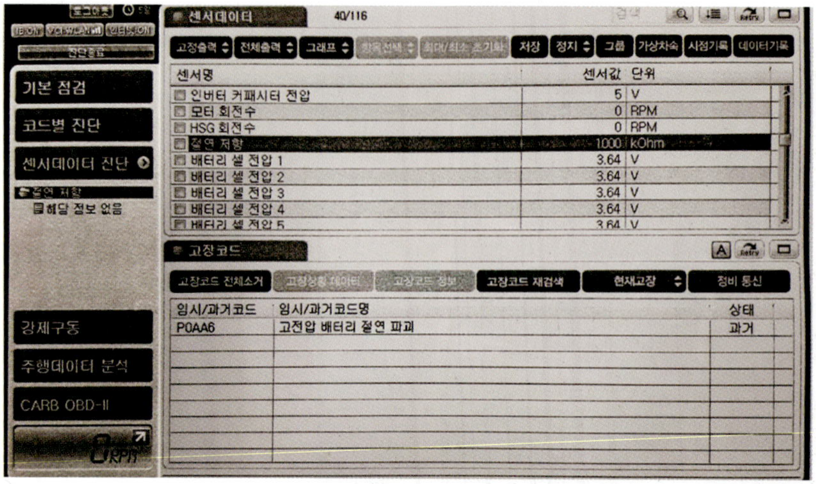

그림 고장코드

<table>
<tr><th>항 목</th><th>판정 조건</th><th>고장예상 부위</th></tr>
<tr><td>검출 목적</td><td>절연파괴에 의한 안전사고 방지</td><td rowspan="8">1. 하이브리드 배터리 팩
2. 하이브리드 배터리 고전압 케이블
3. MCU
4. 하이브리드 모터
5. LDC
6. HSG
7. BMS ECU
8. 에어컨 컴프레서</td></tr>
<tr><td>검출 방법</td><td>검출조건으로 18초간 지속되면 검출</td></tr>
<tr><td>검출 조건</td><td>IG ON 상태에서 9V < Aux(보조 배터리)전압 < 16V 일 경우</td></tr>
<tr><td>고장코드 발생기준값</td><td>절연저항 < 300kΩ</td></tr>
<tr><td>고장코드 해제기준값</td><td>절연저항 > 2000kΩ</td></tr>
<tr><td>서비스 램프 점등 조건</td><td>1DC(드라이빙 사이클: ST ON~IG OFF 1회) 발생 시</td></tr>
<tr><td>서비스 램프 소등 조건</td><td>IG OFF시 과거 고장으로 진입(과거 고장 및 현재 고장은 진단툴로 소거 가능)</td></tr>
<tr><td>안전 모드</td><td>고전압공급차단(HEV기능중단) : 메인릴레이 OFF 유지
BMS 가용 파워 : 0kW</td></tr>
</table>

그림 고장코드 설명

② 절연 저항 측정 시 HPCU에서 간헐적 500kΩ 측정됨, 멀티미터를 이용해 절연파괴 검사 시 신뢰할 수 없는 수치가 나오므로 절연파괴 검사는 꼭 메가옴 테스터를 이용해야 한다.

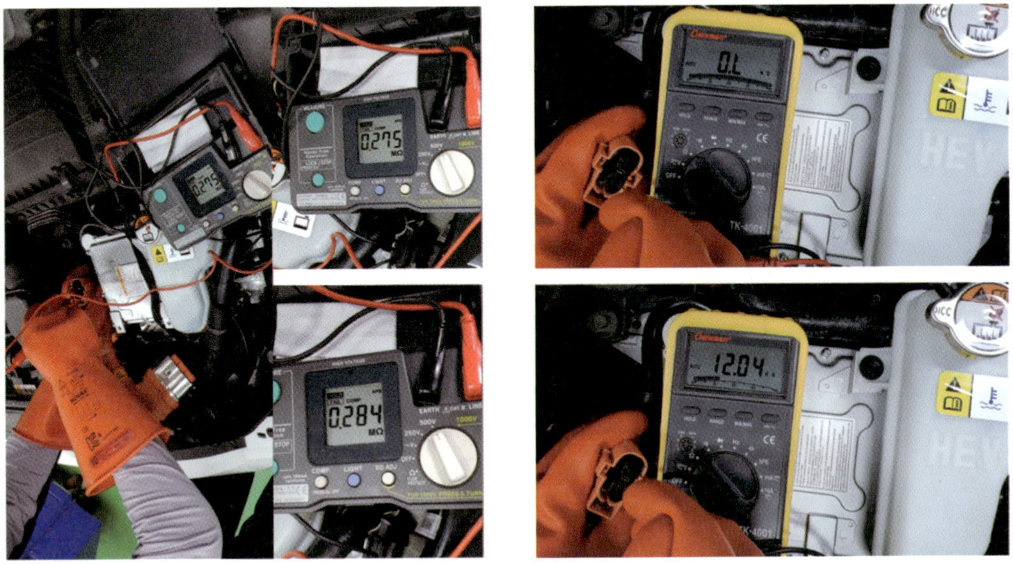

(a) 메가옴 테스터(불량) (b) 멀티미터(정상)

그림 컴프레서 절연 저항 검사(메가옴 테스터 멀티미터 비교)

③ 고객 문진 시 30분 아이들 정차 후 출발할 때 현상 발생되었다고 하였음

④ 현상 재현될 때 B1801, B2467 코드 추가 확인

⑤ 컴프레서 교환

[3] 발생원인

컴프레서 절연 저항 파괴

[4] 조치사항

에어컨 컴프레서 교환 후 정상

6.4.10. YF HEV(쏘나타 HEV, 차량년식 : 2011년식)

[1] 고장증상

CAN 관련 각종 고장경고등 클러스터에 점등

[2] 점검내용

① 자기진단 시 U0164, U0110, U0001, C1800 고장코드 표출

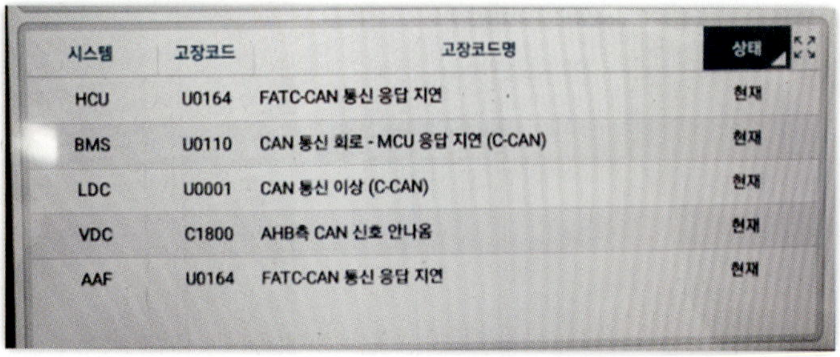

시스템	고장코드	고장코드명	상태
HCU	U0164	FATC-CAN 통신 응답 지연	현재
BMS	U0110	CAN 통신 회로 - MCU 응답 지연 (C-CAN)	현재
LDC	U0001	CAN 통신 이상 (C-CAN)	현재
VDC	C1800	AHB측 CAN 신호 안나옴	현재
AAF	U0164	FATC-CAN 통신 응답 지연	현재

그림 고장코드

재검색 전체소거 고장코드진단 저장

시스템	상태정보	진단결과
ENGINE	고장코드 없음	양호
MCU	고장코드 없음	양호
HCU	고장코드 없음	양호
BMS	고장코드 없음	양호
LDC	고장코드 없음	양호
AT	고장코드 없음	양호
AHB	통신응답없음 / 시스템장착유무, IG KEY, DLC를 확인하십시오.	실패
VDC	고장코드가 있습니다.	불량(01)
AIRBAG	고장코드 없음	양호
AIRCON	통신응답없음 / 시스템장착유무, IG KEY, DLC를 확인하십시오.	실패
EPS	고장코드 없음	양호
AAF	고장코드가 있습니다.	불량(02)
SMK	고장코드 없음	양호
PDM	고장코드 없음	
CLU	고장코드 없음	양호
SJB	고장코드 없음	양호
BCM	고장코드 없음	양호

그림 고장코드 진단

② CAN 파형점검

③ 다기능 체크단자 파형 설치 후 조인터 커넥터 JE02 탈거

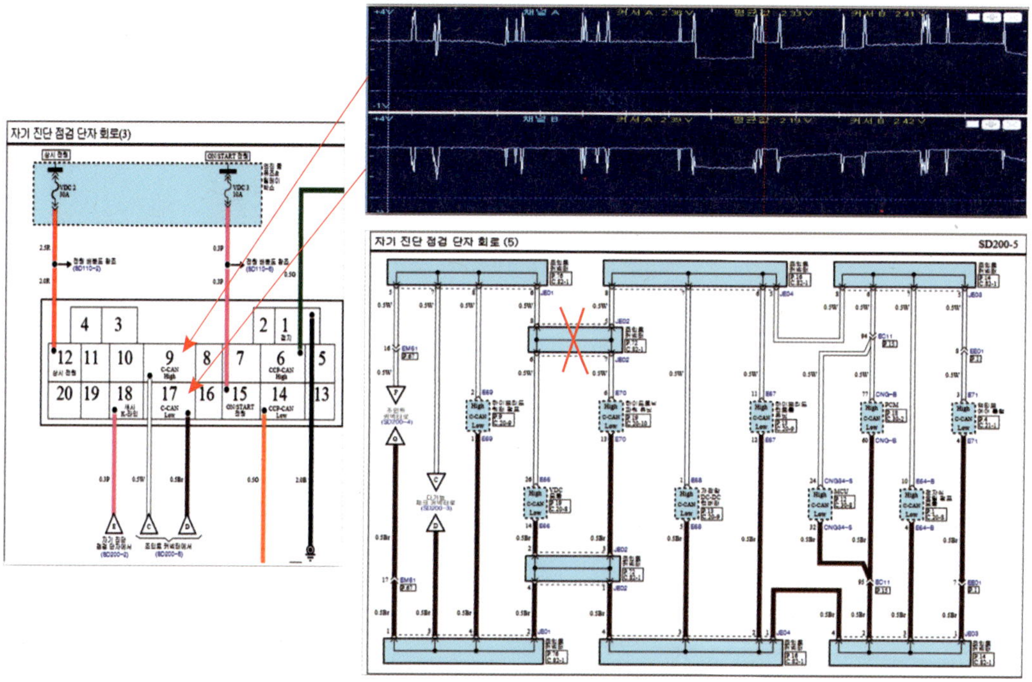

그림 JE02 탈거 시 파형

④ 조인터 커넥터 JE02 탈거 시 현상 유지됨

⑤ JE02 커넥터 탈거 후 저전압 DC-DC 컨버터 CAN 파형확인 정상파형 실내측 모듈불량 추정

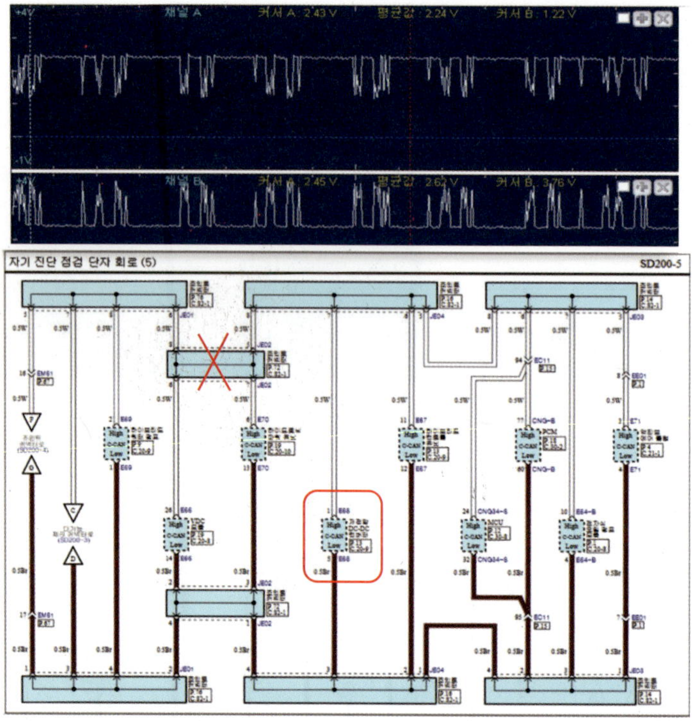

그림 DC-DC 컨버터 CAN 파형확인

⑥ FATC 탈거 시 현상 사라짐, 실내 모듈 중 불량 확신

[3] 발생원인

FATC 단품 불량

[4] 조치사항

FATC 교환

6.4.11. VG HEV(K7 HEV, 차량년식 : 2016년식)

[1] 고장증상

에어컨 작동 시 시원한 바람 송풍 안됨

[2] 정비이력

에어컨 컴프레서 키트(바디+인버터) 교환, 컨트롤러 교환

[3] 점검내용

① 입고 당시 확인 시 에어컨 작동하면 냉기가 안 나옴 확인

② 고장코드 확인 시 B1695 CAN 통신회로-전동식 컴프레서 응답지연 고장코드 표출, 서비스 데이터 확인 시 에어컨 압력, 증발기센서 온도, 실내외기 온도센서 확인 시 정상이나 에어컨 A/C 버튼 작동 시 컴프레서 ON 안됨 확인

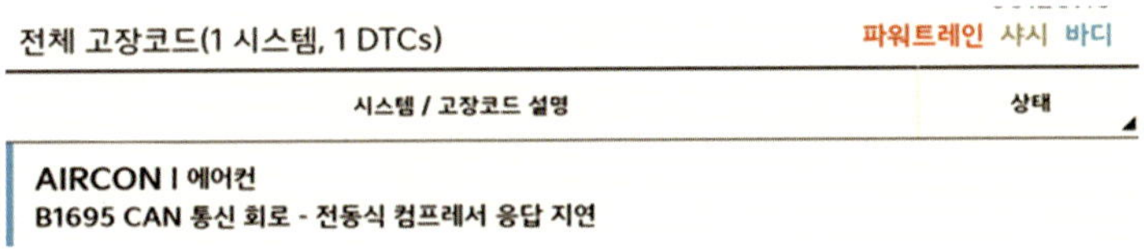

그림 고장코드

③ ECU 데이터 확인 시 입력신호 확인

④ 에어컨 컴프레서 전원 및 접지 확인

⑤ 에어컨 컨트롤러와 컴프레서 CAN 통신 확인

⑥ 배선 단선 단락 점검, 저항 확인 시 60Ω 정상 표출

⑦ COMP CAN PICO 파형 측정 시 불량확인 시 전원이 접지로 내려옴 확인

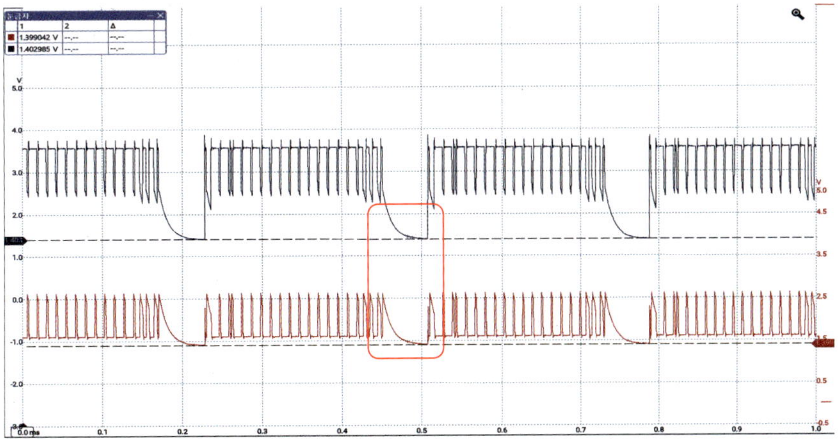

그림 COMP CAN 불량

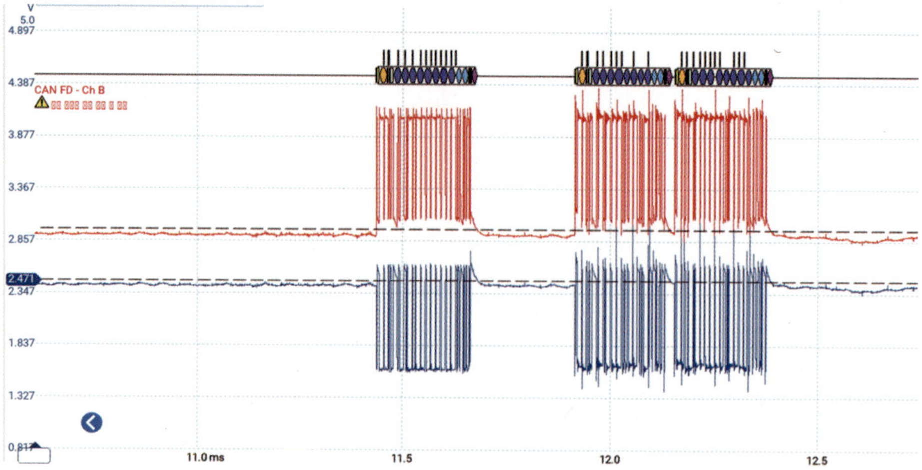

그림 COMP CAN 정상파형

⑧ 인버터 키트 배선 점검 중 12V 전원 배선단선 확인

그림 배선단선

[4] 발생원인

교환한 인버터 키트 배선 중 12V 전원 배선단선으로 컴프레서 작동 불량

[5] 조치사항

인버터 키트 재교환 후 정상 작동 확인

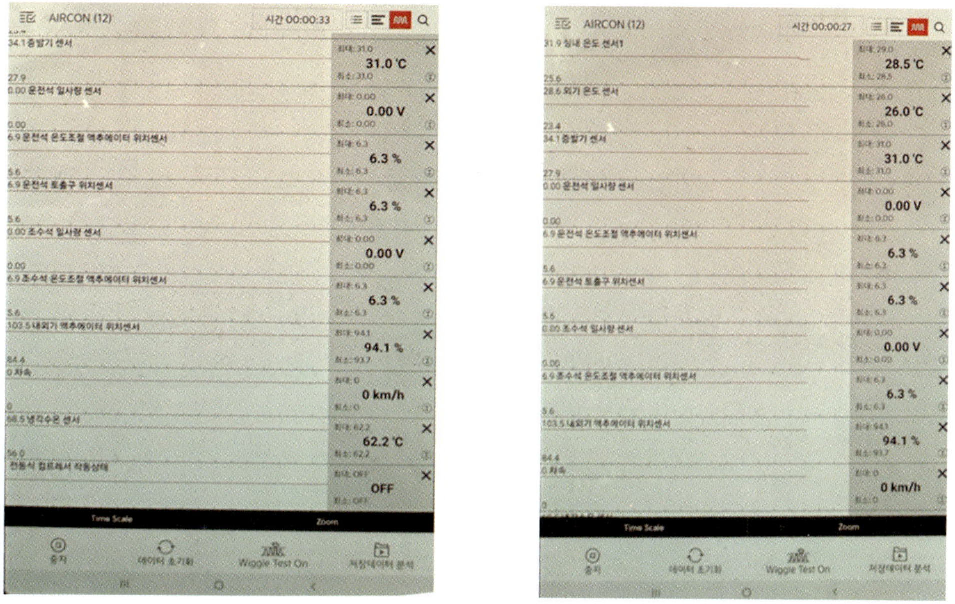

그림 센서데이터 진단

6.4.12. YG HEV(K7 HEV, 차량년식 : 2017년식)

[1] 고장증상

간헐적 주로 습한 날 A/C 스위치 전원 OFF 조작 안됨

[2] 정비이력

A/C 스위치 교환 후에 동일 현상 발생

[3] 점검내용

① 스캔툴 점검 시 고장코드 없음

② 작동불량 관련 현상재현은 안 됨

③ 점검 중 시동 ON 시 설정사항이 23℃로 초기화되며 A/C이 자동으로 켜짐 증상 확인됨

④ 상시전원 쪽 문제로 판단 A/C 스위치 쪽 전원 확인 시 정상 FATC 모듈 전원 확인 시 상시 전원선 청녹 발생 확인

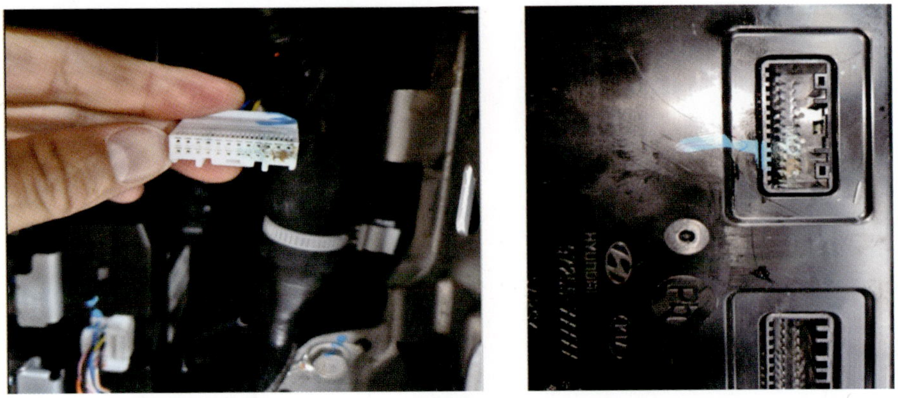

그림 청녹 발생

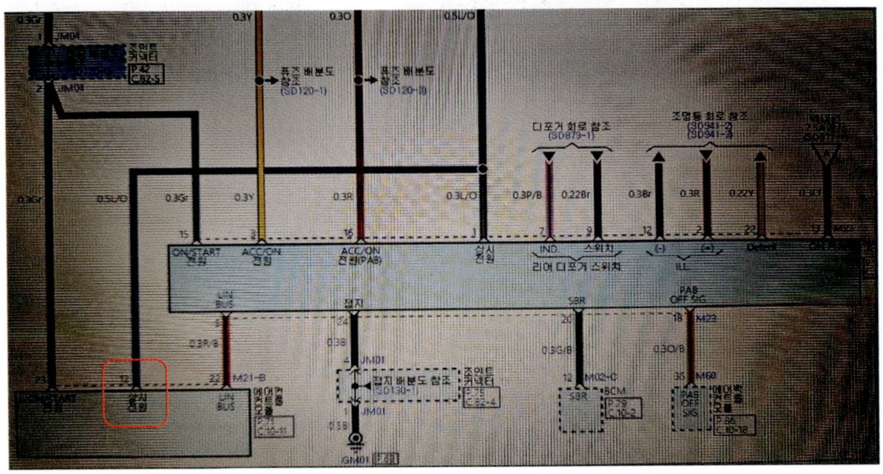

그림 회로도

[4] 발생원인

커넥터 쪽 부위 누수 점검하였으나 누수되는 곳 없음 확인, 고객 운행조건 내부 결로에 의한 습기발생 확인

[5] 조치사항

FATC 어셈블리 교환

6.4.13. GL3 HEV(K8 HEV, 차량년식 : 2022년식)

[1] 고장증상

파워래치 OFF로 리셋 눌러 전원 이동 시 약 10초 정도만 유지

[2] 점검내용

① 메인전원 유지 불가로 VCI를 통한 KDS 진단 불가

② 저전압 배터리 점프 후 점검 시 전원은 유지되나 래치 릴레이는 OFF되어 상기 현상 유지(배터리, 정션블럭 동일)

그림 배터리 점프

③ SMK 센서데이터에서 IG1 전원이 지속 유지 및 시동 시에도 변화 없음

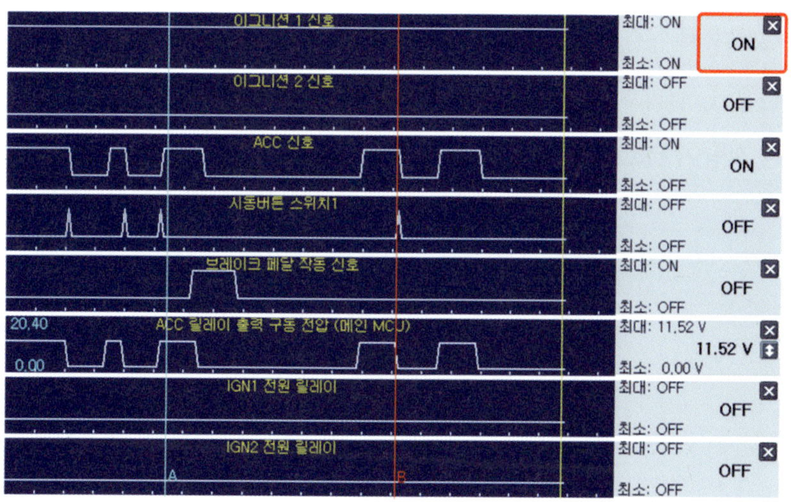

그림 SMK 센서데이터

④ SMK 교환 후 동일하여 전원부 재점검

⑤ 히터용 EWP 누수로 상시전원과 ON/START 전원 단락 발생, EWP 누수 여러 차종에서 발생되어 비슷한 현상 시 참고

⑥ 관련 부품 교환 후 차량 정상으로 출고

[3] 발생원인

히터용 EWP 내부 누수로 상시 전원과 IG1 전원 쇼트 발생

[4] 조치사항

EWP, 컨트롤 와이어링, IBU 교환

6.4.14. NQ5 HEV(스포티지 HEV, 차량년식 : 2021년식)

[1] 고장증상

운행 중 하이브리드 시스템 점검 메시지 점등 후 주행 불량 현상 발생

[2] 점검내용

① 입고 시에는 현상 재현 시 거의 불량 증상이 확인되었고, 에어컨을 켜면 더 격렬하게 나타남

② 자기진단 시 "P0AA600 고전압 절연파괴" 항목이 검출되었고, F/F 데이터 확인 시 info code 2=1, 릴레이 후단 절연파괴

③ 절연 저항이 8kΩ 표출됨

발생시킨 고장코드 : P0AA600

P0AA600

고전압 부품 절연파괴

과거

센서명(94)	센서값	단위
배터리 충전 상태(BMS)	44.0	%
최대 충전 가능 파워	0.00	kW
최대 방전 가능 파워	0.00	kW
배터리 팩 전류	307.2	A
배터리 팩 전압	1537.0	V
배터리 모듈 1 온도	28	˚C
배터리 모듈 2 온도	27	˚C
배터리 외기 온도	25	˚C
최대 셀 전압	3.64	V
최대 셀 전압 셀 번호	7	No.
최소 셀 전압	3.62	V
최소 셀 전압 셀 번호	1	No.
팬 단수	0	step
팬 피드백 주파수	0	Hz
보조 배터리 전압	12.9	V
절연 저항	8	kOhm
인버터 커패시터 전압	259	V

그림 고장코드

④ 절연파괴 부품 검사 시 정상 판정으로 표시됨

• [절연파괴 부품 검사]

절연파괴 부품 검사 기능 완료.

절연파괴 부위가 검출되지 않았습니다.

[확인] 버튼 : 부가기능 종료

그림 절연파괴 부품 검사

⑤ 고전압 부품 절연저항 검사 시 고전압 입력부부터 절연파괴가 된 것으로 나옴

⑥ 이들 중 원인품은 하나일 수밖에 없기 때문에 10차례 이상 테스트를 진행함

⑦ 고전압 입력부 이하 무빙부분은 테스트 시간 180초로 연장하여 테스트 진행함

⑧ 최종적으로 모터는 문제없는 것으로 확인되었고, 가장 낮은 저항값이 표출된 A/C Compressor 문제로 판단함

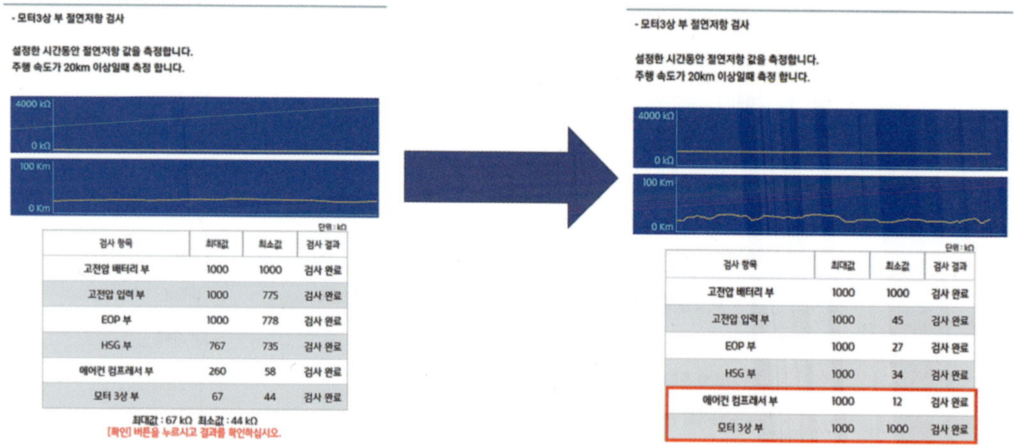

그림 부가기능

⑨ HPCU의 A/C Compressor 커넥터에서 절연 저항을 측정하였을 때, 비정상 절연값이 측정됨

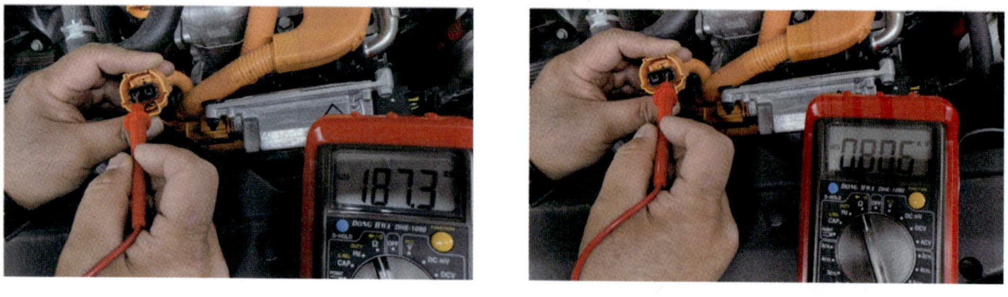

그림 절연 저항을 측정

⑩ 인버터 교체 후에도 현상이 개선되지 않아(에어컨 가동 후 저항값 깨짐.) A/C Compressor를 분해하여 맞물린 스크롤 1쌍이 간섭에 의해 파손된 것을 확인함

그림 스크롤 1쌍 파손

⑪ 메탈 칩으로 인한 냉매유 오염으로 에어컨시스템 부품을 전수 교체함

[3] 발생원인

A/C Compressor 내부 스크롤 펌프 파손으로 절연파괴 발생

[4] 조치사항

A/C Compressor 내부 파손으로 인해 냉동유가 메탈 칩에 오염되어 에어컨 부품 전수 교체함

6.4.15. NQ5 HEV(스포티지 HEV, 차량년식 : 2021년식)

[1] 고장증상

경고등 점등 및 주행 불가

[2] 점검내용

① 자기진단 시 에어컨에서 B247013 전동식 컴프레서 인터록 이상(현재)

② 회로분석 후 C107-3 커넥터 4번 핀 인터록 전원 인가 확인 시 인가 안됨

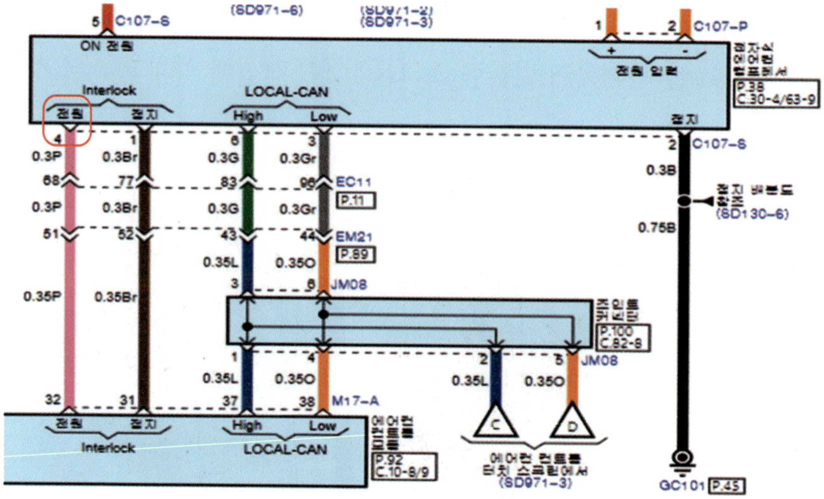

그림 전원 인가 확인

③ EC11 커넥터 68핀 전원인가 안 됨

그림 EC11 커넥터 68핀 점검

④ EM21 커넥터 51핀 전원인가 안 됨

⑤ EM21 커넥터 51핀에서 EC11 커넥터 68핀까지 배선 이상 없음 확인

그림 EM21 커넥터 51핀에서 EC11 커넥터 68핀까지 점검

⑥ 에어컨 컨트롤 모듈 교환 후 전원 인가됨

그림 전원 인가

[3] 발생원인

인터록회로 단선 예상함

[4] 조치사항

에어컨 컨트롤 모듈에서 인터록 전원이 출력 안 되므로 모듈 교환함 교환 후 전원 인가 확인

6.4.16. MQ5 HEV(쏘렌토 HEV, 차량년식 : 2021년식)

[1] 고장증상

주행 중 클러스터 경고등 점등 발생

[2] 점검내용

① 자기진단 시 P178400 Electric Oil Pump 3상 라인 고장코드 표출

그림 고장코드

② 강제구동 시킴, 강제구동 시 RPM 없음

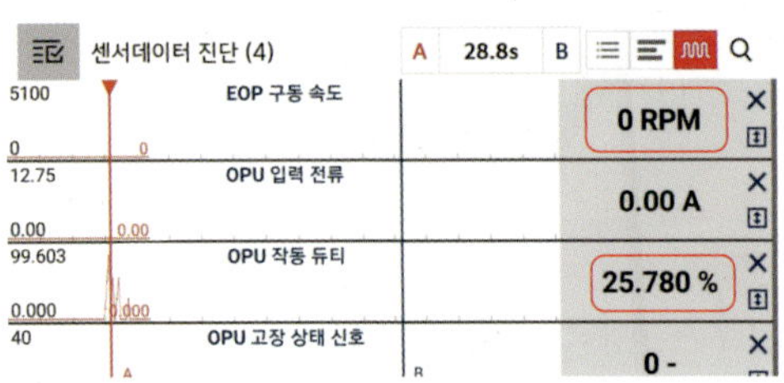

(a) 수리 전 데이터

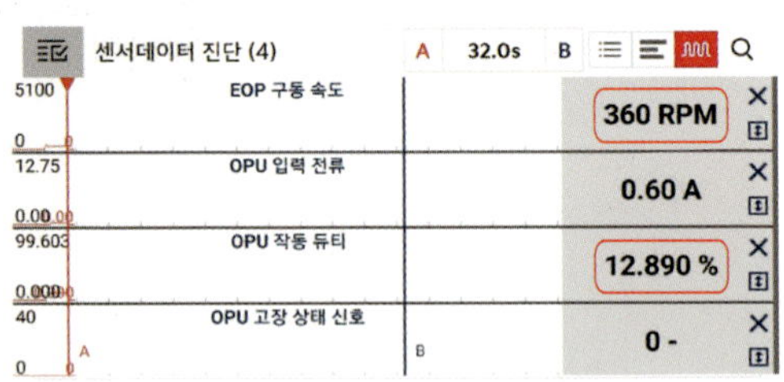

(b) 점검 완료 후 강제구동

그림 강제구동

③ EOP 펌프회로 점검

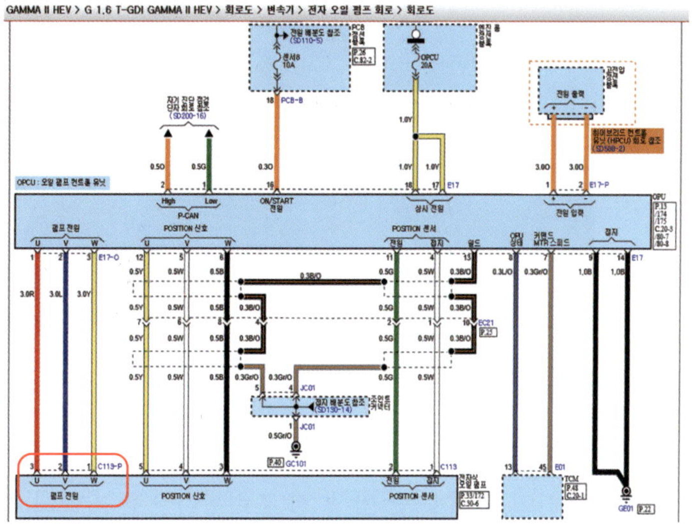

그림 EOP 펌프회로

④ 파형에는 지선 커넥터 빠짐으로 변화 없음

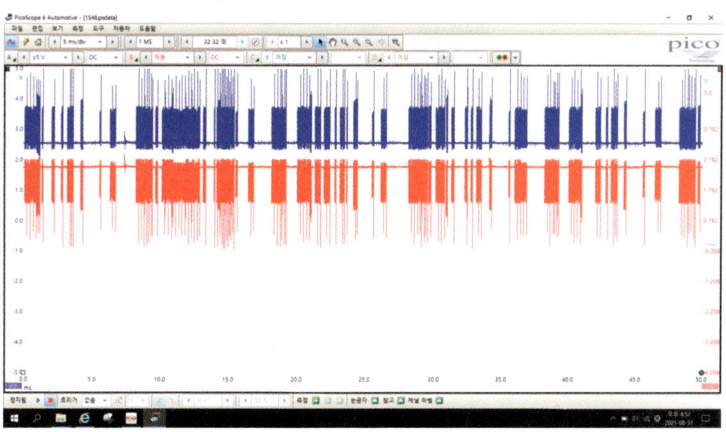

그림 파형분석

⑤ EOP 고전압 커넥터 정밀 점검 시 수분유입 흔적 발생

그림 수분 흔적

⑥ EOP 고전압 커넥터와 커버 이탈 발생 전 조립불량으로 커넥터 접촉 불량 발생 확인됨

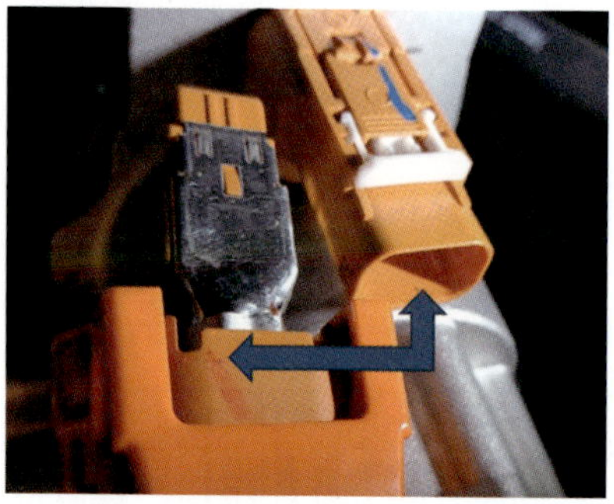

그림 커넥터와 커버 조립불량

[3] 발생원인

P178400 고장코드 EOP 구동 고전압 전류 이용 부근과 고전압 ICU간 접촉 불량 발생

[4] 조치사항

컴프레서 고전압 케이블 교환

현대자동차 코드명

07

현대자동차 코드명

07 CHAPTER

7.1 현대/기아 기존 코드명 방식

7.1.1. 쏘나타 Code Name 변화

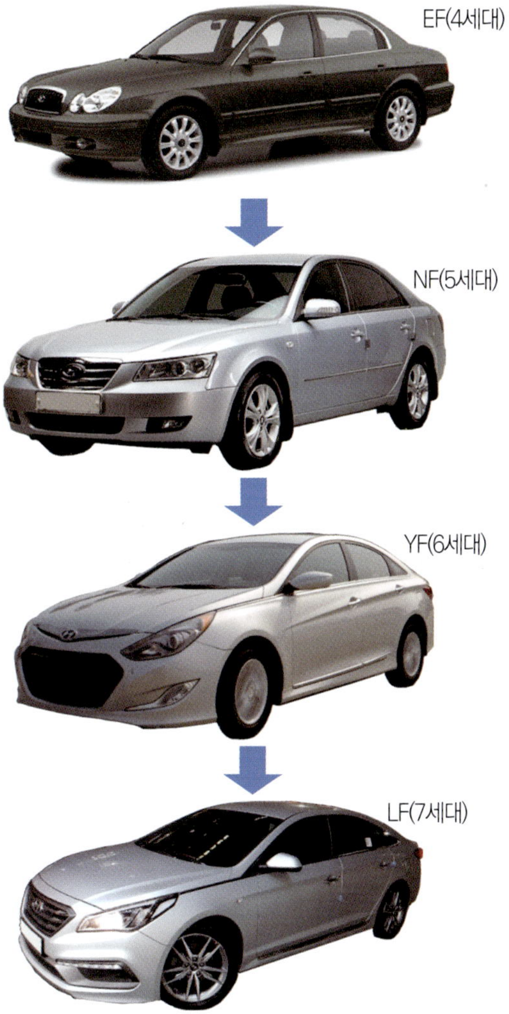

아반떼 : XD, HD, MD, AD	포르테 : TD/K3 YD, BD
쏘나타 : EF, NF, YF, LF	K5 : TF, JF
그렌저 : XG, TG, HG, IG	K7 : VG, YG

7.1.2. Segment

[1] 세그먼트(Segment classification)란?

① 자동차 업계에서 자동차를 분류하는 용어

② 유럽에서는 주로 자동차 앞범퍼에서 뒷범퍼까지의 길이를 기준으로 분류

③ 미국의 경우 용도, 사이즈 등 복합적 기준 사용

④ 우리나라는 일반적으로 배기량에 따라 경차, 소형, 중형, 대형으로 분류

[2] 유럽 세그먼트 구분

Segment	기준
A(Mini car)	3,500mm 이하
B(Small car)	3,500~3,850mm
C(Medium car)	3,850~4,300mm
D(Large car)	4,300~4,700mm
E(Executive car)	4,700~5,000mm
F(Luxury car)	5,000mm 이상

<table>
<tr><th>EU</th><th>차종</th><th>US</th></tr>
<tr><td rowspan="2">A(Mini car)</td><td>BMW 이세타</td><td>Micro car</td></tr>
<tr><td>피아트 500, 벤츠 스마트, 모닝, 스파크</td><td rowspan="2">Subcompact car</td></tr>
<tr><td>B(Small car)</td><td>포드 피에스타, 폭스바겐 폴로, 엑센트, 프라이드</td></tr>
<tr><td>C(Medium car)</td><td>A3, 포드 포커스, 혼다 시빅, 아반떼</td><td>Compact car</td></tr>
<tr><td rowspan="2">D(Largeb car)</td><td>쉐보레 말리부, 쏘나타, K5</td><td>Mid-size car</td></tr>
<tr><td>A4, BMW 3, 벤츠 C</td><td>Entry-level luxury car</td></tr>
<tr><td rowspan="2">E(Executive car)</td><td>쉐보레 임팔라, 그랜저</td><td>Full-size car</td></tr>
<tr><td>A6, BMW 5, 벤츠 E, 캐딜락 CTS, 렉서스GS, G80</td><td>Mid-size luxury car</td></tr>
<tr><td>F(Luxury car)</td><td>A8, BMW 7, 벤츠 S, 렉서스 LS, G90, K9</td><td>Full-size luxury car</td></tr>
<tr><td>S(Sports car)</td><td>포르쉐, 페라리, 람보르기니, Z4, TT</td><td>Convertible, Roadster</td></tr>
<tr><td>M(Multi purpose car)</td><td>시트로엥 C4 피카소, 포드 E350, 카니발, 스타렉스</td><td>Mini Van, Cargo Van</td></tr>
<tr><td>J(Sports utility car)</td><td>레인지로버, 포드 익스플로러, 싼타페, 쏘렌토</td><td>SUV</td></tr>
<tr><td>-</td><td>-</td><td>Pick-up Truck</td></tr>
</table>

7.1.3. 과거의 현대자동차 코드명

영문 두 자리 = 임의 알파벳 + 플랫폼 알파벳

플랫폼	차종	분류
A	JA(모닝)	경차
B	YB(프라이드), RB(엑센트)	소형차
D	AD(아반떼), BD(X3)	준중형
F	LF(쏘나타), JF(K5)	중형
G	IG(그랜저), YG(K7)	준대형
H	DH(제네시스)	대형
I	VI(에쿠스)	
L	TL(투싼), QL(스포티지)	중형 SUV
M	TM(싼타페), UM(쏘렌토)	준대형 SUV

7.2 현대/기아 변경 코드명 방식

8세대 쏘나타는 DN8이라는 프로젝트명으로 개발됐다. 참고로 3세대 쏘울 이후 세대 모델부터 현대자동차그룹 차종들의 프로젝트 코드명이 기존의 "2자리 영문"에서 "2자리 영문+1자리 숫자"로 바뀐다. 코드명의 D는 D 세그먼트 차량, N은 현대자동차 세단형 차종, 8은 8세대 모델을 의미한다.

EU	현대자동차 그룹
A(Mini car)	A 경승용
B(Small car)	B 소형
C(Medium car)	C 준중형
D(Lage car)	D 중형
E(Executive car)	G 준대형
F(Luxury car)	F 스포츠카
S(Sports car)	S 소형 SUV
M(Multi purpose car)	M 중형 SUV
J(Sports utility car)	J 고급 SUV

차급		분류	세대 숫자
승용	SUV		
A 경승용	S 소형	N 현대 승용	
B 소형	N 준중형	X 현대 SUV	
C 준중형	M 중형	L 기아 승용	
D 중형	L 대형	Q 기아 SUV	
G 준대형	J 고급	...	
U 대형		...	
R 고급			
F 스포츠카			

차급		분류	세대 숫자	
승용	SUV			
A 경승용	S 소형	N 현대 승용		**DN8** 쏘나타 Y1, Y2, Y3, EF, NF, YF, LF, "DN8"
B 소형	N 준중형	X 현대 SUV		
C 준중형	M 중형	L 기아 승용		
D 중형	L 대형	Q 기아 SUV		
G 준대형	J 고급	...		
U 대형		...		
R 고급				
F 스포츠카				

차급		분류	세대 숫자	
승용	SUV			
A 경승용	S 소형	N 현대 승용		**DL3** K5 TF, JF, "DL3"
B 소형	N 준중형	X 현대 SUV		
C 준중형	M 중형	L 기아 승용		
D 중형	L 대형	Q 기아 SUV		
G 준대형	J 고급	...		
U 대형		...		
R 고급				
F 스포츠카				

차급		분류	세대 숫자	
승용	SUV			
A 경승용	S 소형	N 현대 승용		**CN7** 아반떼 J(엘란트라), J2, XD, HD, MD, AD, "CN7"
B 소형	N 준중형	X 현대 SUV		
C 준중형	M 중형	L 기아 승용		
D 중형	L 대형	Q 기아 SUV		
G 준대형	J 고급	...		
U 대형		...		
R 고급				
F 스포츠카				

차급		분류	세대 숫자	
승용	SUV			
A 경승용	S 소형	N 현대 승용		**RG3** 제네시스 G80 BH, DH, "RG3"
B 소형	N 준중형	X 현대 SUV		
C 준중형	M 중형	L 기아 승용		
D 중형	L 대형	Q 기아 SUV		
G 준대형	J 고급	G		
U 대형		X		
R 고급		P		
F 스포츠카				

현대자동차/기아자동차 프로젝트 명(적용시기 : 2019년 이후)

세그먼트 코드(앞자리)				형식 코드(뒷자리)			
A	경형 승용	N	준중형 SUV	A	기아 MPV	N	현대 세단
B	소형 승용	O		B		O	
C	준중형 승용	P		C	현대 유럽 전략	P	기아 SUV(3)
D	중형 승용	Q	초소형 SUV	D		Q	기아 SUV
E		R		E	현대 친환경	R	현대 브라질 전략
F	스포츠카	S	소형 SUV	F		S	현대 MPV
G	준대형 승용	T	픽업 SUV	G	기아 SUV(2)	T	기아 상용
H		U	대형 승용	H	현대 동남아 전략	U	현대 중국 전략
I		V		I	현대 해치백	V	기아 친환경
J		W		J		W	
K	대형 승용	X		K	기아 박스카	X	현대 SUV
L	준대형 SUV	Y		L	기아 세단	Y	기아 인도 전략
M	중형 SUV	Z		M		Z	

세대 No		해외 코드			
1	1세대	A	미국 지역		
2	2세대	B	브라질 지역		
3	3세대	C	중국 지역		
4	4세대	E	유럽 지역		
5	5세대	I	인도 지역		
6	6세대	K	한국 지역		
7	7세대	M	멕시코 지역		
8	8세대	R	러시아 지역		
9	9세대				
10	10세대				
11	11세대			페이스 리프트	
12	12세대			PE	Product Enhancement
13	13세대				

현대자동차/기아자동차 프로젝트 명(적용시기 : 2019년 이후)

CN7 = 아반떼 신형 7세대

세그먼트 코드(앞자리)				형식 코드(뒷자리)			
A	경형 승용	N	준중형 SUV	A	기아 MPV	N	현대 세단
B	소형 승용	O		B		O	
C	준중형 승용	P		C	현대 유럽 전략	P	기아 SUV(3)
D	중형 승용	Q	초소형 SUV	D		Q	기아 SUV
E		R		E	현대 친환경	R	현대 브라질 전략
F	스포츠카	S	소형 SUV	F		S	현대 MPV
G	준대형 승용	T	픽업 SUV	G	기아 SUV(2)	T	기아 상용
H		U	대형 승용	H	현대 동남아 전략	U	현대 중국 전략
I		V		I	현대 해치백	V	기아 친환경
J		W		J		W	
K	대형 승용	X		K	기아 박스카	X	현대 SUV
L	준대형 SUV	Y	.	L	기아 세단	Y	기아 인도 전략
M	중형 SUV	Z		M		Z	

세대 No		해외 코드			
1	1세대	A	미국 지역		
2	2세대	B	브라질 지역		
3	3세대	C	중국 지역		
4	4세대	E	유럽 지역		
5	5세대	I	인도 지역		
6	6세대	K	한국 지역		
7	7세대	M	멕시코 지역		
8	8세대	R	러시아 지역		
9	9세대				
10	10세대				
11	11세대			페이스 리프트	
12	12세대			PE	Product Enhancement
13	13세대				

7.3 현대 변경 코드명

7.3.1. 아이오닉 5(중형 SUV)

세대	코드명	차종
1세대 2021~	NE(동성테크 달철)	아이오닉 5
1세대 N라인 2023~	NE-N(동성테크 달철)	아이오닉 5 N
1세대 FL 2025~	NE PE	-

7.3.2. 아이오닉 6(중형 승용차)

세대	코드명	차종
1세대 2022~	CE	아이오닉 6
1세대 FL 2024~	CE PE	-

7.3.3. 아이오닉 9(대형 SUV)

세대	코드명	차종
1세대 2024~	ME	아이오닉 9

7.3.4. 그랜저(준대형 승용차)

세대	코드명	차종
1세대 1986~	L	그랜저
2세대 1992~	LX	뉴 그랜저
3세대 1998~	XG	그랜저 XG
3세대 FL 2002~	XG PE	뉴 그래저 XG
4세대 2005~	TG	그랜저 TG
4세대 FL 2009~	TG PE	더 럭셔리 그랜저 TG
5세대 2011~ 2013~	HG HG HEV	그랜저 HG 그랜저 하이브리드

세대	코드명	차종
6세대 2016~ 2017~	IG IG HEV	그랜저 그랜저 하이브리드
6세대 FL 2019~	IG PE	그랜저
7세대 2022~	GN7 GN7 HEV	디 올 뉴 그랜저
7세대 2024~	GN7 PE	그랜저

7.3.5. 투싼(준중형 SUV)

세대	코드명	차종
1세대 2004~	JM	투싼
2세대 2009~	LM	투싼 ix
2세대 FL 2013~	LM PE	뉴 투싼 ix
3세대 2015~	TL	올 뉴 투싼
3세대 FL 2018~	TL PE	투싼
4세대 2020~	NX4(울산 이레테크)	디 올 뉴 투싼
4세대 FL 2024~	NX4 PE(울산 이레테크)	–

7.3.6. 싼타페(중형 SUV)

세대	코드명	차종
1세대 2000~	SM	싼타페
2세대 2005~	CM	싼타페
3세대 2012~	DM	싼타페
3세대 FL 2015~	DM PE	싼타페 더 프라임
4세대 2018~	TM	싼타페
4세대 FL 2020~	TM PE	더 뉴 싼타페
5세대 2023~	MX5	–

7.4 기아 변경 코드명

7.4.1. 모닝(경차)

세대	코드명	차종
1세대 1999~	MXL	비스토
1세대 2004~	SA	모닝
1세대 FL 2008~	SA PE	뉴 모닝
2세대 2011~	TA	올 뉴 모닝
2세대 FL 2015~	TA PE	더 뉴 모닝
3세대 2017~	JA	올 뉴 모닝
3세대 FL 2020~	JA PE	모닝 어반
4세대 2023~	AL4 EV	모닝(전기차)

7.4.2. 레이(경차)

세대	코드명	차종
1세대 2011~ 2013~	TAM TAM EV	레이 레이 전기차
1세대 FL 2017~	TAM PE	레이
2세대 2022~	AK2	-

7.4.3. K3(준중형 승용차, 스포츠카)

세대	코드명	차종
1세대 1992~	S	세피아
2세대 1997~	S_2	세피아
1세대 2000~	SD	스팩트라

세대	코드명	차종
1세대 2003~	LD	쎄라토
1세대 FL 2006~	LD PE	쎄라토
1세대 2008~ 2009~	TD XK TD HEV	프르테 포르테 쿠페 포르테 하이브리드
2세대 2012~ 2013~	YD YK	K3 K3 쿠페
2세대 FL 2015~	YD PE	K3
3세대 2018~	BD BD GT	K3 GT
3세대 FL 2021~	BD PE BD PE GT	더 뉴 K3 더 뉴 K3 GT
4세대 2024~	CL4	–

7.4.4. K5(중형 승용차)

세대	코드명	차종
1세대 1995~	G_CAR	크레도스
1세대 FL 1998~	G_II	크레도스 2
1세대 2000~	MS	옵티마
1세대 FL 2002~	MS PE	리갈

세대	코드명	차종
1세대 2005~	MG	로체
1세대 1차 FL 2007~ 1세대 2차 FL 2008~	MG PE MG PE_2	로체 어드밴스 로체 이노베이션
1세대 2010~ 2011~	TE TE HEV	K5 K5 하이브리드
1세대 FL 2013~	TE PE	더 뉴 K5
2세대 2015~ 2016~	JE JE HEV JE PHEV	K5 K5 하이브리드 K5 플러그인 하이브리드
2세대 FL 2018~	JE PE JE PE HEV	더 뉴 K5 더 뉴 K5 하이브리드
3세대 2019~	DL3	K5
3세대 FL 2023~	DL3 PE	–

7.4.5. K8(준대형 승용차)

세대	코드명	차종
1세대 2009~	VG	K7
1세대 FL 2012~ 2013~	VG PE VG PE HEV	더 뉴 K7 K7 하이브리드

세대	코드명	차종
2세대 2016~	YG YG HEV	올 뉴 K7 올 뉴 K7 하이브리드
2세대 FL 2019~	YG PE	K7 프리미어
3세대 2021~	GL3	K8

7.4.6. K9(준대형 럭셔리 → 대형 승용차)

세대	코드명	차종
1세대 1997~	T3	엔터프라이즈
1세대 2003~	GH	오피러스
1세대 1차 FL 2006~ 1세대 2차 FL 2009~	GH PE GH PE_2	뉴 오피러스 오피러스 프리미엄
1세대 2012~	KH	K9
1세대 FL 2014~	KH PE	더 뉴 K9
2세대 2018~	RJ	더 K9
2세대 FL 2021~	RJ PE	더 뉴 K9
3세대 2024~	UL3	–

현재의 코드명은 (차급)+(차종)+(세대)로 통일되었다.

차급	차종	세대
경차 : A	현대 경차 : H, I	1
소형 : B	현대 세단 : N	2
준중형 : C	현대 해치백 : C	3
중형 : D	현대 SUV : X, U	4
전기차 : E	현대 MPV : S	5
쓰포츠 모델 : F	기아 세단 : L	6
준대형 : G	기아 SUV : Q, P	7
초소형 SUV : Q	기아 CUV : K	8
소형 SUV : S	기아 MPV : A	9
준중형 SUV : N		
중형 SUV : M		
대형 SUV : L		
픽업 트럭 : T		
소형 상용 : U		
MPV : K		

분류	차종	세대
세당 : R	준대형 세단 : G	1
SUV : J	대형 세단 : S	2
	중형 SUV : K	3
	준대형 SUV : X	4

부록
약어리스트 및 용어정리

08

부록
약어리스트 및 용어정리

08
CHAPTER

8.1 약어 리스트

No	약어	FULL NAME	비고
1	A2B	Automotive Audio Bus	ccIC – AMP 음성 신호 전송
2	AA	Android Auto	안드로이드 오토
3	AAF	Active Air Flap	액티브 에어 플랩
4	ACF	Active Clamp Forward	액티브 클램프 포워드
5	ACU	Air Bag Control Unit	SRSCM, 에어백 시스템 제어기
6	ADAS	Advanced Driver Assistance Systems	첨단 운전자 지원 시스템
7	ADAS_DRV	ADAS Driving ECU	ADAS 주행 ECU
8	ADAS _PRK	ADAS Parking ECU	ADAS 주차 ECU
9	ADM	Accessory Delay Mode	시동 후 AVN 작동 유지 기능
10	ADM	Assitant Door Module	보조 도어 모듈
11	ADS	Auto Defog Sensor	자동 디포그 센서
12	AFCU	Auto Flush-handle Control Unit	자동 플러시 핸들 제어 장치
13	AGM	Absorbent Glass Material	AGM 배터리
14	ALR	Automatic Locking Retractor	자동 잠금식 수축 장치
15	AMP	External Amplifier	외장앰프
16	APSM	Assistant Power Seat Module	보조 전원 시트 모듈
17	APSS	Assistant Power Seat Switch	보조 전원 시트 스위치

No	약어	FULL NAME	비고
18	APSU	Assistant Power Seat Unit	보조 전원 시트 유닛
19	AR	Augmented Reality	증강현실
20	ARD	Automatic Road-surface Decision	자동 도로 표면 결정
21	ATC	Active Transfer Case	활성 전송 케이스
22	ATCU	Auto Temperature Control Unit	공조 제어기
23	AVH	Auto vehicle hold	자동차 홀드
24	AVN	Audio Video Navigation	오디오 비디오 내비게이션
25	AWB	Auto White Balance	자동 화이트 밸런스
26	AWD	All Wheel Drive	4륜 구동
27	BBS	Battery Backup Siren	배터리 백업 사이렌
28	BCW	Blind-Spot Collision Warning	사각지대 충돌 경고
29	BDC	Body Domain Controller	바디 도메인 컨트롤러
30	BDC	Brake Disk Cleaning	브레이크 디스크 세척
31	BEV	Battery Electric Vehicle	배터리 전기 자동차
32	BFE	Brake Factor Estimation	브레이크 계수 추정
33	BJD	Brake Judder Detection	브레이크 떨림 감지
34	BLDC	Brush Less Ditect Current	브러시리스 디텍트 전류
35	BLE	Bluetooth Low Energy	블루투스 저에너지
36	C_RADAR FL	Corner RADAR Front Left	코너 레이더 앞 좌측
37	C_RADAR FR	Corner RADAR Front Right	코너 레이더 앞 우측
38	C_RADAR RL	Corner RADAR Rear Left	코너 레이더 뒤 좌측
39	C_RADAR RR	Corner RADAR Rear Right	코너 레이더 뒤 우측
40	CBC	Cornering brake control	선회 제동 제어
41	ccIC	Connected Car Integrated Cockpit	커넥티드 카 통합 콕핏
42	ccNC	Connected Car Navigation Cockpit	커넥티드 카 내비게이션 콕핏
43	ccNF	Connected Car Network Framework	커넥티드 카 네트워크 프레임워크
44	CCP	Central Control Panel	AVN 콘솔 키보드
45	ccRC	Connected Car Rear Cockpit	후석 모니터
46	CCSP	Connected Car Service Platform	커넥티드 카 서비스 플랫폼
47	CCSP	Climate Control Switch Panel	전방 공조 스위치 패널(JX1)
48	CCU	Central Communication Unit	중앙 통신 장치
49	CCW	Cargo Collision Warning	카고 후상단 초음파 센서
50	CDC	Continuous Damping Control	연속 댐핑 제어
51	CDCU	Chassis Domain Control Unit	섀시 도메인 제어 장치
52	CEW	Close End Winding	클로즈 엔드 와인딩

No	약어	FULL NAME	비고
53	CIM	Center Fascia Interface Module	센터 패시아 인터페이스 모듈
54	CMS	Camera Monitor System	카메라 모니터 시스템
55	CP	Car Play	카 플레이
56	CP	Control Pilot	컨트롤 파일럿
57	CRS	Child Restraint System	카시트
58	CSC	CrossWind Stability Control	횡풍 안정 제어
59	CVVT	Continuously variable valve timing	연속 가변 밸브 타이밍
60	DAS	Disconnect Actuator System	분리 액추에이터 시스템
61	DATC	Dual Automatic Temperature Control	이중 자동 온도 제어
62	DAU	Door Area power control Unit	도어 영역 전원 제어 장치
63	DBC	Downhill brake control	내리막 제동 제어
64	DCM	Digital Center Mirror	디지털 센터 미러
65	DCU	Dosing Control Unit	투약 제어 장치
66	DCU	Data Connectivity Unit	데이터 연결 장치
67	DDM	Driver Door Module	운전석 도어 모듈
68	DIH	Drum In Hat	햇 드럼
69	DLBCU	Drive Lumber Bolster Cushion Unit	드라이브 럼버 볼스터 쿠션 장치
70	DMIC	Drive Mode Integrated Control	드라이브 모드 통합 제어
71	DPB	Dynamic parking brake	동적 주차 브레이크
72	DPF	Diesel Particulate Filter	디젤 매연 저감 필터
73	DPSM	Driver Power Seat Module	운전석 파워 시트 모듈
74	DPSS	Driver Power Seat Switch	운전석 파워 시트 스위치
75	DSI	Distributed System Interface	분산 시스템 인터페이스
76	DSM	Digital Side Mirror	디지털 사이드 미러
77	DSW	Drive State Warning	주행 상태 경고
78	DTCH	Dynamic Torque Control for Handling	핸들링을 위한 동적 토크 제어
79	DTE	Distance To Empty	빈 거리
80	DVRS	Drive Video Record System	주행 비디오 녹화 시스템
81	DWL	Dynamic Welcome Lighting	동적 웰컴 조명
82	E-call	Emergency call	비상 전화
83	ECS	Electronic control Suspension	전자 제어 서스펜션
84	ECW	Electronic Control Wiper	전자 제어 와이퍼
85	eDTVC	electronic Dynamic Torque Vectoring Control	전자 동적 토크 벡터링 제어
86	EGR	Exhaust Gas Recirculation	배기 가스 재순환

No	약어	FULL NAME	비고
87	EHB	Electronic hydraulic brake	전자식 유압 브레이크
88	EMCU	Engine Mounting Control Unit	엔진 장착 제어 장치
89	EMS	Engine Management System	엔진 관리 시스템
90	EOP	Electric Oil Pump	전기 오일 펌프
91	EPB	Electronic Parking Brake	전자 주차 브레이크
92	ESC	Electronic Stability Control	전자 안정성 제어
93	ESS	Emergency stop signal	급제동 후방 알림 기능
94	ESU	Ethernet Switch Unit	이더넷 스위치 유닛
95	ETCS	Electronic Toll Collection System	전자 통행료 징수 시스템
96	eVMC	electronic Vehicle Motion Control	전자 차량 모션 제어
97	EVSE	Electric Vehicle Supply Equipment	전기 차량 공급 장비
98	EWGA	Electric Waste Gate Actuator	전기 웨이스트 게이트 액추에이터
99	EWP	Electric Water Pump	전기 워터 펌프
100	FATC	Full Auto Temperature Control	전자동 온도 제어
101	FCS	Front Console System	프런트 콘솔 시스템
102	FGR	Final Gear Ratio	최종 기어비
103	FMS	Fleet Management System	차량 관제 시스템
104	FOB	Frequency Operated Button	스마트키
105	FOD	Function On Demand	OTA
106	FPM	Finger Print Module	지문인증모듈
107	FR_C_RDR	Front Corner Radar	프론트 코너 레이더
108	FR_CMR	Front Camera	프론트 카메라
109	FR_RDR	Front Radar	프론트 레이더
110	FRU	Face Recognition Unit	얼굴 인식 장치
111	GA	Ground Assembly	고전압무선충전
112	GCS	Genesis Connected Service	제네시스 커넥티드 서비스
113	GMSL	Gigabit Multimedia Serial Link	기가비트 멀티미디어 직렬 링크
114	HAC	Hill start assistant control	경사로 밀림 방지
115	HMSL	High Mount Stop Lamp	하이 마운트 스톱 램프
116	HOD	Hands Off Detection	핸즈오프 감지
117	HUD	Head Up Display	헤드업 디스플레이
118	HVAC	Heating Ventilating Air Conditioning	난방 환기 에어컨
119	IAU	Identity Authentication Unit	디지털키시스템 인증제어기
120	IBU	Integrated Body control Unit	통합 차체 제어 장치
121	ICC	In Cabin Camera	캐빈 카메라

No	약어	FULL NAME	비고
122	ICCB	In-Cable Control Box	케이블 내 제어 상자
123	ICCU	Integrated Charging Control Unit	통합 충전 제어 장치
124	ICE	Internal Conbustion Engine	내연 기관
125	ICSC	Integrated chassis & safety control	통합 섀시 안전 제어
126	ICU	Integrated Central control Unit	통합 중앙 제어 장치
127	IEB	Integrated Electronic Brake	통합 전자 브레이크
128	IFS LH	Intelligent Front-lighting System, Left	지능형 전조등 시스템, 좌측
129	IFS_ RH	Intelligent Front-lighting System, Right	지능형 전조등 시스템, 우측
130	IGBT	Insulated gate bipolar transistor	절연 게이트 바이폴라 트랜지스터
131	IGPM	Integrated Gateway Power Control Module	통합 게이트웨이 전원 제어 모듈
132	ILCU	Integrated LED Control Unit	헤드램프 제어기
133	IMS	Integrated Memory System	통합 메모리 시스템
134	IoT	Internet of Things	사물인터넷
135	IPM	Interior Permanent Magnet	매입 자석형
136	ITM	Integrated Thermal-management Mod-ule	통합 열 관리 모듈
137	IVI	Intergrated Vehicle Information	PBV용 AVN
138	IVM	Integrated Valve-train Module	통합 밸브 트레인 모듈
139	LCV	Light Commercial Vehicle	글로벌 소형 상용차
140	LDC	Low DC-DC Converter	저속 DC-DC 컨버터
141	LDM	LED Driver Module	LED 드라이버 모듈
142	LKA	Lane Keeping Assist	차선 유지 보조
143	LNT	Lean NOx Trap	질소산화물 저감 촉매
144	LSD	Limited Slip Differential	제한 슬립 차동 장치
145	LVDS	Low Voltage Differential Signaling	저전압 차동 신호
146	MCB	Multi-Collision Brake	다중 충돌 방지 시스템
147	MCU	Motor Control unit	모터 제어 장치
148	MDPS	Motor Driven Power Steering	모터 구동 파워 스티어링
149	MFSW	Multi-Function Switch	다기능 스위치
150	MLM	Mood Lamp Master	무드 램프 마스터
151	MOC	Motor On Caliper	캘리퍼에 모터
152	MOD	Motor On DIH	DIH에 모터
153	NCAP	New Car Assessment Program	신차 평가 프로그램
154	NFC	Near Field Communication	근거리 무선 통신
155	NIR	Near Infrared Ray	근적외선

No	약어	FULL NAME	비고
156	NM	Network Management	네트워크 관리
157	NTC	Negative Temperature Coefficient heater	음성 온도 계수 히터
158	OBC	On Board Charger	온보드 충전기
159	OCPP	Open Charge Point Protocol	충전스테이션 산업표준
160	ODS	Occupant Detection Sensor	조수석 승객 감지 센서
161	OEW	Open End Winding	오픈 엔드 와인딩
162	OHCL	Over Head Console Lamp	오버 헤드 콘솔 램프
163	OTA	Over The Air update	오버 더 에어 업데이트
164	OTT	Over The Top	오버 더 탑
165	PBV	Purpose Built Vehicle	특수 차량
166	PCD	PBV Connectibty Device	PBV 연결 장치
167	PCM	Powerline Communication Module	전력선 통신 모듈
168	PCM	Photo Catalyst Module	공조, 광촉매 모듈
169	PCV	Positive Crankcase Ventilation	긍정적 크랭크 케이스 환기
170	PD	Proximity Detection	충전커넥터 연결 감지 회로
171	PD	Power Delivery	USB-C 타입 단자 구성
172	PDC	Powernet Domain Controller	Powernet 도메인 컨트롤러
173	PE	Power Electric	Power Electric
174	PFC	Power Factor Correction	역률 보정
175	PFSU	Power Folding Seat Unit	전동 접이식 시트 유닛
176	P-LBM	Parking Lithium Battery Module	주차 리튬 배터리 모듈
177	PLC	Power Line Communication	전력선 통신
178	PnC	Plug and Charge	플러그 앤 충전
179	PnP	Plug & Play	카고 플러그 앤 플레이
180	POI	Point Of Interest	관심 지점
181	PRA	Power Relay Assembly	전원 릴레이 어셈블리
182	PRV	Pressure Regulation Valve	압력 조절 밸브
183	PSB	Pre-Safe Seat Belt	사전 안전 시트 벨트
184	PSD	Power Sliding Door	전원 슬라이딩 도어
185	PSFB	Phase Shift Full Bridge	위상 이동 풀 브리지
186	PSM_RR	Power Seat Module_Rear	전원 시트 모듈_후면
187	PTC	Positive Temperature Coefficient heater	양의 온도 계수 히터
188	PTGM	Power Tail Gate Module	전원 테일 게이트 모듈
189	PTL	Power Trunk Lid	전원 트렁크 리드
190	PWM	Pulse Width Modulation	펄스 폭 변조

No	약어	FULL NAME	비고
191	QcN	Quick Charge Negative	빠른 충전 음극
192	QcP	Quick Charge Positive	빠른 충전 양극
193	RAD	Relay Attack Defense	중계 공격 방어. 디지털키 2.0
194	RANC	Road-noise Active Noise Control	도로 소음 능동 소음 제어
195	RCM	Roof Control Module	지붕 제어 모듈
196	RCU	Retractable Handle Control Unit	수납식 핸들 제어 장치
197	RCV	Recirculation Control Valve	재순환 제어 밸브
198	REV	Range-extended Electric Vehicle	항속거리 연장 전기차
199	RGW	Redundant GateWay	PBV 특장 제어기
200	RLHVU	Rear Left Heater Ventilation (Control) Unit	후방 좌측 히터 환기(제어) 장치
201	RLPSM	Rear Left Power Seat Module	뒷좌석 파워 시트 모듈
202	RLPSU	Rear Left Power Seat Unit	뒷좌석 파워 시트 유닛
203	ROA	Rear Occupant Alert	후석승객 감지 시스템
204	ROM	Read Only Memory	읽기 전용 메모리
205	RR_C_RDR	Rear Corner Radar	후방 코너 레이더
206	RRC	Rear Remote Control	후방 리모컨
207	RRHVU	Rear Right Heater Ventilation (Control) Unit	후방 오른쪽 히터 환기(제어) 장치
208	R-ROM	Rollback ROM	롤백 ROM
209	RRPSM	Rear Right Power Seat Module	후방 오른쪽 파워 시트 모듈
210	RRPSU	Rear Right Power Seat Unit	후방 오른쪽 파워 시트 장치
211	RSC	Roll stability control	전복방지
212	RSE	Road Slope Estimation	도로 경사 추정
213	RTC	Real Time Clock	실시간 시계
214	RWPC	Rear Wireless Power Charger	후방 무선 전원 충전기
215	RWS	Rear Wheel Steer	후방 휠 조향
216	SAS	Steering Angle Sensor	조향 각도 센서
217	SBC	Shift By Cable	케이블로 변속
218	SBW_LVR	Shift-By-Wire_Lever	와이어 레버로 변속
219	SCM	Steering Column Module	STEERING TILT TELE 제어기
220	SCR	Selective Catalytic Reduction	선택적 환원 촉매
221	SCU	Shift-By-Wire Control Unit	Shift-By-Wire 제어 장치
222	SDC	Solar DCDC Converter	태양광 DCDC 컨버터
223	SDC LV	Solar DCDC Converter Low Voltage	태양광 DCDC 컨버터 저전압
224	SDR	Smart Drive Ready	스마트 드라이브 준비

No	약어	FULL NAME	비고
225	SEA	Safe Exit Assist	안전 하차 지원
226	SGR	Shaft Ground Ring	구동모터 접지
227	SHU FR	Seat Heater Unit_ Front	시트 히터 장치_ 앞
228	SHU_FR	Seat Heater Unit_Rear	시트 히터 장치_ 뒤
229	SHVU FR	Seat Heater Ventilation (Control) Unit_ Front	시트 히터 환기(제어) 장치_ 앞
230	SHVU_RR	Seat Heater Ventilation (Control) Unit_ Rear	시트 히터 환기(제어) 장치_ 뒤
231	SIU_FL	Seat Integrated (Control) Unit FL	시트 통합(제어) 장치 FL
232	SIU_FR	Seat Integrated (Control) Unit FR	시트 통합(제어) 장치 FR
233	SLB	Seat Lumbar Bolster	시트 요추 지지대
234	SLS	Straight Line Stability	직선 안정성
235	SMPS	Switching Mode Power Supply	스위칭 모드 전원 공급
236	SMRD	Single Mass Rubber Damper	단일 질량 고무 댐퍼
237	SOC	State Of Charge	충전 상태
238	SOH	State Of Health	건강 상태
239	SPDIF	Sony Philips Digital Interface Format	소니 필립스 디지털 인터페이스 형식
240	SPM	Surface Permanent Magnet	표면 자석형
241	SRC	Steering Roll Connector	스티어링 롤 커넥터
242	SRSCM	Supplemental Restraint System	보조 제지 시스템
243	SST	Service Special tool	서비스 특수 도구
244	SVM	Surround View Monitor	서라운드 뷰 모니터
245	SWA	Smart Walk Away close	스마트 워크 어웨이 닫기
246	SWRC	Steering Wheel Remote Controller	스티어링 휠 리모컨
247	TBC/TVBB	Torque Vectoring Based Brake	선회 시 브레이크 제어
248	TBT	Turn By Turn	턴 바이 턴
249	TCU	Transmission Control Unit	변속기 제어 장치
250	TFT	Thin Film Transistor	박막 트랜지스터
251	TMS	Telematics	텔레매틱스
252	TSA	Trailer Stability Assist	트레일러 안정성 보조
253	TTC	Time To Collision	충돌 시간
254	UCC	Underfloor Catalytic Converter	바닥 촉매 변환기
255	UIP	Ultrasonic Intrusion Protection	초음파 침입 보호
256	U-ROM	Update ROM	ROM 업데이트
257	USM	User Setting Mode	사용자 설정 모드
258	UTC	Universal Time Coordinated	범용 시간 조정

No	약어	FULL NAME	비고
259	UTP	Unshielded Twisted Pair	비차폐 꼬인 쌍
260	UV-C	Ultraviolet -C	자외선-C
261	UWD	Ultra Wide Band	초광대역
262	V2G	Vehicle to Grid	차량 대 그리드
263	V2L	Vehicle To Load	차량 대 적재
264	V2X	Vehicle To Everything	차량 대 모든 것
265	VA	Vehicle Assembly	차량 조립
266	VCMS	Vehicle Charging Management System	차량 충전 관리 시스템
267	VCU	Vehicle Control Unit	차량 제어 장치
268	VDC	Vehicle Dynamic Control	차량 동적 제어
269	VESS	Virtual Engine Sound System	가상 엔진 사운드 시스템
270	VGR	Various Gear Ratio	다양한 기어비
271	VPC	Vehicle Platform Controller	VCU와 CDCU 통합
272	VSM	Vehicle stability management	샤시 통합 제어
273	WCC	Warm-up Catalytic Converter	예열 촉매 변환기
274	WCCU	Wireless Charging Converter Unit	고전압 무선충전
275	WE센서	Wheel Electronic 센서(TPMS)	휠 전자
276	WPC	Wireless Power Charger	무선충전기
277	WRLS	Wireless Communication	무선통신

8.2 NEXO 약어 정리

약어	영문 명
ACP	Air Compressor
ACU	Air-bag Control Unit
ACV	Air Cut-Off Valve
AES	Air Exhaust Silencer
AHF	Air Humidifier
AIF	Air Intake Filter
AIS	Air Intake Silencer
APC	Air Pressure Control Valve
APS	Air Processing System

약어	영문 명
BMS	Battery Management System
BPCU	Blower Pump Control Unit
BVM	Blind View Monitoring
CGW	Central Gateway Module
CHT	Coolant Heater
CIF	Coolant Ion Filter
CLU	Cluster Module
COD	Cathode Oxygen Depletion
CPP	Coolant PE Pump

약어	영문 명
ASPAS	Advanced Smart Parking Assist System
AVM	Around View Monitor
AVN	Audio Video Navigation
BAU	Brake actuation Unit
BCF	Battery Cooling Fan
BCW	Blind Spot Collision Warning
BHDC	Bi-Directional High Voltage DC-DC Converter
BMS	Battery Management System
FEJ	Fuel Ejector
FPD	Fuel Pump Driver
FPS	Fuel Processing System
GDL	Gas Diffusion Layer
HBA	High Beam Assist
HDA	Highway Driving Assist
HIE	Hydrogen Infra -Red Emitter
HMU	Hydrogen Storage System Manage-ment Unit
HPR	Hydrogen High Pressure Regulator
HPU	Hydraulic Power Unit
HRV	Hydrogen High Pressure Relief Valve
HSCU	hydrogen storage System Contro-lUnit
IBU	Integrated Body Control Unit
ICU	Integrated Central Control Unit
IEB	Integrated Electronic Booster
LKA	Lane Keeping Assist
LVR	shift Lever(PRND position)
CSP	Coolant Stack Pump
CTV	Coolant Temperature Control Valve
DATC	Dual Automatic Temperature Control
DAW	Driver Attention Warning
FCA	Forward Collision Avoidance Warning
FCS	Fuelcell Stack
FCU	Fuel Cell Control Unit
FDV	Fuel Line Drain Valve
MCU	Motor Control Unit
MEA	Membrane Electrode Assembly
NSCC- Z	Navigation base Smart Cruise · Zone
ODS	Occupant Detection Sensor
PFC	Powertrain Fuel Cell
PRV	Pressure Relief Valve
PTC	Positive Temperature Coefficient
PTG	Power Tail Gate
RCU	Retractable Handle Control Unit
RSPA	Remote Smart Parking Assist
SCCw/S & G	Smart Cruise Control With Stop & Go
SCU	Shift by wire Control Unit
SVM	Stack Voltage Monitor
SVM	Surround View Monitor →AVM의신규 명칭
TMS	Thermal Management System
VDC	Vehicle Dynamin Control
WAL	Wake Away Lock

제어기 명	약어	영문 명	한글 명
FCU	CT20	Coolant Temperature Sensor Stack Outlet	스택 냉각수 출구 단 온도센서
	CT10	Coolant Temperature Sensor Stack Inlet	스택 냉각수 입구 단 온도센서
	CT30	Coolant Temperature Sensor COD Heater	COD 히터 냉각수 온도센서
	FP10	Fuel Pressure Sensor	연료압력센서
	FP11	Fuel Pressure Sensor	연료압력센서
	AT20	Air Temperature Sensor Stack Outlet	스택 출구 단 공기온도센서
	AT10	Air Temperature Sensor Stack Inlet	스택 입구 단 공기온도센서
	HS04	Hydrogen Detection Sensor-Stack	스택측 수소 감지센서
	HS03	Hydrogen Detection Sensor-FPS	FPS측 수소 감지센서
	FBV	Fuel Block Valve	수소 차단 밸브
	FSV	Fuel Supply Valve	수소 공급 밸브
	FDV	Fuel Line Drain Valve	연료라인 배수 밸브
		Fuel Line Drain Valve Heater	연료라인 배수 밸브 히터
		Fuel Line Drain Valve Position Sensor	연료라인 배수 밸브 위치센서
	FPV	Fuel Line Purge Valve	연료라인 퍼지 밸브
		Fuel Line Purge Valve Heater	연료라인 퍼지 밸브
		Fuel Line Purge Valve Position Sensor	연료라인 퍼지 밸브 위치센서
	FL20	Fuel Line Level Sensor	연료라인 수위센서
	CTV	Coolant Temperature Control Valve	온도제어 밸브 (전자써모스탯)
	CBV	Coolant Bypass Valve	유량제어 밸브
	CPP	Coolant PE Pump	전장 냉각 펌프
	CSP	Coolant Stack Pump	스택 냉각 펌프
	ACV	Air Cut-Off Valve	공기 차단 밸브
	APC	Air Pressure Control Valve	공기압력 조절 밸브
HMU	HS02	Hydrogen Detection Sensor-HSS	수소저장시스템수소 감지센서
	HTS01	Hydrogen Tank Solenoid-Front	수소탱크밸브-전방
		Hydrogen Tank Temperature-Front	수소탱크밸브-전방
	HTS02	Hydrogen Tank Solenoid-Mid	수소탱크밸브-중앙
		Hydrogen Tank Temperature-Mid	수소탱크밸브-중앙
	HTS03	Hydrogen Tank Solenoid-Rear	수소탱크밸브-후방
		Hydrogen Tank Temperature-Rear	수소탱크밸브-후방
	HPS	High Pressure Sensor	고압센서
	MPS	Mid Pressure Sensor	중압센서
	HIE	Hydrogen IR Emitter	적외선 에미터
	FDS	Fuel Door Sensor	연료도어센서
	FFS	Fuel Filler Switch	연료도어 스위치

8.3 용어정리

용어	영문 표기	국문표기
HEV	Hybrid Electric Vehicle	하이브리드 자동차
PRA	Power Relay Assembly	파워 릴레이 어셈블리
BMS	Battery Management System	배터리 제어 시스템
HPCU	Hybrid Power Control Unit	하이브리드 전력 제어 장치
MCU	Motor Control Unit	모터 제어기
LDC	Low Voltage DC-DC Converter	저전압 DC-DC 변환기
HSG	Hybrid Starter Generator	하이브리드 시동 발전기
SOC	State Of Charge	충전 상태
TCU	Transmission Control Unit	자동변속기 제어기
EWP	Electric Water Pump	전동식 워터 펌프
EV	Electric Vehicle	전기자동차
EPCU	electronic power control unit	전력 제어 장치
OBC	On Board Charger	완속 충전 시 교류(AC)를 직류(DC)로 변환하는 장치
VCU	Vehicle Control Unit	차량 제어 장치
DC-DC	DC/DC Converter	DC-DC 변환기
DC	Direct Current	직류
AC	Alternatin Current	교류
컨버터	Converter	교류를 직류로 바꾸는 장치
커패시트	Capacitor	전기를 모으고, 방출하기 위해 사용하는 부품
인버터	Inverter	DC→AC 전력변환 장치이며 전기에너지를 조절함으로써 모터의 회전속도와 토크를 제어하는 장치로 MCU라고 한다
SBW	Shift By Wire	변속레버 없이 변속버튼으로 변속하는 제어 시스템
SCU	Sbw Control Unit	변속의 편의성을 위해 자동으로 변속을 해주는 시스템
BMU	Battery Management Unit	배터리 제어 시스템
CMU	Cell Monitoring Unit	셀 모니터링 시스템
인터락	Interlock	고전압 시스템을 보호해주는 장치
페일세이프	Fail Safe	전장부품 고장이 배터리로 확산되는 것을 방지해주는 장치
VPD	Voltage Protection Device	과전압 방지 장치
TEMD	Transmission Mounted Electric Device	모터와 엔진 사이에 클러치가 장착되며, 클러치 제어를 통해 모터로만 주행하는 ev모드가 가능한 파워트레인

용어	영문 표기	국문표기
FEMD	Flywheel Mounted Electric Device	변속기와 모터 사이에 클러치 제어를 통해 동력이 전달되며, 모터는 엔진의 보조용으로 사용되는 파워트레인
AHB	Active Hydraulic Booster	회생제동 제어 장치
AAF	Active Air Flap	지능형 공기유동 제어기
DTC	Diagnostic Trouble Code	고장코드
HV	High Voltage	고전압
셀	Cell	양극, 음극, 분리막, 전해액을 사각형의 알루미늄 케이스에 넣어 만든 배터리의 가장 작은 단위
모듈	Module	셀을 일정한 개수로 묶어 프레임에 넣은 배터리 조립체
팩	Pack	배터리 모듈에 BMS, 냉각시스템 등 각종 제어 및 보호 시스템을 장착한 것
리듐 폴리머 배터리	li-ion polymer	폴리머 형태의 전해질을 사용하는 리튬이온 배터리의 일종
PE	Power Electric	모터, 인버터, 감속기 등 내연기관내 엔진의 역할을 하는 부품들의 집합체
NMC	니켈-코발트-망간	니켈, 코발트, 망간으로 이루어진 배터리 양극재 종류
LMO	리튬-망간-산화물	리튬, 망간, 산화물로 이루어진 배터리 양극재 종류
KOMBI	콤비	BMW 계기판
EKK	EKK	에어컨 전동기
IHKA	IHKA	BMW 에어컨 모듈
EME	Electrical Machine Electronics	전기 전동기
EDME	Electrical Digital Motor Electronics	모터 제어기
EXV	Electrically Controlled Expansion Valve	BMW 팽창 밸브
ACSM	Advanved Crash Safety Module	충돌 감지 장치
PTC	Positive Temperature Coefficient Heater	세라믹 전도체를 응용한 보조적 수단의 히터
EDME	Electrical Digital Motor Electronics	BMW 전기차의 모터를 제어해 주는 모듈
BDC	Brake Disk Cleaning	브레이크 디스크 클리닝 기능
ESC	Electronic Stability Control	차체자세제어 장치
DTE	Distance To Empty	남은 배터리로 갈 수 있는 거리
HEV	Hybrid Electric Vehicle	하이브리드 자동차
PRA	Power Relay Assembly	파워 릴레이 어셈블리
BMS	Battery Management System	배터리 제어 시스템
HPCU	Hybrid Power Control Unit	하이브리드 전력 제어 장치

용어	영문 표기	국문표기
MCU	Motor Control Unit	모터 제어기
LDC	Low Voltage DC-DC Converter	저전압 DC-DC 변환기
HSG	Hybrid Starter Generator	하이브리드 시동 발전기
SOC	State Of Charge	충전 상태
TCU	Transmission Control Unit	자동변속기 제어기
EWP	Electric Water Pump	전동식 워터 펌프
EV	Electric Vehicle	전기자동차
EPCU	electronic power control unit	전력 제어 장치
OBC	On Board Charger	완속 충전시 교류(AC)를 직류(DC)로 변환하는 장치
VCU	Vehicle Control Unit	차량 제어 장치
DC-DC	DC/DC Converter	DC-DC 변환기
DC	Direct Current	직류
AC	Alternatin Current	교류
컨버터	Converter	교류를 직류로 바꾸는 장치
커패시트	Capacitor	전기를 모으고, 방출하기 위해 사용하는 부품
인버터	Inverter	DC→AC 전력변환 장치이며 전기에너지를 조절함으로써 모터의 회전속도와 토크를 제어하는 장치로 MCU라고 한다.
SBW	Shift By Wire	변속레버 없이 변속 버튼으로 변속하는 제어 시스템
SCU	Sbw Control Unit	변속의 편의성을 위해 자동으로 변속을 해주는 시스템
BMU	Battery Management Unit	배터리 제어 시스템
CMU	Cell Monitoring Unit	셀 모니터링 시스템
인터락	Interlock	고전압 시스템을 보호해주는 장치
페일세이프	Fail Safe	전장부품 고장이 배터리로 확산되는 것을 방지해주는 장치
VPD	Voltage Protection Device	과전압 방지 장치
TEMD	Transmission Mounted Electric De-vice	모터와 엔진 사이에 클러치가 장착되며, 클러치 제어를 통해 모터로만 주행하는 ev모드가 가능한 파워트레인
FEMD	Flywheel Mounted Electric Device	변속기와 모터 사이에 클러치 제어를 통해 동력이 전달되며, 모터는 엔진의 보조용으로 사용되는 파워트레인
EVSE	Electric Vehicle Supply Equipment	전기자동차 충전기
HVAC	Heating, Ventilation, Air Conditioning	공조 시스템

용어	영문 표기	국문표기
FATC	Full Automatic Temperature Control	공조 부하 제어
ICCB	In Cable Control Box	휴대용 충전기
IEB	Integrated Electronic Brake System	통합 전자 제동 장치
IPM	Interior Permanent Magnet	영구 자석
LTR	Low Temperature Radiator	공조 장치 부품 통합 냉각 모듈
MDPS	Motor Driving Power Steering	전동식 파워 스티어링
MTC	Manual Temperature Control	수동 에어컨
VS	Vairable Swash Plate	용량 가변형 사판식 컴프레서
PCL	Programmable Current Limit	과전류 차단 시스템
TCO	Total Cost of Ownership	차량 구매 및 보유에 필요한 총비용
V2G	Vehicle to Grid	차량 배터리를 도시 전력망에 연결하여 에너지저장 장치(ESS)로 사용하는 것
ESS	Energy Storage System	스마트 그리드 구성체계로서 신재생 에너지 전력 저장 기술
V2V	Vehicle to Vehicle	차량간 배터리 전력을 공유하는 시스템
CDM	Charge Door Module	충전 상태 표시 제어기
OPD	Over-Voltage Protection	과전압 방지 장치
AER	All Electric Range	1회 충전 거리
BEV	Battery Electric Vehicle	베터리 전기자동차
IPM	Interior Permanent Magnet	매입형 영구자석
SPM	Surface Permanent Magnet	영구자석을 매립하지 않음